全国电力职业教育系列教材
职业教育电力技术类专业培训用书

火电厂燃煤机组脱硫脱硝技术

主　编　周菊华
副主编　孙海峰
编　写　杨巧云　李珈英　刘　晓
主　审　孟广波　姜雨泽

中国电力出版社
CHINA ELECTRIC POWER PRESS

内 容 提 要

本书共分两大篇。第一篇全面阐述了石灰石—湿法（FGD）烟气脱硫技术的基本理论和基本原理。分别介绍了浆液制备系统、SO_2 吸收系统、脱硫烟气系统、石膏脱水系统、脱硫废水处理系统、脱硫控制系统中的主要设备及各系统的工艺流程，对脱硫装置的运行和脱硫设备的检修也进行了详细阐述。此外，还介绍了其他典型的脱硫工艺。

第二篇首先简要介绍了火电厂氮氧化物的排放与控制技术，着重阐述了选择性催化还原法（SCR）烟气脱硝技术的基本理论和基本原理。分别对选择性催化还原脱硝工艺，SCR系统还原剂及主要设备，SCR系统催化剂，SCR装置的安装、调试与运行等内容进行了详细介绍。此外，还介绍了SCR装置在国内部分燃煤机组中的应用实例等。

本书可作为高职高专电力技术类环境工程、火电厂集控运行、热能动力装置、热工检测与控制技术专业和相关动力类专业的必修课或限选课教材，也可作为相关工种职工技能鉴定培训教材。同时适用于从事火电厂烟气脱硫脱硝的工程技术人员和相关环保企业脱硫脱硝技术人员阅读和参考，也可作为大学本科院校环保和热动专业师生的参考书。

图书在版编目（CIP）数据

火电厂燃煤机组脱硫脱硝技术/周菊华主编. —北京：中国电力出版社，2010.9（2024.1重印）
全国电力职业教育规划教材
ISBN 978-7-5123-0667-7

Ⅰ.①火… Ⅱ.①周… Ⅲ.①火电厂－煤烟污染－烟气脱硫－职业教育－教材②火电厂－煤烟污染－烟气－脱硝－职业教育－教材 Ⅳ.①X773.013

中国版本图书馆CIP数据核字（2010）第135773号

中国电力出版社出版、发行
（北京市东城区北京站西街19号 100005 http://www.cepp.sgcc.com.cn）
三河市百盛印装有限公司印刷
各地新华书店经售
*
2010年9月第一版 2024年1月北京第十四次印刷
787毫米×1092毫米 16开本 19.5印张 474千字
定价 **59.00** 元

前 言

近年来，我国国民经济增长迅速，对电力的需求增长更快，作为主要电源供应的燃煤发电机组逐年增加，电力工业煤炭的消耗量约为全国原煤产量的40%，与燃煤有关的区域性和全球性的环境问题越来越突出。燃煤火力发电装置排放的对人类生存环境构成直接危害的主要污染物有粉尘、NO_x 及 SO_2。因此，大力发展燃煤火电厂的烟气脱硫脱硝技术，推广烟气脱硫脱硝装置对于控制 SO_2、NO_x 排放、保护环境、走科学和可持续发展的道路具有重要意义。通过多年来的运行实践，石灰石—湿法烟气脱硫和选择性催化还原法（SCR）烟气脱硝技术具有技术成熟、效率高、运行可靠等优点。

目前，无论是正在运行的，还是在建的火力发电机组，控制 SO_2、NO_x 的排放，建设脱硫脱硝装置都是势在必行的。为了适应社会和行业技术的发展，在电力和动力类高职、中职学生中普及烟气脱硫脱硝技术知识，培养职业技能型环保人才，对推动我国洁净煤发电技术的发展和应用显得尤为重要。火力发电厂人员或有关专业学生掌握 SO_2、NO_x 的产生、危害及脱硫脱硝方法也是非常必要的。本书是结合当前节能减排形势和教学需要，根据电力职业技术学院环境工程、集控运行、热能动力装置和热工检测与控制技术等专业的教学计划和环保技术课程的教学大纲编写的。通过学习，使学生具有综合职业能力和适应职业变化的能力。

本书共分两篇，第一篇有九章，全面系统地阐述了石灰石—湿法烟气脱硫技术的基本理论和基本原理。各子系统中的主要设备及工艺流程，脱硫装置的运行和脱硫设备的检修。对海水脱硫、旋转喷雾干燥法脱硫、炉内喷钙加尾部增湿活化脱硫、电子束法烟气脱硫工艺也进行了简单的叙述。

第二篇有七章，全面系统地阐述了选择性催化还原法（SCR）烟气脱硝技术的基本理论和基本原理。分别对选择性催化还原脱硝工艺，SCR系统还原剂及主要设备，SCR系统催化剂，SCR装置的安装、调试与运行等内容进行了详细介绍。此外，还介绍了SCR装置在国内部分燃煤机组中的应用实例等。

内容按照我国电力工业发展趋势，在取材方面，尽量反映燃煤机组脱硫脱硝装置的现状、特点，同时又注意吸收国内外脱硫脱硝装置的先进经验和最新技术。

本书由武汉电力职业技术学院周菊华主编，华电长沙发电有限公司孙海峰副主编，其中周菊华编写第一～六章、第九～十二章和第十六章，杨巧云编写第七章，李珈英编写第八章和第十四章，刘晓编写第十三章，孙海峰编写第十五章。全书由周菊华统稿。沈阳工程学院孟广波担任第一篇主审，山东电力研究院姜雨泽担任第二篇主审，主审老师详细审阅了书稿，并提出了许多宝贵的意见和建议，在此深表感谢。

本书在编写过程中，得到中国电力出版社、武汉电力职业技术学院及相关院校的老师和电力行业（特别是华能汕头电厂、深圳西部电厂、华电长沙发电有限公司、湖北青山热电厂）同行们的支持和帮助，在此一并表示衷心的感谢。

限于编者水平，书中缺点和疏漏之处在所难免，恳切希望使用本教材的师生和广大读者批评指正。

编　者

2010 年 8 月

目录

第二篇　火电厂燃煤机组脱硝技术

第一篇　火电厂燃煤机组脱硫技术

第一章　绪　　论

第一节　概　　述

一、燃煤电厂 SO_2 的排放现状及危害

大气是参与水和各种元素循环的重要环境因素，在保持地球热平衡方面及保护地球上生物体免受过强宇宙射线、紫外线照射方面起着重要作用，但是随着社会经济的发展，城市化和工业化进程的加速，大量燃料的燃烧、工业废气和汽车尾气的排放，使大气环境质量日趋恶化，它不但破坏自然生态平衡，还直接威胁人类健康乃至生命。大气污染已被列为全球性十大环境问题之首。而在全球范围内普遍发生的大气污染物中，按先后顺序考虑治理的大气污染物是 SO_2、可吸入颗粒物（PM_{10}）、O_3、NO_x（NO 和 NO_2）、铅、CO_x、石棉及反应性烃，其中 SO_2 被列为首位。据联合国环境规划署（UNEP）的最新估算指出，天然硫排放量占全球硫排放总量的 50%。但在局部地区，人为排放量占该地区总排放量的 90%以上，而天然硫排放量仅占 4%，其余 6%来自其他地区。众所周知，人为源和天然源排放的 SO_2 和 NO_x 是形成酸雨或称酸沉降的“元凶”。因此，控制人为 SO_2 和 NO_x 排放的重要性是显而易见的。

我国是一个发展中国家，是世界上最大的煤炭生产和消费国。在能源结构上原煤占能源消费总量的 70%，是世界上少数几个以煤为主要能源的国家之一。我国在取得经济高速发展的同时，也正承受着巨大的资源和环境压力，SO_2 排放量多年都在 2000 万 t 上下，2006 年排放量达 2588.8 万 t，2007 年排放量达 2430 万 t，2008 年排放量达 2321 万 t，2009 年排放量达 2214 万 t，2010 年中国 SO_2 排放量将力争比 2009 年再削减 40 万 t，新增燃煤电厂脱硫装机容量 5000 万 kW。在电力能源结构中，煤电约占 3/4，而且在相当长的时期内不会有很大的变化。燃煤火电厂在将一次能源煤炭转换为二次能源电力的过程中，会产生废气、废水、灰渣及噪声等污染物，其废气中的 SO_2 是大气污染物之一，SO_2 的大量排放既严重污染环境又造成硫资源的巨大浪费。为了治理大量燃煤造成的严重酸雨危害，国家不断加大 SO_2 排放的治理力度，要求新建电厂必须配套建设脱硫装置，预留脱硝装置的位置。已投产发电机组限期改造，加装脱硫装置。

当前，我国控制酸雨和 SO_2 污染所采取的政策和措施有：

（1）把酸雨和 SO_2 污染综合防治工作纳入国民经济和社会发展计划；

（2）根据煤炭中硫的生命周期进行全过程控制；

（3）调整能源结构，优化能源质量，提高能源利用率；

（4）重点治理火力发电厂的 SO_2 污染；

（5）研究开发 SO_2 治理技术和设备；

（6）实施排污许可证制度，进行排污交易试点。

1. SO_2 污染源

SO_2 是当今人类面临的主要大气污染物之一。SO_2 的主要来源分为两大类：天然污染源和人为污染源，见表 1-1。在我国人为污染源中，燃煤排放的 SO_2 最多，约占排放总量的 87%，且集中在城市和工业区上空，造成了城市及工业区的严重污染。

表 1-1 SO_2 天然污染源和人为污染源特点比较

分类	发生源	特性及影响	产生量
天然源	(1) 海洋硫酸盐雾； (2) 缺少氧气的水和土壤释放的硫酸盐； (3) 细菌分解的有机化合物； (4) 火山爆发； (5) 森林失火	(1) 全球性分布在广阔的地区，以低浓度排放在大气中，不易稀释和被净化； (2) 一般不会产生酸雨现象； (3) 人力无法控制	1/3
人为源	(1) 矿物燃料燃烧，占 3/4 以上； (2) 金属冶炼； (3) 石油生产； (4) 化工生产； (5) 采矿等	(1) 比较集中，在占地球表面不到 1% 的城市和工业区上空占主导地位； (2) 是发生酸雨的基本原因； (3) 人力可以控制	2/3

2. SO_2 的危害

SO_2 的污染属于低浓度、长期的污染，对生态环境是一种慢性叠加性危害，它的存在对自然生态平衡、人类健康、工农业生产、建筑物及材料等方面都造成一定程度的危害。

(1) SO_2 对人体的危害。空气中 SO_2 对人体健康的影响主要是通过呼吸道系统进入人体，与呼吸器官作用，引起或加重呼吸器官的疾病，如鼻炎、咽喉炎、支气管炎、支气管哮喘、肺气肿、肺癌等。大量资料表明，SO_2 与大气中其他污染物协同作用，对人体健康的危害更大。

(2) SO_2 对植物的危害。植物对 SO_2 特别敏感，主要通过叶面气孔进入植物体内，在细胞或细胞液中生成 SO_3^{2-} 或 HSO_3^- 和 H^+。如果其浓度和持续时间超过本身的自解机能，就会破坏植物的正常生理机能，从表面看，叶片出现伤斑、发黄、枯卷、落叶、落果或生长缓慢等，严重时则会枯死。同时会使植物对病虫害的抵抗力下降，造成间接危害。

(3) 引起酸雨。给人类带来最严重的问题是酸雨。大气中的 SO_2、NO_x 与氧化性物质 O_3、H_2O_2 和其他自由基进行化学反应生成硫酸和硝酸，最终形成 pH 值小于 5.6 的酸性降雨（即酸雨）返回地面。酸雨对生态系统造成危害，它会使湖泊变成酸性，导致水生生物死亡；使土壤酸化和贫瘠化，农作物和树木叶片发黄、落叶，造成农作物减产。酸雨还加速建筑物和材料的腐蚀，从而破坏各种材料、建筑物、人工制品和文物古迹等。

我国的大气污染属典型的煤烟型污染，以粉尘和酸雨危害最大。目前，煤炭燃烧产生的 SO_2 所造成的污染面积已占国土面积的 40%左右。

二、SO_2 的排放标准

GB 13223—2011《火电厂大气污染物排放标准》规定的火电厂发电机组及燃气轮机组大气污染物排放浓度限值见表 1-2。

表 1-2　　火电厂发电机组及燃气轮机组大气污染物排放浓度限值

mg/m³（烟气黑度除外）

序号	燃料和热能转化设施类型	污物项目	适用条件	限值	污物排放监控位置
1	燃煤锅炉	烟尘	全部	30	烟囱或烟道
		二氧化硫	新建锅炉	100 200*	
			现有锅炉	200* 400*	
		氮氧化物（以 NO_2 计）	全部	100 200*	
		汞及其化合物	全部	0.03	
2	以油为燃料的锅炉或燃气轮机组	烟尘	全部	30	
		二氧化硫	新建锅炉及燃气轮机组	100	
			现有锅炉及燃气轮机组	200	
		氮氧化物（以 NO_2 计）	新建燃油锅炉	100	
			现有燃油锅炉	200	
			燃气轮机组	200	
3	以气体为燃料的锅炉或燃气轮机组	烟尘	天然气锅炉及燃气轮机组	5	
			其他气体燃料锅炉及燃气轮机组	10	
		二氧化硫	天然气锅炉及燃气轮机组	35	
			其他气体燃料锅炉及燃气轮机组	100	
		氮氧化物（以 NO_2 计）	天然气锅炉	100	
			其他气体燃料锅炉	200	
			天然气燃气轮机组	50	
			其他气体燃料燃气轮机组	120	
4	燃煤锅炉，以油或气体为燃料的锅炉或燃气轮机组	烟气黑度（林格曼黑度，级）	全部	1	烟囱排放口

*　位于广西壮族自治区、重庆市、四川省和贵州省的火力发电锅炉执行该限度。

**　采用W型火焰炉膛的火力发电锅炉，现有循环流化床火力发电锅炉，以及2003年12月31日前建成投产或通过建设项目环境影响报告审批的火力发电锅炉执行该限值。

三、SO_2 污染的控制途径

控制 SO_2 的方法分为燃烧前脱硫、燃烧中脱硫和燃烧后脱硫三类。

1. 燃烧前脱硫

燃料（主要是原煤）在使用前，脱除燃料中硫分和其他杂质是实现燃料高效、洁净利用的有效途径和首选方案。燃烧前脱硫也称为燃煤脱硫或煤炭的清洁转换。主要包括煤炭的洗选、煤炭转化（煤气化、液化）及水煤浆技术。

2. 燃烧中脱硫

燃烧过程中脱硫主要是指当煤在炉内燃烧的同时，向炉内喷入脱硫剂（常用的有石灰石、白云石等)，脱硫剂一般利用炉内较高温度进行自身煅烧，煅烧产物（主要有 CaO、MgO 等）与煤燃烧过程中产生的 SO_2、SO_3 反应，生成硫酸盐或亚硫酸盐，以灰的形式随炉渣排出炉外，减少 SO_2、SO_3 向大气的排放，达到脱硫的目的。

3. 燃烧后脱硫

燃烧后脱硫也称烟气脱硫（Flue Gas Desulfurization，FGD)，是将烟气中的 SO_2 进行处理，达到脱硫的目的。烟气脱硫技术是当前应用最广、效率最高的脱硫技术，是控制 SO_2 排放、防止大气污染、保护环境的一个重要手段。工业发达国家从 20 世纪 70 年代起相继颁布法令，强制火电厂安装烟气脱硫装置，促进了烟气脱硫技术的发展和完善。

四、火电厂烟气脱硫的工艺特点

(1) 烟气脱硫的基本原理是以一种碱性物质作为 SO_2 的吸收剂（脱硫剂)。石灰石是大规模烟气脱硫较为有效廉价的理想吸收剂之一，用石灰石制成的吸收剂浆液与烟气接触来进行脱硫反应。目前，以石灰石作为 SO_2 吸收剂的脱硫装置在国内外火电厂烟气脱硫中得到了最广泛的应用。

(2) 烟气脱硫是指脱除烟气中的 SO_2，有的脱硫工艺同时可脱除 SO_3，有的工艺则不能有效地脱除 SO_3。但由于烟气中 SO_3 的含量仅为 SO_2 的 3%～5%，在锅炉烟气中 SO_3 一般只占到几万分之一（按容积)，因此，通常并不考虑 SO_3 的脱除率。

(3) 由于燃煤电厂所产生的烟气量巨大，一般达每小时数十万到数百万立方米，烟温通常为 120～150℃，而烟气中的 SO_2 浓度却十分低，通常每立方米（标况）烟气中只有数千毫克的 SO_2，而 SO_2 脱除率要求在 90%以上。因此，烟气脱硫装置庞大，运行费用也较高。

(4) 烟气脱硫工艺会产生脱硫副产物，因此，实施烟气脱硫技术的同时需考虑脱硫产物的有效回收与处理，以防二次污染。

五、火电厂烟气脱硫装置的特殊性

火电厂烟气脱硫装置与火力发电设备相比较，其特点及运行规律有显著不同。

1. 脱硫装置多样性

由于燃煤电厂锅炉等主机设备的运行工况、煤质的排烟条件、现场条件、环保要求、脱硫吸收剂的来源、脱硫副产品的性质及其利用等方面的差异，尽管工艺流程基本相同，但制造厂家设计的脱硫装置结构和参数等均存在较大的差别，这与火电机组的产品单一、主机设备系列化有很大的不同。

2. 化学过程的工艺特点

火力发电设备的突出特点是存在大量耐高温的承压部件，以及防磨、防爆装置等，工艺过程以燃烧和传热为主要特征；而脱硫装置的设计和运行以强化传质，控制反应环境，处理大量的化学反应产物，防止设备腐蚀、结垢、冰冻与堵塞等为主要特征，更接近化工过程。

3. 运行的目标不同

脱硫装置运行的目标是控制烟气排放的 SO_2 浓度及一定时间间隔内 SO_2 的排放总量，而发电设备运行的目标是精确地向电网提供电能，因而，两者的运行方式和要求的指标是不同的。脱硫装置的运行取决于锅炉设备的运行工况，而脱硫装置的运行工况对锅炉设备也存在不同程度的影响。

六、烟气脱硫方法

根据吸收剂及脱硫产物在脱硫过程中的干湿状态，火力发电行业一般将脱硫技术分为湿法、干法和半干（半湿）法。

（1）湿法烟气脱硫技术是用含有吸收剂的浆液在湿态下脱硫和处理脱硫产物，该方法具有脱硫反应速度快、脱硫效率高、吸收剂利用率高、技术成熟可靠等优点，但也存在初投资大、运行维护费用高、需要处理二次污染等问题。应用最多的湿法烟气脱硫技术为石灰石湿法，如果将脱硫产物处理为石膏并加以回收利用，则为石灰石—石膏湿法，否则为抛弃法。抛弃法的设备简单、操作较容易，设备投资及运行费用可降低。当烟气浓度较低，脱硫产物无回收价值或投资有限，且大气污染排放控制严格时，可考虑抛弃法，但废渣需要占用场地堆放，容易造成二次污染。

其他湿法烟气脱硫技术还有氨洗涤脱硫和海水脱硫等。

（2）干法烟气脱硫工艺均在干态下完成，无污水排放，烟气无明显温降，设备腐蚀较轻，但存在脱硫效率低、反应速度慢、石灰石利用率较低等问题，有些方法在设备大型化的进程中困难很大，技术尚不成熟（主要有炉内喷钙等技术）。

（3）半干法通常具有在湿态下进行脱硫反应，在干态下处理脱硫产物的特点，可以兼备干法和湿法的优点。主要包括喷雾干燥法、炉内喷钙尾部增湿活化法、烟气循环流化床脱硫法、电子束辐照烟气脱硫脱氮法等。

七、石灰石湿法烟气脱硫装置特点

目前，在众多的脱硫工艺中，石灰石—石膏湿法烟气脱硫工艺（简称 FGD）应用最广。该工艺最早由英国皇家化工工业公司研制出来，经过欧美等国家几十年来的生产实践和不断完善，各项经济技术指标基本成熟，市场占有率达 80%以上。

FGD 的特点如下：

（1）烟气脱硫效率高，一般大于 95%；

（2）钙硫比（Ca/S）低，一般不大于 1.05，吸收剂利用率高；

（3）系统简单，装机容量大，设备利用率高，技术成熟可靠，技术进步快；

（4）适用煤种广，烟气量范围大，可与大型燃煤机组单元匹配；

（5）石灰石吸收剂来源广，资源丰富，价格便宜，破碎磨细简单；

（6）脱硫副产品为石膏，可用于生产建材产品和水泥缓凝剂等，不产生二次污染；

（7）脱硫装置比较复杂，占地面积相对较大，初投资较高；

（8）厂用电率较高（约为 1%～1.8%），需要脱硫废水处理设备。

目前我国石灰石湿法烟气脱硫技术正朝着进一步简化结构、减少投资、提高自动化程度和管理水平、降低运行和维护费用的目标努力。

第二节 石灰石—石膏湿法烟气脱硫技术工艺原理及特点

一、脱硫装置的构成

典型的石灰石湿法烟气脱硫系统一般包括 8 个子系统：石灰石浆液制备系统、SO_2 吸收系统、烟气系统（含烟气加热装置）、石膏脱水及储存系统、废水处理系统、公用系统、事故浆液排放系统和电气与监测控制系统，如图 1-1 所示。

（1）石灰石浆液制备系统。制备并为吸收塔提供满足要求的石灰石浆液。石灰石制备系统的主要设备包括石灰石储仓、湿式球磨机、石灰石浆液罐和浆液泵。

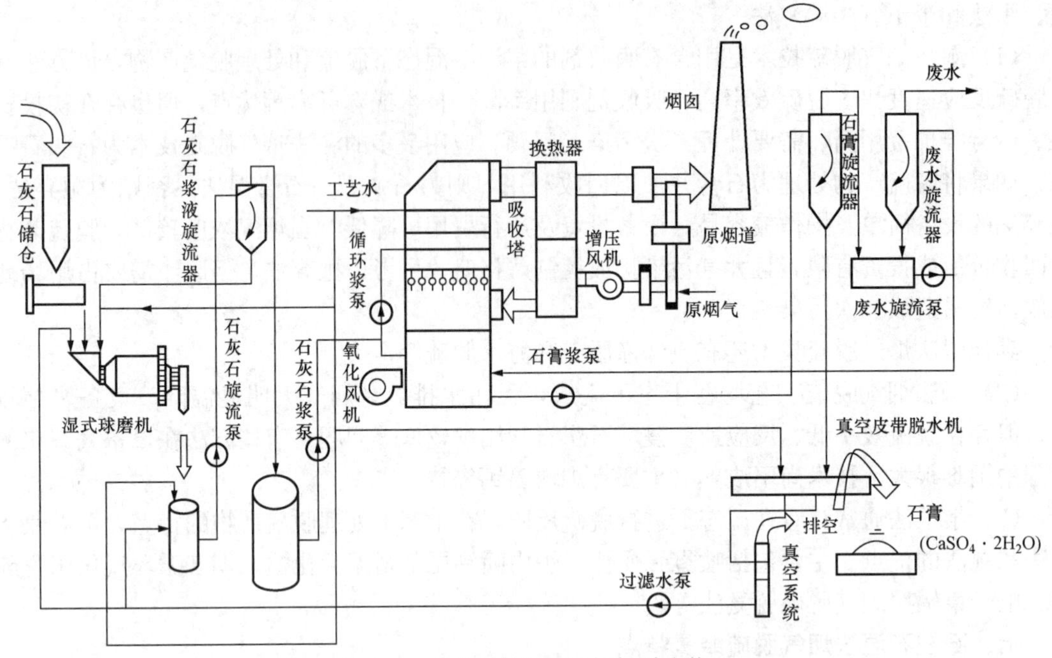

图 1-1 典型石灰石湿法烟气脱硫装置

(2) SO_2 吸收系统。通过石灰石浆液吸收烟气中的 SO_2，生产亚硫酸产物，氧化空气将其氧化，并以石膏的形式结晶析出。同时，由除雾器将烟气中的液滴除去。SO_2 吸收系统的主要设备包括吸收塔、石灰石浆液循环泵氧化风机以及除雾器等。

(3) 烟气系统。为脱硫系统运行提供烟气通道，进行烟气脱硫装置的投入和切除，降低吸收塔入口烟气温度、提升净烟气的排烟温度。烟气系统的主要设备包括烟道挡板、烟气换热器和增压（脱硫）风机等。

(4) 石膏脱水及储存系统。将来自吸收塔的石膏浆液浓缩脱水，生产副产品石膏，并储存和外运。石膏脱水及储存系统的主要设备包括石膏浆液排出泵、石膏浆液箱、石膏浆液泵、废水旋流器、真空皮带脱水机及石膏储仓等。

(5) 废水处理系统。处理脱硫系统产生的废水（正常情况下主要是石膏脱水系统产生的废水），以满足排放要求。主要设备包括氢氧化钙制备和加药设备、澄清池、絮凝剂加药设备、过滤水箱、絮凝箱、沉降箱及澄清器等。

(6) 公用系统。为脱硫系统提供各类用水和控制用气。主要设备包括工艺水箱、工艺水泵、工业水箱、工业水泵、冷却水泵及空气压缩机等。

(7) 事故浆液排放系统。包括事故储罐系统和地坑系统，用于储存 FGD 装置大修或发生故障时由 FGD 装置排出的浆液。包括事故浆液储罐、地坑、搅拌器和浆液泵。

(8) 电气与监测控制系统。主要由电气系统、监控调节系统和连锁环节等构成，其功能是为系统提供动力和控制用电；通过 DCS 系统控制全系统的启停、运行工况调整、连锁保护、异常情况报警和紧急事故处理；通过在线仪表监测和采集各项运行数据，还可完成经济分析和生产报表。包括电气设备、控制设备以及在线仪表等。

二、石灰石湿法烟气脱硫工艺过程的描述

FGD 系统采用石灰石作为脱硫吸收剂，石灰石破碎与水混合，磨细成粉状，制成吸收

浆液（当采用石灰为吸收剂时，石灰粉经消化处理后加水搅拌制成吸收浆液）。制备好的吸收剂浆液储存在吸收剂浆罐（或池）中，由输送泵送到吸收塔底部浆罐中。

来自锅炉引风机出口的原烟气经 FGD 增压风机（Booster up Fan，BUF）提升压头。进入气—气加热器（Gas Gas Heater，GGH）的降温侧，高温原烟气降温后进入吸收塔。排烟通过吸收塔时，烟气中的 SO_2 被喷淋浆液所吸收，进入液相（伴随有部分 SO_2 被氧化），烟气在吸收塔内同时被冷却和被水汽所饱和。脱硫后的烟气在离开吸收塔之前需通过除雾器（Mist Eliminator，ME）除去烟气中夹带的浆体液滴。离开除雾器的清洁、饱和烟气再返回到 GGH 的加热侧，提升烟温，然后经 FGD 系统出口烟道，由烟囱排向大气。

吸收 SO_2 的浆液落入吸收塔底部反应罐，通过脱硫循环泵与补充的石灰石浆液再次从吸收塔内的喷淋系统喷出，洗涤烟气中的 SO_2。混合浆液在反应罐中沉淀析出。在石灰石强制氧化工艺过程中，将压缩空气喷入反应罐中，使已吸收的 SO_2 转化成硫酸盐，以石膏形式沉淀析出。

随着烟气中的 SO_2 不断被吸收，反应罐中源源不断地沉淀出固体副产物，因此必须从反应罐中将生成的固体副产物送往脱水系统，以维持物料平衡。废弃的亚硫酸钙（$CaSO_3$）副产物在脱水系统中，从馈出的浆液中分离出来，生成石膏外售或者加工成成品出售。

湿法 FGD 工艺属于煤燃烧后的脱硫技术，其特点是整个脱硫系统位于空气预热器、除尘器之后，脱硫过程在溶液中进行，脱硫剂和脱硫生成物均为湿态，其脱硫过程反应温度低于露点，所以脱硫后的烟气一般需再加热才从烟囱排出。湿法 FGD 过程是气液反应，其脱硫反应速度快，脱硫效率和吸收剂利用率高，运行可靠性高，适合于火力发电厂锅炉排烟脱硫。

三、脱除 SO_2 的化学反应机理

从烟气脱除 SO_2 的过程在气、液、固三相中进行。石灰石浆液吸收 SO_2 是一个气液传质过程。该过程可用薄膜理论解释，分为如下几个阶段：

（1）气态反应物从气相内部迁移到气—液界面；

（2）气态反应物穿过气—液界面进入液相，并发生化学反应；

（3）反应组分从液相界面迁移到液相内部；

（4）进入液相的反应组分与液相组分发生反应；

（5）已溶解的反应物的迁移和由反应引起的浓度梯度产生的反应物的迁移。

整个反应过程主要由气态和液态的扩散及伴随的化学反应完成，液态中发生的化学反应可加快物质交换速度。因此，脱硫过程是一个复杂的物理、化学过程。用以下化学反应式来描述脱硫过程的一些主要步骤。

气相 SO_2 被液相吸收（石灰石为吸收剂）

$$SO_2(g) + H_2O \rightleftharpoons H_2SO_3(l) \tag{1-1}$$

$$H_2SO_3(l) \rightleftharpoons H^+ + HSO_3^- \tag{1-2}$$

$$HSO_3^- \rightleftharpoons H^+ + SO_3^{2-} \tag{1-3}$$

吸收剂溶解和中和反应

$$CaCO_3(s) \longrightarrow CaCO_3(l) \tag{1-4}$$

$$CaCO_3(l) + H^+ + HSO_3^- \longrightarrow Ca^{2+} + SO_3^{2-} + H_2O + CO_2(g) \tag{1-5}$$

$$SO_3^{2-} + H^+ \longrightarrow HSO_3^- \tag{1-6}$$

氧化反应

$$SO_3^{2-}+\frac{1}{2}O_2 \longrightarrow SO_4^{2-} \tag{1-7}$$

$$HSO_3^- +\frac{1}{2}O_2 \longrightarrow SO_4^{2-}+H^+ \tag{1-8}$$

结晶析出

$$Ca^{2+}+SO_3^{2-}+\frac{1}{2}H_2O \longrightarrow CaSO_3 \cdot \frac{1}{2}H_2O(s) \tag{1-9}$$

$$Ca^{2+}+SO_4^{2-}+2H_2O \longrightarrow CaSO_4 \cdot 2H_2O(s) \tag{1-10}$$

总反应式

$$CaCO_3+\frac{1}{2}H_2O+SO_2 \longrightarrow CaSO_3 \cdot \frac{1}{2}H_2O+CO_2(g) \tag{1-11}$$

$$CaCO_3+2H_2O+SO_2+\frac{1}{2}O_2 \longrightarrow CaSO_4 \cdot 2H_2O+CO_2(g) \tag{1-12}$$

反应式中（S）指固体，(g）指气体，(l）指水溶液。

石灰石湿法FGD工艺过程的脱硫反应速率取决于上述4个步骤。下面将分述这4个步骤的特点。

1. 气相SO_2被液相吸收的反应（石灰石为吸收剂）

SO_2是一种极易溶于水的酸性气体，在反应式（1-1）中，SO_2经扩散作用从气相溶入液相中，与水生成亚硫酸（H_2SO_3），H_2SO_3迅速离解成亚硫酸氢根离子（HSO_3^-）和氢离子（H^+），见式（1-2）。只有当pH值较高时，HSO_3^-的二级电离才会产生较高浓度的SO_3^{2-}，见式（1-3）。式（1-1）和式（1-2）都是可逆反应，要使SO_2的吸收不断进行下去，就必须中和式（1-2）中电离产生的H^+，即降低吸收液的酸度。碱性吸收剂的作用就是中和H^+，见式（1-5）。当吸收液中的吸收剂反应完后，如果不添加新的吸收剂或添加量不足，吸收液的酸度将迅速提高，pH值迅速下降，当SO_2溶解达到饱和后，SO_2的吸收就告终止。

2. 吸收剂溶解和中和反应

上述一系列反应步骤中关键的是式（1-4）和式（1-5），即Ca^{2+}的形成。$CaCO_3$是一种极难溶的化合物，其中和作用实质上是向介质提供Ca^{2+}的过程，这一过程包括固体$CaCO_3$的溶解［见式（1-4）］和进入液相中$CaCO_3$的分解［见式（1-5）］。固体石灰石的溶解速度，反应活性以及液相中H^+浓度（pH值）影响中和反应速度和Ca^{2+}的形成，氧化反应以及其他一些化合反应也会影响中和反应速度。

在上述化学反应步骤中，Ca^{2+}的形成是一个关键的步骤，之所以关键，是因为SO_2正是通过Ca^{2+}与SO_3^{2-}或与SO_4^{2-}化合得以从溶液除去。

由反应式（1-5）生成的亚硫酸根（SO_3^{2-}）可以进一步中和剩余的H^+［见式（1-6）］，但反应式（1-6）是否发生取决于浆液的pH值。浆体液相中的H_2SO_3、HSO_3^-、SO_3^{2-}和H^+（pH值）浓度存在一个平衡关系，图1-2显示了H_2SO_3、HSO_3^-、SO_3^{2-}相对含量与pH值的函数关系。当pH值低于2.0时，被吸收的SO_2大多以H_2SO_3的形式存在于液相中，当pH值为4～5时，H_2SO_3主要离解成HSO_3^-，当pH值高于6.5时，液相中主要是SO_3^{2-}离子。吸收塔内浆液的pH值基本上为5～6，所以溶解在循环浆液中的SO_2主要以HSO_3^-的形式存在。

为了更有效地捕集SO_2，至少必须从式（1-1）～式（1-3）中去掉一种反应产物，以

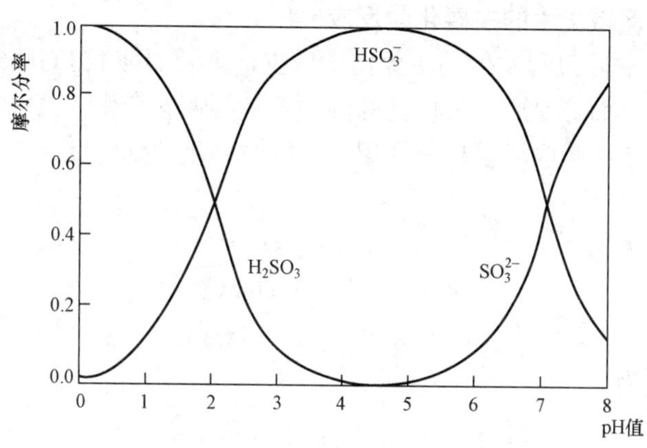

图 1-2 亚硫酸平衡曲线

保持平衡继续向右移动，从而使 SO_2 继续不断地进入溶液。所以，一方面通过加入 $CaCO_3$ 消耗 H^+；另一方面通过加入氧气（O_2）使 HSO_3^- 氧化反应生成硫酸盐。

3. 氧化反应

亚硫酸的氧化是石灰石湿法 FGD 工艺中的另一个重要反应［见式（1-7）和式（1-8）］。SO_3^{2-} 和 HSO_3^- 都是较强的还原剂，在痕量过渡金属离子（如 Mn^{2+}）的催化作用下，液相中溶解氧可将它们氧化成 SO_4^{2-}。反应中的氧气来源于烟气中的过剩空气，在强制氧化工艺中，主要来源于喷入反应罐中的氧化空气。从烟气中洗脱的飞灰以及吸收剂中的杂质提供了起催化作用的金属离子。

4. 结晶析出

湿法 FGD 的最后一步是脱硫固体副产物的沉淀析出。在通常运行的 pH 值环境下，亚硫酸钙（$CaSO_3$）和硫酸钙（$CaSO_4$）的溶解度都较低，当中和反应产生的 Ca^{2+}、SO_3^{2-} 以及氧化反应产生的 SO_4^{2-} 达到一定浓度后，这三种离子组成的难溶性化合物就将从溶液中沉淀析出。根据氧化程度的不同，沉淀产物或者是 $CaSO_3 \cdot \frac{1}{2}H_2O$［见式（1-9）］、$CaSO_4 \cdot 2H_2O$［见式（1-10）］，或是固溶体与石膏的混合物。

对于强制氧化工艺，几乎 100%氧化所吸收的 SO_2，避免和减少式（1-9）反应的发生。通过控制液相的 $CaSO_4 \cdot 2H_2O$ 过饱和度，既可防止 $CaSO_4 \cdot 2H_2O$ 结垢，又可生产高质量的可商售的石膏［见式（1-10）］。

式（1-11）和式（1-12）是石灰石湿法 FGD 过程的总反应式，从中可以看出脱除 1mol SO_2 必须消耗 1mol $CaCO_3$，也就是说理论钙硫化学计量比（Ca/S）为 1∶1。

5. 烟气中 HCl 和 HF 在脱硫过程中发生的反应

烟气中含量较少的 HCl、HF 被浆液洗涤发生以下反应

$$2HCl + CaCO_3 \longrightarrow CaCl_2 + H_2O + CO_2(g) \tag{1-13}$$

$$2HF + CaCO_3 \longrightarrow CaF_2 + H_2O + CO_2(g) \tag{1-14}$$

烟气中的 HCl 将优先与石灰石中可溶性碳酸镁反应生成 $MgCl_2$，如果有剩余的 HCl，再与 $CaCO_3$ 反应。

Cl^- 是造成脱硫设备氯腐蚀的主要原因。

四、吸收塔不同区域发生的主要化学反应

上面描述了 SO_2 脱除过程发生的主要化学反应，为了加强对 FGD 的理解和了解吸收塔模块各区域的作用，下面针对应用最广泛的湿法石灰石强制氧化 FGD 工艺，以图 1 - 3 所示的逆流喷淋塔为例，按照吸收塔模块来介绍发生的主要化学反应。

1. 吸收区

主要发生的反应为

$$SO_2 + H_2O \longrightarrow H_2SO_3(l) \tag{1-15}$$

$$H_2SO_3 \longrightarrow H^+ + HSO_3^- \tag{1-16}$$

部分发生的反应为

$$H^+ + HSO_3^- + \frac{1}{2}O_2 \longrightarrow 2H^+ + SO_4^{2-} \tag{1-17}$$

$$2H^+ + SO_4^{2-} + CaCO_3 + H_2O \longrightarrow CaSO_4 \cdot 2H_2O + CO_2 \tag{1-18}$$

烟气中的 SO_2 溶入吸收液的过程几乎全部发生在吸收区内，在该区内仅有部分 HSO_3^- 被烟气中的 O_2 氧化成 H_2SO_4，由于浆液和烟气在吸收区的接触时间仅数秒钟，浆液中的 $CaCO_3$ 仅能中和部分已氧化的 H_2SO_4 和 H_2SO_3。也就是说，吸收区浆液的 $CaCO_3$ 只有很少部分参与了化学反应，因此液滴的 pH 值随着液滴的下落急剧下降，液滴的吸收能力也随之减弱。

由于吸收区上部浆液的 pH 值较高，浆液中 HSO_3^- 浓度很低，其接触的烟气 SO_2 浓度已大为减少，因此容易产生 $CaSO_3 \cdot \frac{1}{2}H_2O$，尤其在浆液 pH 值过高的情况下。随着吸收浆液的下落，接触的 SO_2 浓度越来越高，不断吸收烟气中的 SO_2 使吸收区下部的浆液 pH 值较低，在吸收区上部形成的 $CaSO_3 \cdot \frac{1}{2}H_2O$ 可能转化成 $Ca(HSO_3)_2$，因此，下落到吸收区下部的浆液中含有大量的 $Ca(HSO_3)_2$。

2. 氧化区

按图 1 - 3 所示，氧化区的范围大致从反应罐液面至固定管网氧化装置喷嘴下方约 300mm 处。氧化区发生的主要反应是

$$H^+ + HSO_3^- + \frac{1}{2}O_2(\text{溶解氧}) \longrightarrow 2H^+ + SO_4^{2-} \tag{1-19}$$

$$CaCO_3 + 2H^+ \longrightarrow Ca^{2+} + H_2O + CO_2(g) \tag{1-20}$$

$$Ca^{2+} + SO_4^{2-} + 2H_2O \longrightarrow CaSO_4 \cdot 2H_2O \tag{1-21}$$

过量氧化空气均匀地喷入氧化区下部，将在吸收区形成的未被氧化的 HSO_3^- 几乎全部氧化成 H^+ 和 SO_4^{2-}，此氧化反应的最佳 pH 值为 4～4.5，氧化反应产生的 H_2SO_4 是强酸，能迅速中和洗涤浆液中剩余的 $CaCO_3$，生成溶解状态的 $CaSO_4$，当 Ca^{2+}、SO_4^{2-} 浓度达到一定的过饱和度时，结晶析出二水硫酸钙即石膏副产物。

吸收浆液落入反应罐后缓慢通过氧化区，浆液中过剩 $CaCO_3$ 的含量也逐渐减少，当浆液到达氧化区底部时，浆液中剩余的 $CaCO_3$ 浓度降至最低值，从此处抽取浆液送去脱水系统，可获得高品位的石膏副产物。对于有石膏纯度保证值要求的工艺来说，氧化区底部浆液中剩余 $CaCO_3$ 最高含量是一个重要设计参数，也是 FGD 正常运行时需监视的重要工艺变量之一。

3. 中和区

氧化区的下面被视为中和区。进入中和区的浆液中仍有未中和完的 H^+，向中和区加入

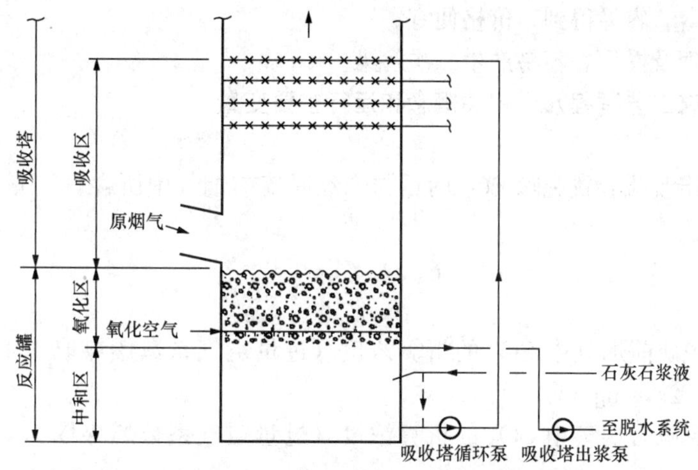

图 1-3　吸收塔模块典型分区图

新鲜的石灰石吸收浆液，中和剩余的 H^+，提升浆液 pH 值，活化浆液，使之能在下一个循环中重新吸收 SO_2。该区发生的主要化学反应是

$$CaCO_3 + 2H^+ \longrightarrow Ca^{2+} + H_2O + CO_2 \quad (1-22)$$

$$Ca^{2+} + SO_4^{2-} + 2H_2O \longrightarrow CaSO_4 \cdot 2H_2O \quad (1-23)$$

在有些 FGD 设计中，中和区并不像图 1-3 所示那样清晰，而是将氧化空气喷入反应罐的底部。在这种情况下，往往在吸收塔循环泵的入口加入新鲜石灰石浆液。将循环泵入口到喷嘴之间的管道、泵体空间视为中和区。

避免将新鲜石灰石加入氧化区不仅可防止过多的 $CaCO_3$ 进入脱水系统从而带入石膏副产品中，影响石膏纯度和石灰石的利用率，而且有利于 HSO_3^- 氧化。因为当存在过量 $CaCO_3$ 时，浆液 pH 值升高，有助于 $CaSO_3 \cdot \frac{1}{2}H_2O$ 的形成，溶解氧要氧化 $CaSO_3 \cdot \frac{1}{2}H_2O$ 是很困难的，除非有足够多的 H^+ 使其重新溶解成 HSO_3^-。再则，补充的新鲜石灰石浆液直接进入吸收区有利浆液吸收 SO_2，避免浆液 pH 值过快下降。吸收区内高气—液接触表面积，也有利于提高石灰石的溶解速度。

通过上面的讨论知，除了 SO_2 的吸收和溶解几乎只在吸收区发生外，吸收区、氧化区和中和区都会程度不一地发生氧化、中和反应和结晶析出。由于浆液的一次吸收循环周期大致是数分钟，而浆液在吸收区的停留时间仅 4s 左右，因此大部分化学反应发生在反应罐内。

五、湿法烟气脱硫对脱硫剂的要求

在湿法烟气脱硫中，吸收剂的性能从根本上决定了 SO_2 吸收操作的效率。因此，湿法烟气脱硫对吸收剂的性能有一定要求。

（1）吸收能力高。要求对 SO_2 具有较高的吸收能力，以提高吸收速率，减少吸收剂的用量，减少设备体积并降低能耗。

（2）选择性好。要求只对 SO_2 具有良好的选择性能，对其他组分不吸收或吸收能力低，确保对 SO_2 具有较高的吸收能力。

（3）挥发性低，无毒，不易燃烧，化学稳定性好，凝固点低，不发泡，易再生，黏度小，比热容小。

（4）不腐蚀或腐蚀小，以减少设备投资及维护费用。

(5) 来源丰富，容易得到，价格便宜。

(6) 便于处理及操作，不易产生二次污染。

六、烟气脱硫工艺过程几个相关概念和运行主要变量

1. 脱硫效率

脱硫效率是指脱硫装置脱除 SO_2 的量与未经脱硫前烟气中所含 SO_2 量的百分比，按公式计算如下

$$\eta = \frac{C_{SO_2} - C'_{SO_2}}{C_{SO_2}} \times 100\% \tag{1-24}$$

式中 C_{SO_2}——脱硫前烟气中 SO_2 的折算浓度（过量空气系数燃煤取 1.4，燃油、燃气取 1.2），mg/m^3；

C'_{SO_2}——脱硫后烟气中 SO_2 的折算浓度（过量空气系数燃煤取 1.4，燃油、燃气取 1.2），mg/m^3。

2. 吸收剂利用率（η_{Ca}）

吸收剂利用率（η_{Ca}）等于单位时间内从烟气中吸收的 SO_2 摩尔数除以同时间内加入系统的吸收剂中钙的总摩尔数，即

$$\eta_{Ca} = \frac{\text{已脱除 } SO_2 \text{ 摩尔数}}{\text{加入系统中 Ca 摩尔数}} \times 100\% \tag{1-25}$$

3. 液气比（L/G）

在石灰石湿法 FGD 工艺中，液气比（L/G）（L/m^3）是指吸收塔洗涤单位体积烟气（m^3）需要含碱性吸收剂的循环浆液体积（L）。

$$L/G = \frac{\text{再循环吸收浆液或溶液的流量(L/min)}}{\text{吸收塔出口烟气流量}(m^3/min)} \quad L/m^3 \tag{1-26}$$

液气比决定吸收酸性气体所需的吸收表面。在其他参数一定的情况下，提高液气比相当于增大了吸收塔内的喷淋密度，吸收过程的推动力大，有利于 SO_2 的溶解和吸收，脱硫效率高。但液气比超过一定程度，吸收率将不会有显著提高，而吸收剂及吸收浆液循环泵的功耗急剧增大，运行费用高，同时导致烟气温度下降太大，造成烟道腐蚀。因此，石灰石洗涤吸收塔的液气比一般控制在 $15L/m^3$ 的范围较合适。

4. 吸收塔浆液 pH 值

循环浆液的 pH 值对脱硫效率有重要的影响，也是 FGD 运行中的一个主要控制参数。测定浆液 pH 值的位置多数布置在从反应罐氧化区底部抽出浆液至脱水系统的管道上，也有的布置在混合了新鲜吸收剂浆液的循环浆管上或布置在扰动泵出口的管道上。前一种测得的浆液 pH 值比后一种约低 0.2。

在烟气脱硫过程中，通过自动调节回路控制加入过程中的吸收剂浆量，使浆液的 pH 值等于设定值，并使脱硫效率达到要求。

一方面，浆液池的 pH 值影响 SO_2 的吸收过程。pH 值升高，由于浆液中有较多的 $CaCO_3$ 存在，液相传质系数增大，SO_2 的吸收速率增大，但不利于石灰石的溶解，且系统设备结垢严重。浆液 pH 值降低，虽利于石灰石的溶解，但 SO_2 的吸收速率减小。当 pH 值降到 4.0 以下时，浆液几乎不再吸收 SO_2。

另一方面，pH 值还影响石灰石、$CaSO_4 \cdot 2H_2O$ 和 $CaSO_3 \cdot \frac{1}{2}H_2O$ 的溶解度。随着 pH

值的升高，$CaCO_3$ 溶解度明显下降，而 $CaSO_4$ 的溶解度则变化不大。因此，随着 SO_2 的吸收，溶液 pH 值降低，溶液中 $CaSO_3$ 的量增加，并在石灰石颗粒表面形成一层液膜，而液膜内部 $CaCO_3$ 的溶解又使 pH 值上升，溶解度的变化使液膜中的 $CaSO_3$ 析出，并沉积在石灰石颗粒表面，形成一层外壳，使颗粒表面钝化。钝化的外壳阻碍了 $CaCO_3$ 的继续溶解，抑制了吸收反应的进行。因此，选择合适的 pH 值是保证系统良好运行的关键因素之一。一般控制吸收塔浆液的 pH 值在 5～6，Ca/S 保持在设计值（1.02 左右）内，这样可获得较为理想的脱硫率，同时又使石膏中 $CaCO_3$ 的含量低于 1%。

5. 钙硫比（Ca/S）

钙硫比又称吸收剂耗量比或称化学计量比。定义为脱硫塔内脱硫剂所含钙的摩尔数（mol/h）与烟气中所含 SO_2 的摩尔数（mol/h）的比例（Ca/S），钙硫比相当于洗涤每 1mol SO_2 需加入 $CaCO_3$ 的摩尔数。

$$Ca/S = \frac{\text{加入 } CaCO_3 \text{ 的摩尔数}}{\text{吸收塔进口烟气中的 } SO_2 \text{ 摩尔数}} \tag{1-27}$$

Ca/S 反映单位时间内吸收剂原料的供给量，通常以浆液中吸收剂浓度来衡量。在保持浆液 L/G 不变的情况下，Ca/S 增大，注入吸收塔内吸收剂的量相应增大，引起浆液 pH 值上升，可增大中和反应的速率，增加反应的表面积，使 SO_2 吸收量增加，提高脱硫效率。但钙硫比过大，会引起吸收剂过饱和凝聚，最终使反应的表面减少，钙的利用率下降，不仅浪费了吸收剂，而且影响脱硫效率。因此，石灰石湿法脱硫工艺的 Ca/S 一般控制在1.02～1.05。

6. 浆液循环量的影响

新鲜的石灰石浆液喷淋下来后与烟气接触一次，SO_2 等气体与石灰石的反应并不完全，需要不断地循环反应，以提高石灰石的利用率。运行三台循环泵的脱硫率明显高于只运行两台的。原因是增加了浆液的循环量，提高 L/G 的同时，也就加大了 $CaCO_3$ 与 SO_2 的接触反应时间，从而提高了 SO_2 的去除率。此外，增加浆液的循环量，将促进混合浆液中的 HSO_3^- 氧化成 SO_4^{2-}，有利于石膏的形成。但是，过高的浆液循环量将导致运行费用和初投资增加。

7. 浆液停留时间的影响

（1）吸收塔停留时间，是指液体与烟气在吸收塔中的接触时间。

（2）浆液在反应罐内停留时间（τ_c），又称固体物停留时间，是指 $CaSO_4 \cdot 2H_2O$ 在吸收塔浆液罐（或池）中沉淀、结晶的停留时间。它等于反应罐浆液体积（V）除以吸收塔排浆泵流量（B），即

$$\tau_c(h) = \frac{V}{B} \tag{1-28}$$

浆液在反应罐内停留时间长有助于石灰石浆液与 SO_2 完全反应，使反应生成物 $CaSO_3$ 有足够的时间完全氧化成 $CaSO_4$，形成粒度均匀、纯度高的优质脱硫石膏。但是，延长浆液在反应罐（或池）的停留时间，会导致反应罐的容积增大，氧化空气量和搅拌机容量增大，设备费用和运行成本增加。

8. 吸收液过饱和度的影响

石灰石浆液吸收 SO_2 生成 $CaSO_3$ 和 $CaSO_4$，石膏结晶速度依赖于石膏的过饱和度，在循环操作中，当超过某一饱和度后，石膏结晶会在悬浊液内已经存在的石膏晶体上生长。当相对饱和度达到某一更高值时，就会形成晶核，同时石膏晶体在其他物质表面上生长，导致

吸收塔浆液池表面结垢。此外，晶体还会覆盖那些还未反应的石灰石颗粒表面，造成石灰石利用率和脱硫效率降低。正常运行脱硫系统过饱和度一般应控制在120%～130%。

9. 石膏浆液密度

随着烟气与脱硫剂反应的进行，吸收塔的石膏浆液密度不断升高，通过吸收塔浆液化学成分的取样分析结果可以发现，当密度过大（大于1085kg/m^3）时，混合浆液中$CaCO_3$和$CaSO_4 \cdot 2H_2O$的浓度已趋于饱和，$CaSO_4 \cdot 2H_2O$对SO_2的吸收有抑制作用，脱硫率会有所下降；而石膏浆液密度过低（小于1075kg/m^3）时，说明浆液中$CaSO_4 \cdot 2H_2O$的含量较低，$CaCO_3$的相对含量升高，此时如果排出吸收塔，将导致石膏中$CaCO_3$含量增高，石膏品质降低，而且浪费了石灰石。因此运行中控制石膏浆液密度在一合适的范围内（如某厂控制在1075～1085kg/m^3，也有电厂控制在1120～1180kg/m^3），将有利于FGD的经济运行。

10. 吸收塔内烟气流速的影响

吸收塔内烟气流速是指吸收塔内饱和烟气的表观平均速度。在标准状态下，它等于饱和烟气的体积流量G(m^3/h) 除以垂直于烟气流向的吸收塔断面面积（$\pi D^2/4$），即

$$w_y = \frac{4G}{3600 \times \pi D^2} \quad \text{m/s} \tag{1-29}$$

在其他参数不变，提高吸收塔内烟气流速，一方面可以提高液气两相的流动，降低烟气与液滴间的膜厚度，提高传质系数；另一方面，喷淋液滴的下降速度将相对降低，使单位体积内持液量增大，增大了传质面积，提高脱硫效率。但是，烟气流速增大，则烟气在吸收塔内的停留时间减少，脱硫效率下降。因此，从脱硫效率的角度来讲，吸收塔内烟气流速有一最佳值，高于或低于此烟速，脱硫效率都会降低。

在实际工程中，烟气流速的增加无疑将减小吸收塔的塔径，减小吸收塔的体积，对降低造价有益。然而，烟气流速的增加将对吸收塔内除雾器的性能提出更高要求，同时还会使吸收塔内的压力损失增大，能耗增加。目前，将吸收塔内烟气流速控制在3.5～4.5m/s较合理。

11. 入口烟气参数

烟气温度高，脱硫效率降低。脱硫反应是放热反应。

SO_2浓度高，有利于其扩散，加快反应速度，使脱硫效率提高；但若浓度很高，则效率下降。

O_2浓度高，有利于亚硫酸根向硫酸根的转化，脱硫效率提高；但氧量太大，可能是漏风严重，导致烟气在吸收塔内的停留时间缩短，影响脱硫效率。

飞灰量大，阻碍石灰石消溶，降低脱硫效率，降低副产品的品质，引起脱水系统的堵塞。

12. 石灰石品质

石灰石品质好，有利提高脱硫效率，但价格高，一般要求石灰石纯度90%以上。石灰石颗粒小，表面积大，有利消溶，脱硫效率提高。

13. Cl^-含量

Cl^-含量虽然很小，但对脱硫系统有着重大的影响。首先，在吸收塔中，SO_2、H_2SO_3、H_2SO_4、HCl很快与碱性物质发生反应，生成硫酸钙和氯化钙。由于硫酸钙几乎不溶于水，SO_4^{2-}浓度非常小，可以忽略不计，相比之下，氯化钙却极易溶于水，所以Cl^-的浓度相对较大，其腐蚀影响就比SO_4^{2-}大得多。如果没有被及时排除，降低其浓度，将造成很大的腐蚀破坏。在脱硫系统中Cl^-是引起金属腐蚀和应力腐蚀的重要原因。当Cl^-含量超过$20\,000 \times 10^{-6}$时，不锈钢已不能正常使用，需要用氯丁橡胶和玻璃鳞片做内衬；当Cl^-浓度超过

$60\ 000\times10^{-6}$时，则需更换昂贵的防腐材料。

其次，Cl^-能抑制吸收塔内的化学反应，改变 pH 值，降低 SO_4^{2-} 去除率，消耗石灰石等吸收剂。氯化物还能抑制吸收剂的溶解，由于抑制了石灰石的溶解，使石膏中的石灰石含量增加。而工业要求较高品质的石膏中，石灰石含量不超过 2%。并且，Cl^-含量的增加会造成石膏脱水困难，使其含水量大于 10%。Cl^-含量，增加严重降低石膏品质，因为工业上对石膏中的 Cl^- 含量有严格的要求，Cl^- 超标会使石膏板不能成型，很难综合利用。氯化物的增加，还会使吸收液中不参加反应的惰性物质增加，浆液的利用率下降，要达到预想的脱硫率，就得增加溶液和溶质，这就使得浆液循环系统的电耗增加。

综上所述，氯在系统中主要以氯化钙形式存在，去除困难，影响脱硫效率，后续处理工艺复杂，设计工艺中必须充分考虑其影响。向浆液池内鼓风可减轻氯化钙的不利影响，通过提高液气比也可弥补吸收剂碱度的损失。

14. 脱硫塔的类型及结构

脱硫塔的类型及结构对脱硫效率有较大的影响，为了保证较高的脱硫效率，同时防止结垢和堵塞，要求脱硫塔具有持液量大，气液间相对速度高，较大的气液接触面积，吸收区长，气液接触时间长，内部构件少，压降小等特点。

15. 脱硫装置的可利用率

脱硫装置的可利用率定义为

$$可利用率=\frac{A-B-C}{A}\times100\% \tag{1-30}$$

式中　A——脱硫装置统计期间可运行小时数；

B——脱硫装置统计期间强迫停运小时数；

C——脱硫装置统计期间强迫降低出力等效停运小时数。

复 习 思 考 题

1-1　SO_2 主要危害有哪些？

1-2　简述火电厂烟气脱硫的工艺特点、烟气脱硫装置的特殊性、烟气脱硫装置的类型。

1-3　试述石灰石—石膏湿法烟气脱硫工艺。

1-4　试述石灰石—石膏湿法烟气脱硫工艺的主要特点。

1-5　石灰石湿法烟气脱硫工艺中，脱硫反应速率取决于什么？

1-6　石灰石—石膏湿法烟气脱硫系统主要包括哪些子系统？

1-7　在石灰石湿法 FGD 中，什么叫液气比（L/G）？L/G 对脱硫效率有何影响？如何选择 L/G？

1-8　在石灰石湿法 FGD 中，什么叫钙硫比（Ca/S）？Ca/S 对脱硫效率有何影响？如何选择 Ca/S？

1-9　用化学方程式说明在吸收塔中脱除 SO_2 的过程。

1-10　浆液 pH 值是怎样影响浆液对 SO_2 的吸收的？

1-11　分析吸收塔内石膏浆液密度对脱硫效率的影响。

1-12　什么是脱硫效率？

第二章

石灰石浆液制备系统及设备

第一节 石灰石成分

一、石灰石成分

锅炉排烟中的 SO_2 是一种酸性气体，FGD 系统需用一种碱性物质来中和排烟中的 SO_2，从理论上说，只要能中和 SO_2、反应速度有实际利用价值的碱或酸性低于 H_2SO_3 的弱碱盐都可以作为脱除 SO_2 的吸收剂，常用的脱硫剂有石灰石（$CaCO_3$）、生石灰（CaO）、消石灰［$Ca(OH)_2$］及白云石（$CaCO_3 \cdot MgCO_3$）等。但分布广泛，储量丰富，可以就地取材、价格低廉、无毒、无害的石灰石（$CaCO_3$）正被普遍采用。

石灰石也叫方解石，主要成分是碳酸钙（$CaCO_3$），同时混有白云石、砂和黏土等杂质。在组成地壳的物质中，就丰度而言，石灰石仅次于硅酸盐岩石，居第二位，几乎在世界各地都能找到这种矿石。纯碳酸钙（$CaCO_3$）是一种白色晶体或粉末，密度为 2700～2950kg/m^3，分子量为 100.09，其摩氏硬度值（MOH）为 3，易被小刀划伤。加入 10%稀酸盐能产生二氧化碳（CO_2）气体。石灰石经煅烧（大于 850℃）后放出 CO_2，生成石灰 CaO。由石灰石矿开采出来的石灰石一般含有杂质呈淡黄色、玫瑰色、褐色等。

石灰石在海洋中沉积数量最大。如海水蒸发、钙离子浓度增高可使碳酸钙开始无机作用产生石灰石，或由海洋中的各种生物遗骸（珊瑚、有孔虫、贝壳、藻类）堆积而成。

目前燃煤电厂烟气脱硫用石灰石所关注的性能指标主要是石灰石的成分和纯度、石灰石的活性以及可磨性系数等。在石灰石湿法烟气脱硫系统中，石灰石的纯度一般以碳酸钙（$CaCO_3$）表示。根据 FGD 几十年积累的运行经验，通常要求石灰石中碳酸钙（$CaCO_3$）的质量百分比含量高于 90%，含量太低则会由于杂质较多给运行带来一些问题，造成吸收剂耗量和运输费用增加，石膏纯度下降，对抛弃工艺还将增加固体物废弃费用。

石灰石的活性可以用消溶速率来表示。在石灰石颗粒粒度和消溶条件相同的情况下，消溶速率大则活性高。其他条件相同时，活性较高的石灰石在保持相同的石灰石利用率的情况下，可以达到较高的 SO_2 脱除率。或在获得相同的 SO_2 脱除率情况下，活性高的石灰石利用率高。石灰石的消溶速率定义为单位时间内被消溶的石灰石的量。石灰石的消溶率定义为被消溶的石灰石的量占石灰石总量的百分比。在相同的消溶时间内，石灰石消溶率大，则其消溶速率高。

二、石灰石的选择

石灰石可供选择的方案有以下三种：

（1）直接购置粒度符合要求的粉状成品，加水搅拌制成石灰石浆液；

（2）购置一定粒度要求的石灰石碎块，经石灰石湿式球磨机磨制成石灰石浆液；

（3）购置石灰石碎块，经石灰石干式磨粉机制成石灰石粉，加水搅拌制成石灰石浆液。

目前，脱硫系统中所用的吸收剂石灰石通常以破碎的石块（小于 50mm）由卡车、火车和驳船运抵发电厂。它必须进一步破碎并磨制成粒度较小的颗粒，以提高表面积和反应活性。石灰石可以湿磨，也可以干磨。在把石灰石磨成相同粒度的情况下，干磨系统的投资比湿磨系统大30%左右，磨制电耗也比湿磨系统大10%～20%，另外，湿磨的产品可直接用于FGD工艺。所以，多数脱硫系统采用湿式球磨机系统，在球磨机中把石灰石磨制成可以用泵输送到吸收塔去的浆液。石灰石浆液磨制的好坏直接影响脱硫系统的运行参数和性能，如液/气比、钙/硫摩尔比等，最终还会影响脱硫石膏的质量。石灰石浆液制备供给系统为FGD公用系统，该系统一般由石灰石破碎系统、石灰石浆液制备系统、石灰石供浆系统组成。按功能分为原材料接收和储存、吸收剂配制以及吸收剂浆液的储存。本章将介绍这些设备的特点和布置。

第二节　石灰石破碎系统

一、系统组成

破碎系统一般设两套，由地磅、卸料斗、振动给料机、除铁器、立式破碎机、斗式提升机、皮带（螺旋）输送机、石灰石储仓和布袋除尘器等设备组成，见图2-1。

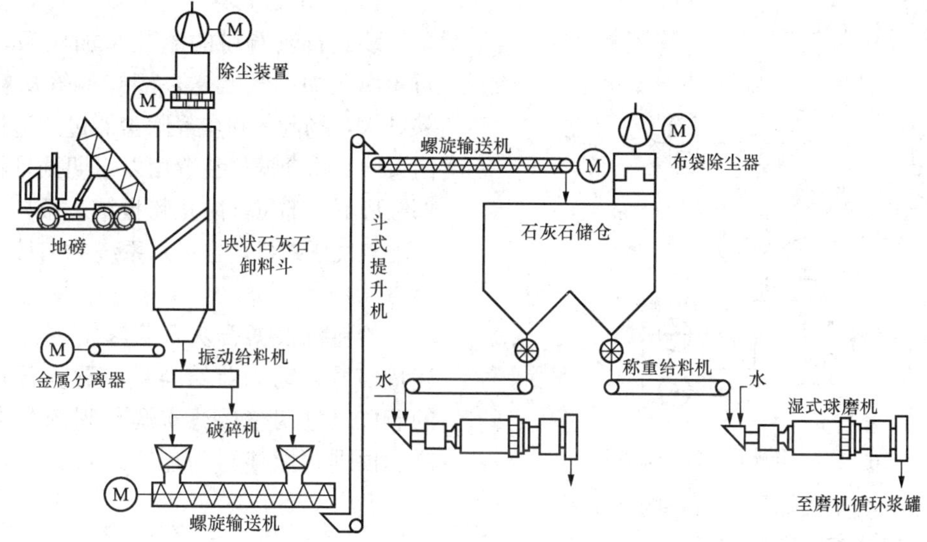

图2-1　某电厂FGD系统石灰石进料、破碎和研磨工艺流程

二、工艺流程

卡车将一定粒径（粒度小于50mm）的石灰石运输进厂，经电厂汽车衡计量后，卸入石灰石堆放场地（储存棚和日储料仓），储料一般可供FGD系统3～7天。根据FGD系统运行需求量，由卡车将石灰石运至破碎系统的地下受料斗，地下受料斗进口设置了格栅防止大颗粒物料进入。通过受料斗底部振动给料机，经金属分离器后，将石料送入环锤式破碎机，经一级破碎后的石料（粒度小于10mm）由螺旋给料机送入斗式提升机，再经仓顶部的螺旋输送机将石料送到石灰石储仓，存料可供FGD系统使用2～3天。石灰石储仓口下设2台封闭式称重皮带给料机，将石料给入湿式球磨机入口。块状石灰石卸料斗和石灰石储仓上均设有布袋除尘器，防止石料卸下时粉尘飞扬，污染工作场所环境，标准情况下，除尘器排气的最大粉尘含量小于50mg/m^3。我国一些电厂由于受场地限制，FGD系统不设石灰石储存棚和日储料仓，只设置一个破碎后的石灰石储仓，直接向湿式球磨机供料。其流程为：卡车运来石灰

石⟶卸料斗⟶金属分离器⟶振动给料机⟶破碎机⟶螺旋输送机⟶斗式提升机⟶螺旋输送机⟶石灰石储仓⟶称重给料机⟶湿式球磨机。

第三节 石灰石浆液制备系统

一、干式石灰石浆液制备系统（外购石灰石粉厂内制浆系统）

（一）系统组成

干式石灰石浆液制备系统的石灰石粉制备一般与FGD不在同一区域，通过外购或异地加工获取。该系统包括石灰石粉罐装车、卸料管、粉仓、除尘器、给料机、粉仓振打装置、石灰石浆液罐、顶进式搅拌器、供浆泵、密度计和调节门等设备。该系统完成石灰石粉储备、合格石灰石浆液的调配功能。图2-2所示为干式石灰石浆液制备系统。

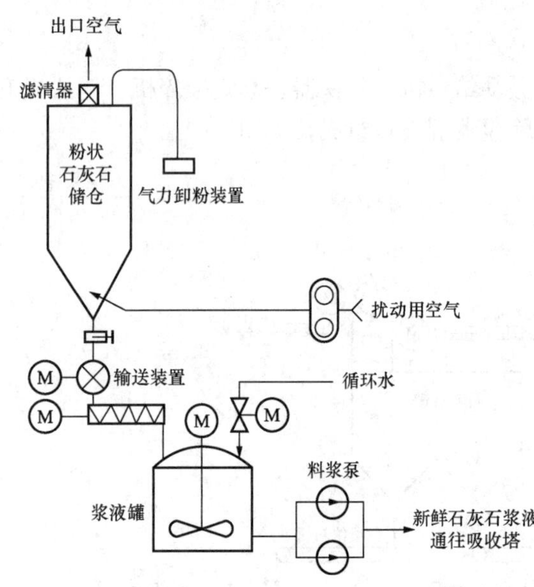

图2-2 石灰石浆液制备系统

（二）工艺流程

装载石灰石粉的罐装车加压后，石灰石粉由压缩空气吹送，经卸料管从粉仓顶部进入，扬起的粉尘经除尘器过滤达标后排向大气。粉仓振打装置用以定期振打粉仓底部锥形下料部位，防止粉板结。振打装置可自配空气压缩机，也可从系统中引接一路压缩空气。

给料机根据石灰石浆液密度计的在线测量信号自动调节给料量，石灰石浆液罐的液位通过调整过滤水调节阀的开度来控制。顶进式搅拌器为连续运行方式，不断地搅拌石灰石浆液罐的浆液，防止沉淀。

二、湿磨石灰石浆液系统

（一）系统组成

应用于FGD系统的湿磨石灰石球磨机主要有两种：图2-3所示的卧式球磨机和图2-4所示的立式球磨机或称塔式球磨机。石灰石湿式浆液制备系统由湿式球磨机和相关辅助设备组成。一般设置两套石灰石浆液制备系统，主要设备包括称重给料机，湿式球磨机，一、二级再循环箱，搅拌器，一、二级再循环泵，一、二级石灰石浆液旋流器，调节阀及相应的辅助设备。

湿式石灰石浆液制备系统是将一定比例的石灰石和过滤水加入湿磨内的滚筒里，直接磨制出合格的石灰石浆液，浆液的细度为$P_{80}<23\mu m$，浓度为25%。

（二）工艺流程

目前，脱硫系统石灰石浆液的制备主要选择卧式球磨机，见图2-3。装有钢球的滚筒旋转速度为15～25r/min。来自石灰石仓预破碎的石灰石（颗粒度不大于10mm）经称重给料机从滚筒的一端进入湿磨机，同时根据称重给料量信号和磨机循环浆罐的浆液密度信号调节

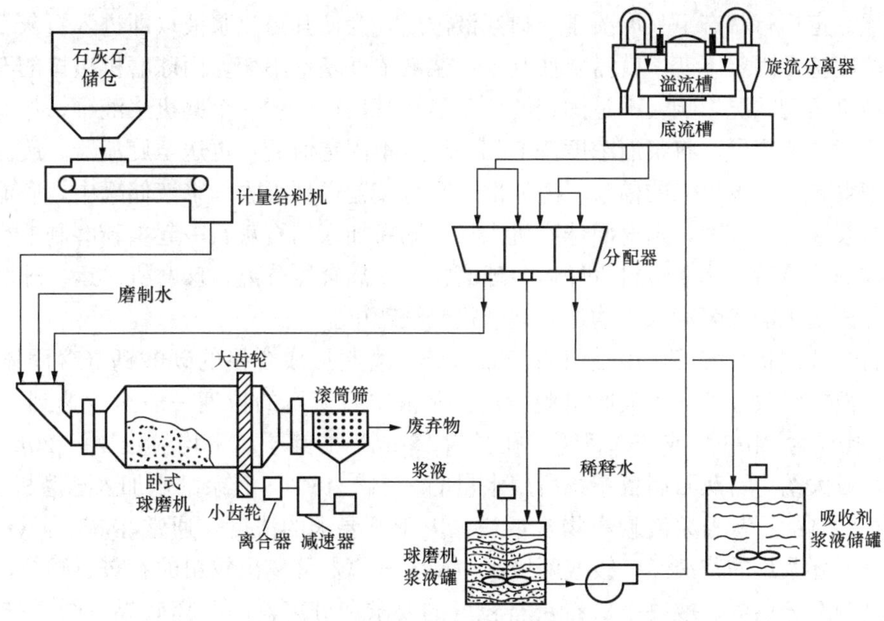

图 2-3　卧式球磨机系统

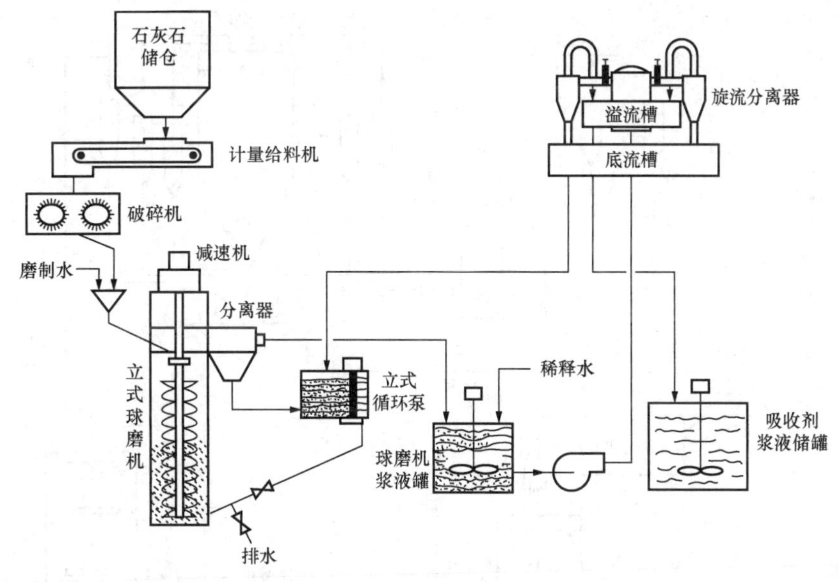

图 2-4　立式球磨机系统

加入磨机的供水量，供水可以是工业水或石膏浆液旋流器的溢流或真空皮带机过滤水。碾磨后的浆液从另一端排出。球磨机出口有一套反向旋转的螺旋片，在其旋转的过程中把钢球推回球磨机。球磨机出口还有一个带有小孔的圆柱形筛网，吸收剂浆液通过小孔排放到球磨机浆液箱中，而钢球和大颗粒杂物留在球磨机中。没有磨碎的石头、杂物和钢球碎片通过出口螺旋片，经斜槽，而不通过筛网，排往废弃物漏斗中。

球磨机将碾磨后的浆液排入装有搅拌器的浆罐中进行储存和调制。在闭路石灰石浆液制备系统中，球磨机浆液罐中的石灰石浆液被输送到旋流器，由于石灰石旋流器溢流的浆液浓度在旋流器稳定运行状态下只取决于入口浆液浓度，为使其溢流浆液（即进入石灰石浆液箱的浆液）浓度基本固定不变，就需要使其入口浆液浓度基本不变。而球磨机出口的石灰石浆液浓度受磨机运行状况影响，不是固定的，于是在其出口设置一个磨机浆液罐，作为缓冲容器和浆液浓度调节容器，将浆液浓度调节到一个基本固定值后，再送至旋流器。旋流器分离粗颗粒和细颗粒。分离出来的稀浆（溢流部分）直接输送到吸收剂浆液储罐中，底流浓缩部分的石灰石浆液粒径较大，则返回球磨机入口，同新加入的石灰石一起重新磨制。当制备了足够的吸收剂浆液后，称重给料机停运，球磨机驱动离合器分离，球磨机停运。球磨机停运后旋流器分离出来的稀浆和浓浆均送入球磨机浆液罐中。

石灰石浆液制备系统的作用是将石灰石破碎、磨制形成合格的碳酸钙（含固体物 65%的石灰石浆液）吸收浆液，供吸收塔脱硫用。浆液中石灰石的粒度一般至少达到 90%通过 325 目筛（孔径为 44μm）或 250 目筛（孔径为 63μm）的筛子，平均粒径 10～20μm。球磨机入口加水量大约为石灰石制备系统所用水量的 25%～45%，其余的水加入球磨机浆液箱。

球磨机磨制的石灰石浆液颗粒物含量往往大于所要求的浓度，通常在 55%(wt) 左右，卧式球磨机循环浆罐的浆液经一级或两级水力旋流分离器分离出较粗的石灰石颗粒，至于采取一级还是两级分离器，取决于对石灰石粒度的要求和分离器的分离效果。图 2-5 是一个二级水力旋流分级石灰石浆液的流程。

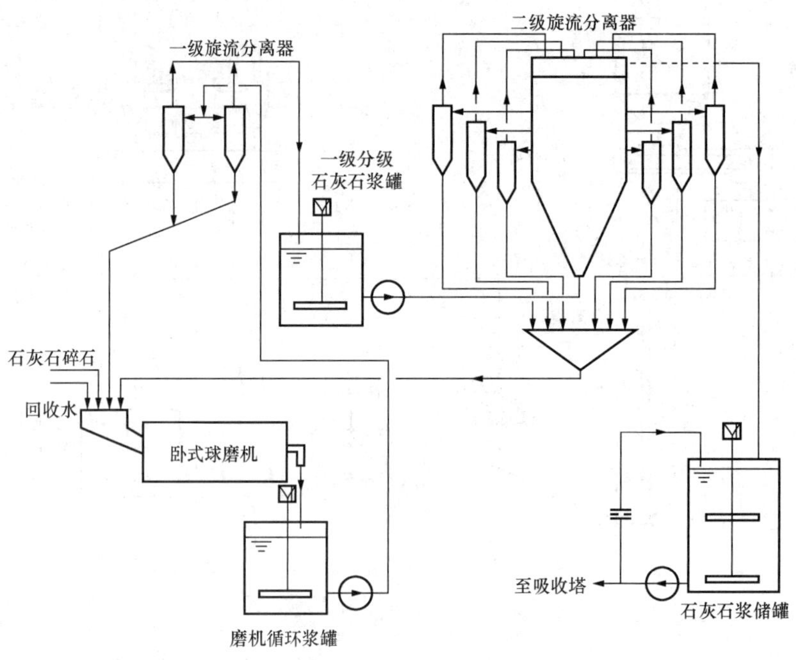

图 2-5 二级水力旋流分离石灰石浆液制备系统

浆液系统设有冲洗水系统，在浆液系统设备停运时，为不使存留浆液沉淀板结，必须用水冲洗干净。

通常吸收剂浆液制备系统的出力大于脱硫系统满负荷运行时吸收剂的消耗量，一般为脱硫系统最大消耗量的 150%，其流程为

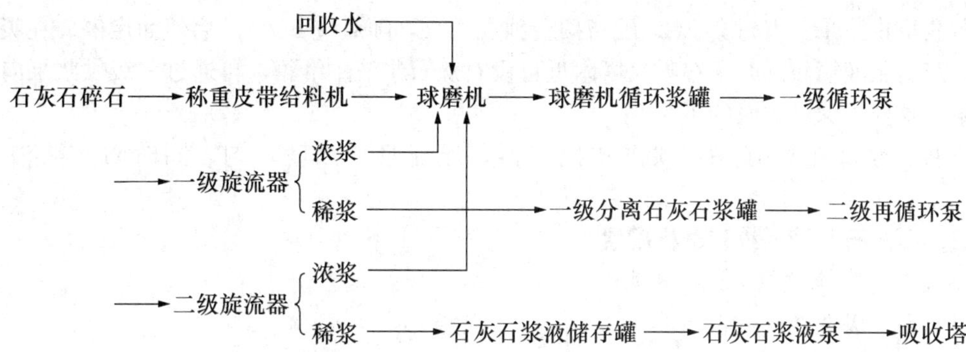

第四节　石灰石供浆系统

一、系统组成

石灰石浆液供给系统是向吸收塔供给适量石灰石浆液，浆液量由烟气中 SO_2 总量决定。系统由石灰石浆液输送泵、石灰石浆液箱、中继箱、密度计及调节门等组成，如图2-6所示。

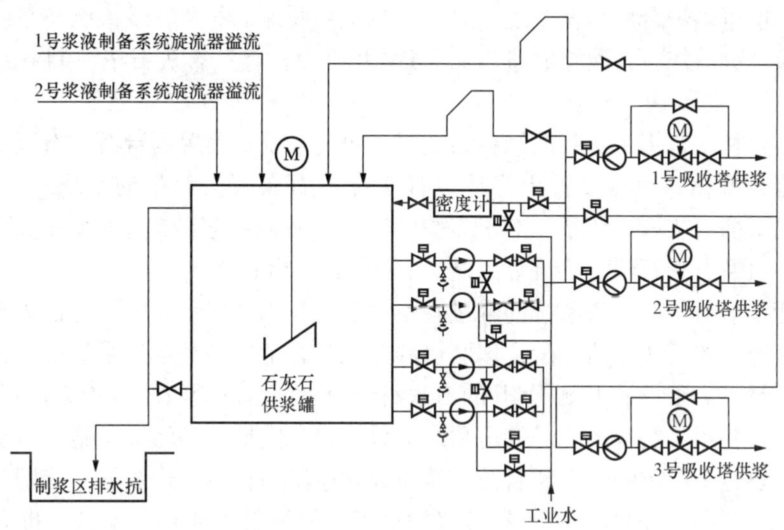

图2-6　某电厂石灰石供浆系统

二、工艺流程

将制备合格的吸收剂浆液送入石灰石浆液箱（罐）中，吸收剂浆液箱配有吸收塔供浆泵，在泵的出口管路上设置有返回吸收剂浆液箱的管道，在返回管路上安装吸收剂浆液密度仪，测量供入吸收塔的吸收剂浆液密度，作为球磨机一级再循环箱过滤水调节阀的主调量信号，用以控制吸收剂制备系统各浆液固体物浓度和调节吸收塔吸收剂供浆流量。表2-1给出了球磨机和吸收剂浆液箱浆液的典型固体物浓度。

表2-1　　典型固体物浓度　　%

用　途	球磨机中固体物浓度		球磨机和吸收剂浆液箱浆液的典型固体物浓度
	卧　式	立　式	
石灰石磨制	65～70	50～60	25～40
石灰消化	30～35	25～28	20～25

吸收塔供浆泵一般每套FGD配备两台独立的泵，随对应FGD的启停而启停。在吸收塔距离石灰石浆液箱较远时，在吸收塔附近可设石灰石浆液中继箱，再通过二级供浆泵向吸收塔供浆，这样可保证供浆的可靠性。

石灰石浆液箱设有一台顶进式搅拌器，保证浆液浓度均匀，同时防止浆液沉淀结块。

三、石灰石浆液系统和磨机配置

1. 对石灰石球磨机系统的要求

(1) 高分级性能；

(2) 最终产品细度小于44μm颗粒90%以上；

(3) 湿磨系统防磨、防腐性能；

(4) 低检修维护性能；

(5) 低噪声水平（满足法定要求）。

2. 石灰石浆液系统和磨机配置的一般原则

(1) 300MW及以上机组厂内石灰石浆液制备应每2台机组合用一套制备系统，当规划容量明确时，也可多炉合用一套系统。对于一台机组脱硫的石灰石浆液制备系统宜配置一台球磨机，相应增大石灰石浆液箱容量。200MW及以下机组厂石灰石浆液制备系统宜全厂合用一套系统。

(2) 当2台机组合用一套浆液制备系统时，每套系统宜设置两台石灰石湿式球磨机及石灰石浆液旋流分离器，单台设备出力按设计工况下石灰石消耗量的75%选择，且不小于50%校核工况下的石灰石消耗量。对于多炉合用一套石灰石浆液制备时，宜设置$n+1$台石灰石湿式球磨机及石灰石浆液旋流分离器，n台运行一台备用。

(3) 每套干磨石灰石制备系统的容量宜不小于150%的设计工况下的石灰石消耗量，且不小于校核工况下的石灰石消耗量。球磨机的台数和容量应经综合技术经济比较后确定。石灰石浆液箱容量不小于设计工况下4h的石灰石浆液量。每座吸收塔设置2台石灰石浆液泵，一台运行，一台备用。制备系统、储运系统应设防止二次扬尘等污染措施。石灰石浆液制备系统中的管路要经受严重的磨损和腐蚀。获得成功应用的材料有橡胶管（特别是与泵连接管路）、超高密度聚乙烯（EHDPE）、玄武岩衬里钢、衬塑管道或玻璃钢管。也有些用户采用厚壁碳钢，定期更换磨损部件。管内介质流速选择既要考虑避免浆液沉淀，也要考虑管道磨损和压力损失尽可能小。

浆液管道上的阀门宜选用蝶阀，尽量少用调节阀。阀门的通流直径宜与管道一致。浆液管道上应有排空和停运自动冲洗的措施。

第五节 主要设备

一、卧式球磨机

1. 工作原理

由6kV异步电动机通过减速器与小齿轮连接，直接带动环绕球磨机的大齿轮减速传动，驱动球磨机筒体旋转。筒体内部装有适量的磨矿介质——不同直径对应不同比例的钢球，钢球在旋转筒体离心力和摩擦力作用下，被提升到一定高度，呈抛物线落下，欲磨制的一定尺寸的石灰石与一定比例的水连续不断的进入筒体，被运动着的钢球击碎，通过溢流和连续给料的作用将浆液排出机外，流入一级循环浆液箱，如图 2-3 所示。

第一次启动球磨机时，应向球磨机中装入不同尺寸的钢球，直径为 19～750mm。石灰石球磨机的装球量通常为 40%～50%。运行期间，由于钢球的磨损，直径逐渐变小，所以要定期地向球磨机中加入大直径的钢球，以维持钢球尺寸分配合理，保证球磨机出力。钢球由含铬 17%以上的耐磨、耐冲击材料制成，硬度不小于 HB620。

2. 组成及结构特点

卧式湿磨机主要由主电动机、主减速器、传动部、回转部、主轴承、起重装置、给料管、下料管、出料装置、环形密封、基础部、喷射润滑油系统及轴承冷却水系统组成。

回转部分包括进料端、筒体及出料端。筒体内壁及进料端、出料端盖装有橡胶衬板，并在内壁衬 4mm 厚胶。筒体采用整体式结构，与进料端、出料端盖采用外接型法兰连接。筒体上开有外盖式磨门两个，以便检修筒体内部各损件、装卸钢球及对磨内物料采样。

球磨机润滑系统包括两个独立的油泵，分别提供顶推润滑和喷淋润滑。在启动之前，顶推润滑油泵将高压油送到支撑球磨机转轴的两个滑动轴承的底部，顶起球磨机转轴，在主轴和轴瓦之间建立起油膜，防止转轴与轴瓦发生干磨并减小启动力矩，保证球磨机启动和运行安全。喷淋油泵在运行过程中，采用喷雾装置，周期性喷射定量的润滑油到齿轮工作面和各轴承顶部，起润滑和冷却作用。美国卧式球磨机传统采用滑动轴承，欧洲通常采用滚动轴承。滚动轴承比较便宜，而且不用轴承油泵。

一般推荐使用黏度大于 680 的工业润滑油。润滑油和油脂系统配有拌热装置，以确保在寒冷的气候条件下球磨机能正常运行。

球磨机的冷却水取自工业水系统。作用是冷却主轴瓦和润滑油。

卧式球磨机是湿式 FGD 系统流行采用的研磨设备，具有容量大、对进料粒径要求宽、有很高的粉碎度、耐磨损、操作简单、易于控制以及维修工作少等特点。

二、立式球磨机

1. 工作原理

由异步电动机通过减速器，驱动螺旋搅拌器旋转。钢球和石灰石在筒体内上下相互交换，在钢球的重压和螺旋回转产生的挤压力作用下，利用摩擦、少量冲击和剪切而有效地粉碎石灰石。石灰石从球磨机的顶部加入，溢流口也靠近球磨机顶部。球磨机循环泵的设计应使球磨机内部浆液向上的流速为一最佳值，将细颗粒带离球磨机，而大颗粒留在球磨机中。球磨机顶部的分离器把浆液中粗颗粒分离出来，带有粗颗粒的浆液通过球磨机循环泵返回到球磨机的底部，重新磨制。合格的细浆排入装有搅拌器的浆液罐中。用来磨制石灰石的立式球磨机通常采用旋流器，它类似于闭路循环卧式球磨机系统中的旋流器，见图 2-4。

立式球磨机比卧式球磨机轻得多，因为它的外壳是静止的，内部的螺旋搅拌器以 28～85r/min 的转速旋转，直径较大的球磨机以较低的转速运行。螺旋搅拌器的旋转将球磨机中心的钢球从底部提升到顶部，然后缓慢地从外壳的周围落入球磨机的底部。螺杆从顶部插入球磨机中，螺杆在磨制介质中的部分无支撑轴承。

2. 组成及结构特点

立式湿磨机主要由机体、螺旋搅拌器、驱动装置和塔内的研磨介质——钢球等四部分组成。这种研磨机使钢球和石灰石在筒体内作整体的多维循环运动，将能量更为直接地传递给钢球而不是沉重的罐体。与典型的卧式球磨机相比具有以下优点：①基础制作简单，易安装，可节省安装时间50%～70%；②设备布置灵活，占地较少；③噪声较小，耗能较低，磨制相同细度的石灰石浆液立式球磨机（包括破碎相同）耗能比卧式球磨机节能30%～40%；④当采用水力旋流器作为最终的分级装置时，可降低分离过程中的循环负荷。循环负荷的含义是指：水力旋流分离器的底流流量比进浆流量。循环负荷降低意味着可以采用较小的水力旋流器。但立式球磨机对进料粒径、粒径的级配、钢球大小等要求较高，只适合碾磨直径小于6mm的石灰石颗粒。立式球磨机的这些特点使其成功地应用于当前一些FGD系统中，而且具有较好的前景。

三、石灰石料仓

石灰石料块直径大多在20～50mm，主要依靠重力向称重皮带供料。为了防止堵塞，石灰石料仓下部锥角通常为50°～60°。

四、石灰石粉仓

在石灰石粉仓中，石灰石粉很细，一般的FGD要求石灰石粉细度44μm颗粒达95%以上，由于石灰石粉密度低，具有一定的黏附性和荷电性，因此，石灰石粉仓的锥角通常大于45°～55°。

由于实际运行工况复杂，石灰石粉结块、搭桥等现象导致粉体流动不畅的情况时有发生，因此，需要用流化风机向仓内鼓入干燥空气，搅拌石灰石粉，使其呈流态化。通常流化气体压力为0.2～0.5MPa。

石灰石料仓和石灰石粉仓均设有布袋除尘器，储仓充料时的排气经除尘后方可排入大气，最大含尘量小于50mg/m^3。储仓应配有料位计，与磨机相应的出料口与关断阀，密封的人孔门与顶部观测孔，维护用楼梯与平台等。

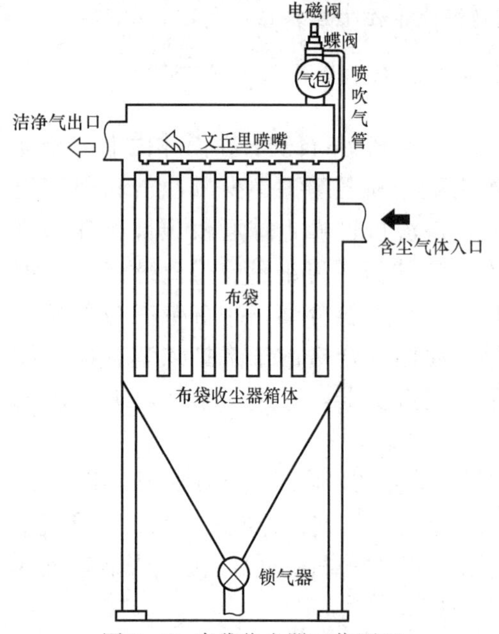

图2-7 布袋收尘器工作原理

五、布袋收尘器

工作原理如图2-7所示，含尘气体从入口门流入，撞在挡板上，改变流动方向，结果粗颗粒粉尘直接落入灰斗，细颗粒的含尘气体通过滤布层时，粉尘被阻留，空气则通过滤布纤维间的微孔排走。在过滤过程中，由于滤布表面及内部粉尘搭拱不断堆积，形成一层由尘粒组成的粉尘料层，显著地改善了过滤作用，气体中的粉尘几乎全部被过滤下来。随着粉尘的加厚，滤布阻力逐渐增加，使处理能力降低。为保持稳定的处理能力，必须定期清除滤布上的部分粉尘层。由于滤布绒毛的支撑作用，滤布上总有一定厚度的粉尘清理不下来成为滤布外的第二过滤介质。过滤后的干净气体从布袋管顶排出。

主要部件包括漏斗、箱体、气囊板、滤布袋、反吹扫设备和排气装置等。

六、斗式提升机

工作原理：斗式提升机主要用于垂直输送粉状、颗粒状及小块状的物料。工作方式是用链连接着一串料斗牵引构件，环绕在斗式提升机的头轮与底部尾轮之间构成闭合环链，动力从头轮一端输入。输送的物料由下部进料口喂入，被连续向上运动的料斗舀取、提升，由上部出料口卸出，从而实现垂直方向物料输送，如图 2-8 所示。

主要部件包括头部、大链轮、传动链条、小链轮、电动机、减速机、驱动座、驱动平台、中间壳体、输送料斗、观察盖和尾部等。

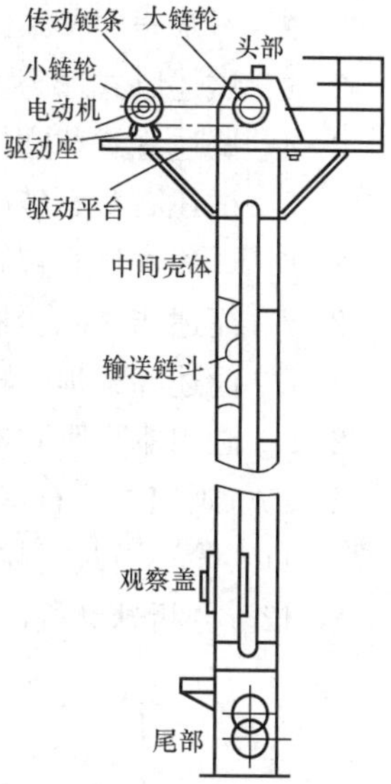

图 2-8 斗式提升机构造

七、皮带输送机

工作原理：一条闭合的胶带绕在传动滚筒和改向滚筒上，并由固定在机架上的上拖辊和下拖辊支撑。驱动装置带动传动滚筒回转时，由于胶带通过拉紧装置张紧在两滚筒之间，便由传动滚筒与胶带间的摩擦力带动胶带运行。物料从漏斗加至带上，由传动滚筒处卸出，如图 2-9 所示。

主要部件分别叙述如下。

输送带：输送带起曳引和承载作用。目前用作输送带的有橡胶和聚乙烯塑料带两种。

托辊：用于支撑运输带和带上物料的质量，减少输送带的下垂度，以保证稳定运行。

驱动装置：作用是通过传动滚筒和输送带间的摩擦传动，将牵引力传给输送带，以牵引输送带运动。

改向装置：胶带输送机在垂直平面内的改向一般采用改向滚筒。

拉紧装置：作用是拉紧胶带输送机的胶带，限制带在各支撑托辊间的垂度和保证带中有必要的张力，使带与传动滚筒之间产生足够的摩擦引力，以保证正常工作。

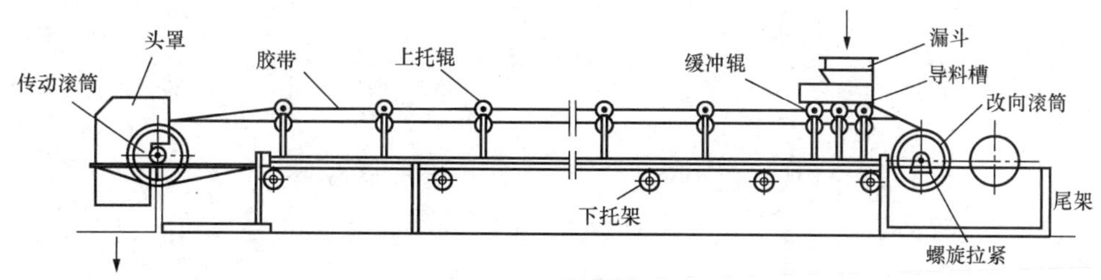

图 2-9 皮带输送机构造

清理装置：为了有效地输送物料，防止物料中的黏性物质黏结在皮带上，同时保护输送带，在尾部滚筒前装有空段清扫器，用以清扫输送带非工作面的物料，头部滚筒处装有弹簧清扫器，用以清扫卸料后仍黏附在输送带工作面上的物料。

八、预粉碎机

工作原理：电动机经皮带传动，带动主机的主轴旋转，从而使装于主轴上的打击锤在水平面作高速回转。当物料从进口进入作竖向的重力分流时，被高速回转的打击锤撞击而破碎，并随其自身的重力而下落，从排料口及时地排出机腔。

主要部件包括电动机、导轨、主轴、锤头和筒体等。

复习思考题

2-1　石灰石浆液制备系统通常有几种方案?

2-2　石灰石制备系统的作用是什么? 对石灰石粉的粒度有何要求?

2-3　试述卧式球磨机的作用及工作原理。

2-4　试述立式球磨机的工作原理及特点。

2-5　试述石灰石破碎系统的流程。

2-6　试述本厂石灰石制粉系统的组成及工艺流程。

2-7　简述布袋除尘器的作用和工作原理。

2-8　简述斗式提升机的作用及工作原理。

2-9　画出本厂卧式球磨机制浆系统工艺流程示意图。

2-10　画出本厂石灰石卸料系统图。

2-11　简述石灰石粒径对 FGD 系统性能的影响。

2-12　分析球磨机出口浆液罐的作用。

第三章

吸收系统及设备

吸收系统是FGD的核心装置，一般由SO_2吸收系统、喷淋系统、浆液循环系统以及石膏氧化系统等四部分组成。主要设备有吸收塔、再循环泵、除雾器、搅拌器和氧化风机等，烟气中的SO_2在吸收塔内与石灰石浆液进行接触，SO_2被吸收生成亚硫酸钙（$CaSO_3$），在氧化空气和搅拌的作用下于吸收塔底部浆池内最终生成石膏（$CaSO_4 \cdot 2H_2O$）。吸收剂浆液经吸收塔浆液循环泵循环。吸收塔出口烟气中的雾滴经除雾器去除，如图3-1所示。

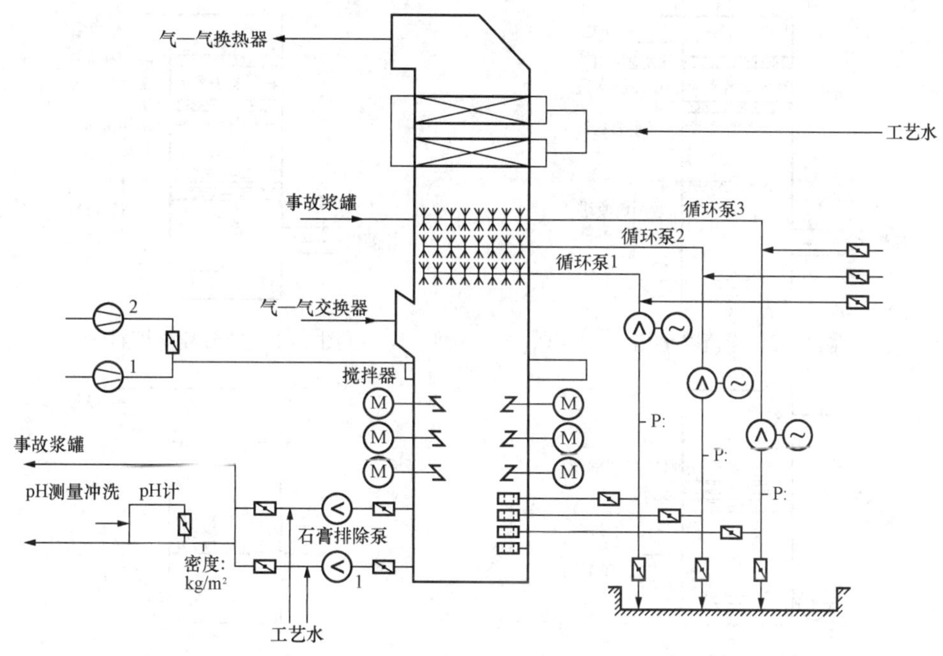

图3-1　吸收塔系统

第一节　吸　收　塔

吸收塔是吸收/氧化系统的主要设备，是脱硫反应场所，在其中完成对有害气体的吸收过程。因此，吸收塔主要功能是吸收原烟气中的SO_2、SO_3、HF、HCl和灰尘，并使脱硫生成物变成合格的石膏晶体。

吸收塔一般为钢制塔体，内衬玻璃鳞片，并具备烟气进出口烟道、人孔门、检查门、钢制平台扶梯、法兰、液位控制、溢流管及所有需要的连接件等。吸收塔除塔体外，还有搅拌器、喷淋层和两级除雾器（聚丙烯百叶窗式）组成。此外，吸收塔还包括浆液循环泵、氧化空气风机和石膏排出泵等。

一、吸收塔类型和特点

按照烟气和循环吸收浆液在吸收塔内的相对流向，可将吸收塔分为逆流塔和顺流塔。目前 FGD 多数为逆流塔。在逆流塔中，喷淋液滴与烟气相对流速较大，液滴在吸收区的停留时间延长，传质效率增大，因此，在其他条件相同的情况下，逆流喷淋塔的吸收效率要高些。顺流塔的优点是可以采用较高的吸收塔烟气流速，较高的烟气流速意味着可减小吸收塔的尺寸，降低成本。因此，有人认为，高速顺流塔也是今后的发展方向。

基于充分利用顺、逆流塔的优点以及减小单个吸收塔的塔径和降低塔高度，也有采用顺、逆流串联组合双塔的流程布置。

按照工作原理分类，目前在石灰石湿法 FGD 工艺中应用较多的吸收塔有：喷淋空塔、喷淋填料塔、喷射鼓泡反应器（简称鼓泡塔 JBR）、双接触液柱塔（Double Contant Flow Scrobber，DCFS）、双循环湿式洗涤器（Double Loop Wet Scrobber，DLWS）、文丘里塔、孔板塔等。下面依次介绍部分吸收塔的特点。典型吸收塔类型如图 3-2～图 3-7 所示。

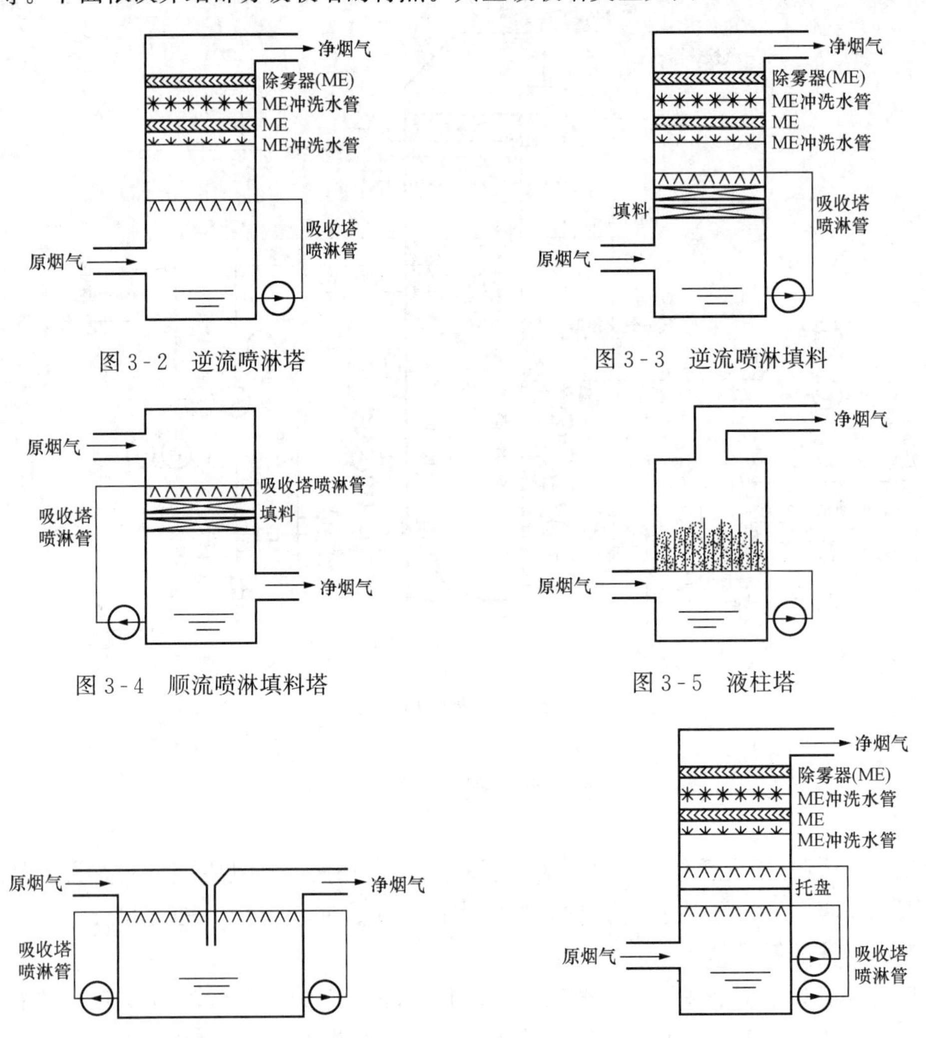

图 3-2 逆流喷淋塔

图 3-3 逆流喷淋填料

图 3-4 顺流喷淋填料塔

图 3-5 液柱塔

图 3-6 顺流逆流喷淋塔

图 3-7 喷淋加托盘塔

（一）喷淋空塔（或喷雾塔）

1. 喷淋空塔工作原理

喷淋空塔是石灰石湿法 FGD 装置中的主流塔型，采用烟气与浆液逆流接触方式布置。

如图 3-2 和喷淋空塔立体图 3-8 所示。塔体的横截面可以是圆形或矩形。吸收原理是：烟气从塔的下部进入吸收塔，然后向上流动，在塔的较高处布置了数层喷淋管网，循环泵将循环浆液经喷淋管上的喷嘴喷射出雾状液滴，形成吸收烟气 SO_2 的液体表面。含 SO_2 的烟气与石灰石浆液的雾滴接触时，SO_2 被吸收。烟气中的 HF、HCl 和灰尘等大多数杂质也在吸收塔中被去除。被吸收的 SO_2 与浆液中的石灰石反应生成亚硫酸盐，进入塔底部的浆池（氧化池或浆罐），浆池中设有空气分配管和搅拌器。浆液中的 $CaSO_3$ 在外加空气的强烈氧化和搅拌作用下，由氧化空气氧化生成硫酸盐 $CaSO_4$，转化成 $CaSO_4 \cdot 2H_2O$（石膏），便是石膏过饱和溶液的结晶。为了有利于 $CaSO_3$ 转化，氧化池内浆液的 pH 值保持在 5 左右。含石膏、灰尘和杂质的吸收剂浆液部分被排入石膏脱水系统。同时，在吸收塔进口烟道处还提供有工艺水冲洗系统，进行定期冲洗，防止结垢。每层喷淋管布置了足够数量的喷嘴，相邻喷嘴喷出的水雾相互搭接叠盖，不留空隙，使喷出的液滴完全覆盖吸收塔的整个断面。通常一台循环泵对应一个喷淋层。这样可以根据机组负荷、燃料含硫量以及不同工况下所要求的洗涤效率来调整浆液循环泵的投运台数，从而达到节能的效果。

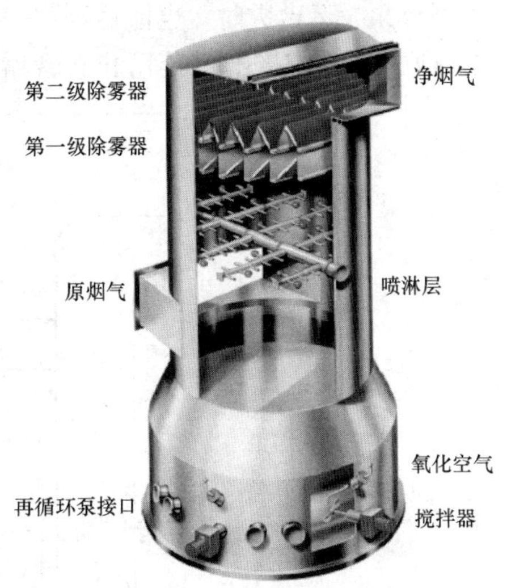

图 3-8　喷淋空塔

在吸收塔去除 SO_2 期间，利用来自循环浆液的水将烟气冷却至饱和温度。消耗的水量由工艺水补偿。为优化吸收塔的水利用，这部分补充水被用来清洗吸收塔顶部的除雾器。吸收塔浆池中浆液的停留时间应能保证可形成优良的石膏晶体，从吸收塔中抽出的浆液被送至石膏旋流器。

在吸收塔顶部设排空阀门。在调试 FGD 及 FGD 系统检修时，排空阀门打开，排除漏进的烟气，使塔内外压力相同，有通气、通风、通光的作用。在 FGD 投运时，排空阀门关闭，保证系统在设计压力下运行，同时避免烟气在系统内冷凝而产生腐蚀。

2. 喷淋空塔的特点

喷淋空塔具有压损小、吸收浆液雾化效果好，塔内结构简洁，不易结垢、堵塞以及检修工作量小等优点。不足之处是，脱硫效率受气流分布不均匀的影响较大，循环浆液泵的能耗较高，除雾较困难，对喷嘴制作精度、耐磨和耐蚀性要求高。

（二）顺流格栅填料吸收塔

1. 顺流格栅填料吸收塔的工作原理

图 3-9 为典型的顺流格栅填料吸收塔，塔顶喷淋装置将脱硫浆液均匀地喷洒在格栅顶部，然后自塔顶淋在格栅表面上并逐渐下流，这样能够形成稳定的液膜。气体通过各填料之间的空隙下降与液体作连续的顺流接触，烟气中的 SO_2 不断被溶解吸收，处理过的烟气从塔底氧化池上经过，然后进入除雾器。

由于填料塔依靠湿化填料表面来获得吸收的液体表面积，因此可采用母管制供给循环吸收浆液，塔内顶部的分支喷浆管和喷嘴数比喷淋空塔少得多，喷嘴结构简单。喷出的浆液呈涌泉状，要求各喷嘴喷出的浆液均匀，有一定的重叠度，确保能覆盖整个格栅面，即使在减少循环泵投运台数时，也能达到这一要求。浆液分布的均匀性直接影响脱硫效率，不间断地湿化吸收塔的各部件才能防止石膏垢的形成。

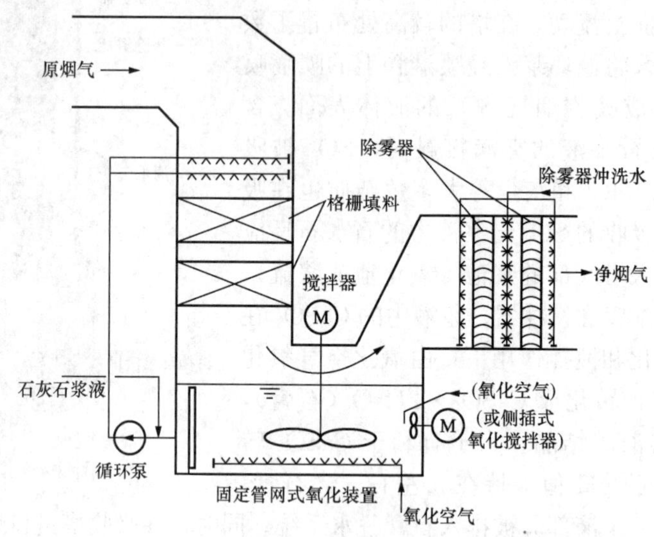

图 3-9 顺流格栅填料吸收塔

2. 顺流格栅填料吸收塔的特点

格栅填料吸收塔要求脱硫浆液均匀分布于填料之上，在格栅表面上的降膜过程要求连续均匀。格栅必须具有较大的比表面积，较高的空隙率，较强的耐腐蚀性，较好的耐久性和强度，以及良好的可湿润性，价格不能太昂贵。在目前的应用中结垢堵塞问题严重，并难以完全克服，而且塔内结构复杂、投资成本高、维护工作量大，所以逐渐被喷淋空塔所替代。

格栅填料吸收塔的优点如下所述。

（1）气—液传质面积大，传质效率高，与喷淋空塔相比可采用较矮的吸收塔，较低的循环总量，可以获得较高的脱硫效率。

（2）格栅床中气—液的高效率接触除了有利于 SO_2 的吸收外，也有利于烟气中的氧气溶解于吸收液中，有助于提高吸收区的自然氧化率，降低反应罐强制氧化量。

（3）烟气侧压损小，适合处理大流量烟气。顺流时吸收塔内烟气流速一般取 5m/s，逆流取 2.5m/s。

某电厂一期 2×360MW 机组的石灰石湿法 FGD 装置采用填料塔，塔内烟气流速 4.3m/s，塔内有效接触高度 14m，塔内烟气停留时间 3.3s，烟气侧阻力 813Pa，液气比 26L/m^3，设计脱硫效率大于 95%。同时配套了复杂的自控系统来防止吸收塔结垢。

（三）喷射鼓泡塔（JBR）

1. JBR 工作原理

具有各种技术特点的 FGD 吸收塔都是要实现排烟与吸收浆液的直接、密切的接触。传统的填料塔和喷淋塔由吸收塔循环泵提供动力，分散吸收浆液，尽可能地扩大气—液接触表面积。在这种气—液两相中，烟气是连续相，而液体是分散相。JBR 独特之处则是，借助增压风机的动力将烟气分散鼓入浆液中，形成一个深约 600mm 的气泡层。与上述情况相反，气体成为分散相，浆液为连续相，以此来实现浆液对烟气中 SO_2 的吸收。

鼓泡塔（Jet Bubble Reactor，JBR）属于鼓泡反应器，反应器的核心区为射流沸腾反应器，如图 3-10 所示。反应器常常布置在锅炉除尘器之后，原烟气在进入 JBR 之前在预洗涤器或 JBR 入口垂直烟道的冷却区中被工艺回收水或 JBR 浆液冷却并饱和。JBR 被上、下隔板分成三个区域，冷却后的烟气进入上、下隔板之间的原烟气分布室，经垂直向下插入浆液中的多根喷射鼓泡管喷入反应罐不断搅动的浆液中，喷射鼓泡管插入浆液的深度 100～400mm。强大的烟气流在反应罐的上层形成一个高 600mm 左右的气泡层，这是气—液传质的主要区域，在此区域中烟气中的 SO_2 与浆液充分接触反应生成亚硫酸钙，氧化空气从鼓泡反应器的底部进入，经分配管均匀分配到浆液中，使亚硫酸钙氧化为硫酸钙。洗涤后的烟气沿烟气提升管向上进入隔板上面的清洁烟气室，再经外置除雾器排往烟囱。该工艺对烟气含尘量的要求较低，在高粉尘浓度条件下，也能较好地运行并获得较高的脱硫效率。

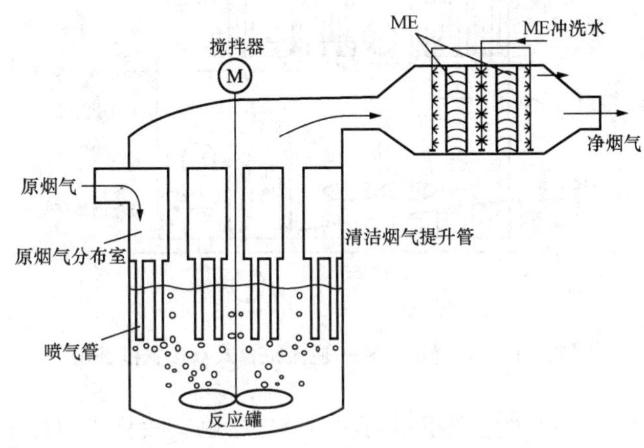

图 3-10　喷射鼓泡反应器（JBR）工作原理图

2. JBR 特点

（1）气相高度分散在液相当中，具有较大的液体持有量和气液接触面，传质和传热效率高，脱硫效率将随之提高。

（2）JBR 通常运行的 pH 值范围是 3～5，这比传统 FGD 吸收塔的 pH 值低得多。如此低的 pH 值，加速了石灰石的溶解和亚硫酸盐的氧化，可以获得高纯度的石膏副产品。也使得 JBR 对石灰石颗粒度的要求较传统的吸收塔低。

（3）由于 JBR 循环流量低（仅作冷却用），对石膏结晶体的磨损小，因此 JBR 生产的石膏晶粒相对较大，易脱水。

（4）省略了再循环泵、喷嘴，将氧化区和脱硫区整合在一起，整个设计较为简洁，降低了投资成本。

（5）JBR 系统阻力大，增压风机电耗占脱硫系统电耗的 60%～80%，反应器占地面积大，需设置多台搅拌器。

日本千代田公司在重庆长寿化工总厂的脱硫工程中采用了该种装置。

（四）液柱脱硫塔（双接触液柱洗涤器 Double Contant Flow Scrobber，DCFS）

1. DCFS 工作原理

DCFS 的结构如图 3-11 所示。它由顺/逆流程的双塔组成，平行竖立于氧化反应罐之上，在逆流塔顶部水平安装二级除雾器，为了便于布置喷浆管，DCFS塔体的截面多为矩形。喷浆管位于反应罐上部，吸收塔循环浆泵将反应罐中的浆液送至喷浆母管，经平行插入塔内的喷浆支管以及喷嘴向上喷出，形成液柱状，其喷射形式如图3-5所示。塔内喷浆支管呈单层布置，也可两层错位布置，因为喷嘴不能重叠。

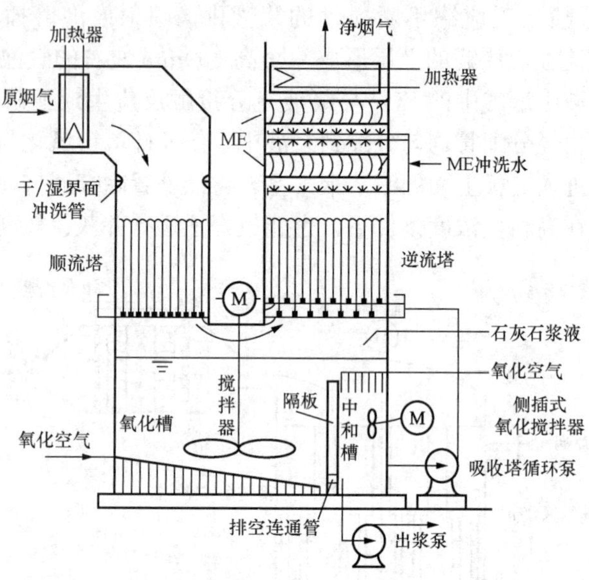

图3-11　珞璜电厂顺—逆流组合式双接触液柱塔

DCFS的吸收过程是，浆液上喷下落两次与烟气接触，故称为双接触液柱塔。密布上喷的液柱与下落的液滴发生剧烈碰撞和扰动形成一个稠密的液滴层，从而获得较大的气—液接触面积。当烟气通过液柱区时，烟气随扰动的吸收液形成湍流，当烟气到达喷嘴附近时，由于喷嘴喷出浆液的初始流速很高，在喷嘴附近形成负压，烟气被高速吸入液柱中产生了气—液密切接触的效果。气—液的湍流和相对流速的提高使气膜和液膜厚度减薄，气、液两相界面得以很快更新，因此显著地提高了传质速率。由于喷出的液膜呈液柱状，液滴的平均直径较喷淋塔大得多，吸收效果主要取决于液柱高度和气、液的相对流速。我国华能珞璜电厂二期工程和日本下关电厂FGD采用了这种类型的洗涤器。

2. DCFS特点

根据珞璜电厂DCFS运行经验，DCFS具有以下特点。

（1）DCFS属于空塔的一种类型，塔内结构简洁。系统能够在比较大的范围内调节，因此对控制水平和脱硫剂粒度要求不高。

（2）传质效率高，脱硫效率不低于95%。除尘效果好。

（3）由于喷浆管布置在塔的底部，喷嘴结构简单，口径大，磨损小，不易堵塞，吸收塔循环泵电耗相对较低。

（4）由于喷嘴不能重叠布置，为保证液柱的均一性，喷浆管采用母管制，吸收塔循环泵投运台数不能随锅炉负荷改变。减少投运台数，泵出口母管压力下降，液柱高度明显降低。

（5）当较多的氧化空气被吸入循环泵后，液柱高度不稳定，会出现液柱高度间歇地上下跳动的情况。总而言之，液柱的状态对DCFS的性能影响较大。

(6) 下落浆液对喷浆管有严重的磨蚀作用，要重视这部分材料的选择。特别是顺流塔内的喷浆管，其所处环境温度高，pH 值低（可能低于 4），Cl^- 浓度高，材料选择要充分考虑冲刷磨损和化学腐蚀。

表 3-1 所示为不同脱硫塔的比较。

表 3-1　　脱硫塔的比较

项　目	喷淋空塔	顺流格栅填料吸收塔	喷射鼓泡塔（JBR）	液柱脱硫塔
原　理	吸收剂浆液在吸收塔内经喷嘴喷淋雾化，在与烟气接触过程中，吸收并去除 SO_2	吸收剂浆液在吸收塔内沿格栅填料表面下流，形成液膜与烟气接触过程中，吸收并去除 SO_2	吸收剂浆液以液层形式存在，而烟气以气泡形式通过，吸收并去除 SO_2	吸收剂浆液由布置在塔内的喷嘴垂直向上喷射，形成液柱并在上部散开落下，在高效气液接触中，吸收并去除 SO_2
脱硫率（%）	>95（逆流接触）	>95	90 左右	>95
运行维护	喷嘴易磨损、堵塞，喷嘴易损坏，需定期检修更换	格栅易结垢、堵塞，系统阻力大；需经常清洗除垢	系统阻力较大，无喷嘴堵塞问题，运行稳定可靠	能有效防止喷嘴堵塞、结垢问题，运行较稳定可靠
自控水平	较高	高	较高	较高

二、吸收塔结构材料

吸收塔所处的环境属于较为温和的腐蚀环境。其腐蚀性取决于循环浆液的 pH 值、氯化物浓度、温度以及是否有固体沉积物。除了腐蚀外，与流动浆液接触的部件应具有耐磨损性，因为石膏浆液是一种含固量较高的、研磨性非常强的介质。

碳钢衬覆防腐材料或整体合金材料是吸收塔容器通常选用的一些非金属材料，例如玻璃钢（FRP）和耐酸陶瓷砖也用来制作吸收塔容器。除了选材技术方面的原因，材料选择的意见分歧主要源于对投资成本和使用寿命的不同考虑。例如橡胶或增强树脂衬覆碳钢虽具有良好的耐腐蚀性，但与正确选择的整体合金，合金—碳钢复合板或合金墙纸相比，前者的使用寿命比后者短。当采用有机或无机材料作为防腐衬层时，要获得良好的防腐效果，必须认真、仔细地对基材进行表面处理并严格执行全过程质量控制。衬覆材料易于损坏，而且局部修补可能比补焊合金容器更困难，维修工作量也较大。因此在与合金结构比较材料费用时，应将定期检修和更换费用加到碳钢衬里吸收塔的初期投资成本中，应采用寿命周期成本分析方法比较材料的总费用。

吸收塔循环泵过流件通常选用的材料是橡胶衬覆铸铁或硬质合金。喷淋管和塔外浆管材料有橡胶衬覆碳钢、FRP 或合金。喷嘴材料有合金钢和硬质陶瓷，例如碳化硅。

三、对吸收塔要求

(1) 结构简单，制造及维修方便，造价低廉，使用寿命长。

(2) 气液间有较大的接触面积和一定的接触时间。

(3) 气液间扰动强烈，吸收阻力小，对 SO_2 的吸收率高。

(4) 不结垢、不堵塞、耐磨损、耐腐蚀。

(5) 能耗低，不产生二次污染。

(6) 吸收塔内力求烟气分布均匀，压降小，避免死角以提高脱硫效率和空间利用率。

（7）吸收塔应为气密性结构，并能防止液体泄漏。

（8）吸收塔壳体由碳钢板制造，要能承受压力载荷、管道力和力矩、风载和地震荷载，液重、自重以及其他外加荷载。吸收塔的支撑与加强件应能防止塔体倾斜。

四、脱硫塔选择原则

（1）从用户角度来说，要求在低成本的基础上，达到尽可能高的效率，并且操作简单。

（2）脱硫塔的设计符合脱硫反应传质要求，有利于抑制副产品（吸收 CO_2），有利于降低泵、搅拌器等的能量消耗，有利于系统的控制（包括 pH 值、液气比、钙硫比调节），保证达到设计值（脱硫效率、钙利用率、氧化率）。

（3）喷淋塔和格栅塔技术都比较成熟，但是分别对喷嘴和填料有较高的要求，否则系统就容易结垢和堵塞。相对而言，新兴 JBR 反应塔和液柱塔在设计上就避免了类似情况的发生，对系统的控制水平以及脱硫剂颗粒的要求也相对降低，而且，液柱塔自身还具有同时除尘功效，特别适用于较高粉尘烟气的脱硫，在实际工程应用中已显现出效率高、防结垢、易控制的优势。

（4）气液反应以及反应器理论的进步对脱硫反应器的发展提供了指导方向。脱硫塔发展至今，从喷淋塔到格栅塔、鼓泡塔和液柱塔，充分体现了气液传质反应理论和各种相应工程技术的进步。

第二节 喷 淋 系 统

喷淋系统包括吸收塔氧化浆池（位于吸收塔下部）、搅拌装置、循环泵、管线、喷嘴、支撑、加强件和配件等。一般提供三层喷嘴喷淋系统，不设备用喷淋层。循环泵按照单元制设置，喷淋层与循环浆液系统相对应。

一、吸收塔喷淋管道的布置（以喷淋空塔为例）

喷淋管道是用于把浆液均匀分布到各喷嘴，形成最佳雾化效果。材质一般用玻璃钢管（FRP）。喷淋管道的布置应使喷出的液滴完全、均匀地覆盖吸收塔整个截面，而且尽可能减少沿塔壁流淌的浆液量和降低喷射浆液对塔壁、喷淋母管和支撑件的直接冲刷磨损。喷淋支管道与喷嘴之间联结有法兰联结和黏结两种方式，基于造价考虑，一般采用黏结方式。在吸收塔外，喷淋管道与循环浆液管道采用法兰联结。

对于石灰石基 FGD 工艺，喷淋空塔典型设计喷淋层数为 3～6 层，各层喷嘴是交错布置的，覆盖率达 200%～300%，通常每层布置一个喷淋管网，装有足够多的喷嘴，每层间距离在 2m 左右。最下层喷淋管网距入口烟道顶部的高度一般是 2～3m。这样可以使喷出的浆液有效地接触进入塔内的烟气，并能避免过多的浆液带进入口烟道。最上层的喷淋管网与除雾器底部至少应有 2m 的距离。图 3-12～图 3-14 分别示出了喷嘴在喷淋管道上的布置、喷淋层的布置以及喷嘴与喷淋支管的黏结方式等。

喷淋层数和喷淋层的间距是影响吸收区高度的主要因素，吸收区的高度一般是指吸收塔烟气入口中心线到最上层喷淋层之间的距离，以下因素决定吸收塔直径和吸收塔高度：烟气量和 SO_2 浓度、脱硫效率、吸收循环浆液量、烟气入口流向（顺流或逆流）及入口形式、喷淋层数和喷淋覆盖叠加面积以及吸收剂反应活性系数。

近年来开发研究了一种对插喷淋层技术，即每层布置两组喷淋管网（如图 3-15 所示），将母管置于塔外，喷淋支管相互平行、交替、成梳状地插入塔内。这种布置方式的特点是：①对插布置的每组喷淋管网的覆盖率为100%，每层的喷嘴数增加了一倍，增大了液滴密度，减少了塔内烟气"短路"的可能性，使气/液分布更均匀；②降低了塔高，如4层减至2层，塔高至少可以降低3m；③与分层布置相比，造成的压损增加很少；④可以降低喷淋泵的压头。现场全规模商业运行装置的试验数据证明，这种布置方式不影响脱硫效率。

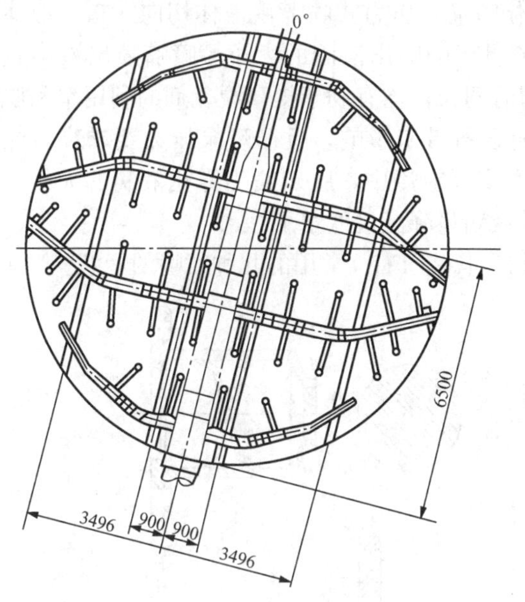

图3-12 喷嘴在喷淋管道上的布置

图3-13 喷淋层布置

图3-14 喷嘴与喷淋支管黏结示意

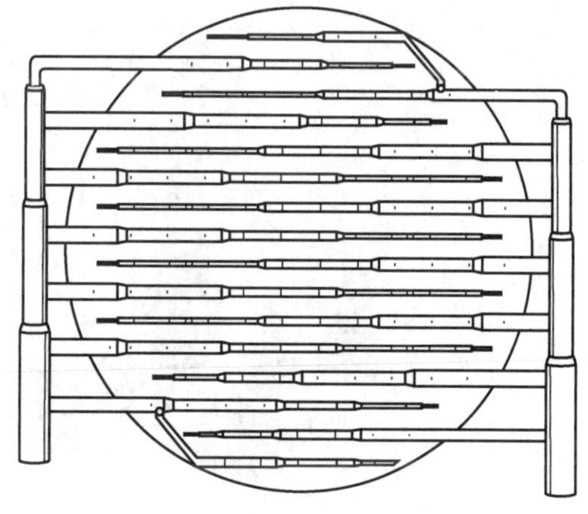

图3-15 对插入式喷淋管布置方式

二、喷嘴及其分类

在FGD系统中，吸收塔喷嘴是将循环泵供上来的浆液雾化成细小的液滴，在烟气反应区形成雾柱，以提高气液传质面积，最大限度捕捉SO_2；吸收塔入口烟道干湿界面通常装有冲洗喷嘴，用来清除该处出现的沉积物；除雾器冲洗喷嘴用来冲洗除雾器板片；石膏冲洗喷嘴用来冲洗石膏滤饼中可溶性物（主要是氯化物）；有时也在吸收塔入口烟道安装喷嘴来冷却进入吸收塔的烟气。喷嘴的形式和材料的选择取决于其在脱硫系统中的位置和流体特性。

吸收塔喷嘴是塔内的关键设备之一，喷嘴是有一个方向朝下或上下两个方向的喷淋锥体，由碳化硅（SiC）脆性材料烧制而成，耐磨性好，抗化学性极佳，使用寿命20～25年。

在湿法FGD工艺中，一般采用压力式雾化喷嘴。压力式喷嘴由液体切向入口、液体旋转室、喷嘴孔组成。喷嘴结构、工作压力和流量影响喷出液滴的大小。喷嘴喷出液滴直径小、比表面积大、传质效果好、在喷雾区停留时间长，均有利于提高脱硫剂的利用率和脱硫效率。但细液滴易被烟气带出喷雾区，给下游设备带来影响，且循环泵压力要求高，能耗大。因此，应尽量减少小于100μm的液滴。在实际应用中，脱硫喷嘴雾化液滴的大小，既要满足吸收传质面积的要求，又要使烟气携带液滴量降至最低水平。

图3-16为这些喷嘴的形式和流形图，图3-17是FGD常用的几种喷嘴的示意。

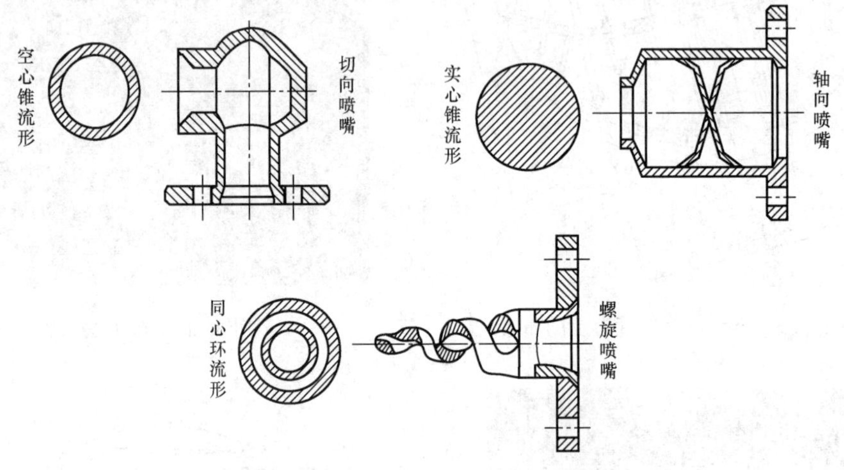

图3-16 喷嘴形式和流形图

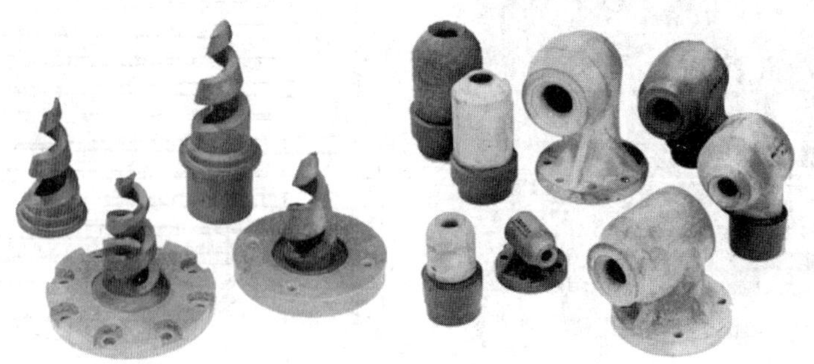

图3-17 FGD常用的几种喷嘴

1. 切向喷嘴

切向喷嘴，又称空心锥切线型喷嘴（Hollow Cone Tangential），通常把流体雾化成空心锥流形，其喷出的液体在喷嘴的下游形成圆环状的图形，采用这种喷嘴，循环吸收浆液从切线方向进入喷嘴的旋流室，然后从与入口方向成直角的喷孔喷出，产生的水雾形状为中空锥形，可以产生较宽的水雾外缘，旋流室内部没有部件，自由通径（能够通过喷嘴的最大颗粒直径）近似等于喷嘴入口直径（80%～100%）。

切向喷嘴又分为切向单喷嘴和切向双喷嘴，上面提到的是切向单喷嘴，切向双喷嘴是在同一旋流室上、同一轴线上有上下两个连通的喷出口［双空心锥切线型喷嘴（Double Hollow Cone Tangential)］。一个喷孔向上喷，另一个喷孔向下喷，喷嘴允许通过的颗粒尺寸为喷孔尺寸的80%～100%。重庆电厂FGD喷淋塔采用了这类喷嘴。吸收塔的单向喷嘴一般用于最上层喷淋层，双向喷嘴则用于下面几层喷淋层。

如果在旋流室装有导流片，把一些流体偏斜到空心锥流场的中心，那么切向喷嘴可以产生实心锥流形。这种喷嘴的自由通径与空心锥切向喷嘴相等，但是雾化粒径较大。

2. 轴向喷嘴

轴向喷嘴，又称实心锥切线型喷嘴（Full Cone），雾化流型为实心锥流形。浆液通过旋流室内部的旋流片形成旋流，然后从与入口同轴的孔喷出。自由通径通常比喷嘴入口直径小得多（60%～70%），近似等于出口孔径。在雾化粒径相同的情况下，轴向喷嘴需要的压降小。在压降相同时，可以形成比切向喷嘴小的雾化粒径。

滤饼冲洗喷嘴通常是没有内部旋流片的轴向喷嘴。这种喷嘴出口设计比较特殊，使流体聚集成实心锥、扁平形流态，典型的流形为宽50mm，长305mm。

3. 螺旋型喷嘴

螺旋型（Spiral）又称猪尾巴型，形成同心环状流形。与轴向喷嘴相同，流体入口和出口轴心线相同。但是，喷嘴没有内部旋流器。喷嘴是一个直径逐渐减小的螺旋体形成的，螺旋喷嘴把流体切成两个或者几个同心圆环。在有些螺旋喷嘴中，圆环非常靠近，基本形成实心锥流形。出口直径等于自由通径，通常小于喷嘴的入口直径。螺旋喷嘴雾化粒径分布接近于空心锥切向喷嘴，但压降较低。在相同的压力下，螺旋喷嘴比轴向喷嘴流量大，但是螺旋喷嘴较脆弱，容易在吸收塔维修过程中损坏。

螺旋型喷嘴可以在较低的压力下提供较强的吸收效率，被普遍采用。典型的操作压力是0.05～0.1MPa。但该喷嘴停用时易结垢。

在螺旋型喷嘴中，还有一种大通道螺旋型（Large Free Passage Spiral）喷嘴，这种喷嘴是通过增大螺旋体之间的距离后设计出来的，允许通过的固体颗粒直径与喷孔直径相同，最大达38mm。

三、喷嘴的选择

(1) FGD系统中所采用的喷嘴有吸收塔浆液喷淋喷嘴、填料吸收塔浆液喷嘴、除雾器冲洗喷嘴、石膏饼冲洗喷嘴和烟气事故冷却喷嘴。

(2) 喷嘴流形和使用条件见表3-2。

表3-2　喷嘴流形和使用条件

使用场合	压力（kPa)	流形
吸收塔浆液喷淋	48～140	实心锥或空心锥
向吸收塔填料喷注浆液	7～70	实心锥
除雾器冲洗	140～275	实心锥
石膏饼冲洗	138～275	实心锥（偏平形流态）
烟气事故冷却	275	实心锥或空心锥

(3) 选择喷嘴需考虑的因素有液滴尺寸、小液滴占的百分比、腔室直径、材质、直角喷嘴出口尺寸、雾化角、喷淋覆盖率、喷嘴固定连接方式。

第三节　浆液循环系统

一、浆液循环泵的作用和特点

浆液循环泵是用来将吸收塔浆池和加入的石灰石浆液循环不断地送到吸收塔喷淋层，在一定压力下通过喷嘴充分雾化与烟气反应。FGD系统中常用的浆液循环泵是卧式离心泵，如图3-18所示。其工作原理是：当叶轮被电动机带动旋转时，充满于叶片之间的介质随同叶轮一起转动，在离心力的作用下，介质从叶片间的横道甩出。而介质外流造成叶轮入口处形成真空，介质在大气压作用下会自动吸进叶轮补充。由于离心泵不停地工作，将介质吸进压出，便形成了连续流动，不停地将介质输送出去。

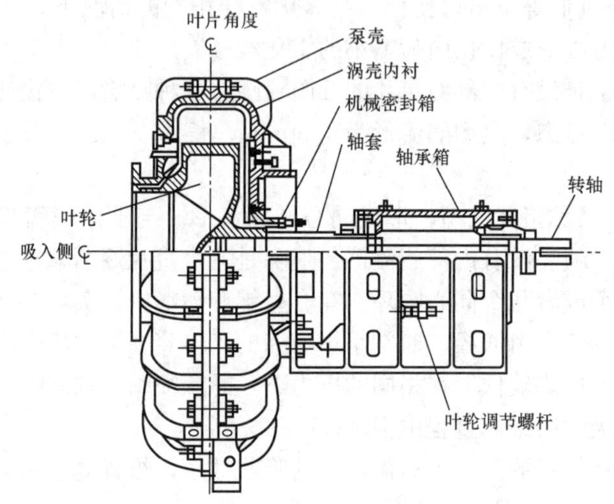

图3-18　卧式离心泵

吸收塔浆液循环系统采用单元制，每个喷淋层配有一台与喷淋层上升管道连接的浆液循环泵。一般由三台或四台循环浆泵和对应的喷淋系统组成，从而保证吸收塔内200%～300%的吸收浆液覆盖率。

循环泵一般独立布置在泵房内，为单流、单级、卧式离心泵，进出口管道皆为衬胶，新鲜的石灰石浆液直接补充至吸收塔，与塔内浆液混合，通过循环泵将混合浆液输送到喷淋层。为防止塔内沉淀物吸入泵体造成泵的堵塞、损坏及吸收塔喷嘴的堵塞，循环泵及两台石膏排出泵前都装有网状不锈钢滤网（塔内）。有的FGD系统在循环泵前管道上装有滤网，其滤网是设在吸收塔外面、泵入口控制门后，这样检修方便，所以这种布置更好。

运行的浆液循环泵台数是根据吸收浆液流量、烟气流量和SO_2浓度选定和调整。单台循环泵故障时FGD系统可正常运行，若所有泵均停运，FGD系统保护动作，系统停运，烟气走旁路。

根据防腐工艺不同，浆液循环泵分为衬胶泵和防腐金属泵两种。对循环泵的要求有：

(1) 泵头防腐耐磨。因为浆液循环泵输送的浆体含有10%～20%（重浓度）石灰石、石膏和固体灰粒，pH值为4～6的腐蚀介质，以及浆液中含有氯离子（Cl^-），所以对泵的要求非常苛刻，选用的材料要求耐磨耐腐蚀。

(2) 低压头、大流量。目前制造能力下，浆液循环泵的流量已达到10 000m^3/h、扬程16～30m，还要适应停机及非高峰供电情况下的非正常运行的要求。

(3) 性能可靠、连续运行。泵必须经久耐用，能在规定的工况条件下每天24h连续运转，并能至少连续无故障运行24 000h。轴和轴承组件的尺寸必须足够大以适应工况变化的要求，并能有效防护、防止浆体或其他杂质侵入。因为在目前采用的浆液循环系统中，很少有备用泵，所以，在循环泵选型时，可靠性是关键因素。另外如果泵需要维修时，泵的结构设计必须保证易于拆卸和重新装配。

二、泵的冲洗

如果浆泵以及与其连接的管道需要较长时间停止运行，应及时排空泵和管道的浆体，一般用清水冲洗泵和管道，以清除其中无法排尽的浆液，一方面防止泵内残留的浆液对金属泵组件的腐蚀，另一方面避免沉淀的浆液堵塞叶轮，无法再次启动。在循环泵出浆管道上安装了冲洗水管，启动前用压力水冲洗泵壳中的沉淀物，可使泵顺利启动。为了避免冲洗水影响FGD系统的水平衡，有的FGD系统用副产品脱水系统的回收水来冲洗浆泵和管道。

对于装有出口关断阀的吸收塔循环泵，在出口关断阀和泵出口之间的管道上安装有带阀门的排空管，当循环浆泵停运时，排空门自动打开，排空管路中的浆液，防止沉淀结垢。在泵启动时作排气用，可以缓解大型泵启动时造成的震动。

某厂循环浆液泵有关参数见表3-3。

表3-3 循环浆液泵有关参数

型号	600SY-GSL	
流量	6300	m^3/h
扬程	一层：17.4 二层：18.9 三层：20.4	m
转速	一层：604 二层：620 三层：634	r/min
电动机型号	一层：YKK4006-4	
	二层：YKK4502-4	
	三层：YKK4503-4	
电动机功率	一层：450 二层：500 三层：560	kW
数量	3	台
泵厂家	WEIR MARMAN LTD AUSTRALIA	

三、主要部件材料选择

1. 叶轮

浆液循环泵的叶轮可以用耐腐蚀、耐磨合金钢，也可采用碳钢外衬橡胶制作。衬胶叶轮是过去FGD浆泵常用的材料，浆液中大颗粒物和机械异物容易损坏衬胶部件，尤其是衬胶叶轮。因此，近年主要采用的是防剥蚀合金钢叶轮。过去衬胶泵常常用在FGD系统吸收塔浆池氯离子（Cl^-）含量大于1000mg/L的条件下。然而现在由于合金叶轮具有较好的防止机械损坏和耐化学腐蚀的性能，使得它可以在Cl^-含量大于1500mg/L的环境中。高铬合金叶轮在大量的FGD系统使用中证明具有较长的寿命和较高的可靠性。但是，FGD脱水系统、废水处理系统中的多数卧式离心泵仍可选用衬胶泵，因为这些系统的浆泵容量小、压头低，所输送的浆液含固量较少，衬胶泵的性能和使用寿命完全能满足实际需要，而且衬胶泵的价格比金属泵低得多。

2. 泵壳前后护板

泵壳的前、后护板又称吸入侧衬板和驱动侧衬板，或统称防磨板。它们也是易磨损部件。防磨板采用的材料与叶轮的材质相同，近年已有陶瓷和碳化硅防磨板，保证使用寿命为约 24 000h。

3. 泵壳

泵壳可以用前面谈到的防腐、防剥蚀合金钢制造，也可衬天然橡胶、氯化丁基橡胶、加铅硫化氯丁（二烯）橡胶或者聚氨酯。蜗壳衬胶的肖氏硬度一般为 A40～A45，比叶轮用的橡胶稍软一些。常见的是橡胶和硬合金部件混合设计，近年，多数 FGD 系统吸收塔循环泵指定采用金属叶轮和蜗壳衬覆橡胶。

第四节　除雾器及冲洗系统

除雾器是用来将脱硫后湿烟气中细小液滴去除，保护下游设备免遭腐蚀和结垢。除雾器性能直接影响湿法 FGD 装置能否连续可靠运行。除雾器布置在吸收塔出口处，一般两级组成，模块结构，能方便从吸收塔顶部吊出。

除雾器通常包括除雾器本体及冲洗系统。除雾器本体由除雾器叶片、卡具、夹具、支架等按一定的结构形式组装而成，其作用是捕集烟气中的液滴及少量的粉尘，减少烟气带水，防止风机振动。除雾器冲洗系统由冲洗喷嘴、冲洗水泵、管路、冲洗水自动开关阀、压力仪表、冲洗水流量计和电气控制部分等组成。其作用是定期冲洗由除雾器板片捕集小液滴、固体沉积物，保持板片表面清洁、湿润，防止板片结垢和堵塞流道。另外，除雾器冲洗水还是吸收塔的主要补加水，可以起到保持吸收塔液位、调节系统水平衡的作用。

一、除雾器（Mist Eliminator，ME）的基本工作原理

常用的气水分离器有折流板式（又称 V 形板式）除雾器、旋流板除雾器、丝网层雾沫分离器和旋风分离器等。运行经验表明，折流板除雾器具有结构简单、对中等尺寸和大尺寸雾滴的捕获效率高，压降比较低，易于冲洗，具有敞开式结构，便于维修和费用较低等特点。最适合湿法 FGD 系统除去烟气中的水雾。

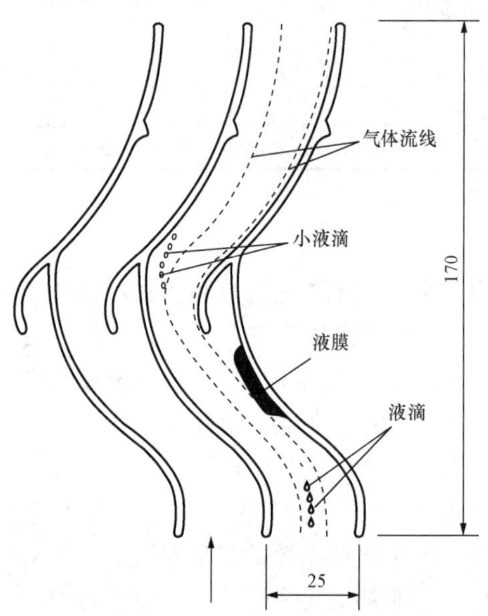

图 3-19　折流板 ME 工作原理

折流板除雾器是利用离心力、惯性力和水膜分离的原理实现气水分离。当带有液滴的烟气进入人字形板片构成的狭窄、曲折的通道时，由于流线的偏折产生离心力，将液滴分离出来，液滴撞击板片，部分黏附在板片上形成水膜，缓慢下流，汇集成较大的液滴落下，从而实现气水分离，如图 3-19 所示。除雾器的捕集效率随气流速度的增加而增加。流速高，离心力大，有利于气水分离。但当流速超过某一限值时，烟气会剥离板片上的液膜，造成二次带水，反而降低除雾器效率。另外，流速增加使除雾器压损增大，脱硫风机的能耗增加。

二、除雾器板片形状和特点

湿法FGD系统中的除雾器板片常用高分子材料（聚丙烯、玻璃钢）或不锈钢制作。除雾器板片种类繁多，如图3-20所示。按几何形状可分为折线型和流线型，按结构特征可分为2通道板片和3通道板片。烟气流向改变90°为一个折拐，也称为一个通道。

各类结构的除雾器板片各具特点。图3-20（a）形板片结构简单，易冲洗，适用于各种材质；图3-20（b）、（c）形板片临界流速较高，易清洗，目前在大型脱硫设备中使用较多；图3-20（d）形板片除雾效率高，但清洗困难，使用场合受到限制。

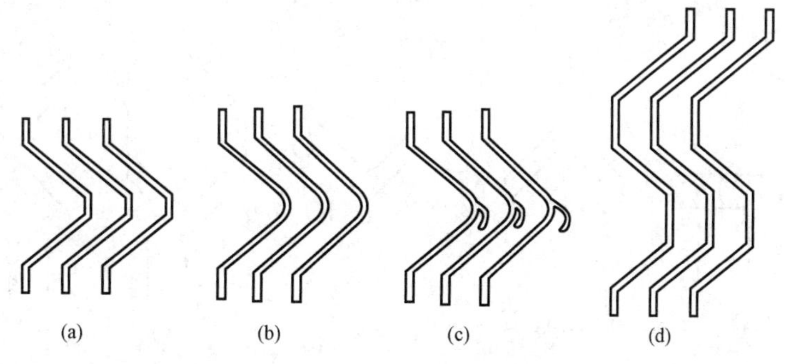

图3-20 除雾器的板片

三、除雾器布置方向及优缺点

除雾器的布置方向是根据烟气流过除雾器截面的方向来定义的，分为垂直布置和水平布置两种。对于垂直除雾器，除雾器的组件水平放置，烟气垂直向上流过除雾器组件，如图3-21所示。水平流除雾器的组件是垂直布置，烟气流沿水平方向通过除雾器，如顺流格栅填料吸收塔（见图3-9）和喷射鼓泡反应器（见图3-10）的除雾器。

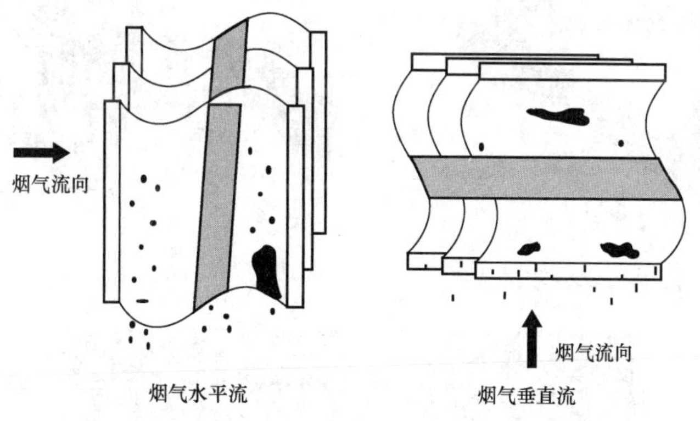

图3-21 除雾器布置方向对排去板片上液体的影响

除雾器的这两种布置方式都有优缺点，从图3-21可以看到，在水平流除雾器中，从烟气中去除的液滴沿板片凹槽、垂直于烟气流向向下流，而垂直流除雾器捕获的液滴是沿除雾器板片较宽的一边逆着气流方向向下流。因此，水平流除雾器降低了气流剥离板片上液膜形成二次带水的可能性。而垂直流除雾器情况正好相反，特别当离开板片的液滴较小时，即使烟气流速比较低，也易被再次雾化进入烟气中。因此，在较高烟气流速下，水平流除雾器除雾效果较垂直除雾器更好。

图 3-22 示出了垂直流除雾器几种布置方式，通常有水平形、人字形、V 字形、组合形等。大型脱硫吸收塔中多采用人字形、V 字形或组合形布置。将水平布置的垂直流除雾器改成人字形或 V 形以及组合形（菱形或 X 形），水平流 ME 能较好地排放捕获液体的优点可以在垂直流除雾器上体现出来。国内重庆电厂、北京一热和杭州半山电厂 FGD 系统的除雾器采用菱形布置（见图 3-23 和图 3-24）。试验结果表明，菱形布置的除雾器能处理高达 7m/s 的烟气流速，改进了液体排放路径，提高了水雾除去的表面积，但压损和占用的空间比水平放置的大，增加了吸收塔的高度，设备费贵，冲洗系统较复杂，图 3-25 为吸收塔除雾器实景。

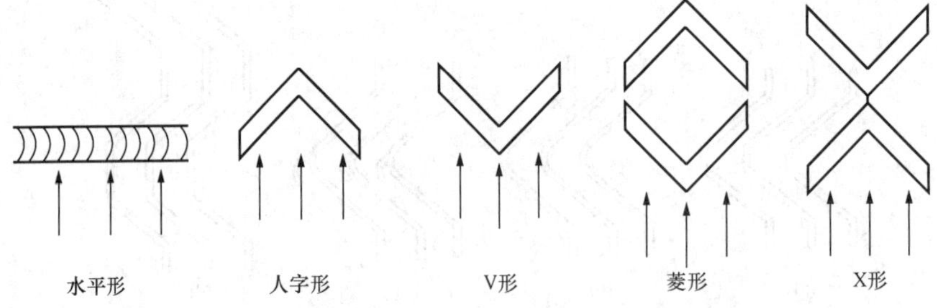

图 3-22 垂直流除雾器的几种布置方式

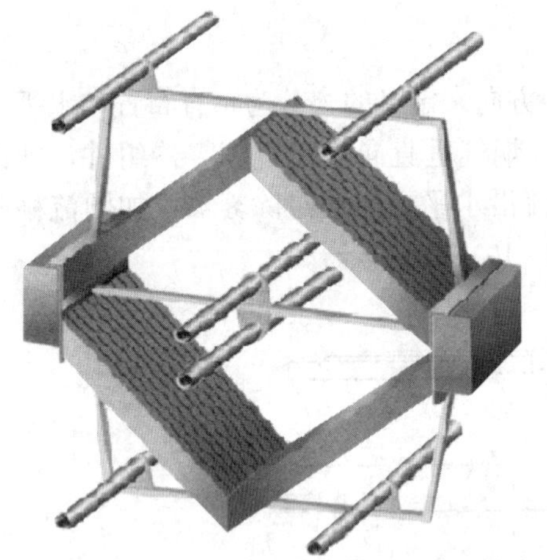

图 3-23 重庆电厂 FGD 除雾器菱形布置

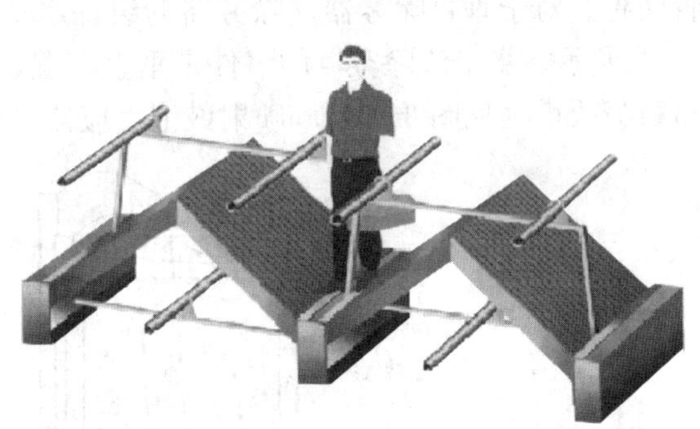

图 3-24 人字形除雾器

图 3-25 吸收塔除雾器实景

由于水平流除雾器能处理较高流速的烟气，因此所需材料和占据空间比垂直流除雾器少。但是，垂直流除雾器可以布置在吸收塔内，而水平流除雾器则需布置在吸收塔出口水平烟道中，这也使得水平流除雾器的组件可以采用除雾器烟道顶部的固定吊具吊装，组件可做得比较大，拆装、更换方便。而垂直流除雾器组件的拆装需靠人工搬运，劳动强度大，组件质量不宜过重，通常为34～45kg。水平流除雾器缺点是：由于烟气流速较高，烟气通过除雾器的压损较大，增压风机电耗高。

四、除雾器的主要性能参数

(1) 除雾效率。除雾效率是指除雾器在单位时间内捕获到的液滴质量与进入除雾器液滴质量的比值。除雾效率是考核除雾器性能的关键指标。影响除雾效率的主要因素包括烟气流速、通过除雾器断面气流分布的均匀性、板片结构、板片间距及除雾器布置形式等。

(2) 系统压力降。指烟气通过除雾器通道时所产生的压力损失。系统压力降越大，能耗就越高。除雾系统压降的大小主要与烟气流速、板片结构、板片间距及烟气带水负荷等因素有关。当除雾器板片严重结垢时系统的压降会明显提高，所以通过监测压力降的变化有助于把握系统运行状态，及时发现问题，并进行处理。

(3) 烟气流速。通过除雾器的烟气流速有一定限制，流速太低，气流弯曲流动时产生的离心力不足以使细小液滴从烟气中分离出来，流速过高会撕裂板片上形成的液膜，造成烟气二次带水破坏除雾器的正常工作。根据不同除雾器板片结构和布置形式，设计烟速一般在3.5～5.5m/s。

(4) 除雾器板片通道数。板片通道数是除雾器一个重要的技术指标。通道越多，去除液滴的效率越高，但增加了充分冲洗掉板片上沉积物的难度。一般湿法FGD系统V形折流板至少2个通道，但不超过4个通道。

(5) 除雾器板片间距。板片间距的选取对保证除雾效率，维持除雾系统稳定运行至关重要。板片间距小，除雾效率高，但压损大，增加能耗和难以将板片冲洗干净，板片易结垢和堵塞，严重时可能造成系统停运。间距大，冲洗效果好，除雾效率低，烟气夹带浆液量增多，造成风机振动，风门卡涩等故障。用于FGD系统的多级除雾器，板片间距的范围大约是20～75mm。

五、除雾器冲洗系统

冲洗系统由冲洗喷嘴、冲洗水泵、管路、冲洗水自动开关阀、压力仪表、冲洗水流量计和电气控制部分等组成。除雾器冲洗系统的作用是定期冲洗由除雾器板片捕集小液滴、固体沉积物，保持板片表面清洁、湿润，防止板片结垢和堵塞流道。另外，除雾器冲洗水还是吸收塔的主要补加水，可以起到保持吸收塔液位、调节系统水平衡的作用。

1. 除雾器结垢和堵塞的原因

(1) 系统的化学过程。吸收塔循环浆液中总含有过剩的吸收剂（$CaCO_3$），当烟气夹带的这种浆体液滴被捕集在除雾器板片上而又未被及时清除时，会继续吸收烟气中未除尽的SO_2，发生生成$CaSO_3/CaSO_4$的反应，在除雾器板片上析出沉淀而形成垢。

(2) 冲洗系统设计不合理。当冲洗除雾器板面的效果不理想时会出现干区，导致产生垢和堆积物。

(3) 冲洗水质量。如果冲洗水中不溶性固体物含量较高，可能堵塞喷嘴和管道。如果冲洗水中Ca^{2+}达到饱和，例如高硬度的地下水或工艺回收水，则会增加产生$CaSO_3/CaSO_4$的反应，导致板片结垢。

(4) 板片设计。板片表面有复杂隆起的结构和有较多冲洗不到的部位，会迅速发生固体物堆积现象，最终发展成堵塞通道，并越演越烈。

(5) 板片的间距。板片间距太窄易发生固体物堆积、堵塞板间流道；太宽，除雾效率下降。

2. 除雾器冲洗面

烟气中大部分浆体液滴在V形板片的第一个通道处被捕获，所以对除雾器迎风面冲洗最为有效。因此除雾器冲洗系统至少需冲洗除雾器每级的迎风面，特定条件下最后一级采用单面冲洗方式，除雾器应尽可能采用双面冲洗的布置方式。

3. 冲洗喷嘴与冲洗面的间距

冲洗喷嘴太靠近除雾器表面，则单个喷嘴喷出水雾的覆盖面下降，保证冲洗水覆盖整个除雾器表面所需的喷嘴数增多。喷嘴离除雾器表面远些，可以减少喷嘴数，如离得太远，烟气流作用可能使喷射的水雾发生畸形，造成部分区域得不到充分的冲洗。从实际冲洗情况来看，喷嘴离除雾器表面0.6～0.8m比较合理。

4. 冲洗覆盖率

冲洗覆盖率是指冲洗水对除雾器断面的覆盖程度，即

$$\text{冲洗覆盖率}(\%)=\frac{n\pi h^2\tan^2(\alpha/2)}{A}\times 100\%$$

式中　A——除雾器某一冲洗面的有效通流面积，m^2；

n——该冲洗面的喷嘴数；

α——喷射角度；

h——喷嘴距除雾器表面的垂直距离，m。

如果喷嘴按矩形阵布置，为了完全覆盖并得到可靠的覆盖余量，冲洗覆盖率应达到冲洗180%～200%。喷嘴一般采用实心锥喷嘴，喷射水雾的断面呈圆形，相邻喷嘴喷射的水雾必须适当搭接、部分重叠，以确保冲洗水对整个除雾器表面有一定的覆盖程度。

某厂吸收塔除雾器冲洗系统，设有6个气动门，按顺序逐个开启冲洗除雾器的6个区域，3层全部冲洗一次为1个周期。冲洗喷嘴为空心锥喷嘴，由聚丙烯材料制成，一般每层100～120个。

为了确保除雾器的表面获得全面、有效的冲洗，另外应注意的问题是，要尽量减少除雾器支撑梁对冲洗的影响，喷嘴的布置要考虑支撑梁和其他障碍物的位置。如果布置不合理会导致除雾器的某些区域得不到冲洗。

5. 冲洗水压

冲洗水压影响喷射液滴大小和水雾的形状。压力过高易使冲洗水雾化，增加烟气带水量，而且会降低板片的使用寿命。压力过低难以形成理想的水雾形状，冲洗效果差。冲洗水压根据冲洗喷嘴的特性以及喷嘴与除雾器之间的距离等因素确定，一般在140～280kPa较为合适。

6. 冲洗水量、持续时间和周期

除雾器表面冲洗水的瞬时水量称为冲洗水流量，用L/(s·m^2）表示。冲洗水量太小，易造成结垢和堵塞；冲洗水量太大，会使除雾器板片间充满水沫，造成烟气带水增多。冲洗水量、冲洗持续时间和冲洗频率除了要满足冲洗除雾器要求外，还要考虑FGD系统的水平衡。

冲洗周期指两次冲洗的时间间隔。冲洗持续时间和冲洗周期主要依据两个原则来确定，

一是除雾器两侧的压差，或者说是除雾器板片的清洁程度；二是吸收塔水位，或者说 FGD 系统水平衡。冲洗周期短，时间长有利于保持除雾器清洁，但大量冲洗水进入吸收塔可能破坏水平衡，并给反应罐浆液浓度的控制带来困难，同时会加大烟气带水。冲洗周期过长，会造成除雾器结垢。因此，最短的间隔时间取决于吸收塔水位，最长的间隔时间取决于除雾器两侧的压差。

冲洗的目的是在结垢或堵塞发生前冲去或稀释黏附在除雾器板片上未流走的浆液。冲洗频率高可以减少浆液在除雾器板片上停留时间和变成过饱和浆液的时间。由于除雾器每级以及各级的每面黏附浆液的情况不同，因此每面冲洗周期不同。第一级正面 30min 冲洗一次，每次持续时间 45～60s，而其背面则 30～60min 冲洗一次，每次持续时间 45～60s，第二级正面 60min 冲洗一次，每次持续时间 45～60s，而其背面不装冲洗水管或装了冲洗水管也仅在启停时进行冲洗。

六、除雾器的技术要求

除雾器的技术要求有高去除效率（尤其对细小液滴）、液滴颗粒尺寸限制小、低压力降、低沾污性能、低硬结垢性能、高化学防腐性能、表面光滑、易清洗等。

第五节 氧化系统及搅拌器

一、氧化系统

为充分、迅速氧化吸收塔浆池内的亚硫酸钙，设置氧化空气系统，向吸收塔供应适量的空气。氧化系统由氧化风机、氧化装置、空气分布管等组成，氧化风机运行方式为一台运行一台备用。通过向吸收塔浆池中鼓入氧化空气，在搅拌作用下，将 $CaSO_3$ 氧化成 $CaSO_4$，$CaSO_4$ 结晶析出生成 $CaSO_4 \cdot 2H_2O$。

1. 自然氧化工艺和强制氧化工艺

在石灰石湿法 FGD 系统中有自然氧化和强制氧化之分，其区别在于吸收塔内氧化区的浆池内是否通入强制氧化空气。在自然氧化工艺中不通入强制氧化空气，吸收浆液中的 HSO_3^- 只有一部分被烟气中剩余的氧气在吸收区氧化成 SO_4^{2-}，脱硫副产物主要是亚硫酸钙（$CaSO_3$）和亚硫酸氢钙［$Ca(HSO_3)_2$］。对于强制氧化工艺，必须设置强制氧化装置，由专门的压缩鼓风机提供所需的氧化空气，通过向反应罐浆液中鼓入氧化空气，吸收浆液中的 HSO_3^- 几乎全部被空气氧化成 SO_4^{2-}，脱硫副产物主要是 $CaSO_4 \cdot 2H_2O$。

自然氧化工艺和强制氧化工艺的比较如表 3-4 所示，可见强制氧化工艺更优越。因此，目前国内外石灰石湿法 FGD 系统主要以强制氧化工艺为主。

表 3-4 自然氧化工艺和强制氧化工艺的比较

氧化方式	强制氧化空气	氧化地点	副产品	副产品晶体尺寸（μm）	副产品处理	脱水	运行可靠性
自然氧化	无	吸收区	硫酸钙、亚硫酸钙：50%～60% 水：40%～50%	1～5	抛弃	不容易 沉降槽＋过滤器	99%
强制氧化	有	氧化区	石膏：90% 水：10%	10～100	石膏综合利用或抛弃	容易 水力旋流器＋脱水机	95%～99%

2. 强制氧化装置的型式和布置方式

将氧化空气导入罐体氧化区，并使之分散的方法不同而有多种强制氧化装置，但普遍采用的是管网喷雾式，又称固定式空气喷射器（Fixed Air Sparger，FAS）和搅拌器和空气喷枪组合式强制氧化装置（Agitater Air Lance Assemilies，ALS）。

（1）固定式空气喷射器强制氧化装置（Fixed Air Sparger，FAS）。FAS 氧化装置是在氧化区底部的断面上布置若干根氧化空气主管（见图 3-9、图 3-10）。通过固定管网将氧化空气分散鼓入氧化区。有直接在主管上开许多喷气孔［见图 3-26（a）、（b）］，也有在主管上装众多分支管，使喷气喷嘴均布于整个断面上（3.5 个/m^2 左右）［见图 3-26（c）、（d）］，一般 FAS 喷嘴最小浸没深度应不小于 3m；喷嘴与罐底的间距应不小于 400mm；气泡速度（是空气流量、氧化区的截面积、浆液温度、全压和浸没深度等的函数）应小于 7cm/s。FAS 氧化空气管道的设计和布置应使喷嘴均匀地分布在整个罐体上，使雾化空气泡充满整个氧化区且使气泡细小。

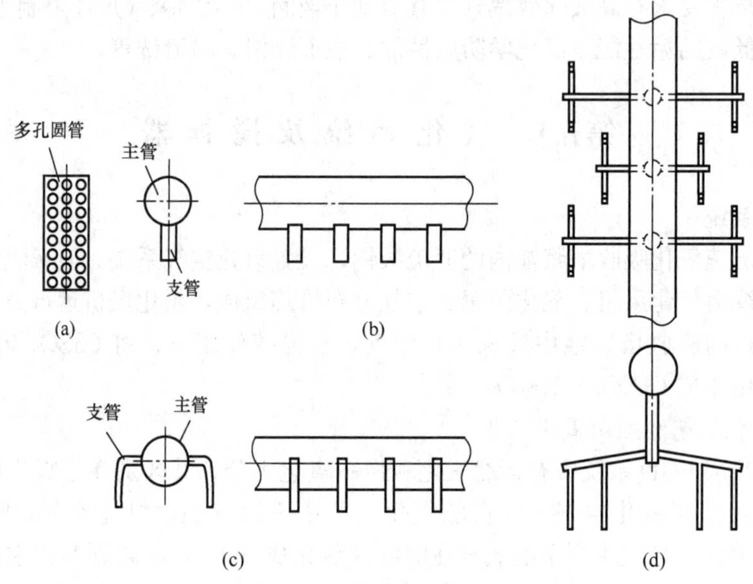

图 3-26　氧化空气管道的布置

为防止氧化空气喷嘴结垢堵塞，将工业水喷入氧化空气主管中。喷水还降低了氧化空气的温度有利于氧气的溶解。图 3-26（d）所示氧化空气管的冲洗结构如图 3-27 所示，每个喷嘴冲洗水的平均流量约为 4L/h，程序控制定时冲洗。

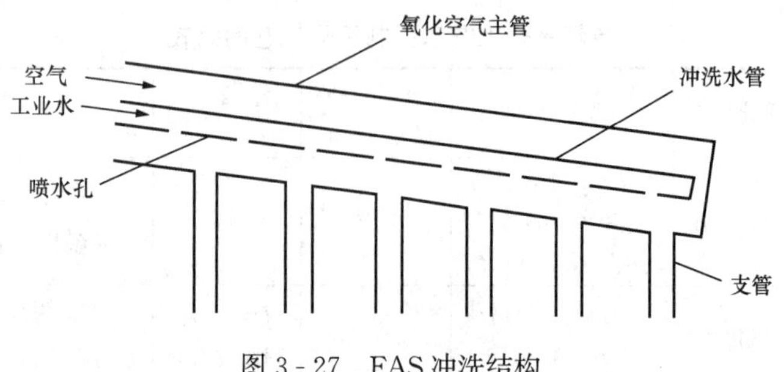

图 3-27　FAS 冲洗结构

FAS强制氧化装置有三种布置方式，如图3-28所示，其中前两种是将搅拌机布置在管网上方，如图3-28（a）、（b）所示，更多的是将搅拌机（或泵）布置在管网的下方，如图3-28（c）所示。

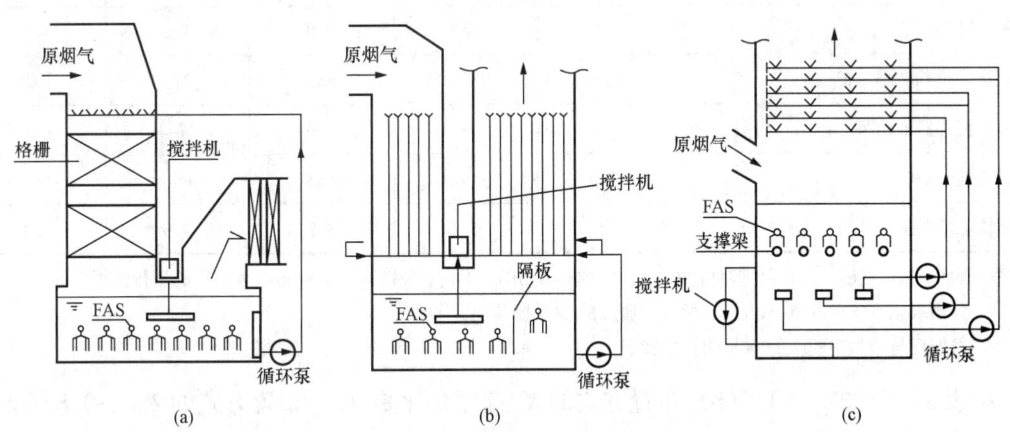

图3-28 FAS的三种布置方式

图3-28（a）、（b）布置方式的特点是塔内液位低（5～6m），因此吸收塔总高度较低，降低了吸收塔循环泵的压头，减少能耗和节省输浆管道。缺点是搅拌器是为悬浮浆液而设计的，其形成的浆液流速和流动形态不利于降低气泡的流速（应低于7cm/s）和延长停留时间，使得氧化空气利用率仅为15%左右，鼓入足量空气和防止气泡被循环泵吸入的矛盾不好协调。当循环泵吸入气泡超过3%（体积）时，泵的效率、扬程、流量陡然降低，使得液气比下降，泵的气蚀加剧；当调节氧化空气流量以减少循环泵吸入空气时，则氧化率下降，浆液中可溶性亚硫酸盐的浓度增大，导致脱硫效率、石灰石利用率和石膏纯度下降，严重时，使得石膏脱水困难。正常情况下强制氧化率接近100%，其值每下降1.4%，石灰石利用率就下降1.7%，石膏纯度下降1%。

图3-28（c）布置方式是将塔内液位加深，上部为氧化区，管网固定在支撑梁上，梁以下为中和区，侧面斜插搅拌器或搅拌泵承担悬浮浆液的作用。该布置方式将搅拌器和FAS的功能分开，减少了相互之间的影响。当FAS布置在远离搅拌器上方、氧化风机输入功率远大于搅拌器输入功率时，搅拌器对氧化空气流动造成的影响可以忽略，这样就基本解决了图3-28（a）、（b）布置方式存在的问题。该布置方式的缺点是随着塔内液位大幅度增加，吸收区和塔体高度增大，需增大循环泵的压头和管道用量。三种布置方式的强制氧化装置性能比较见表3-5。

表3-5　　强制氧化装置性能比较

项　　目	固定式空气喷射器			搅拌器和空气喷枪组合式	
	(a)	(b)	(c)	D	E
塔内液位高度（m）	4.9	5.2	24.4	15.0	14.0
浸没深度（m）	4.6	4.9	6	4.6	4.3
氧化空气流量（m/h）/压头（Pa）	50 184/69 000	34 440/68 500	18 100/209 000	15 315/70 000	2300/101 300

续表

项　　目	固定式空气喷射器			搅拌器和空气喷枪组合式	
	(a)	(b)	(c)	D	E
氧/硫摩尔比①	5.6	4.6	2.0	1.6	1.4
氧化风机轴功率（kW）	1295	936.4	635	470	648
单台搅拌器轴功率（kW）/台数	—	—	—	47/4	20.9/2
总能耗（kW）	1295	936.4	635	658	106.8
单位能耗②（kW/kmol）	7.7	6.7	3.8	3.6	3.4

注　表中（a），（b），（c）分别对应图3-28中的布置方式；D，E分别为成都和北京某电厂的运行数据。

①　强制氧化空气中的氧（O_2）与烟气中脱除的 SO_2 摩尔比。

②　总能耗与烟气中脱除的 SO_2 的量之比。

由表3-5可知，(a)、(b) 布置方式的氧/硫摩尔比是 (c) 布置方式的2.3～2.8倍，单位能耗是后者的1.8～2倍。

要获得最佳传质效率，应特别重视管网分布、鼓气部位、浸没深度和空气流量的确定。FAS的传质效率受气泡/浆液截面的传质表面积以及气泡在浆液中的停留时间制约，前者取决于稳定气泡的平均直径，后者则取决于气泡有效平均上升速度。氧化区的液流形态、鼓入的空气流量和喷管浸没深度都会影响气泡的破裂和停留时间。

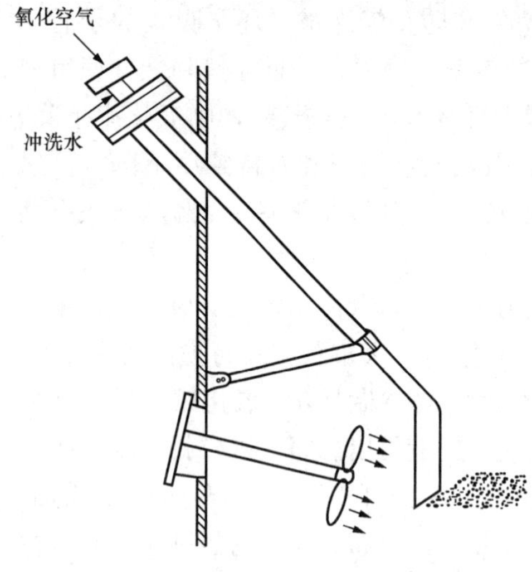

图3-29　ALS结构图

(2) 搅拌器和空气喷枪组合式强制氧化装置 (Agitater Air Lance Assemilies，ALS)。ALS是将氧化空气喷管布置在侧插入式搅拌器桨叶的前方，如图3-8所示，图3-29是其结构图，依靠搅拌器桨叶产生的高速液流使鼓入的氧化空气分裂成细小的气泡，并散布至氧化区的各处，以有利于氧气溶解。由于ALS产生的气泡较细，由搅拌产生的水平运动的液流增加了气泡的停留时间，因此，ALS较之FAS降低了对浸没深度的依赖性。

3. 强制氧化装置布置应注意的问题

(1) 氧化喷气嘴的浸没深度不应小于3m，以保证氧化空气在氧化区有足够的停留时间，保证FAS的氧化性能。

(2) 对于FAS来说，管网的布置应能使鼓入浆液的氧化空气泡均匀分布于整个氧化区。对ALS来说，应布置足够的喷枪，搅拌器能提供足够的动力，使其产生的液流足以将氧化空气泡输送至氧化区的整个断面上。

(3) 防止空气进入循环泵和出浆泵，进入泵体的气泡占浆液的体积比低于1%，当超过3%时，泵的效率、扬程和流量将陡降，这将造成 L/G 下降、喷浆不均匀或造成液柱高度不稳定。对于出浆泵，将使泵出口压力波动，影响水力旋流器的分离效果。

4. 两种强制氧化装置性能比较

（1）FAS雾化空气泡粒径较ALS要大些，FAS的传质效率在很大程度上依赖于浸没深度，其次是氧化区单位体积的氧化空气流量。如罐体液位较低，喷气嘴的浸没深度就低，要获得相同的氧化效果就必须鼓入相对较多的空气。

FAS的最小氧化空气流量一般不低于最大流量的30%～40%。而且只要罐体内有浆液，氧化鼓风机就不能停运，否则喷管易发生堵塞。FAS的机械构件较多，又都在罐体内，发生堵管的可能性大，维护工作量大，因此要谨慎选用。

（2）ALS产生的气泡较细，而且降低了对浸没深度的依赖性。为了保证ALS的传质性能，氧化空气流量和搅拌器的分散性能应匹配。若氧化空气流量太大且超过液流分散能力时会导致大量气泡涌出，严重时搅拌器叶片吸入侧也汇集大量气泡，使得叶片输送流量下降。

（3）由于ALS喷气管口径较FAS大得多，其氧化空气流量可大幅度调低而不用担心喷气管堵塞，因此可以采用多台较小容量的鼓风机并联运行。

5. 先进的氧化空气布气方式特点

（1）氧化性能高；

（2）氧化空气用量少；

（3）氧化空气分布均匀；

（4）便于维修。

某厂氧化风机有关参数见表3-6。

表3-6　氧化风机参数

一、二期氧化风机	流量（标况下）	3735，3735	m^3/h
	扬程	80，75	kPa
	电动机功率	132，250	kW
	冷却风机	0.37，0.55	kW
	数量	3，2	台
	生产厂家	鲁布斯奇流体技术（上海）有限公司	

二、搅拌器分类及组成

搅拌器是用来搅拌浆液、防止浆液沉淀的搅拌设备。吸收塔浆池搅拌的目的除了悬浮浆液中的固体颗粒外，还有以下作用：①使新加入的吸收剂浆液尽快分布均匀（如果吸收剂浆液直接加入罐体中），加速石灰石的溶解；②避免局部脱硫反应产物的浓度过高，防止石膏垢的形成；③提高氧化效果和越来越多石膏结晶的形成。脱硫搅拌器根据安装位置不同分为侧进式搅拌器和顶进式搅拌器。两种搅拌器都是由轴、叶片、机械密封、变速箱、电动机等组成。顶进式搅拌器采用浆罐、地坑顶部安装方式，脱硫系统中多数罐池（如石灰石浆罐、过滤水地坑等）采用顶进式搅拌器。吸收塔浆池中的搅拌器可以采用顶进式或者侧进式，其主要取决于吸收塔和吸收塔浆池的结构。侧进式搅拌器采用罐体外壁安装方式，如图3-30、图3-31所示。

图 3-30 吸收塔内氧化喷枪与侧进式搅拌器的布置

图 3-31 侧进式搅拌器

1. 搅拌器设计考虑的因素

搅拌器设计考虑的因素有保证搅拌效果、保证氧化效果、低能耗、材料选择及密封。

2. 结构材料

外壳：铸铁外壳及顶部通过法兰连接在驱动器上，底部用螺栓固定在搅拌器支座上。螺栓材料为碳钢外镀 1.4529 不锈钢涂层。

轴密封：非冲洗单向作用的机械密封系统，有机械密封关断装置。

3. 脉冲搅拌系统

德国鲁奇公司应用于吸收塔浆池和事故浆罐的搅拌装置由脉冲悬浮泵和脉冲悬浮管组成的所谓脉冲悬浮装置，脉冲悬浮装置是用脉冲悬浮浆泵从浆池中抽取浆液，加压后经布置在浆池中的悬浮管喷向浆池底部，以起到搅拌浆液的作用，其原理图可参见图 3-32。其中，池分离器的作用是防止上部氧化区和下部反应池之间的混合。

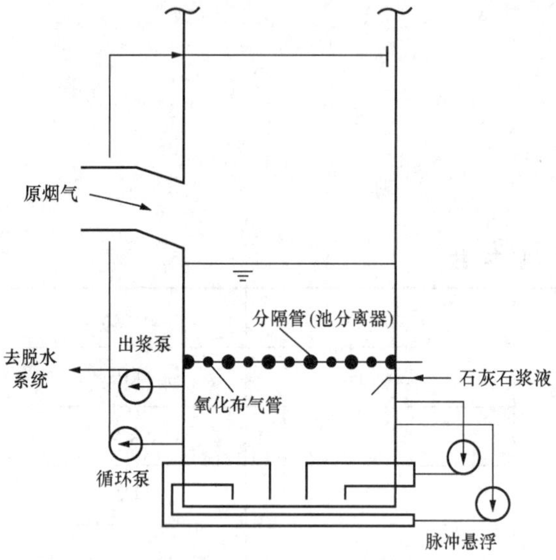

原烟气
分隔管(池分离器)
出浆泵
去脱水系统
石灰石浆液
氧化布气管
循环泵
脉冲悬浮

图 3-32 脉冲悬浮装置原理图

这种搅拌装置无机械转动部件，不存在螺旋桨出现故障时需停机排浆检修的问题。另外，只要浆池中有浆液，螺旋桨搅拌器就不能长时间（一般不超过 4h）停运。但采用脉冲悬浮装置，FGD 系统 7 天停机时间内，再次启动搅拌泵 10min 后可将已沉淀的浆液重新搅动起来，因此可以降低 FGD 备用时的电耗。缺点是造价高于螺旋桨搅拌器。

三、向吸收塔注入石灰石浆液的部位

通常，吸收塔有 3 个地方可选作注入石灰石浆液的部位：①当反应罐不明确划分氧化区和中和区时，直接向罐体注入石灰石浆液，如图 3-10 所示的 JBR 反应器；②当将反应罐划分成氧化区和中和区时，向中和区注入石灰石浆液，如图 1-3、图 3-11 和图 3-32 所示；③第三个部位是，无论反应罐有无区域划分，都经吸收塔循环泵入口管道将石灰石浆液加入吸收系统中，如图 1-3 虚线部分和图 3-9 所示。这种方式实际上将循环泵入口至喷嘴之间的浆管和泵体部分视作为中和区，因此类似于第②种方式。

如前所述，通过吸收区的循环浆液中的 $CaCO_3$ 只有很少部分参与了反应，也就是说落入反应罐的浆液含有的 $CaCO_3$ 足以中和氧化产生的 H_2SO_4，因此无需向氧化区补加 $CaCO_3$。另外，就地强制氧化的最佳 pH 值是 4～4.5，但实际 pH 运行值往往在 5.0 以上（JBR 除外），当向氧化区加入石灰石浆液时，会提高氧化区浆液的 pH 值，降低氧化速度。此外，$CaCO_3$ 与 H_2SO_3 和 H_2SO_4 的中和反应速度比氧气溶解速度和亚硫酸盐的氧化速度快，当 $CaCO_3$ 加入氧化区，将造成浆液中有较多过剩的 $CaCO_3$，易生成难于氧化的 $CaSO_3 \cdot \frac{1}{2}H_2O$，要氧化 $CaSO_3 \cdot \frac{1}{2}H_2O$ 是很困难的，除非有足够的 H^+ 使其重新溶解成 HSO_3^-。而且过剩的 $CaCO_3$ 进入脱水系统，从而带入石膏副产品中，不仅影响石膏纯度和石灰石利用率，也不利于 HSO_3^- 氧化。试验证明将石灰石浆液加入中和区或循环泵入口，可以保证中和区或循环泵出口浆液中有较高的 $CaCO_3$ 浓度，有利于浆液吸收 SO_2，避免浆液 pH 值过快下降。吸收区内高气液接触表面积，也有利于提高 $CaCO_3$ 的溶解速度，从而加快 SO_2 吸收的速率。此外，从吸收塔循环泵入口管道补充新鲜的石灰石浆液，能使烟气在离开吸收塔前接触到最大碱度的碱液，有利于提高脱硫效率，而且也不会影响石膏质量。

但是，当入口 SO_2 浓度较低，强制氧化量不高（即补加石灰石浆液量较少）或石灰石活性较高以及罐体体积较大的情况下，采用第①种方式也可满足技术要求。

复习思考题

3-1　简述吸收系统的组成和主要设备。

3-2　试述烟气在吸收塔系统内的脱硫过程（以喷淋塔为例）。

3-3　简述顺流格栅填料吸收塔的工作原理和特点。

3-4　简述喷射鼓泡塔（JBR）的工作原理和特点。

3-5　简述液柱脱硫塔（双接触液柱洗涤器 DCFS）的工作原理和特点。

3-6　对脱硫吸收塔有何要求？在塔内完成哪些主要工艺步骤？

3-7　试述在石灰石湿法 FGD 中，喷淋吸收塔系统的组成和工作原理。

3-8　折流板除雾器的基本工作原理是什么？

3-9　简述除雾器组成、除雾器作用、工作原理、对除雾器的要求。

3-10　对吸收塔除雾器进行冲洗的目的是什么？

3-11　吸收塔浆液循环系统主要包括哪些设备？

3-12　简述吸收塔浆液循环泵的作用及工作原理。

3-13　试述吸收塔氧化系统的组成及氧化风机的作用。

3-14　什么是除雾器的除雾效率？影响除雾效率的因素有哪些？

3-15　试述除雾器的主要性能指标。

3-16　吸收塔搅拌器的作用是什么？

3-17　什么是强制氧化工艺和自然氧化工艺？哪种工艺较好？

3-18　为什么要在吸收塔顶部设对空排气门？

3-19　烟气流速对除雾器的运行有哪些影响？

3-20　除雾器的冲洗时间是如何确定的？

第四章

烟气系统及设备

第一节　FGD烟气系统组成及原理

一、烟气系统

脱硫烟气系统为锅炉风烟系统的延伸部分，主要由进口烟气挡板（原烟气挡板）、出口烟气挡板（净烟气挡板）、旁路挡板、增压风机、吸收塔、烟气再热器（GGH）、烟道及相应的辅助系统组成，如图4-1所示。未脱硫的烟气称为原烟气（脏烟气），脱硫后的烟气称为净烟气。

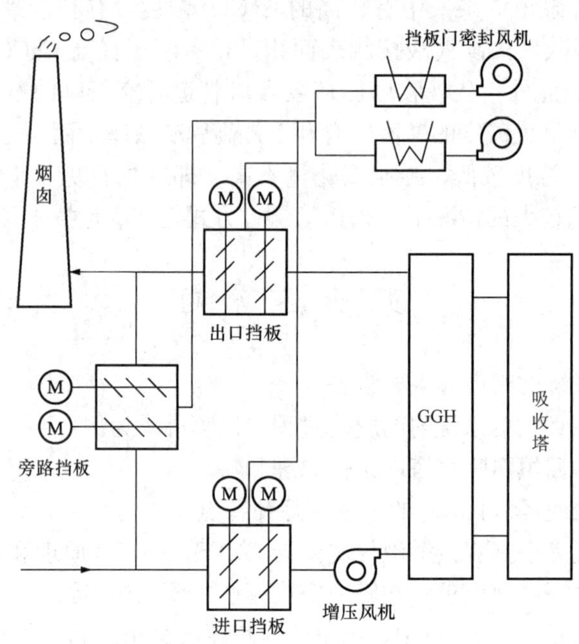

图4-1　烟气系统流程

二、系统原理

从锅炉引风机后烟道引出的烟气，经过增压风机升压，进入热交换器（GGH）降温至90～100℃后，进入吸收塔，在吸收塔内与雾状石灰石浆液逆流接触，将烟气脱硫净化，经除雾器除去水分后，再经GGH升温至80℃左右，通过烟囱排放。

FGD系统在引风机出口与烟囱之间的烟道上设置旁路挡板，FGD系统原烟道、净烟道上分别设置有进口烟气挡板、出口烟气挡板。当FGD装置运行时，旁路挡板关闭，FGD装置进、出口挡板打开，烟气通过增压风机的吸力作用引入FGD系统。在FGD故障、启动和停机期间，旁路挡板打开，FGD装置进、出口挡板关闭，原烟气由旁路挡板经烟道直接进入烟囱，排到大气，从而保证锅炉机组的安全稳定运行。

FGD装置原烟道挡板、净烟气挡板、旁路挡板一般采用双百叶挡板并设置密封空气系统。旁路挡板具有快开功能，快开时间要小于10s，挡板调整时间在正常情况下为75s，在事故情况下约为3～10s。

为使泄漏到净烟气侧的原烟气量尽可能少，系统设计提供了一套泄漏控制系统。也就是说，在净烟气与原烟气之间的那部分加热元件备有密封空气。因此，一部分净烟气引入到净烟气和原烟气之间的径向密封处，压力比烟气的压力要高。

除此之外，还有转子的自动调节密封系统，其中部分原烟气和全部净烟气通道内壁需要防腐设计。

三、增压风机几种不同的布置方式

在FGD系统中，烟气的输送依靠脱硫风机来克服烟道、烟气挡板、GGH、吸收塔、烟囱和其他设备的阻力。增压风机布置位置有四种方案，见图4-2。

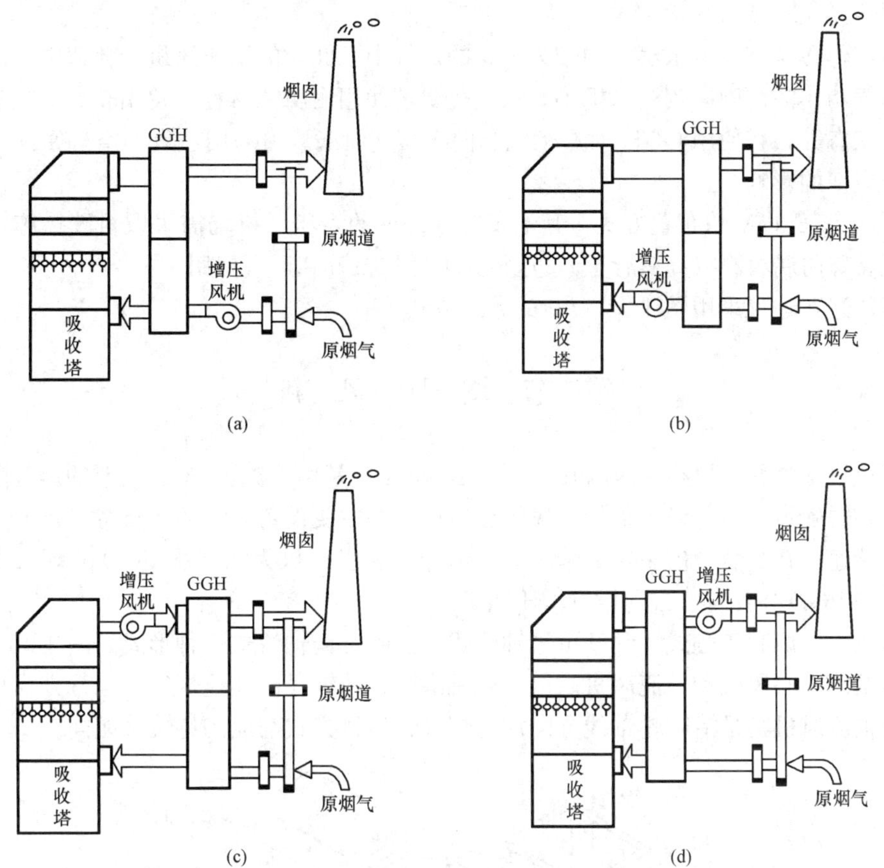

图4-2 增压风机四种布置位置方式

（a）布置在原烟道与GGH之间；（b）布置在GGH与吸收塔之间；

（c）布置在吸收塔出口净烟道上；（d）布置在GGH后的净烟道上

1. 布置在原烟道与GGH之间

将增压风机布置在原烟道与GGH之间，应用较广，增压风机工作在热烟气中，其沾污和腐蚀的倾向最小。但由于此时烟气的有效体积流量最大，风机的功耗最高。如果系统设置GGH时原烟气会向净烟气侧泄漏，目前使用密封风机对其进行空气密封，烟气的泄漏量可以控制在1%以内，见图4-2（a）。

2. 布置在GGH与吸收塔之间

该位置沾污和腐蚀的倾向较小，风机的功耗较低。但由于其压缩功的存在，造成吸收塔入口烟气温度升高，会降低脱硫效率，见图 4-2（b）。

3. 布置在吸收塔出口净烟道上

风机工作在水蒸气饱和烟气中，此时的增压风机被称为湿风机。湿风机功率约低 10%，其压缩热可将烟气再加热，在使用 GGH 时净烟气会向原烟气泄漏等。同时，湿风机要求使用耐腐蚀材料，沾污危险较大，结垢时会影响出力，见图 4-2（c）。

吸收塔内为负压运行，其特点为：①环境空气会泄漏进吸收塔，能提高亚硫酸钙的自然氧化率；②由于空气泄漏进烟气系统，增加了吸收塔出口烟气量，增加了风机的功耗；③在一定条件下存在衬胶脱落的危险，影响风机安全。

4. 布置在 GGH 后的净烟道上

风机工作在含有少量水蒸气的较为干燥的烟气中，此时的增压风机功耗适中，同样可以利用其压缩功，沾污倾向较湿风机小。缺点是要求使用耐腐蚀材料，费用较高，吸收塔内为负压运行状态等，在使用 GGH 时原烟气会向净烟气泄漏。需采用良好的空气密封，才可减少对脱硫效率的影响。

除了图 4-2（a）的布置方式，其他布置方式下的增压风机均需采取衬胶措施，叶片和转子采用特殊防腐材料（高镍合金），这将大大增加投资和运行费用。

综上所述，建议采用图 4-2（a）的布置方式。

第二节 增 压 风 机

增压风机又称脱硫风机（Booster up Fan，BUF）是用于克服 FGD 装置的烟气阻力，将原烟气引入脱硫系统，并稳定锅炉引风机出口压力的主要设备。它的运行特点是低压头、大流量、低转速。在加装脱硫装置的情况下，锅炉送、引风机无法克服 FGD 的烟气阻力，所以锅炉加装 FGD 装置时，必须设置增压风机。

增压风机一般有离心式、动叶可调轴流式、静叶可调轴流式三种形式。图 4-3～图4-5 所示为典型的离心风机和轴流风机。离心风机沿叶轮转轴径向加速烟气，运行方式与离心泵相同。而轴流风机则是沿叶轮轴线方向加速烟气，运行方式与船的螺旋桨相同。

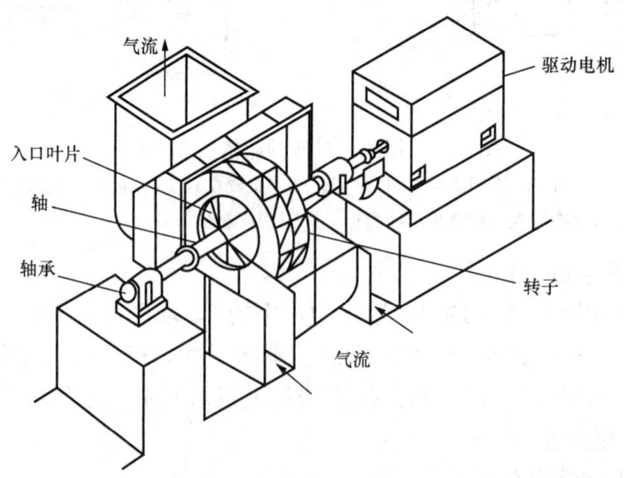

图 4-3 典型的离心风机

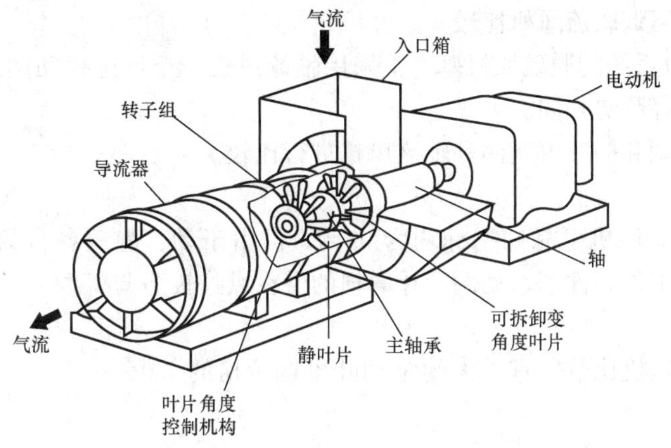

图 4-4　典型的轴流风机

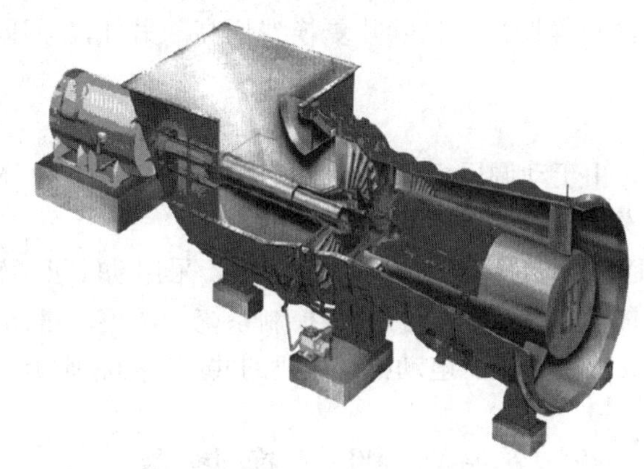

图 4-5　轴流风机外形

一、离心风机

离心风机的特点为：①在设计工况下，风机效率最高；②叶片形式多样，抗磨性能好；③叶片直径较大，占地面积大；④负荷调节性能差；⑤运行值偏离设计点时效率下降快；⑥检修不方便。

二、动叶可调轴流风机

动叶可调轴流风机运行中，依靠液压调节叶片角度，改变风机的风压、风量。其特点是：①调节性能好，适应变负荷工况运行；②低负荷时的效率比离心和静叶可调轴流风机高是其最突出的优点；③转动部件多，结构比较复杂；④耐磨性差；⑤液压调节系统复杂，结构精密，维护难度大，费用高。

三、静叶可调轴流风机

静叶可调轴流风机属于高效混流式通风机，由进气箱、进口调节门、导叶环机壳、扩压器和转子组成。风机运行中，依靠执行器调节进口导叶，达到调节风压、风量的目的。最高效率为 87%左右。

特点是：①负荷调节性能比离心风机好，比动叶可调轴流风机差，介于两者之间；②调节系统采用电动或气动执行机构，可靠性高，系统简单，维护方便；③效率相对较低。

四、静、动叶可调轴流风机比较

我国湿式FGD系统的脱硫风机基本上采用轴流风机，至于选择动调还是静调轴流风机与锅炉引风机的选择趋势相同。

下面对动叶可调和静叶可调两种轴流风机进行比较。

1. 可靠性

动调和静调轴流风机可靠性指标均为99%，但由于动、静调各自的结构、性能特点，在高温含尘烟气的工作条件下，动调叶片磨损的潜在风险较静调高。

2. 投资

静叶可调轴流风机比较便宜，大约是动叶可调价格的70%～80%，由于其转速低，基础施工费略低。

3. 维护费

风机的维护费用主要考虑的是叶片的更换。动调风机的叶片是靠堆焊和喷涂耐磨材料来提高磨损寿命的，其寿命较静调短，且叶片更换费用高。另外，液压系统易出现漏油、卡涩，现场维修量大。

4. 运行费

主要指风机的功耗，由于动调风机调节特性好，在30%～100% MCR工况下，保持较高的效率，所以其运行费用较静调风机低10%左右。

汕头电厂2×300MW机组的脱硫系统中增压风机，采用动叶可调轴流风机（BUF）。全套包括风机本体、配套的电动机、完整的调节控制系统、风道、进出口膨胀节、法兰和配件、必要的人孔、隔板、检修通道、电动机和风机的共用基础底座等。

第三节 烟气换热器

一、概述

1. 烟气换热器作用

烟气换热器作用是利用原烟气将脱硫后的净烟气进行加热，使排烟温度达到露点之上，减轻对净烟道和烟囱的腐蚀，提高污染物的扩散程度。同时降低进入吸收塔的烟气温度，降低塔内对防腐的工艺技术要求。

湿法脱硫工艺系统中，自锅炉引风机来的烟气（温度一般为120～150℃）在进入吸收塔中洗涤脱硫前，首先经过吸收塔进口烟道上的换热器，从换热器出来的烟气温度降至90～100℃左右，然后进入吸收塔洗涤脱硫，其目的是：①为了保护吸收塔中的元件及防腐层；②使吸收塔内烟气达到有利于吸收SO_2的温度；③减少吸收塔中蒸发水量，降低水耗。吸收塔出口洗涤脱硫后的烟气被冷却到45～55℃，为了保证烟气能充分扩散，降低排烟的可见度，避免烟囱降落液滴，同时避免净烟气在排放时结露造成腐蚀，需要将烟气加热到75～80℃。

烟气换热器通常有蓄热式和非蓄热式两种形式。蓄热式烟气换热器是通过热载体或载热介质将热烟气的热量传递给冷烟气，主要有回转式气—气换热器（GGH）、水—气换热器（MGGH）和蒸发管式换热器（简称热管）。非蓄热式烟气换热器是通过蒸汽或天然气燃烧等加热冷烟气，这种加热方式初投资较小，但功耗高、运行费用较大，这里主要对蓄热式的换热器进行介绍。

2. 蓄热式换热器按烟气流程分为降温侧和升温侧

在降温侧，烟气未经脱硫洗涤，经热力计算，在不同负荷下原烟气由 120～150℃降到 90～100℃。在换热器的烟气入口处，主要是含尘烟气冲刷磨损，在换热器的烟气出口处，温度低于酸露点，主要问题是凝结酸腐蚀。

在升温侧，烟气经过洗涤脱硫，由 45～55℃加热到 75～80℃，脱硫装置排烟温度按 75℃考虑设计。经过脱硫的烟气中带有少量雾滴，雾滴中含有石膏、灰、石灰石等固体，容易在受热面上黏结，由于石灰石湿法烟气脱硫工艺对 SO_3 的脱除率较低，一般为 20%～50%，并有未脱除的 SO_2，以及携带出的水珠中含有浓度较高的 Cl^-，使升温侧烟气对钢材有较强的酸腐蚀特性。

二、换热器的工作原理及特点

气—气换热器（GGH）负有烟气冷却和烟气加热的双重功能。通常 GGH 降低进入吸收塔的烟气温度，以利于进行化学反应，同时放出热量，这部分热量用来在换热器的另一侧加热净化后的低温烟气，以提高 FGD 装置的出口烟气温度；这一放热和吸热过程是通过同一个热交换器完成的。气—气换热器有回转式 GGH 和管式两种。

1. 回转式气—气换热器（GGH）

回转式 GGH 类似锅炉尾部的容克式回转空气预热器，如图 4-6 所示。由受热面转子和固定的外壳组成，外壳的顶部和底部把转子的通流部分分隔为两部分，使转子的一侧通过未处理热烟气，另一侧以逆流通过脱硫后的净烟气。当原烟气与受热面接触时，原烟气的热量传给受热面，并被蓄积起来。当脱硫后净烟气与受热面接触时，受热面就将蓄积的热量传给净烟气。受热面周期性被加热和冷却，热量也就周期性地由原烟气传给净烟气，转子每旋转一圈就完成一个热交换循环。

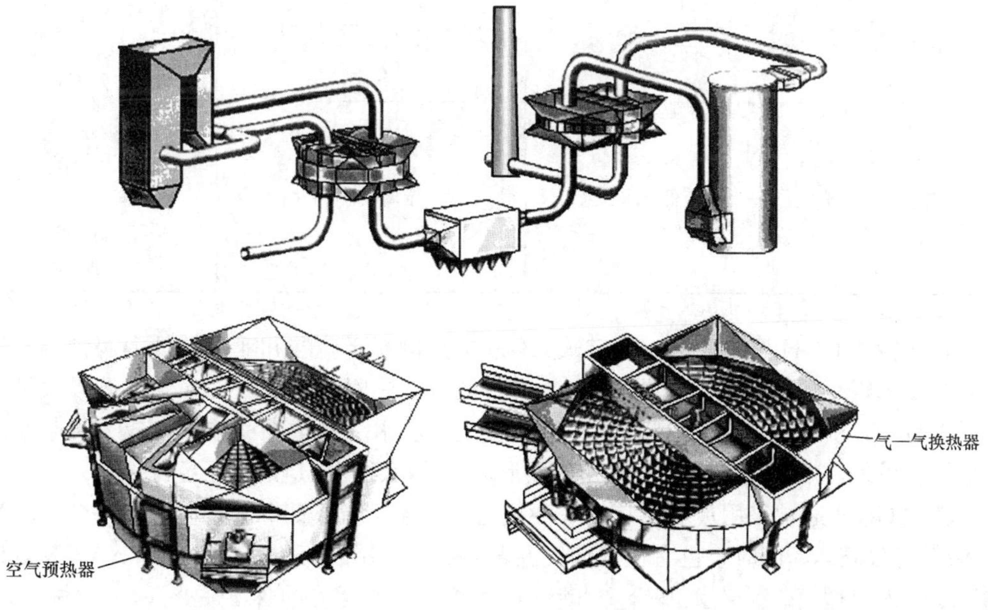

图 4-6　回转式气—气换热器

(1) 回转式GGH吹灰系统。回转式GGH受热面布置较紧密，气流通道狭窄、曲折，烟气中的飞灰易沉积在受热面上，造成堵灰，使气流阻力和风机电耗增大，传热面积减少，热风温度降低，积灰还会加剧腐蚀，影响脱硫换热器正常工作，因此必须设置吹灰系统。回转式GGH通常配有压缩空气（或蒸汽）吹扫、在线高压水（8～12MPa）冲洗和离线大流量低压水（0.5MPa左右）冲洗装置。这三种方式在同一吹灰枪上实现。回转式GGH正常工作时，压缩空气吹灰每班运行一次，当吹灰后换热器压降仍高于设计值时，则启动高压冲洗水进行在线冲洗，由此双重吹灰方式来保证吹灰效果（建议定期高压水在线冲洗至少每月一次）。回转式GGH停运检修时使用大流量低压冲洗水冲洗换热器。压缩空气吹灰时，GGH的正常转速为1.5r/min，在高压或低压水冲洗时转速为0.5r/min。虽然采用了双重吹灰方式，但由于回转式GGH存在低温段容易堵灰问题，因此，蒸汽吹灰的形式正在被采用。

当燃用高硫煤时，烟气的酸露点较高。在这种情况下，采用蒸汽吹灰对受热面及隔栏不利，吹灰蒸汽所带入的水分会加剧受热面的酸腐蚀。如果吹灰器行程机构卡涩，蒸汽对局部的冲击影响元件的寿命。同时检修时，冲洗水也将凝结在受热面上把酸露稀释成稀酸，从而加剧腐蚀。虽然蒸汽吹灰有以上不利情况，但由于蒸汽压力高，温度高，冲击力强，相对压缩空气而言有更好的吹灰效果。压缩空气虽然水汽含量很低，但温度较低，冲击力与蒸汽相比也较低，对积灰的清除效果不好。此外，由于吹灰蒸汽耗量较大（约3t/h），而压缩空气系统难以承受，因此吹灰介质采用蒸汽比采用压缩空气合适，经实践证明，效果良好。回转式GGH冲洗系统有三种类型，见表4-1。

表4-1 GGH冲洗系统的三种类型

类　型	使用工具	频　率	相关设备
吹灰	压缩空气	连续	吹灰器
在线冲洗	高压水+压缩空气	GGH元件压差升至“H”报警位时	GGH高压泵 在线冲洗装置 吹灰器
离线冲洗（固定冲洗）	低压水	定期检查时	固定冲洗装置 GGH冲洗泵 GGH废水泵 转子驱动装置 气动电机

(2) 回转式GGH腐蚀问题。回转式GGH加热侧属于硫酸和亚硫酸低温腐蚀区，造成腐蚀的主要原因是烟气透过除雾器（ME）夹带的水沫黏附在传热表面，会继续吸收烟气中残余的硫酸雾、SO_2、HCl和HF，这些酸性物质随着水分的蒸发而浓缩，成为引起腐蚀的主要原因。另外，烟气夹带的浆液在受热面形成固体沉积物，造成垢下缝隙腐蚀。

回转式GGH通常采用玻璃鳞片酚醛环氧乙烯基酯树脂（日本富士树脂株式会社的型号6H）涂料衬覆壳体，同时，也有根据烟气温度高低，采用耐硫酸露点腐蚀钢S-TEN制作壳体和原烟气入口烟道。采用镍基合金/碳钢覆盖板，从技术角度来说是最理想的材料。6H树脂在干烟气中可耐受150℃高温，如烟温长时间超过150℃，衬层易遭受损坏。在湿态下，使用温度不宜超过120℃，因此在选用6H树脂涂料时必须考虑其工作环境温度和干/湿状态。目前，有些在运行的回转式GGH壳体树脂内衬已出现损坏，原因是烟温长时间接近或超过140℃，且处于干/湿交替状态。回转式GGH的密封件多采用耐腐蚀铬镍合金，蓄热板则采用搪釉碳钢板。

（3）回转式GGH主要特点。与锅炉空气预热器相比工作条件好得多，灰尘少、温度低、变形小、漏风率大大降低，适合长期运行。但GGH的传热元件需要由防腐材料制成，烟气进出口均需防腐处理。另外，为了尽量减少原烟气泄漏到净烟气侧，需要设计性能良好的密封装置，并采用空气置换传动部分携带的烟气，可以使换热器的漏风率小于0.5%。这种换热器的主要缺点是粉尘的黏附与堵塞，以及热烟气会在蓄热元件上冷凝部分硫酸并带到烟气中，因此必须配备清洗装置（压缩空气、低/高压水）。

2. 水—气换热器（或称分体水媒式，MGGH）

水—气换热器又称管式烟气换热器（管式GGH），属于无泄漏换热器，主要由两组分开布置的换热器（即烟气降温侧换热器和烟气升温侧换热器）、循环水泵、辅助蒸汽加热器及疏水箱、热媒膨胀罐（定压装置）、补水系统、加药系统及吹灰系统等组成。未处理热烟气先进入降温侧换热器，将热量传递给热媒水，热媒水通过强制循环将热量传递给脱硫后的净烟气，如图4-7所示。

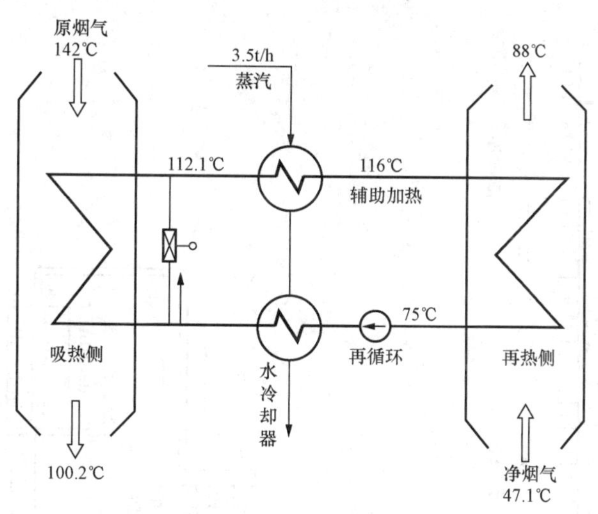

图4-7 水—气换热器及流程

管式GGH通过控制热媒体的流量可以调节出口烟气温度，也可加装辅助蒸汽加热器，当出口烟气达不到要求的温度时，通过控制蒸汽流量来提升烟温。管式GGH因管内是热媒水，管外是烟气，管内流体的传热系数远高于管外流体，为了强化传热，目前广泛采用高频焊接翅片管，这种翅片管焊缝强度高，可大批生产，由于能够强化传热，从而有效减小设备体积，降低流动阻力。

降温侧换热器和升温侧换热器都会遇到酸腐蚀问题，换热管一旦腐蚀穿孔必须停机处理，修复难度大，往往要割管，这样换热效率将下降。另外，当积灰严重时只能停机冲洗，不像回转式GGH可以在线冲洗。国外公司有些采用在换热管表面镀防腐材料，有些采用特殊的塑料作为换热管。如换热管材料为CRIA、90CrCuSb钢，翅片材料为S-TEN。

主要特点：①布置方式灵活，可以不增加烟道长度；②运行费用较少；③无泄漏；④初投资较高；⑤占据的空间大；⑥换热工质需要辅助动力（水泵）进行强制循环。重庆珞璜电厂的 FGD 装置采用这种换热器，流程如图 4-7 所示，需要蒸汽辅助加热。

3. 热管 GGH

热管是内部充有适量蒸发液体的真空管，管内保持负压，将管内存有液体的一段加热，处于负压状态下的管内液体将迅速吸热汽化为蒸汽，并在极小的压差条件下扩散到管子的另一端，由另一端的管壁向低于蒸汽温度的外界环境放出热量后又凝结为液体，冷凝液借助于重力或其他作用力流回被加热的一端，周而复始，构成一个由相变传热的、能以较小温差传输较大热流的传热元件，如图 4-8 所示。

主要特点：①单根热管泄漏不会造成整体换热器组件失效；②目前国内生产的单根热管长度 6m，处理大烟气量时，需多台布置；③换热工质的循环不需要辅助动力。

4. 分体热管 GGH

分体热管 GGH 的降温侧和升温侧再热器被分开，汽、液导管连通两个工作段，形成工质的闭合循环回路，如图 4-9 所示。热管换热器的烟气降温侧、升温侧各成组件，带片的加热管、冷却管的上、下两端分别连接在上、下联箱上，形成组合冷却热管段和组合加热热管段，汽、液导管与相应联箱连接。

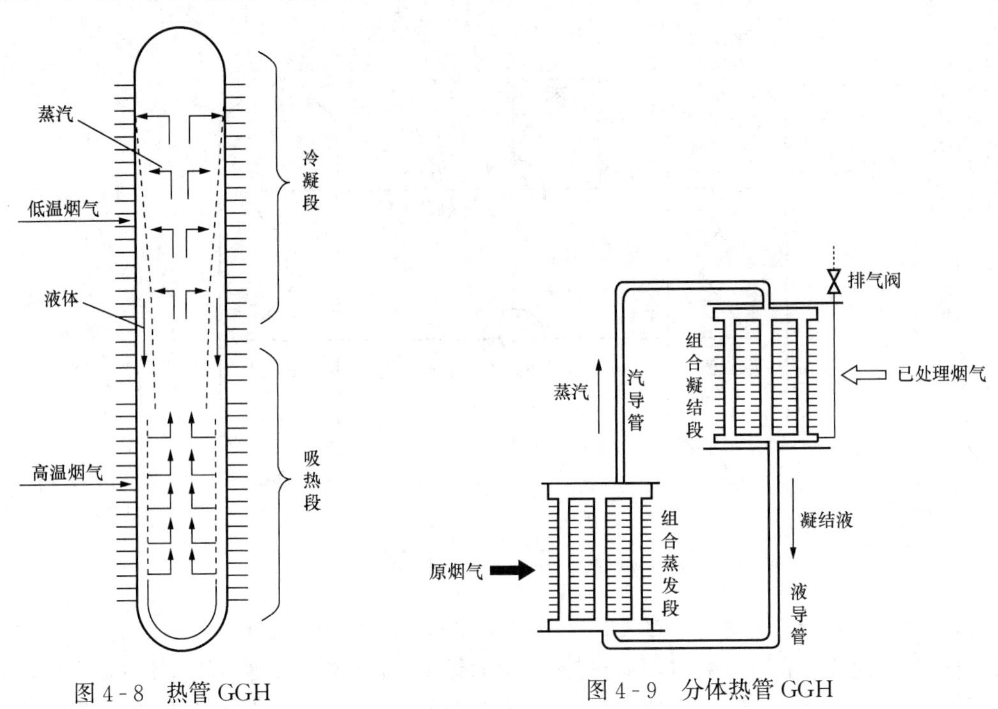

图 4-8 热管 GGH　　图 4-9 分体热管 GGH

在降温侧换热器中，热管中的工质被加热蒸发，蒸汽在上联箱汇集后，通入升温侧再热器，管内的蒸汽放热后凝结于管内壁，凝结液在重力的作用下汇集于升温侧再热器下联箱，由液导管送回组合加热段下联箱，完成工质的闭合循环。凝结液的循环流动驱动力是凝结液高位布置造成的液位差，不需要辅助动力。其工作原理要求升温侧再热器的布置必须高于降温侧换热器，并且有一定的高度差（约为 8m）来克服工质流动阻力。一般降温侧换热器管子工作壁温为 80～90℃，而常压下沸点为 100℃，所以现场抽真空需要使用真空泵。

主要特点：①要求进出口烟道有一定的标高差；②单根热管泄漏会造成换热器组件失

效；③换热工质的循环不需要辅助动力；④因受电厂排烟温度低，吸收塔防腐层的承受温度的限制，需在现场对热管进行抽真空，对形成热管要求的真空度有一定的影响。

5. 管式 GGH 吹灰系统

管式 GGH 中管排数多，在线冲洗效果差，如果换热管和管架等采用不耐腐蚀的金属制作，运行中水冲洗将加剧腐蚀，所以一般不装在线冲洗装置，一旦积灰严重后只能停机冲洗。应用于高硫煤 FGD 系统中的循环加热器，积灰情况要比应用于低硫煤严重得多，国内尚无回转式 GGH 应用于高硫煤的实例，其与管式 GGH 积灰情况比较缺乏实际经验，由于管式 GGH 换热器之间的间隙大于回转式 GGH 蓄热板之间的间隙，分析后者比前者更容易积灰。这也是高硫煤选用管式 GGH 的理由之一。

由于管式 GGH 在国内缺乏在脱硫系统中的安装和使用业绩，因此本节中仅对水—气换热器（MGGH）和回转式换热器（GGH）进行比较选型。

MGGH 无泄漏，在解决了换热管束防腐的情况下，检修工作量低且简便，但占地面积较大，金属有效利用率低。因此，随着烟气流量负荷的加大，MGGH 的价格会上升较多，外形尺寸的增加也较大。由于 MGGH 是管壳式换热器，相对蓄热式的回转 GGH，其负荷适应性相对较差。

回转 GGH 是换热效率相对较高的换热器，与 MGGH 相比，机械结构较为复杂，有一定的泄漏，检修工作量相对较大，容易在低温段发生堵灰。但是回转 GGH 体积小，运行电耗低，防腐问题容易解决，金属利用率高，随着烟气流量增加，在占地面积和初投资上有一定优势，因此目前被广泛应用。

第四节 烟 气 挡 板

一、概述

为了保证 FGD 的停运，不影响发电机组的正常运行，在烟道上分别设置了原烟气挡板门、净烟气挡板门和旁路烟气挡板门。烟气挡板门一般采用双百叶窗形式。其作用主要是隔离设备、控制烟气流量和排空烟气。

原烟气挡板门设在增压风机之前，在启动 FGD 时开启，FGD 停运时关闭；旁路挡板门设在烟囱之前的净烟道和原烟道之间，在启动 FGD 时，旁路挡板关闭，将烟气切换至脱硫系统。FGD 停止或故障状态时快速开启。

脱硫系统故障时，为了保证锅炉机组风烟系统的正常运行，三个挡板门设连锁保护。当 FGD 装置运行时，烟道旁路挡板门关闭；FGD 装置停运时，旁路门打开，FGD 装置进出口挡板门关闭，烟气通过旁路挡板门进入烟囱，由烟囱直接排入大气。在调试中，旁路挡板一般要放在微开位置。

二、烟气挡板门

通常，由于对隔离挡板和烟气流量控制挡板有不同的运行要求。FGD 装置的烟气挡板有单百叶窗式、双百叶窗式和闸板门三种类型。

1. 百叶窗挡板门

百叶窗挡板门有单百叶窗和双百叶窗两种类型，由本体、一系列平行的叶片、轴密封、驱动机构和控制部分构成，如图 4 - 10 和图 4 - 11 所示。

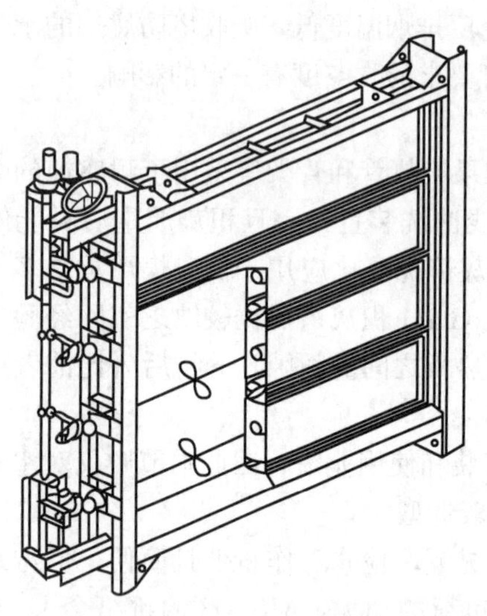
图 4-10　单百叶窗挡板门外形

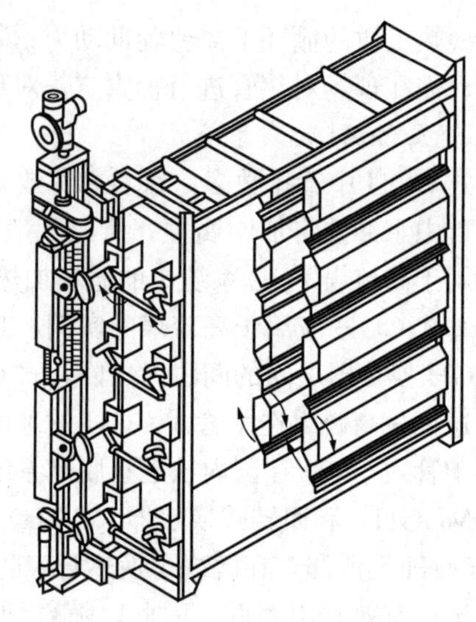
图 4-11　双百叶窗挡板门外形

百叶窗挡板门的叶片通过外部联动机构连接在一起，多数情况下由一个电动机来驱动所有叶片旋转。也有的将百叶窗式旁路挡板门的叶片分成 2～3 组，分别由 2～3 个执行机构驱动，其目的是在 FGD 系统启动、关闭旁路挡板时最大限度地降低对炉膛压力的影响；在需要快速开启旁路门时，降低所有叶片不能开启的风险。

百叶窗挡板门的每个叶片的边缘一般都设计有密封条，在挡板门关闭时起叶片之间相互密封作用。门框的密封（也叫侧面密封）布置在叶片两端的门框边缘上，侧面密封是防止烟气从叶片两端泄漏。采用双百叶窗挡板门可以进一步提高密封性能，除了每层挡板上配备密封元件外，在两层挡板门中间还通入密封空气。当双百叶窗挡板门关闭时，两层挡板门中间通入的密封空气，能阻止烟气由挡板门一侧泄漏到另一侧，如图 4-11 所示。

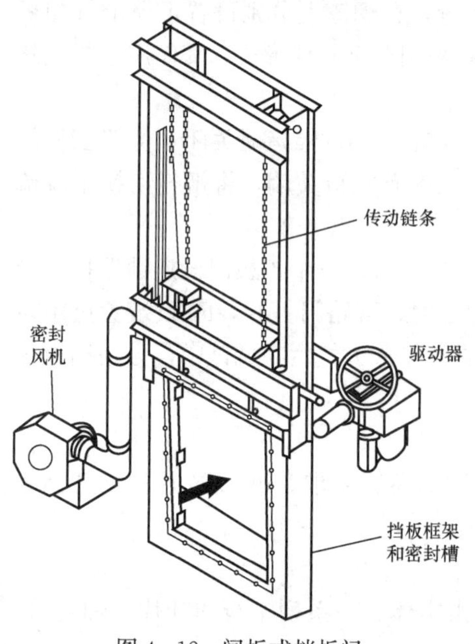

图 4-12　闸板式挡板门

挡板密封空气系统包括密封风机、密封风加热器、检测仪表、调节设备及其管路等。一般每套 FGD 配两台密封风机，2×100%容量，一台运行一台备用。

入口、出口挡板门的密封空气和旁路挡板门的密封空气不同时运行。不同挡板密封风的切换通过装在挡板门上的阀门来实现，该门与挡板门为机械连锁。

密封空气压力维持比烟气最高压力至少高 500～700Pa，因此风机必须设计有足够的容量和压头。

密封空气加热器有电加热和蒸汽加热两种形式。将密封空气加热至 100℃左右，减少与烟气之间的温差，使挡板门的变形控制在允许范围内。

2. 闸板式挡板门

闸板式挡板门简称闸板门，如图 4-12 所示，当闸板从烟道内完全抽出时，烟道全开。当闸板完全落入烟道时，烟道关闭。这是一种零泄漏的挡板门，检修人员在其下游工作，能保障人身安全。

闸板顺着挡板门框架的内侧插入到周围有空气密封的密封室内。喷入密封室的空气压力要大于烟气侧压力，以防止烟气漏入密封空气室。挡板框架内侧的挡板槽内装有密封薄片，以减少密封空气的用量，当闸板被提升起来时，密封片紧靠在一起。

挡板在烟道中提升和落下，最常用的方法是在挡板上部两端装有固定的链条，用一个链条驱动装置来提升挡板。根据挡板的尺寸和质量，一般用 2～4 根链条。另一种提升方法是用齿轮驱动机构沿挡板两侧的齿条提升挡板。

闸板门和双百叶窗挡板门隔断性好，但占据的空间大，造价高。

3. 挡板的动作时间

隔离挡板从全开到全关，或者从全关到全开所需要的时间叫做动作时间。通常，用作旁路烟道的百叶窗挡板要求快开时间不超过 25s，对快速动作的要求主要是保证当 FGD 故障紧急停运时，能快速开启旁路挡板门，以确保烟气经旁路烟道直接进入烟囱。百叶窗旁路挡板门关闭时的开度应具有分级可调性，以减少旁路门关闭时对锅炉炉膛负压的影响。FGD 系统的其他百叶窗挡板门的动作时间一般在 40s 左右。

闸板门打开和关闭时的运行速度一般为 1.3～2m/min。大型机组入口烟道的高度多在 3m 以上，门完全打开或者关闭需要 2～3min。因此，它不能应用在旁路烟道中，主要用在系统入口或吸收塔入口，仅作隔离之用。

4. 烟道沉积物对挡板门动作的影响

烟道沉积物飞灰、吸收塔浆液中的固体物会积聚在烟道内，尤其是烟道的底部。因此必须考虑这些沉积物对挡板门动作的影响。

对于通常的闸板式开关门，如系统或吸收塔入口、出口隔离挡板门，其板片必须能挤掉这些沉积物插入烟道。挡板门驱动装置，如电动机应有足够的功率能使闸板插入沉积物中。对于一个长期处于关闭状态的闸板门，驱动装置的执行器必须有足够的启动功率以克服板片和门框之间的粘连。

对于一个常开的百叶窗挡板门，如 FGD 入、出口门，或常闭的百叶窗挡板门，如旁路隔离挡板门，如果长期处于某一位置，烟道沉积物可能会使叶片难以动作。对于底部的叶片，这一问题尤为严重。其一，烟道底部是沉积物最多的区域；其二，如果其他叶片转动灵活，驱动器的整个扭矩都作用在底部叶片上，这可能损坏叶片和连接机构。因此，一些百叶窗挡板门配有两套驱动器和连接机构。一套供最下面的叶片使用，另一套供其他叶片使用。

另外，对于常闭的百叶窗挡板门，如果烟道积灰出现在挡板门的一侧，叶片旋转方向应朝积灰的下游侧，避免积灰阻挡叶片转动。

不论何种挡板门，最好的操作方式是定期将挡板门在其活动范围内动一动，以防挡板门长期不动作发生卡涩。对于常闭的旁路挡板门尤其应该如此。

烟道挡板的技术要求如下：

（1）耐高温特性；

（2）耐化学腐蚀性能（酸腐蚀）；

（3）过压；

（4）负压；

（5）防结垢性能；

（6）防机械磨损；

（7）低压力降；

（8）挡板密封严密。

第五节 湿 烟 囱

湿法 FGD 装置烟气排放有两种形式，一种是将烟气再热后通过烟囱排放，如图 4-1 所示；另一种是不加热直接通过湿烟囱或冷却塔排放，如图 4-13 所示。所谓湿烟囱工艺是指在湿法 FGD 装置中，省去 GGH，从吸收塔排出的绝热饱和湿烟气直接经出口烟道和烟囱向大气排放，湿烟气温度通常为45～55℃，吸收塔下游侧的烟道和烟囱处于湿状态下运行的脱硫工艺。

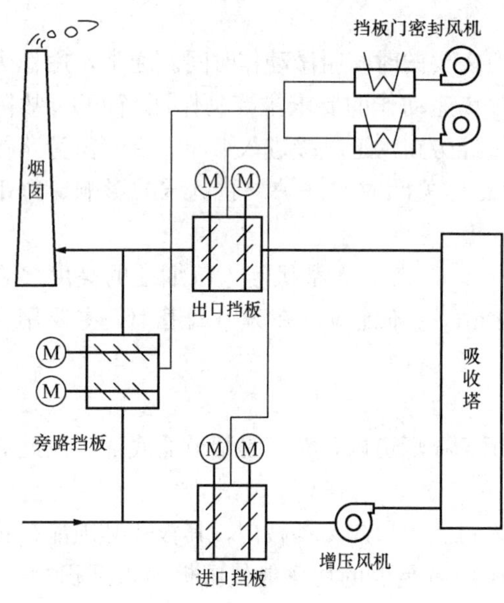

图 4-13 湿烟气系统流程图

虽然国内外许多 FGD 系统都安装了烟气再加热装置，但也有不少电厂的实际运行情况说明，即使烟气再加热后，其温度也可能处在酸露点以下，尾部烟道和烟囱的腐蚀仍不可避免。另外，目前运行的 GGH 存在泄漏、能源消耗、腐蚀、堵灰等技术问题，且运行维护费用高，造价昂贵。如一台 GGH 的价格占整个 FGD 设备投资的 14%～16%。GGH 还需要较大的占地面积和布置空间，一台 300MW 机组 FGD 装置中的回转式 GGH 的传动齿轮直径可达 2～3m，同时 GGH 还是造成 FGD 装置事故停机的主要原因。因此，烟气再加热并不是经济地解决设备材料腐蚀的好方法，还需要采用湿烟囱设计。随着除雾器、烟道、烟囱设计的改进和结构材料的发展，从技术和经济的角度来讲，省去 GGH 是可行的。烟气不经再热，其抬升高度的降低可通过脱硫后烟气中污染物的减少来补偿。显然，GGH 的省去简化了系统，缩短了进出口烟道，降低了投资和运行成本，省除了故障率较高的 GGH 带来的大量维修工作。所以，自 20 世纪 80 年代中期以来美国设计的大多数 FGD 系统已选择湿烟囱运行。国内福建后石电厂 6×600MW 燃煤机组配套的 6 台海水 FGD 系统是我国第一个采用湿烟囱工艺的大型火电厂，在建的常熟华润电厂 3×600MW 燃煤机组拟采用石灰石—湿法烟气脱硫工艺湿烟囱运行，预计近年湿烟囱工艺将会在国内获得更广泛应用。但是，湿烟囱工艺对环境会带来三个问题：①湿烟气的温度比较低，抬升高度较小，影响烟气扩散条件，可能会提高最低落地浓度，影响地面环境空气质量；②湿烟气含有大量水蒸气，处于饱和状态，排出的烟气会因水蒸气的凝结而使烟羽呈白色，影响视觉；③饱和湿烟气夹带的液滴以及因水蒸气凝结形成的凝结水可能造成烟羽在传输过程中形成降雨，影响局部地区环境和气候。此外，湿烟囱工艺对处于湿状态下的烟道、烟囱设计和材料选择有特殊要求。本节将讨论这些问题，以供选择工艺方案时参考。

一、采用湿烟囱需考虑的因素

电厂烟囱由外烟筒和内烟道组成，如图 4-14 所示，通常高度超过 200m，外烟筒与内烟道之间的部分称为烟囱的环状夹层，外烟筒作为内烟道的结构支撑，使其免受风力作用。锅炉排烟经 FGD 装置处理后的清洁烟气经 FGD 系统出口烟道、烟囱入口烟道，沿烟囱内烟道抬升到烟囱出口一定高度后逐渐扩散到大气中。

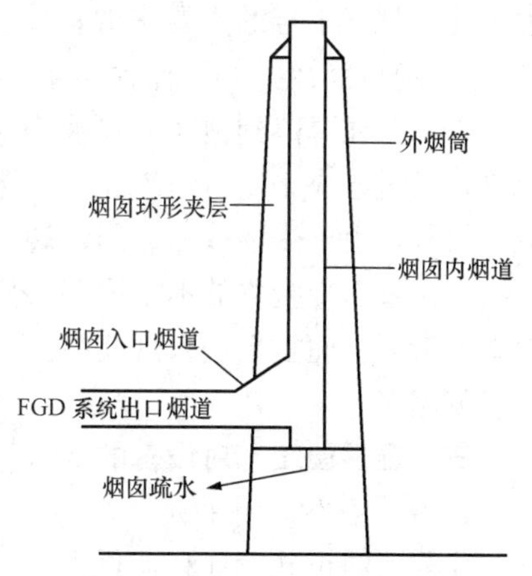

图 4-14　电厂烟囱结构示意

1. 湿烟羽的抬升和扩散

烟气离开烟囱后在周围气象条件下形成形态各异的烟羽并逐渐扩散大气中去，烟羽的扩散状况有可能影响烟囱附近地区和下风侧较远的区域，如果烟羽下落到烟囱出口高度下方，靠近烟囱的附近地区则发生了称为烟羽下洗（downwash）的现象。当风吹过烟囱时，会在烟囱的背风侧产生旋涡，压力较低。如果烟气离开烟囱后，抬升的浮力不足或垂直向上的流速不够时，就会被向下卷吸进低压涡流中去，发生烟气下洗。要防止烟流下洗，烟囱出口处流速应大于排放口处风速的 1.5 倍，一般在 20～30m/s，烟温在 100℃以上。烟气下洗不仅会造成烟囱腐蚀，而且减弱了烟气的扩散，在环境温度低于 0℃时会导致烟囱结冰。湿烟囱排烟温度低，烟气抬升高度小，垂直扩散速度低，出现烟气下洗的可能性大。增加烟囱出口烟气流速可以减少烟气下洗和增强扩散，有些国家的 FGD 装置在烟囱出口处装设调节门来提高排烟速度。

2. 烟囱降雨

由于烟气中夹带的液滴和湿烟气离开烟囱后形成的凝结水在重力作用下降落到地面，形成“降雨”（stack rainout）。这种降雨通常发生在烟囱下风侧数百米内，有烟气再加热的 FGD 排烟也可能发生这种降雨，但湿烟囱出现的概率要高些。通过调整 FGD 系统设定参数，改进出口烟道和烟囱设计，可以最大限度地减少烟囱降雨问题。

3. 烟羽的黑度

烟羽的黑度是烟气中的固体颗粒物，液体和气体与照射光相互作用的结果，发电厂排放烟气的透明度主要受飞灰颗粒物、液滴和硫酸雾的影响，造成烟气不透明的主要原因是：当饱和热烟气离开烟囱后温度急速下降，从而形成了水雾。这种含有较多水汽或其他结晶物质的白色烟气会降低烟气的黑度，使测得的烟气黑度不能真实地反映污染情况。应该指出的是，加热烟气可以推迟或减少水雾的形成，在寒冷的季节，即使采用了排烟再加热系统也会形成看得见的水雾烟流。

4. 烟道和湿烟囱的腐蚀

脱硫烟气具有很强的腐蚀性。烟气中的氯离子遇到水蒸气形成氯酸，其化合温度约 60℃，当低于氯酸露点温度时，会产生严重的腐蚀，对钢板的腐蚀速度是其他物质的 3～8 倍。同时，烟气经脱硫后，虽然 SO_2 含量大大减少，但仅能去除约 50%的 SO_3。烟气中残留的 SO_3 溶解后，形成腐蚀性极强的稀硫酸。

二、冷凝物形成的原因和特点

对于湿烟囱，要求尽可能减少烟囱降雨。烟囱降雨的直接原因是：①透过除雾器夹带的液滴，其量变化很大，与ME的性能、清洁状况、烟气流速等因素有关。在有些FGD装置中可能是烟气水雾的主要来源；②饱和烟气顺着烟囱上升时压力下降，绝热膨胀使烟气变冷，形成直径大约1μm细小水滴，烟羽中绝大多数是这种液滴，这些细小水滴从烟囱排出后，大部分在降落到地面之前被蒸发了；③热饱和烟气接触到较冷烟道和烟囱内壁形成了冷凝物，其量取决于出口烟道长度、保温方式、烟囱内烟道衬里材料及环境温度。

另外，由于受惯性力作用，烟气夹带的较大水滴撞击到烟道和烟囱内壁上与壁面的冷凝物结合。壁面冷凝物的不断增多，使得细小的液滴汇集成较大的液滴，这些较大的液滴可能被烟气带离壁面重新进入烟气中。而且烟道和烟囱内壁越粗糙、烟气流速越高，烟气夹带的水滴就越多。

三、湿烟囱工艺对设备的要求

1. 除雾器的设计和运行

除雾器的正确设计和运行主要包括：①最上层喷淋母管与除雾器端面应有足够距离，除雾器端面烟气分布应尽量均匀；②选用临界速度高、透过夹带物少、材料坚固和表面光滑的高性能除雾器；③在便于布置的情况下选择水平烟气流除雾器，或第一级除雾器水平布置，第二级垂直布置；④设置冲洗和压差监视装置，保持除雾器清洁，确保不发生堵塞。最大限度减少透过除雾器的夹带液。

2. 对出口烟道的要求

接触湿烟气的烟道壁、导流板、支撑加固件上会留有液体。因此，烟道布置应尽量减少水淤积，膨胀节和挡板不能布置在低位点，同时要设置排水设施，以利于冷凝液的汇集和排往吸收塔收集池。一般不允许在烟道内安装加固件，以减少烟气重新夹带液体。

3. 烟囱内烟道的防腐技术方案

湿烟囱衬里材料的可靠性至关重要，根据国内外的经验，目前湿法脱硫后的烟囱内烟道防腐主要有以下4种形式：

(1) 贴衬合金薄板。采用抗渗密封性好，整体性强，自重轻，耐酸腐蚀的金属合金薄板材作内衬。如钛板（$TiCr_2$）、镍基合金板（C-276、C22）或铁—镍基耐蚀合金板（AL-6XN）等。贴衬钛钢复合板材料在湿烟囱工艺中是较为理想的防腐方法。该方法的防腐、耐温、抗冲刷性能好，使用寿命长，但价格昂贵，不易施工。福建后石电厂6×600MW燃煤机组配套的6台海水FGD系统湿烟囱工艺，其烟囱内烟道采用进口钛基合金挂贴，钛板厚1.6mm。

(2) 用耐腐蚀的轻质隔热制品粘贴。如发泡耐酸玻璃砖内衬，以美国宾得高（PENNGUARD）玻璃砖内衬系统为代表，玻璃砖内衬隔绝了烟气与烟囱内烟道的接触，具有耐腐蚀和保温的双重性能。发泡耐酸玻璃砖由专用的粘合材料直接粘贴于钢烟囱内表面，并且由粘合材料对玻璃砖间的缝隙勾缝，阻断了烟气对烟囱内烟道结构的腐蚀。在化学环境与温度大幅度变化的情况下均具有防腐能力。发泡耐酸玻璃砖内衬在国外湿烟囱工艺中已有大量的应用业绩。但国产硼酸砖单位质量比较大，衬里砖有可能脱落，因此，国内应用业绩少。陡河电厂7号、8号机组的湿法FGD装置计划采用进口发泡硼硅酸玻璃砖衬砌。

（3）采用玻璃鳞片等防腐涂层。在湿法 FGD 系统的吸收塔、烟道等设备上应用较多，国外电厂烟囱早期有应用，现已较少采用，国内尚没有成熟经验。鳞片树脂衬里有较好的防腐性能，但适应温度低，使用寿命短，一般运行 5 年就需要进行局部修补。

（4）采用有机、无机复合纤维涂层。根据目前掌握的资料，美国萨伟真 Systems 公司开发的各类纤维涂层作为玻璃鳞片涂层的更新换代产品，将有机涂层、耐高温纤维衬里，无机耐腐蚀、耐酸、耐火材料和胶泥完美结合。Systems 作为烟囱防腐处理的专业性公司，其产品在美国有广泛应用，并已有连续使用 15 年的实例。但由于进入中国市场较晚，目前国内只有湖南石门电厂 2×300MW 燃煤机组混凝土烟囱防腐改造业绩。该方法可以满足耐温、防腐要求，用它来做防腐层，其整体性好，强度高，使用寿命长，且价格适中，施工周期较短。该工艺解决了玻璃鳞片涂层存在的抗拉性差、抗弯性差、抗高温差、对钢板表面热胀冷缩时与机体的依附性差等缺点，适合于老厂改造。

四、冷却塔排放湿烟气

利用自然通风冷却塔直接排放脱硫后烟气是另一种湿烟囱方法，如图 4 - 15 所示。该方法又称烟塔合一烟气排放技术。它是将低温饱和湿烟气用烟气管道送入冷却塔配水装置上方集中排放，与冷却水不接触。由于烟气温度约 50℃，高于塔内湿空气温度，发生混合换热现象，混合的结果改变了塔内气体的流动工况。塔内气体向上流动的原动力是湿空气（或湿空气与烟气的混合物）产生的热浮力，热浮力克服流动阻力而使气体流动。进入冷却塔的烟气密度低于塔内气体的密度，对冷却塔的热浮力产生正面影响。在大多数情况下，混合气体的抬升高度远高于比冷却塔高几十米至 100m 的烟囱，从而促进烟气中污染物的扩散。图 4 - 16 是某电厂烟塔合一与烟囱排放的烟羽对照结果。其中烟囱标高为 170m，在距离排放点附近抬升很快，之后烟羽中心高度基本停留在 450m，烟塔合一的冷却塔标高仅 100m，由于其总含热量较大，冷却塔烟羽在距离排放原点中等距离处的抬升高度迅速超过烟囱抬升高度，达到 600m，并且仍然缓慢上升，最后在 700m 时升势趋缓。其烟羽轮廓较窄，扩散的距离更远。

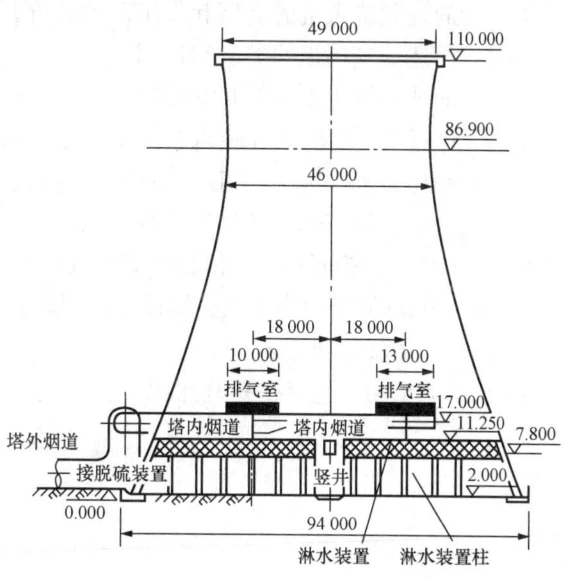

图 4 - 15 冷却塔排烟示意

湿法脱硫后的净烟气在通过冷却塔排放的过程中，净烟气中一部分水蒸气会遇冷凝结成雾滴，这些雾滴和烟气带入冷却塔的液滴部分会附着在冷却塔壁面上，将对混凝土壳体造成腐蚀。另外，大风天气，风会造成混合湿气下洗，对塔外壁造成腐蚀。因此，塔内喷淋层以上和塔外部从上向下 1/3 的部分必须作防腐处理。通常采用玻璃鳞片树脂防腐涂层，引入冷却塔的净烟道一般采用质轻、防腐性能优良的 FRP 管道。

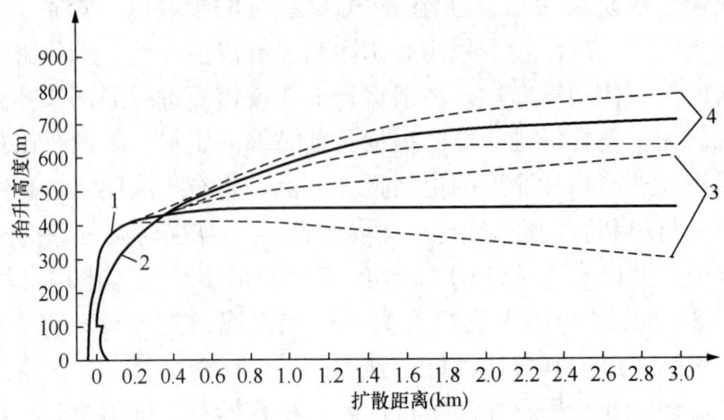

图 4-16　烟塔合一与烟气排放的烟羽对照结果

1—烟囱；2—烟塔合一；3—烟囱轮廓线；4—烟塔合一轮廓线

复习思考题

4-1　简述脱硫烟气系统组成和烟气挡板的作用。

4-2　石灰石湿法 FGD 装置中，烟气换热器的作用是什么？

4-3　简述脱硫风机的类型和作用。动叶可调轴流风机的优缺点各是什么？

4-4　简述烟气挡板的类型和作用。

4-5　简述回转式 GGH 工作原理。

4-6　在石灰石湿法烟气脱硫系统中，增压风机布置在原烟道与 GGH 之间有何优缺点？

4-7　画出石灰石湿法 FGD 装置中烟气挡板示意图。

4-8　为什么要对烟气换热器进行吹扫？

4-9　GGH 受热面积灰的清洗方式有几种？

4-10　FGD 系统中为什么要增设增压风机？

4-11　何谓湿烟囱工艺？

4-12　湿烟囱工艺存在哪些问题？

第五章

烟气脱硫副产物处置系统及设备

在FGD系统中，石膏将作为湿式洗涤工艺的副产品产生。浆液中包含的石膏主要由盐类混合物（$MgSO_4$、$CaCl_2$）、石膏、石灰石、CaF_2 和灰粒组成。因此，处置的目的就是将石膏从杂质中分离出来。石膏处置过程分为分离和脱水两步。分离由石膏旋流器完成，脱水由真空皮带机进行。

第一节　石膏脱水系统

一、概述

从吸收塔排出的石膏浆液要经过去除水分才能达到商业利用价值，因此，石膏脱水系统的作用包括：①分离循环浆液中的石膏，将循环浆液中大部分石灰石和小颗粒石膏输送回吸收塔；②将吸收塔排出的合格的石膏浆液脱水，副产品石膏中游离水含量为40%～60%，真空皮带脱水机后，副产品石膏中游离水含量为10%左右；③分离并排放出部分化学污水，以降低系统中有害离子浓度。石膏脱水系统中的主要设备包括石膏排出泵、石膏旋流器、水环式真空泵、真空皮带脱水机、滤液泵、滤布冲洗水泵、滤饼冲洗水泵、滤液箱、废水箱、石膏仓以及有关的管路、阀门、仪表等，流程如下：

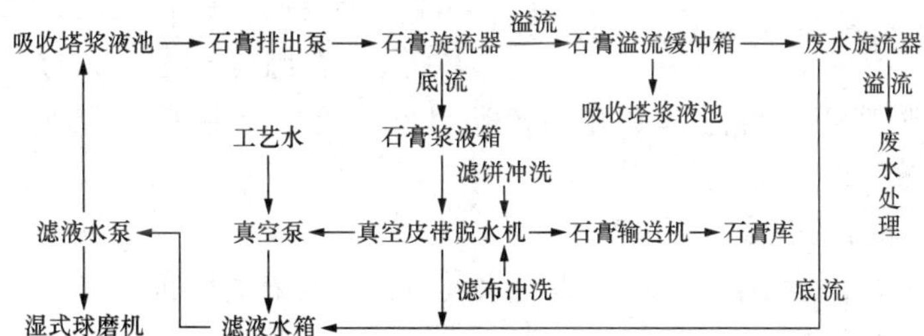

石膏脱水系统由初级旋流器浓缩脱水（一级）和真空皮带脱水（二级）两级组成。从吸收塔排出的石膏浆液（固体物含量约为15%～20%），送至高效水力旋流分离器，浓缩至含固量约40%～60%的石膏浆液，再经过真空皮带脱水机进一步脱水，形成含水10%的石膏（$CaSO_4 \cdot 2H_2O$），用汽车运至石膏炒制车间或直接销售。

为了控制脱硫石膏中 Cl^- 等成分含量，确保脱硫石膏品质，在石膏脱水过程中用工艺水对石膏及滤布进行冲洗。石膏过滤水收集在滤液箱中，然后由滤液水泵送到吸收塔或湿式球磨机。

该系统一般设置两台真空皮带脱水机，每台真空皮带脱水机的出力按两套FGD装置总产量的75%设计，配置两台水环式真空泵，其中，一台运行，一台备用。脱水机共用一套滤布冲洗水箱和冲洗水泵系统以及滤液水泵系统。

脱水石膏的品质要求如下：

(1) 含水率：<10%；

（2）石膏纯度：90%～95%；

（3）Cl^-含量：<0.01%；

（4）石膏结晶颗粒：粗粒状（避免针形和薄片状）；

（5）平均颗粒粒径：60%通过 32μm；

（6）低重金属含量；

（7）易脱水。

二、一级石膏浆液脱水系统

一级石膏浆液脱水系统也称初级旋流分离系统，如图 5-1 和图 5-2 所示。石膏浆液排出泵出口管道上设有石膏浆液密度计，当排出的浆液密度小于 1138kg/m³ 时，通过再循环调节门返回石膏溢流箱，由石膏溢流浆液泵送回吸收塔。

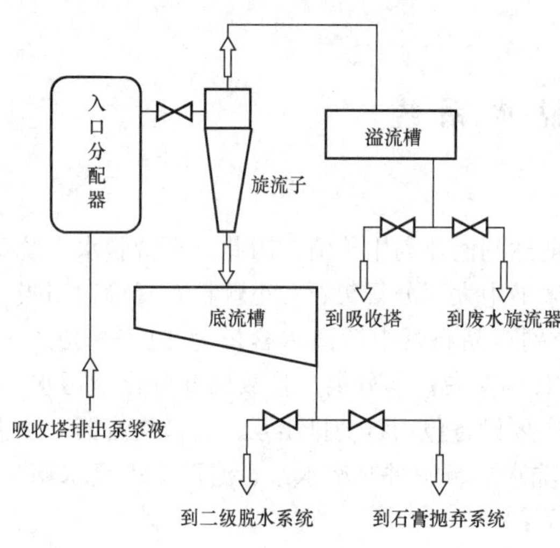

图 5-1　一级石膏浆液脱水系统（一）

当排出的浆液密度大于 1138kg/m³ 时，进入石膏浆液供浆集箱，由出口支管平均分配到对应的旋流器，进行粗细浆液分离，浓缩的大石膏颗粒浆液从旋流器底流口排出，含固量为 40%～60%，先汇入石膏旋流站底流浆液箱，由下部的石膏分配阀切换至 1 号或 2 号皮带脱水机进行二级脱水。水力旋流器分离出的溢流液中较细的固体颗粒（细石膏颗粒、未溶解的石灰石和飞灰等），含固量约在 4%以下，一部分汇入石膏旋流站溢流浆液箱，再流入石膏溢流浆液箱，泵回到吸收塔浆池循环使用，另一部分进入废水排放系统。

一级石膏浆液脱水系统的作用有：

（1）提高浆液固体物浓度，减少二级脱水设备处理浆液的体积。进入二级脱水设备的浆液含固量高，将有助于提高石膏饼的产出率。

（2）用分离出来的部分浓浆和稀浆来调整吸收塔反应罐浆液浓度，使之保持稳定。

（3）分离浆液中飞灰和未反应的细颗粒石灰石，降低底流浆液中飞灰和石灰石含量，有助于提高石灰石利用率和石膏的品位，有助于降低吸收塔循环浆液中惰性细颗粒物浓度。

（4）向系统外（经废水处理系统）排放一定量的废水，以控制吸收塔循环浆液中 Cl^- 浓度。

（5）一级脱水后的稀浆经溢流澄清槽或二级旋液分离器获得含固量较低的回收水，用来制备石灰石浆液和返回吸收塔调节反应罐液位。

三、二级石膏浆液脱水系统

二级石膏浆液脱水系统也称真空皮带脱水系统，如图 5-3 和图 5-4 所示。石膏浆液借助给料分配系统均匀分布在真空皮带机上，浆液通过皮带机滤带上的横向沟槽，透过滤布流向滤带中央的排液孔，汇集在真空室内并输送出去。真空室借助柔性真空密封软管与滤液汇流

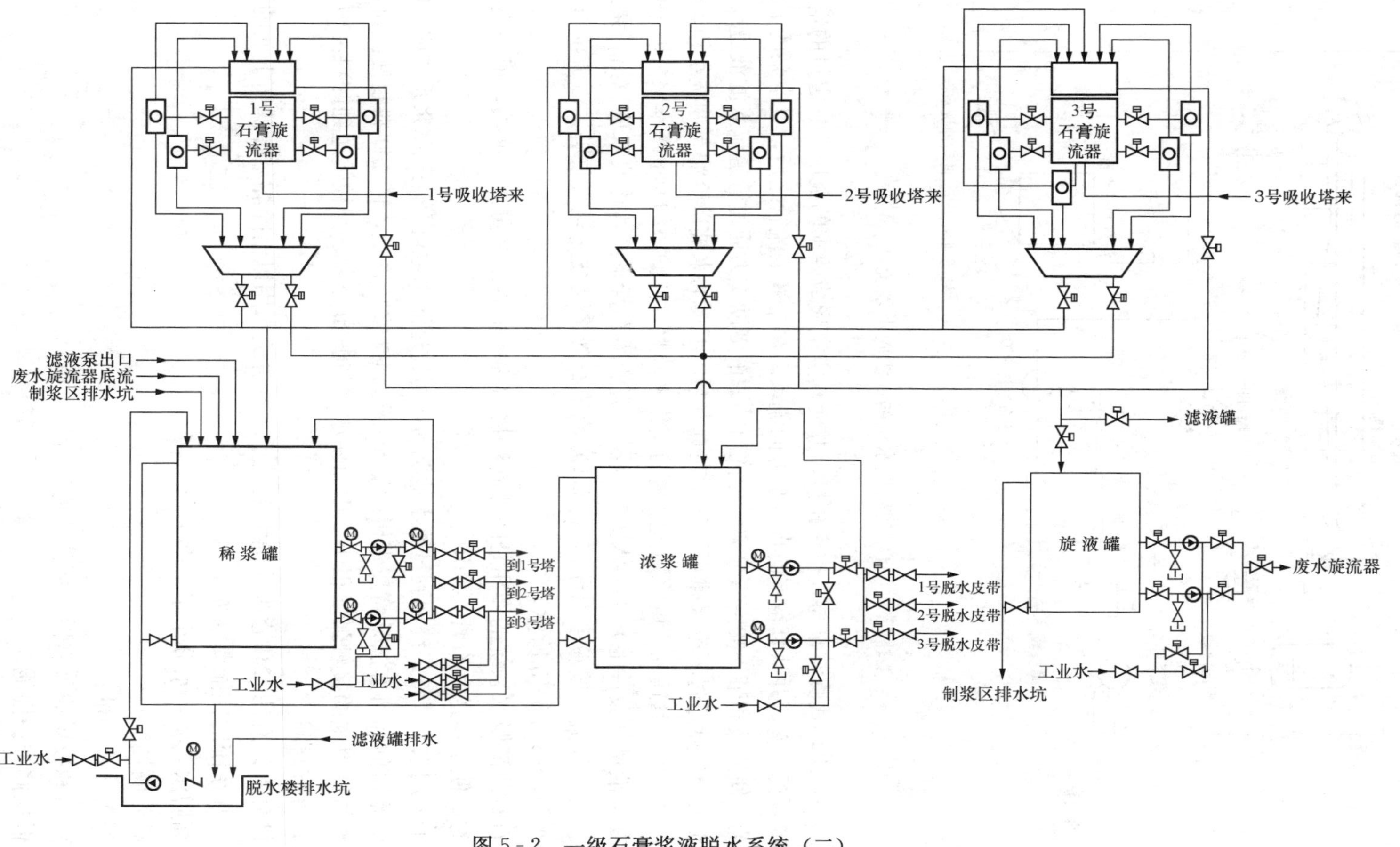

图5-2　一级石膏浆液脱水系统（二）

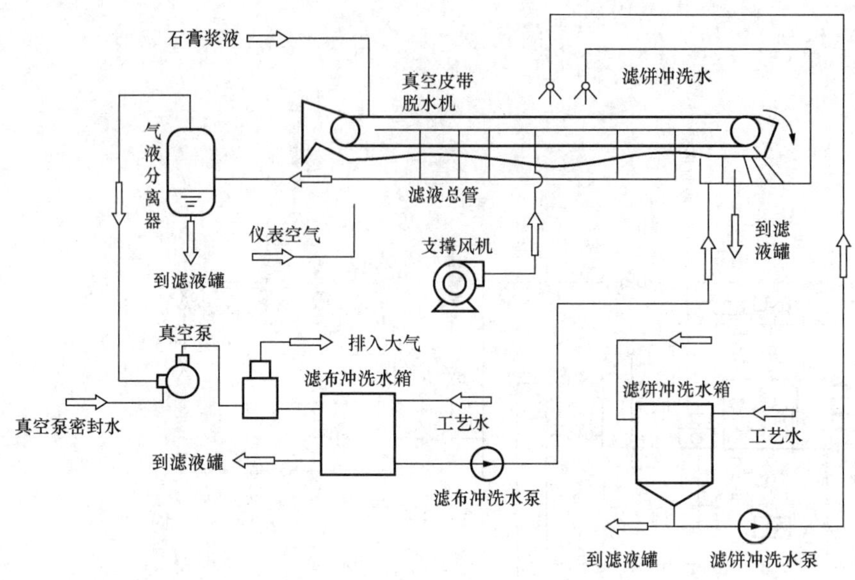

图 5-3 真空皮带脱水机的二级脱水系统（一）

管相连接。一台水环式真空泵与真空室相接，并使真空室形成要求的负压。一定量的空气和滤液一起被带入真空室，并从真空室向真空泵方向流动。在滤液汇流管之后，真空泵的上游装有气液分离器，使滤液和带入的空气分离。分离出的滤液借助重力通过管道流入滤液罐或过滤水地坑，滤出的空气则通过真空泵排至大气。在真空泵内汇集的水被送至滤布冲洗水箱。滤布携带石膏通过真空室，其运动速度将随供浆量的变化来调整，使滤饼的厚度基本保持恒定值。

存储在旋液罐（缓冲池）中的水力旋流器溢流的稀石膏浆液，由废水旋流给料泵送入废水旋流器。废水旋流器按粒度对浆液分离，底流浓石膏浆液被送至吸收塔，溢流稀石膏浆液被送往废水箱，如图 5-5 所示。

二级石膏浆液脱水系统的作用是降低副产物的含水量，使之可用作回填，或在生产商业等级石膏时，便于运送和石膏再利用。

各种工艺用水和滤液最终回到过滤水地坑内，通过过滤水地坑泵送至制浆系统或吸收塔。

皮带机滤饼的卸料方法是将皮带机的滤布传送到排放转轮上，借助卸料辊使滤饼离开滤布。由于滤饼卸料辊的接触弧度很小，因而使滤饼与滤布分离，并被输送到卸料滑槽，再由滑槽送至石膏堆料间。

皮带机分别设有滤布和滤饼冲洗水系统，滤布清洗水用以清除黏结在滤布上面的石膏。

石膏脱水系统的性能要求如下：

(1) 高脱水效率：水分小于 10%；

(2) 高防腐性能；

(3) 低工艺水耗量；

(4) 停运和投运的可靠性（部分负荷运行）；

(5) 低检修维护性能；

(6) 滤带的寿命长；

(7) 真空泵高效率。

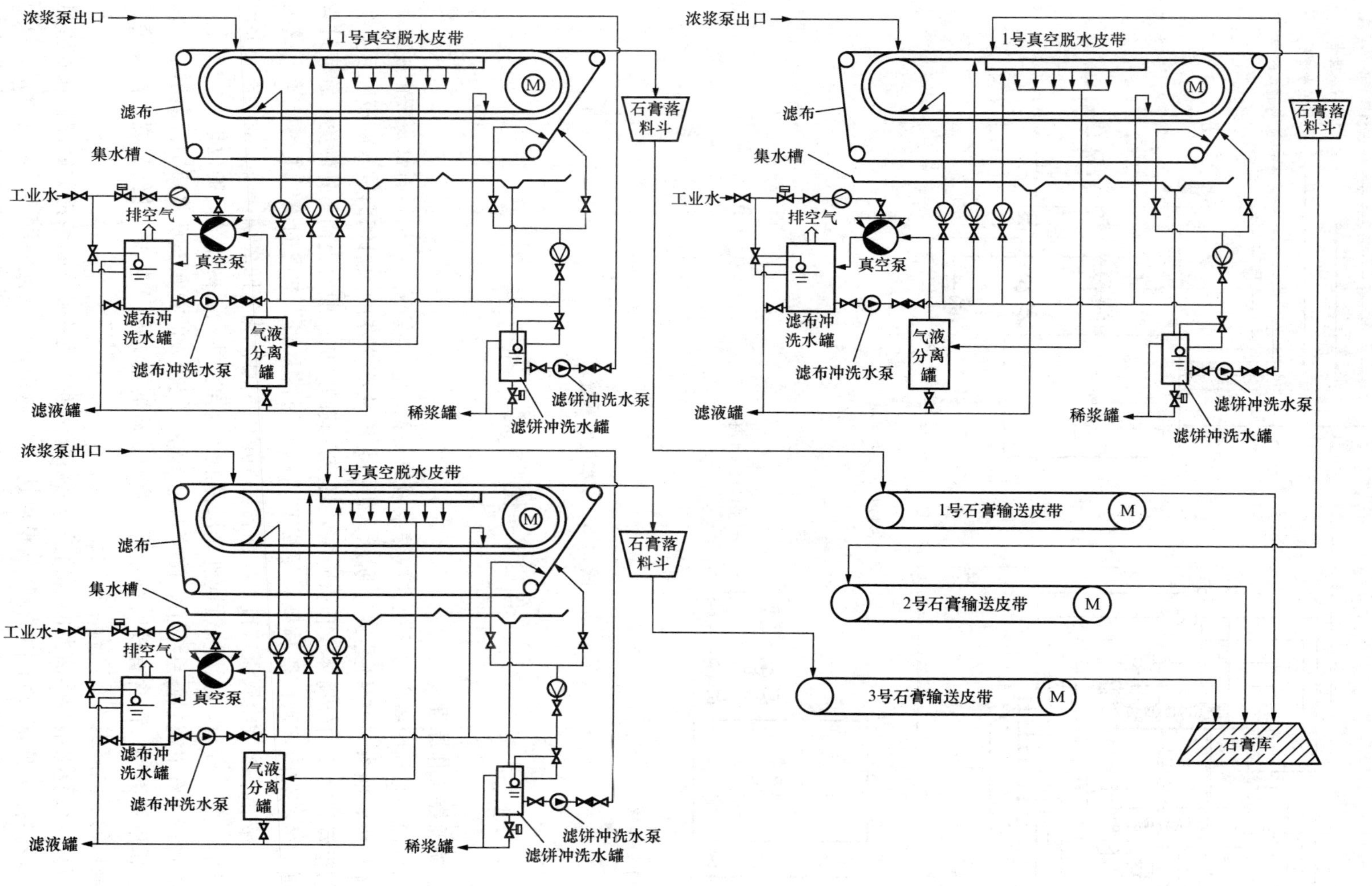

图5-4　真空皮带脱水机的二级脱水系统（二）

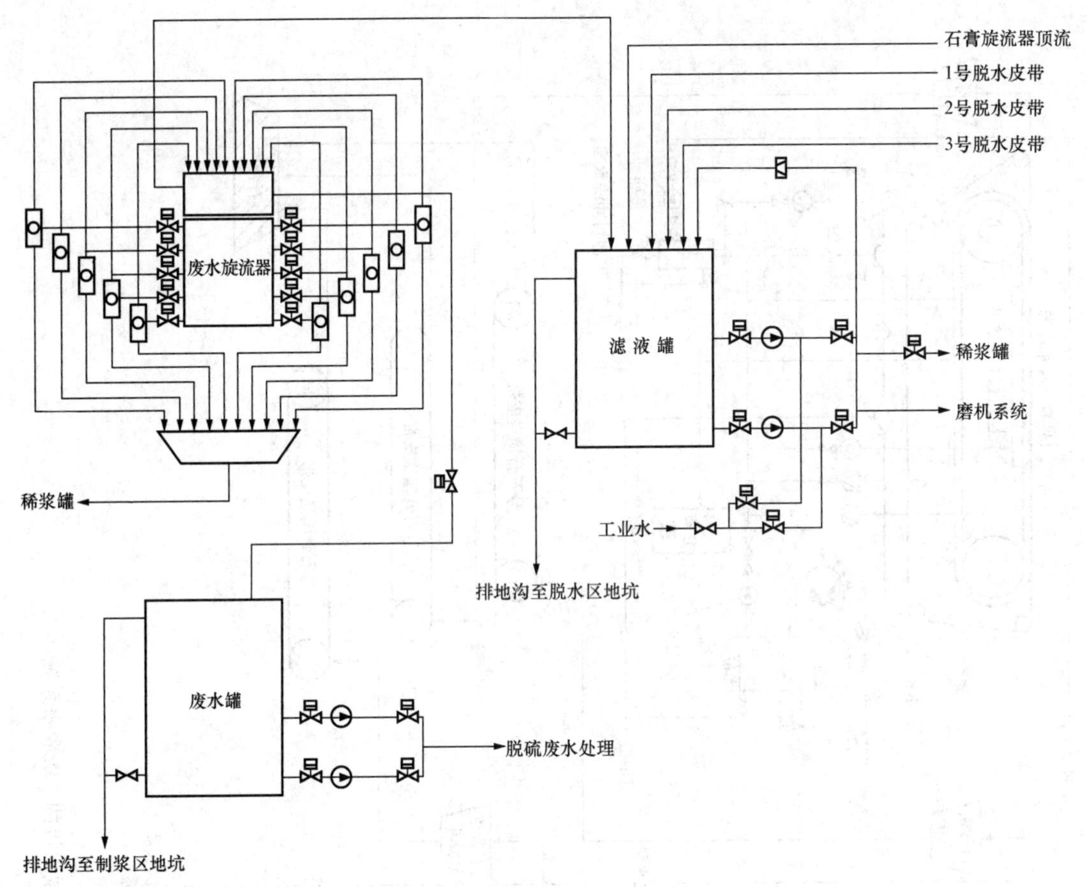

图 5-5　废水过滤系统

第二节　旋　流　器

一、旋流器工作原理

水力旋流器是利用离心力分离和浓缩浆液的装置，它具有双重作用：石膏浆液预脱水和石膏晶体分级，如图 5-6 和图 5-7 所示。带压浆液从旋流器的入口切向进入旋流腔后产生高速旋转运动，由于内外筒体及顶盖限制，浆液在其间形成一股自上而下外旋流，旋流过程中，密度大的携带附着水的固体颗粒受离心力的作用，大部分被甩向筒壁失去能量沿壁滑下，这样，浓相浆液就由底流口排出。而密度小的颗粒向轴线方向运动，并在轴线中心形成一股自下而上的内旋流，经溢流管向外排出稀液。这样就达到了两相分离的效果。

在湿式石灰石浆液制备系统中，旋流器用来将颗粒较大的石灰石从浆液中分离出来，再送回球磨机继续磨细。即含有较大石灰石颗粒的旋流器底流返回球磨机的给料端，含有较细石灰石颗粒的溢流液进入石灰石浆液箱。

在石膏一级脱水中，旋流器的目的是浓缩石膏浆液。旋流器入口浆液的固体颗粒物含量一般为 15%左右，底流液固体颗粒物含量可达 50%以上，而溢流液固体颗粒物含量为 4%以下，分离浆液的浓度大小取决于石膏颗粒尺寸分布。底流液送至二级脱水设备，如真空皮带过滤机进一步脱水。

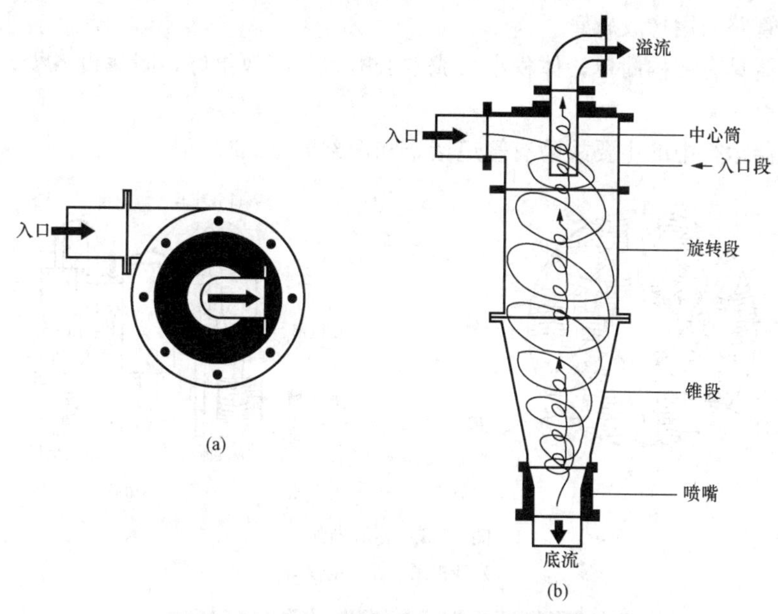

图 5-6　典型旋流器
(a) 顶视图；(b) 剖视图

二、旋流器构造及材料

水力旋流器为模块设计，由外圆筒、进料管、圆锥体、底流喷管和溢流管组成。一般成组安装，几个完全一样的旋流器安装成为一组，通过调整旋流器的运行数量，使旋流器达到最佳运行性能。如图 5-8 和图 5-9 所示，旋流器的入口连接到一个公用的圆柱体分配器上。分配器把浆液平均分配到每个旋流器，使之具有相同的压力和流量。每个旋流器入口安装一个隔离阀，以便在不影响其他旋流器运行的情况下切断某个旋流器进行维修。每个旋流器的底流和溢流分别收集到底流槽和溢流槽中。分配器由压力室、隔离阀、溢流弯管、溢流聚集塔、底流聚集塔和支架构成。

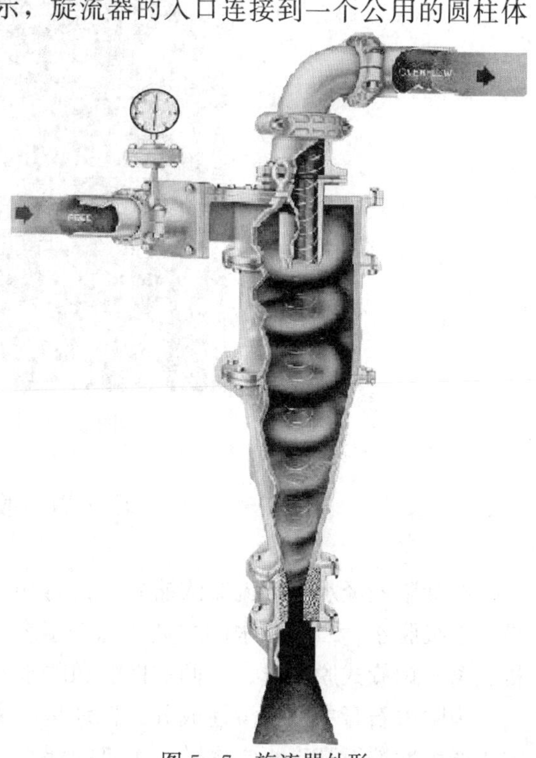

图 5-7　旋流器外形

由于采用了防剥蚀衬里，旋流器的壳体可以根据流体的压力来选择。通常采用碳钢、铝、聚丙烯和玻璃钢（FRP）。为了便于拆卸，采用镀镍或者合金钢螺栓连接较好。

旋流器防剥蚀衬里可以采用多种材料制作，包括天然橡胶、极高耐磨性的聚亚安酯、碳化硅、铬合金和陶瓷材料。

圆柱体分配器、底流槽和溢流槽及所有的管道通常由衬胶碳钢制作，也可以采用防剥蚀玻璃钢（FRP）。有些工程，从旋流器溢流到溢流槽的管路采用橡胶软管。

水力旋流器具有结构简单，体积小，成本低廉，分离效果好，附属设备少，安装、操作维修方便等特点。

水力旋流器运行中的主要故障有管道堵塞和内部磨损。

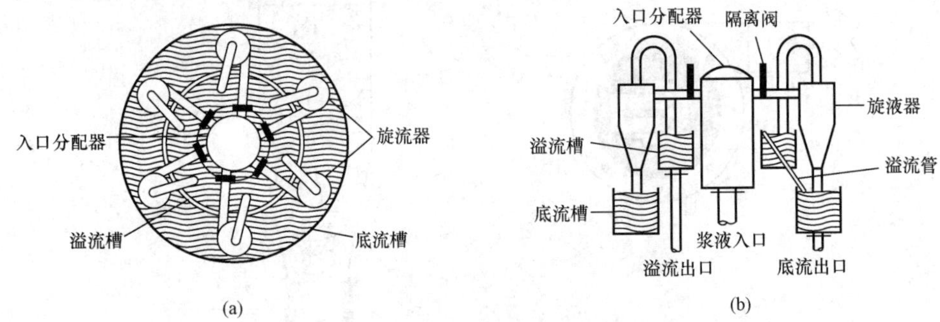

图 5-8 旋流器组

(a) 顶视图；(b) 剖视图

图 5-9 旋流器装配示意

第三节 脱　水　机

石膏浆液经水力旋流器浓缩后，仍有 40%～50%的水分，为进一步降低石膏含水率要进行二级脱水。二级脱水的主要设备有真空皮带脱水机、真空筒式脱水机、离心筒式脱水机、离心螺旋式脱水机。它们的性能和脱水效果见表 5-1。

为除去石膏中的可溶性成分（特别是氯离子），使其含量满足标准要求，在脱水过程中需用清水冲洗石膏。真空皮带脱水机的耗水量最少，因为一部分冲洗废水又回到系统中。离心式脱水机的废液中含有较多的固态物，较浑浊。相反，真空式脱水机的废液较清。

表 5-1　石膏脱水机性能比较

脱水机类型		出力	投资	运行费用	石膏含水量	耗水量	废液
真空式	皮带脱水机	1.1t/(m²·h)	低	低	8%～10%	低	清
	筒式脱水机	1.1t/(m²·h)	低	低	10%～12%	中等	清
离心式	筒式脱水机	≤3.5t/h	高	高	6%～8%	高	浑浊
	螺旋式脱水机	20t/h	中等	中等	7%～10%	高	浑浊

从表 5-1 可以看出，真空皮带脱水机的脱水性能以及投资和运行费用均好于其他脱水机。因此，我国所有石灰石湿法 FGD 装置均采用真空皮带脱水机作为二级脱水设备。

一、真空皮带脱水机

真空皮带脱水机是一种水平式过滤装置，皮带表面覆有滤布。

1. 工作原理

如图 5-10 所示，卧式真空皮带脱水机是利用真空力把水和其他液体从浆液中分离出来。采用真空泵透过滤布抽出石膏浆液中的液体，固体颗粒留在滤布上形成滤饼。经过一级旋流脱水后的石膏浆液进入脱水机的进料箱，在进料端，气体被蒸汽罩除去，浆液被均匀分布到移动滤布和排水皮带区域。

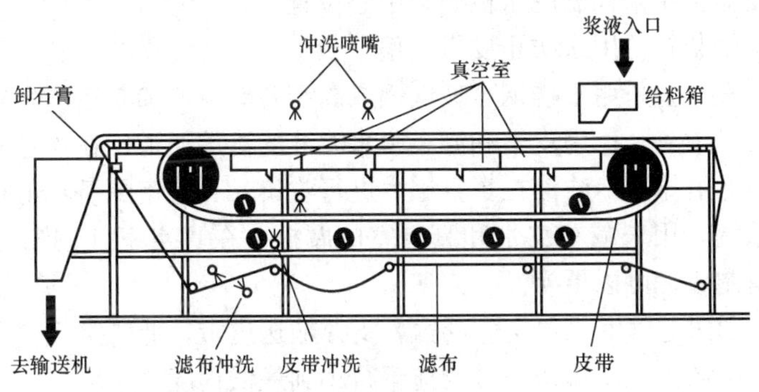

图 5-10　卧式真空皮带脱水机

滤饼在排水皮带上方移动，通过重力和真空进行脱水。真空是排水皮带下侧的真空罐产生的。滤饼沿脱水机的长度方向行进时，由滤饼冲洗管从上方进行冲洗。当滤饼移动到真空皮带的端部时，石膏浆液已经变成粉末状，滤布从脱水皮带上分离，继续行进到下一个排放转轮，滤饼与滤布分开，石膏粉末借助一个挡板被刮下，排放到下料口，落入石膏粉仓。在皮带返回到脱水机上面之前，有一系列喷嘴把它冲洗干净。

在真空泵的作用下，通过滤布、皮带的滤液和部分环境空气进入真空箱，用真空泵送至气液分离器，空气和滤液在罐内分离，空气通过消声器排到大气，滤液排入过滤水池。滤布冲洗水一般用工艺水作为补充水，由滤布冲洗水泵送到脱水机，用于滤布和皮带冲洗。从滤布冲洗管、滤饼冲洗管、滑台润滑系统、皮带润滑系统排出的水被收集在滤饼冲洗罐，当液位低时由滤布冲洗水补充到正常液位，再由滤饼冲洗泵送回脱水机进行滤饼冲洗。

真空皮带机具有连续运行、容量大、转速低和故障少的优点，但价格高、占地面积较大。

2. 主要部件及功能

水平真空皮带脱水机由本体和附属设备构成。本体主要由结构支架、输送皮带、真空室、空气室、台式支架、滤布、滤布张紧装置、过滤物喂料和滤饼排料装置等组成。附属设备包括滤饼冲洗水泵、滤饼冲洗水箱、真空泵、气液分离器、滤布冲洗水箱、滤液水箱等。

(1) 输送皮带。输送皮带连接真空室和滤布表面的皮带，对滤布起支撑传动作用，皮带上的脱水孔为滤布上面的水和空气提供了通道。一旦皮带跑偏，在皮带两侧的安全限位开关会停止驱动电动机。

(2) 皮带轮。具有驱动皮带、张紧皮带、支撑和校正皮带等功能。一个皮带轮用来驱动脱水皮带，驱动皮带轮带动皮带经过真空盘进行转动，尾部皮带轮张紧和校准皮带，所有皮带轮从尾部对皮带进行校准。

(3) 脱水机电动机。脱水机电动机转速用来控制滤饼厚度和脱水速率。其速度由电动机变频器进行控制调整。

(4) 皮带滑动支撑装置。皮带滑动支撑装置是支撑排水皮带，它配备水力润滑系统以减少皮带滑动支撑与皮带之间的摩擦。

(5) 滤布转轴和皮带支撑转轴。支撑皮带和滤布转动。

(6) 滤布校正器。用来控制脱水机滤布中心位置。

(7) 皮带推动轴装置。用来防止皮带跑偏。

(8) 真空室。真空室采用不锈钢、玻璃钢或高密度聚氯乙烯制造，布置在皮带下面，其干燥孔位于输送皮带中央，作为皮带和滤布脱水滤液的排放通道。在水平的方向上有一个狭长槽，通过此槽将滤液排走。滤液在真空罐内进行收集，真空室配备较低积水设备。真空室还配备水力润滑系统，用来减小皮带和真空室的摩擦。在真空室外侧贴有密封条，由高防水、摩擦小的材料制成，可以更换。

(9) 空气室。通过空气室供给空气浮力，支撑输送皮带。低压空气分布在输送皮带的宽度和长度所覆盖的区域内，使输送皮带的拖缀减小到最低程度。

(10) 滤布。用于石膏脱水，形成石膏滤饼。滤布紧贴在输送皮带上面，能够连续地过滤和清洗。滤布材料通常包括聚丙烯、聚乙烯、尼龙和涤纶（聚酯纤维）。

(11) 滤布张紧装置。通过包含全封闭位置传感器的一种回路，由张紧轮、张紧滚动轴承组成，利用重力作用对滤布张紧。

当真空皮带脱水机转动时，运行滤布冲洗水泵冲洗滤布，真空皮带脱水机的滤布和皮带与底槽之间密封。运行滤饼冲洗水泵，冲洗脱水机上的石膏滤饼，去除杂质。同时，在滤液箱中配有滤液冲洗水箱搅拌器，缓冲池中配有缓冲池搅拌器，防止沉淀。

存储在缓冲池（旋流箱）中的水力旋流器的上层稀石膏浆液泵入废水旋流器。废水旋流器按粒度对浆液分离，底流浓石膏浆液被送至稀浆罐至吸收塔，溢流稀浆液被送至滤液罐（或废水箱）。含有废弃成分的废水经废水泵送至废水处理系统。

脱水后的石膏进入石膏仓中，准备运输。石膏仓中的石膏经石膏输送系统运送到卡车上。

二、旋转滚筒真空过滤机

如图 5-11 所示，这种过滤机是将浆液送到设备底部的浆液箱，浆液箱中装有一个摆动叶片形搅拌器，保持固体颗粒处于悬浮状态。滤布贴在旋转空心滚筒上，滚筒划分成几个扇形区，每个分区表面有一个浅槽，从滚筒内部使一个或多个分区形成真空，从而将浆液箱中的浆液抽到滚筒浸没部分的表面上，浆液中的固体颗粒被捕获到滤布表面形成滤饼，浆液中的液体，即“滤液”透过滤饼和滤布被抽出，排往过滤机和真空泵之间的滤液箱中。图 5-12 是这种过滤机、滤液箱和真空泵的一种典型布置方式。

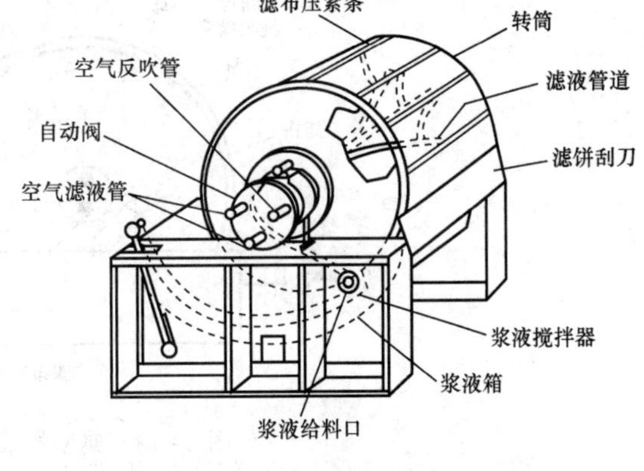

图 5-11　典型的滚筒真空过滤机

滚筒在浆液箱的浸没部分所形成的滤饼在滚筒转到浆液箱液面以上、滚筒顶部的过程中进行脱水。在转动一圈的后半部分可以用净水冲洗滤饼，降低残余的溶解盐。生产商用石膏的工艺通常需要对滤饼进行冲洗。在滚筒旋转的末端，靠近滚筒表面处装有刮刀，刮落滤布上的石膏。为避免磨损滤布，刮刀片不能接触滤布。也可采用压缩空气帮助清除滤布上的固体物，固体物由输送机送走，滚筒和滤布再进行新的循环。

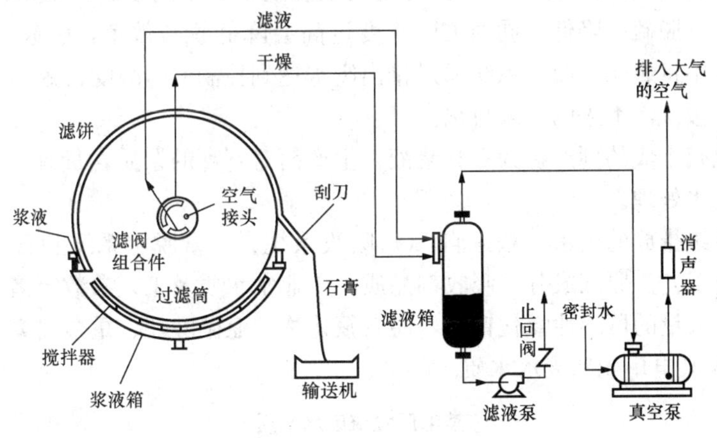

图 5-12　连续旋转滚筒真空过滤机的典型流程

三、滚筒/带式真空过滤机

如图 5-13 所示，滚筒/带式真空过滤机的滤布由多孔皮带托着，多孔皮带贴在滚筒表面上移动，在旋转末端，皮带和滤布与转筒分开，当皮带和滤布通过小直径转筒拐弯时把石膏卸下。在石膏卸料端和进行下一个循环之前可以对滤布进行冲洗。如果浆液含有大量容易堵塞滤布孔洞的细颗粒，细颗粒将黏在滤布上堵塞滤布孔，增加过滤阻力，降低过滤能力。通过冲洗可以将这些细颗粒冲洗掉，恢复滤布的过滤能力。

采用相同湿法脱硫工艺时，300MW 及以上机组石膏脱水系统宜每两台机组合用一套。

每套石膏脱水系统宜设置两台石膏脱水机，单台设备出力按设计工况下石膏产量的

75%选择。脱水后的石膏可堆放在石膏筒仓内，或石膏储存间。石膏仓或石膏储存间宜与石膏脱水车间紧邻布置，并设顺畅的汽车运输通道。

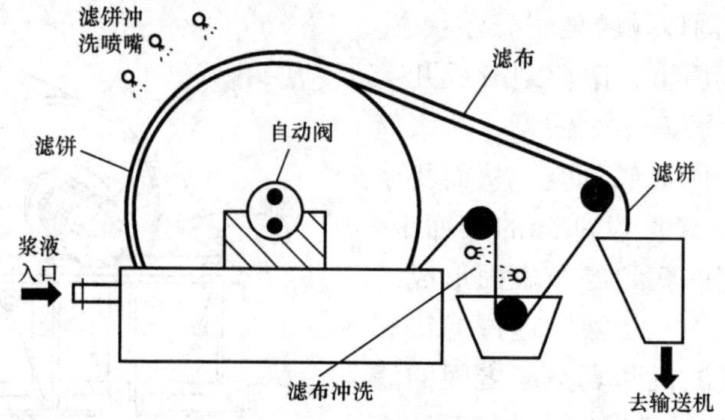

图 5-13 典型的滚筒/带式真空过滤机

第四节 烟气脱硫废水处理系统

一、概述

脱硫系统必须排放一定的废水，这主要是因为：

(1) 燃煤烟气中含有少量从原煤中带来的 F^- 和 Cl^-，进入脱硫吸收塔后被洗涤下来进入浆液。F^- 与浆液中的铝联合作用，会对脱硫吸收剂石灰石的溶解造成屏蔽影响，致使石灰石溶解性减弱，脱硫率降低。同时 Cl^- 浓度过高会降低脱硫效率，引起 $CaSO_4$ 结垢，并对设备材料产生不良影响。脱硫系统通过排出废水达到控制 Cl^- 浓度、减小 F^- 浓度的目的，同时还将烟气中被洗涤下来的飞灰排出。

(2) 烟气脱硫生成的副产物为石膏浆液，生产商对石膏的杂质含量有一定的要求，石膏需进行清洗和脱水处理。

烟气脱硫系统排放的废水一般来自 SO_2 吸收系统、石膏脱水系统和石膏清洗系统。废水的水质与脱硫工艺、原煤成分、吸收剂品质、工业水水质及工艺参数等诸多因素有关。废水中的杂质除了大量的可溶性氯化钙外，还有氟化物、亚硝酸盐、重金属离子、硫酸钙及细尘等。表 5-2 为某电厂脱硫废水水质。

表 5-2 某电厂脱硫废水水质

项　目	数　值	项　目	数　值
pH 值	5.5～7	总 Ca (mg/L)	≤2000
悬浮物 (mg/L)	≤12 000	总 Cd (mg/L)	≤2.0
SO_4^{2-} (mg/L)	≤16 500	总 Al (mg/L)	10
总 Mg (mg/L)	1900～41 500		

根据对脱硫废水的水质分析，脱硫废水的主要问题是弱酸性（pH 值约 4～6）、悬浮物（含固量约 0.6%～1%）和重金属含量超标，不能直接排放，必须进行处理，达标后才能排放。

目前国内针对石灰石—石膏湿法烟气脱硫产生的废水，采用两种处置方式：

第一种为排入灰水系统。将脱硫废水直接输送到电厂的水力除灰系统（或灰场），与灰浆液一同处理。由于脱硫废水呈弱酸性，对弱碱性的灰浆液有一定的中和作用，而且脱硫废水数量较小，每天只有几十到几百吨的流量，不会对灰浆产生大的不良影响。

第二种为设置一套废水处理装置，处理后的废水达标排放。

二、脱硫废水处理方法

1. 氢氧化物沉淀法

氢氧化物沉淀法是在含有重金属离子的废水中加入碱，提升废水的 pH 值，生成不溶于水的金属氢氧化物并以沉淀形式进行分离。该方法具有操作简单、脱除效率高等优点，被广泛应用于脱硫废水的处理。

氢氧化物沉淀法中，最常用的沉淀药品为石灰。采用石灰作为沉淀剂的方法，也称为石灰中和法。石灰中和法对重金属离子的去除率可达 99%，几乎可以去除汞、镉以外的所有重金属离子，还具有工艺流程简单、运行费用低、设备简单等优点。

重金属离子废水的排放是以某种重金属离子的允许排放浓度为标准，其主要的控制因素为废水的 pH 值，金属氢氧化物的形成条件和存在状态与 pH 值有直接关系，pH 值的大小会影响金属离子在水中的溶解程度，见表 5 - 3。表 5 - 4 为部分金属氢氧化物沉淀析出的最佳 pH 值范围。

表 5 - 3　　金属离子浓度与对应的 pH 值

金属离子	金属氧化物	溶度积（25℃）	排放浓度（mg/L）	pH 值
Cd^{2+}	$Cd(OH)_2$	2.5×10^{-14}	0.1	10.2
Cr^{3+}	$Cr(OH)_3$	6.3×10^{-31}	0.5	5.6
Cu^{2+}	$Cu(OH)_2$	2.2×10^{-20}	2.0	6.4
Pb^{2+}	$Pb(OH)_2$	1.2×10^{-15}	1.0	9.2
Zn^{2+}	$Zn(OH)_2$	1.2×10^{-17}	5.0	7.6
Mn^{2+}	$Mn(OH)_2$	1.9×10^{-23}	5.0	9.7
Ni^{2+}	$Ni(OH)_2$	2.0×10^{-15}	1.0	9.0

表 5 - 4　　金属氢氧化物沉淀析出的最佳 pH 值范围

金属离子	Fe^{3+}	Al^{3+}	Cr^{3+}	Ni^{2+}	Pb^{2+}	Fe^{2+}	Cu^{2+}	Zn^{2+}	Mn^{2+}	Cd^{2+}
最佳 pH 值	9～12	5.5～8	8～9	>9.5	9～9.5	5～12	>8	9～10	10～14	>10.5

脱硫废水是一个复杂的共离子体系，影响金属离子析出的因素很多。例如，当废水中含有大量的 Fe^{2+}、Fe^{3+} 时，由于氢氧化铁具有很高的活性，能吸附某些可溶性重金属化合物，发生共沉作用，使这些重金属离子在较低的 pH 值下就能去除。另外，某些金属氢氧化物为两性化合物，如 Fe、Zn、Al、Cr 等，当溶液 pH 值继续升高时，已生成的沉淀物可能会因生成羟基化合物而溶解，通常废水处理的 pH 值控制在 9 左右。

2. 硫化物沉淀法

硫化物沉淀法是向废水中加入硫化氢、硫化铵或碱金属的硫化物等，使欲处理物质生成难溶硫化物沉淀，进行分离净化。许多硫化物的溶积度相当低，即使在酸性条件下也能得到很好的分离。

与中和沉淀法相比，硫化物沉淀法的优点是重金属硫化物溶积度比其氢氧化物的溶积度更低，更易使重金属离子沉淀下来，反应的 pH 值在 7～9 之间，处理后的废水不用中和；缺点是硫化物沉淀物颗粒小，易形成胶体，硫化物沉淀剂在水中残留，遇酸形成硫化氢气体，产生二次污染。

三、脱硫废水处理工艺与系统

废水处理工艺分为废水处理和污泥浓缩两大部分，其中废水处理又分为中和、凝聚、絮凝、澄清、浓缩及 pH 值调节几个工序。烟气脱硫废水处理系统如图 5-14 所示。废水系统流程如下

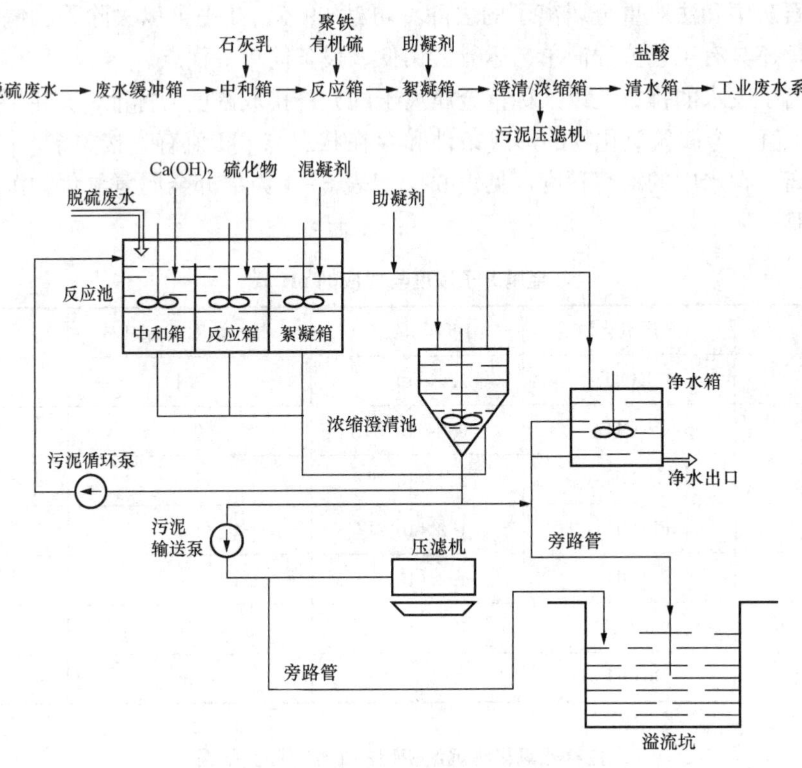

图 5-14 烟气脱硫废水处理系统示意

（1）中和。将石灰浆配比成一定浓度通过加料管送入石灰浆制备箱。石灰浆根据废水 pH 值、流量及石灰浆浓度加入废水中。废水的 pH 值一般控制在 9.5±0.3，此 pH 值范围适于沉淀大多数重金属。用 $Ca(OH)_2$ 作为中和剂，几乎可以使除汞以外的重金属离子除去。

（2）添加硫化剂，去除未中和沉淀的金属离子。金属硫化物的溶度积比其氢氧化物的溶度积更小，对于在上一道工序中未完全沉淀的金属离子，尤其是汞离子，添加硫化剂加以去除。

（3）混凝。从废水中沉淀出来的氢氧化物和其他固形物，粒子都很细，分散在整个体系中，很难沉降。为了改善固体物的沉降性能，向废水中加入絮凝剂，形成小粒子絮凝物。在脱硫废水的处理中，可以采用两种絮凝剂：一种为铁盐，如聚合铁（$FeCl_2$）等，直接加入到经有机硫处理后的水箱中，去除过剩硫化物；另一种为高分子絮凝剂，直接加入到澄清池的进水

管上，提高混凝效果。反应池的每个箱中都装有搅拌器，以确保废水和化学物质的均匀混合。

（4）澄清分离。处理后的废水进入澄清池进行浓缩分离，浓缩后的污泥一部分进入后续的压滤机进行脱水，一部分回流至反应池，提高反应池中的固体物含量，从而加速絮凝过程。澄清池溢流水进入净水箱中。为保证出水的 pH 值，出水箱上安装了 pH 值测量装置。如果所测 pH 值在 6～9，用出水泵将净水送至冲渣系统。如果 pH 值过高，加入稀盐酸调节至设定范围。如果 pH 值过低，需将废水返回反应池进行再处理。

（5）污泥压滤脱水。在浓缩澄清池中，絮凝体和水分离，絮凝体形成浓缩污泥，污泥进入压滤机进行脱水，然后装车外运。

四、工程实例

某电厂烟气脱硫系统包括三套石灰石－石膏湿法烟气脱硫装置，分别与一期两台 300MW、二期一台 600MW 燃煤发电机组的锅炉配套，用以脱除尾部烟气中的 SO_2，脱硫废水处理系统建于脱硫岛内，为三套脱硫装置公用。一、二期机组废水排放总量 46.701m^3/h，废水处理系统按一、二期机组废水排放总量的 125％容量设计，设计处理量为 58.376m^3/h。

废水处理流程为生产废水—中和箱—反应箱—絮凝箱—澄清器—澄清水箱—水泵提升—外排，如图 5-15 所示。

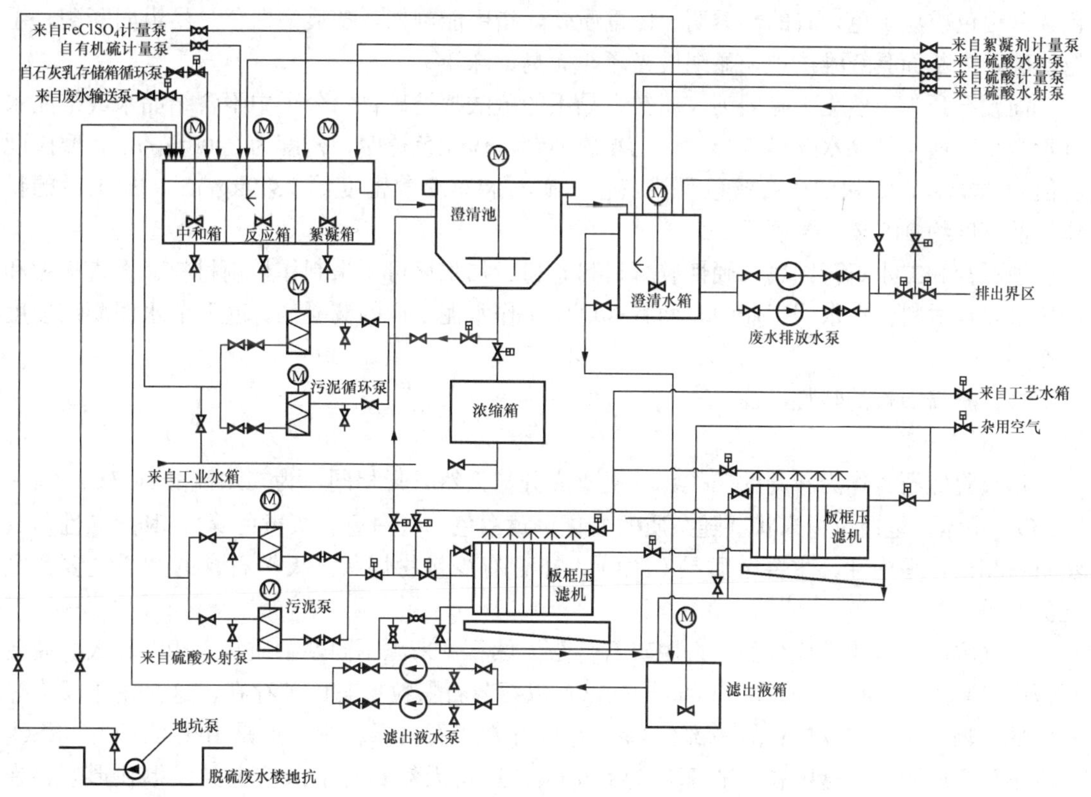

图 5-15 脱硫废水处理系统图

该工程脱硫废水排放 pH 值为 5～6，废水由脱硫装置通过废水输送泵送到中和箱，中和箱内加石灰乳经搅拌中和至 pH 值为 7.5～9；中和箱溢流至反应箱，在反应箱内加入 15％

的有机硫使一些重金属如汞和镉沉淀出来，同时加入10%硫酸控制水中pH值为9。反应箱溢流至絮凝箱，在絮凝箱内加40%的 $FeClSO_4$ 絮凝助剂，小分子沉淀物凝聚成大分子絮凝体，以便更好地沉淀，同时在絮凝箱内加絮凝剂以便在澄清池内沉淀。废水经絮凝箱自流入澄清池进行澄清，废水中的固形物从水中分离出来，清水自流入澄清水箱，由废水排放水泵提升到电厂污水管网，处理过程中为防止事故出水，出水设有阀门切换，可提升到中和池内。澄清池内产生10%的污泥，污泥由污泥泵送入板框压滤机进行处理，泥饼用汽车运到灰场。

第五节　脱硫石膏的综合利用

脱硫石膏产生过程：石灰石经破碎、制粉、配制浆液进入吸收塔，在吸收塔内烟气中的 SO_2 首先被浆液中的水吸收，再与浆液中的 $CaCO_3$ 反应生成 $CaSO_3$，$CaSO_3$ 氧化后，生成 $CaSO_4$，经旋流分离、洗涤和真空脱水，最终生成石膏晶体 $CaSO_4 \cdot 2H_2O$。

一、天然石膏的物理和化学性质

石膏的矿物名称叫硫酸钙（$CaSO_4$），自然界中的石膏主要分为二水石膏和无水石膏（硬石膏）两大类。

二水石膏的化学分子式为 $CaSO_4 \cdot 2H_2O$，纤维状集合体，长块状或板块状，颜色为白色、灰白色或淡黄色，有的半透明。体重质软，指甲能刻划，条痕为白色。易纵向断裂，手捻能碎，纵断面具纤维纹理，显绢线光泽，无臭，味淡。

而硬石膏为天然无水硫酸钙，属斜方晶系的硫酸盐类矿物。分子中不含结晶水或结晶水含量极少（通常结晶水含量≤5%）。无水硫酸钙晶体无色透明，密度为2900kg/m^3，摩氏硬度值为3.0～3.5。块状矿石颜色呈浅灰色，矿石装车松散密度约1849kg/m^3，加工后的粉体松散密度约919kg/m^3。

硬石膏和二水石膏同属气硬性胶凝材料，粉磨加工后可用来制作粉刷材料、石膏板材和砌块等建筑材料。在水泥工业中，两者都可以用作水泥生产的调凝剂，起调节水泥凝结速度的作用。

二、脱硫石膏的特性

1. 脱硫石膏成分

烟气脱硫石膏作为石膏的一类，其主要成分与天然石膏相同，为二水硫酸钙（$CaSO_4 \cdot 2H_2O$）晶体，呈白色粉末状（随杂质的变化呈黄白色、灰白色、灰黄色等），其酸碱性与天然石膏相当，呈中性，主要杂质是 $CaCO_3$，还含有少量粉煤灰。天然石膏的杂质主要是黏土类物质。

烟气脱硫石膏化学成分稳定。脱硫石膏与天然石膏来源不同，杂质状态相差较大。脱硫石膏中以 $CaCO_3$ 为主要杂质，一部分 $CaCO_3$ 以石灰石颗粒形态单独存在，这是由于反应过程中部分颗粒未参与反应；另一部分 $CaCO_3$ 则存在于石膏颗粒中，这是由于 $CaCO_3$ 与 SO_2 反应不完全所致、石膏颗粒中心部位为 $CaCO_3$，这与天然石膏中杂质主要以单独形态存在明显不同。

2. 脱硫石膏颗粒度

烟气脱硫石膏颗粒度小。天然石膏由于开采及加工过程的原因，石膏颗粒粒度较粗。脱硫石膏颗粒较细，分布范围较小。从电厂经过洗涤和滤水处理后的烟气脱硫石膏是含有

10%左右游离水的潮湿、松散的细小颗粒，大小较为均匀，分布带很窄，颗粒主要集中在30～60μm。

3. 脱硫石膏颗粒形状

脱硫石膏与天然石膏的形成过程完全不同，导致石膏颗粒形状有明显区别。

脱硫石膏颗粒外形完整，多为短柱状，结晶体结构紧凑，致密的结晶结构网使水化硬化体有较高的强度。

天然石膏水化后多为针状、片状晶体，结晶接触点应力增大，结晶体结构疏松，硬化体强度较低。脱硫石膏水化硬化体的表观密度较天然石膏硬化体大10%～20%，也证明了两者结晶结构体致密程度的差异。表5-5为脱硫石膏与天然石膏的成分对比。

表5-5　脱硫石膏与天然石膏的化学成分对比

种类＼组成	SiO_2	Al_2O_3	Fe_2O_3	CaO	MgO	Na_2O	K_2O	SO_3	结晶水
应城天然石膏		0.48	0.48	31.25				43.15	19.06
珞璜脱硫石膏	1.82	0.39	0.20	31.24	0.64	0.05	0.13	44.23	18.56
太原脱硫石膏	3.26	1.90	0.97	31.93		0.09	0.15	10.09	16.64
上海磷石膏		0.39	0.34	28.89	0.40			40.54	17.89

从以上比较可以看出，烟气脱硫石膏是一种可利用的石膏资源，且品质、细度均优于天然石膏，应合理利用，而不应作为废弃物处置。

4. 评价石膏性能最主要的指标

（1）强度。影响强度的主要因素是结晶结构体致密程度和晶体颗粒特征。

（2）化学成分。石膏性能是指石膏颗粒形状及特征，化学成分是影响石膏性能的重要因素。

（3）石膏颜色。脱硫装置正常运行时产生的脱硫石膏近乎白色。

5. 脱硫石膏的特点与天然石膏相比，脱硫石膏具有以下特点

（1）成分稳定，纯度高于天然石膏，脱硫石膏纯度一般为90%～95%。

（2）含水率较高，可达5%～15%。由于其含水率高、黏性强，在装载、提升、输送过程易黏附在各种设备上，造成积料堵塞，影响生产正常进行。

（3）脱硫装置正常运行时产生的脱硫石膏近乎白色，有时随杂质含量变化呈黄白色或灰褐色。当除尘器运行不稳定，带进较多飞灰等杂质时，颜色发灰。烟气脱硫石膏品位优于多数商品天然石膏，其主要杂质为碳酸钙，有时还含有少量粉煤灰。

（4）颗粒较细，脱硫石膏颗粒直径主要集中在30～50μm，天然石膏粉碎后，粒度约为140μm。

（5）脱硫石膏堆积密度较大，一般为1000kg/m^3。

（6）脱硫石膏含有某些杂质，对其综合利用有不同程度的影响。

三、脱硫石膏的综合利用

按脱硫副产物石膏的处置方式划分，一般有抛弃法和回收利用法两种方法，脱硫石膏处置方式的选择主要取决于市场对脱硫石膏的需求、脱硫石膏的质量以及是否有足够的堆放场地等因素。美国多采用抛弃方式，抛弃量约占86%，主要弃置于灰场或回填旧矿坑。日本

和德国多采用回收利用方式，主要用作水泥缓凝剂和建筑材料等。目前，我国以利用为主。脱硫石膏的综合利用，一方面，可以减少天然石膏的开采，节约资源，大大减少开采、运输过程对生态环境的破坏和环境污染；另一方面，有效的综合利用是脱硫副产物最合理的出路，可以减少灰渣场的占地面积和减轻对生态环境的污染破坏，同时可以为电厂创造一定的经济效益。

1. 利用脱硫石膏生产水泥辅料

水泥中加入一定量的脱硫石膏，能对水泥起缓凝作用，提高水泥强度，这将为脱硫石膏的利用提供潜在的广阔市场。

脱硫石膏能调节水泥凝结时间，掺入2%～5%的脱硫石膏，各品种水泥的凝结时间均能满足国家标准要求。脱硫石膏中含有 $CaCO_3$ 和少量可溶性盐，有利于促进水泥强度发展，激发混合材活性；用脱硫石膏作缓凝剂的水泥强度与用天然石膏的水泥相当，部分品种水泥的强度还有一定幅度提高。

2. 利用脱硫石膏生产建筑材料

（1）脱硫石膏可以制作高强石膏。生产建筑石膏，强度比国家标准规定的优等品强度值高40%～45%，是目前国内建筑石膏强度最高的品种。

将脱硫石膏加工成填料石膏，其细度可达1μm。与由高岭土和方解石加工的填料和胶结料相比，排烟脱硫石膏产品可获得相同或更好的效果，并具有耐光照、耐洗涤、耐摩擦等重要性能。

高强石膏由二水脱硫石膏在饱和水蒸气的气氛中经密闭蒸压锅蒸炼脱水（150℃）、干燥、磨粉形成的半水石膏。它具有晶型完整、晶粒大、强度高等特点。这种高强石膏可用于加工自流平石膏地面和石膏板隔墙的嵌缝工程中，还被制成建筑工程用的天花板，具有隔热、保温和隔声性能，增进居住的适应性。

（2）脱硫石膏可以制作粉刷石膏。生产粉刷石膏，具有建筑石膏快硬早强、黏结力强、体积稳定性好、吸湿、防火、轻质等优点，克服了建筑石膏凝结速度过快、黏性大和抹灰操作不便等缺点。

（3）脱硫石膏可以制作石膏砌块。根据我国政府的最新要求，黏土砖的使用受到严格限制。2003年已经有100多个城市彻底告别这种破坏耕地、污染环境、质量较低的建筑材料。而作为黏土砖的代用品，石膏板石膏砌块作隔墙材料的需求今后将会大大增加。脱硫石膏生产空心砌块，保持了石膏基材料质轻、不燃、绝热、节能、可加工性好等特点，而且强度与耐水性明显提高，可用于制作轻质墙体材料。

（4）脱硫石膏可以制作防水纸面石膏板。纸面石膏板分为普通板与防水板。生产石膏板，因其优良的防火、隔声和隔热性能，被大量用于墙壁及天花板等方面，尤其是纸面石膏板，石膏所带的约21%的结晶水在发生火灾时对高温的阻隔和燃烧有很好的抑制效果。

（5）脱硫石膏可以制作纤维石膏板。纤维石膏板以石膏粉为主要原料，以木材纤维为加强筋，配以适量的化学添加剂，经一定生产工艺而得的一种优质板材。它的强度高、握钉力强，具有良好的防潮功能。

（6）脱硫石膏可以制作矿渣石膏板。商业上称为埃特尼特板，以水和淬矿渣为主要原料，掺入有机或无机纤维，经碱性材料激发，通过一定工艺成型的薄板。这种板材具有质轻、耐火、可加工、良好的耐水性能，可用于厨房、厕所、浴室的隔板或天花板等。

3. 脱硫石膏在农业上的应用

脱硫石膏可作为肥料。S是排在N、P、K之后的第四种植物营养素，其需要量与磷相当。

4. 利用脱硫石膏生产路基回填材料

既可为修筑公路提供材料来源，又可解决脱硫石膏的处理问题。

5. 利用脱硫石膏生产充填尾砂结剂

胶结充填尾砂采矿法所用的充填材料主要是尾砂中含有大量的潜在胶凝成分（Al_2O_3+Fe_2O_3+CaO）。将脱硫石膏、火电厂废弃物、棒磨砂按一定比例混合后，可得到与普通硅酸盐水泥矿物组成相似的胶结材料。

发热量低的脱硫石膏代替发热量高的水泥，不仅可以降低水泥的水化热，降低充填体的绝热温度，还可以推迟化热峰值出现的时间，防止温度裂缝的产生，提高胶结材料的后期强度。

目前，利用脱硫石膏生产建筑材料已形成规模，用于水泥辅料的产生液进入工业化，用于填充尾砂结剂也具有一定的发展潜力。脱硫石膏的综合利用既有利于烟气脱硫技术的推广应用，又有利于减少脱硫产物所带来的二次污染和占地。因此，大力研究和开发脱硫石膏的综合利用，可获得良好的社会效益、经济效益和环境效益，具有十分广阔的应用前景。

第六节　防止结垢、磨损、腐蚀和冰冻的对策

在石灰石湿法FGD装置中，设备、管道和管件普遍存在不同程度的磨损、腐蚀和结垢现象，对FGD装置的安全经济运行构成了重大威胁，因此，必须进行有效的防治。此外，在北方，冬季还要防止FGD装置冰冻。

一、防止结垢堵塞的对策

在FCD装置中发生结垢堵塞现象是十分普遍的。燃用高硫煤的电厂尤其严重，是影响FGD装置正常稳定工作的一个重要因素。

1. 结垢的形式

（1）灰垢。高温烟气中的灰分在遇到喷淋液的阻力后，与喷淋的石膏浆液一起堆积在入口，越积越多，其主要成分是灰分和$CaSO_4$，在吸收塔入口干湿交界处十分明显。

（2）石膏垢。当吸收塔的石膏浆液中的石膏过饱和度大于或等于140%时，溶液中的$CaSO_4$就会在吸收塔内各组件表面析出结晶形成石膏垢，吸收塔壁面及循环泵入口、石膏泵入口滤网的两侧就是此类垢。

（3）软垢。当浆液中亚硫酸钙浓度偏高时就会与硫酸钙同时结晶析出，形成$Ca(SO_3)_{0.8}(SO_4)_{0.2}\cdot 1/2H_2O$结晶产物，称为软垢。软垢在吸收塔内各组件表面逐渐长大形成片状的垢层，其生长速度低于石膏垢，当充分氧化时这种垢较少发生。在吸收塔底部，尽管有搅拌器搅拌，但仍存在“死区”，造成石膏沉积。除雾器、再热器管子因冲洗不充分，烟气携带的石膏浆液便粘结形成积垢。接触石膏浆液的各种管道和管件也有结垢发生。

2. 防止FGD装置中发生结垢堵塞现象的对策

（1）在工艺设计上，控制吸收液中水分的蒸发速度和蒸发量；使溶液的pH值合理稳定；使溶液中易于结晶的物质不要过饱和（石膏的过饱和度最大不得超过140%）。保证浆

液中有足够的石膏晶种，以利于晶体在溶液中成长，这样既防止了结垢，又有利于石膏的生产和品质。

（2）增大液气比也是防止系统结垢的重要技术措施，可以稀释固体沉积物，但这会造成过高的动力消耗。因此，在设计上要选用适当的液气比。

（3）提高锅炉电除尘器的效率和可靠性，使 FGD 入口烟尘浓度在设计范围内。

（4）向吸收塔浆液鼓入足够的氧化空气，保证亚硫酸钙的氧化率大于 95%。

（5）定期对相关部件（如除雾器、GGH 等）进行水冲洗和吹扫。

（6）选择内部结构简单的吸收塔，采用结构简洁的喷嘴和除雾器以及合适的烟气流速。

（7）选择表面光滑、不易腐蚀的材料制作吸收塔。

（8）采用适宜的管道倾斜度，选择适宜的管内浆液流速，避免过度弯曲及积留浆液，在有积液停留的部位设置排放口，可以有效地防止管道结垢。

二、防止磨损和腐蚀的对策

由于 FGD 装置内流动的主要是石灰石、石膏浆液以及其他一些杂质，当流体以一定速度运动时，其中的所含固体物质会对设备、管道和管件造成磨损。当有些部位存在腐蚀现象时，这种磨损不断使材料暴露出新的表面，为腐蚀提供了良好的条件。在这种磨损与腐蚀的协同作用下，材料损坏会加速进行，危害十分严重。为了防止材料磨损，在实际工程中，除了使用耐磨材料以外，为了避免因流体流速过高而导致局部湍流或撞击，必须选定合适的流速，排除极端的节流构件。

FGD 装置内部工作环境十分复杂，固体、液体、气体相互混合，酸碱交融，冷热交替，烟气中固态和气态成分、烟气流速、温度以及浆液 pH 值、F^-、Cl^-，颗粒物的冲刷和沉积腐蚀等影响因素众多，会导致 FGD 装置各部件不同程度的腐蚀。

实际运行中发现，在燃烧煤质不变时，随锅炉排烟温度升高，烟气中 SO_3 浓度增大，会加剧 FGD 的酸性腐蚀，这与锅炉烟气侧发生的化学与物理过程有关。温度对 SO_2 转化成 SO_3 的化学过程影响很大，呈指数关系，温度高，转化率就高，如果排烟温度高是由于炉内温度升高引起，则 SO_3 浓度将增大。同时还存在烟气中飞灰与未燃碳吸附 SO_3 的物理过程，温度高，吸附率降低，因此，排烟温度升高，烟气中 SO_3 浓度也会增大。

造成腐蚀的主要因素有 SO_2 和 SO_3、SO_4^{2-} 和 SO_3^{2-}、Cl^- 和 F^-、磨损与腐蚀的协同作用等。经测定，在正常运行工况下，系统钢制设备的腐蚀率达 1.25mm/a，个别部位达到 5mm/a。从金属腐蚀机理来讲，可分为化学腐蚀、电化学腐蚀、结晶腐蚀和磨损腐蚀。

（1）化学腐蚀。烟气中的腐蚀性介质在一定条件下与钢铁直接发生化学反应，对金属构成腐蚀。化学腐蚀发生在非电解质溶液或干燥气体中，在腐蚀过程不产生电流。烟气中的 SO_2 和 SO_3 以及 HCl 造成的金属腐蚀即属于此类。部分反应如下：

$$Fe + SO_2 + O_2 \longrightarrow FeSO_4$$

$$Fe + SO_3 + H_2O \longrightarrow FeSO_4 + H_2$$

$$Fe + 2HCl \longrightarrow FeCl_2 + H_2$$

（2）电化学腐蚀。当金属表面存在电解质溶液时，腐蚀过程中有局部电流产生，使金属逐渐锈蚀。在金属表面发生电化学腐蚀的部分反应如下

$$Fe \longrightarrow Fe^{2+} + 2e$$

$$Fe^{2+} + 8FeO \cdot OH + 2e \longrightarrow 3Fe_3SO_4 + 4H_2O$$

这种电化学腐蚀在焊缝接点处更容易发生。

(3) 结晶腐蚀。石灰石湿法脱硫反应生成亚硫酸钙或硫酸钙可以渗入到材料的毛细孔内。当脱硫系统停运后，在自然干燥状态下生成的结晶型盐类体积膨胀，产生应力腐蚀，致使表皮脱落、粉化、疏松或产生裂缝造成金属腐蚀。特别是在干湿交替作用下，带结晶水盐类的体积可增长数倍乃至数十倍，腐蚀更加严重。这就是闲置的脱硫设备比经常运行时更容易发生腐蚀损坏的主要原因。

(4) 磨损与腐蚀的协同作用。这种腐蚀是一种包括机械、化学和电化学联合作用的复杂过程。在快速流动的流体及其携带的固体颗粒的作用下，金属以水化离子的形式进入溶液。尤其当湍流较强烈时，腐蚀表现得更加明显。一方面，在湍流作用下加快了金属表面腐蚀剂的补充以及腐蚀产物的输运，从而增加了金属腐蚀相关的反应速率；另一方面，湍流对金属表面产生一个切应力，它可以将已经形成的腐蚀产物从金属表面剥离。如果流体中含有固体颗粒，则这种切应力的力矩显著增大，造成金属磨损，磨损后的金属暴露出新的表面，腐蚀进一步深入。因此，这种磨损与腐蚀的协同致使材料损坏加速进行，危害更加严重。

FGD装置中有机非金属材料一般是耐腐蚀的，其化学腐蚀是一个较缓慢的过程，相对而言，物理腐蚀则是一个较快的过程，主要表现为溶胀、鼓泡、分层、剥离、开裂等。造成非金属材料腐蚀主要有三个方面的原因，即腐蚀介质的渗透作用、应力腐蚀和施工质量。在腐蚀过程中三者互相促进。应力腐蚀和施工质量导致衬里缺陷增加，缺陷为介质渗透提供条件，渗入的介质又加剧应力腐蚀，使缺陷进一步扩大，周而复始，形成衬里物理腐蚀的恶性循环。

防止FGD装置中发生腐蚀磨损现象的对策，应根据流体的成分、浓度、温度等使用相应的耐腐蚀耐磨损材料，并考虑防腐耐磨内衬的施工质量等，在结构设计上也要采取相应的对策。在石灰石湿法FGD装置中常用的防腐耐磨材料主要有镍基耐蚀合金、橡胶衬里（特别是软橡胶衬里）、合成树脂涂层（特别是带玻璃鳞片的树脂）、玻璃钢、耐蚀塑料（如聚四氟乙烯）、不透性石墨、耐蚀硅酸盐材料（如化工陶瓷）、人造铸石等。对于典型的石灰石湿法FGD装置，发生不同程度腐蚀磨损的区段和相应的对策具体如下：

(1) 原烟气侧至GGH热侧前。这一段中的介质为原烟气，温度为120～150℃，一般高于烟气酸露点，正常运行不会造成腐蚀。但是，当FGD装置停运时，原烟气可能会漏入GGH，所以也要适当防腐。

(2) GGH入口段及其热侧。这一部分中的介质为原烟气，温度为80～150℃，由于存在部分湿烟气、酸性洗涤物和腐蚀性盐类，要考虑防腐。

(3) GGH至吸收塔入口段。这一部分中的介质为原烟气，经GGH后温度降至80～100℃，低于酸露点，会有硫酸蒸气结露腐蚀发生，同时原烟气中含有烟尘颗粒，因此，该段必须进行防腐防磨处理。

(4) 吸收塔入口干湿界面区域。吸收塔内的湿饱和烟气温度为45～60℃，在吸收塔入口段会形成干湿烟气界面。这段烟道表面会形成严重的结露，循环使用的石灰石浆液中Cl^-浓度过高，吸收塔内洗涤浆液也会在烟道表面富集，容易结垢，是腐蚀最严重的区域。另外，喷淋区域附近的塔壁会遇到雾状浆液的冲刷，造成磨损腐蚀。在这种腐蚀环境恶劣的情况下，采用玻璃鳞片树脂内衬是防腐措施之一。

(5) 吸收塔出口到热交换器之间区域。这一区域的烟气温度为45～55℃，虽然烟气中的SO_2大幅度减少，但仍有残余的SO_2会生成具有腐蚀性的亚硫酸。同时，由于石灰石浆液并不能有效地吸收烟气中的SO_3，其浓度降低很小，SO_3溶于水生成硫酸雾，再加上烟气中的HCl、HF生成的酸性雾，吸附在温度较低的壁面上，会造成严重的金属腐蚀。因此，必须采取有效的防腐措施，如采用玻璃鳞片树脂内衬或其他耐腐蚀材料。

(6) GGH出口至烟囱。这一段的烟气温度为60～90℃。净化后的烟气经过GGH再热后，由于凝结的硫酸液滴变为硫酸蒸气，凝结吸附在温度较低的壁面，腐蚀更加严重。所以这一段必须进行防腐处理，如采用玻璃鳞片树脂衬里或其他耐腐蚀材料，采用湿烟囱设计等。

FGD采用湿烟囱防腐比锅炉尾部受热面的单一硫酸防腐要复杂得多。因为湿法脱硫后烟气冷凝物中存在硫酸及氯化物等，形成混合稀酸液，一方面大大加剧了腐蚀，另一方面选择材料要对抗各种不同类型的交叉腐蚀。此外，当锅炉非正常排烟时，烟气温度很高，如果此时FGD没有被旁路，则湿烟囱被当成了干烟囱使用，要承受180℃左右的高温烟气的热冲击效应，这对湿烟囱的防腐材料是一个严峻的考验。

(7) 石灰石浆液系统及石膏浆液的排出与处理系统。浆液中含有大量的Cl^-、F^-、SO_3^{2-}、SO_4^{2-}等离子以及一些固体颗粒物，同时由于脱硫系统水的循环使用，Cl^-离子在浆液中逐渐富集（F^-则因生成CaF_2沉淀而不存在富集问题），腐蚀磨损严重。尤其是Cl^-，它是造成金属孔蚀、缝隙腐蚀、应力腐蚀和选择性腐蚀的主要物质，大量的Cl^-存在大大加快了脱硫设备的腐蚀破坏。当Cl^-的体积浓度达到$20\,000\times10^{-6}$时，一般不锈钢材料已不能使用，要采用耐腐蚀衬里；超过$30\,000\times10^{-6}$时，可选用超级奥氏体不锈钢；超过$60\,000\times10^{-6}$时，则需要更换更昂贵的防腐材料，如镍基合金C-276。脱硫系统运行时，吸收浆液中Cl^-的体积浓度应保持在$20\,000\times10^{-6}$～$30\,000\times10^{-6}$。我国的一些FGD装置中，Cl^-的体积浓度超过$30\,000\times10^{-6}$时，就要采用镍基合金C-276了。

三、防止冰冻的对策

在我国北方，由于冬季气温低，如果不采取保温措施，FGD装置容易出现结冰和冻结现象。尤其是各类浆液管道和水管道，里面流动的液体温度较低，严寒季节，特别是在气温很低的夜间极易发生冻结，阻塞管路，严重威胁FGD装置的安全运行。管道越细，流体流动速度越低，越容易发生冻结。由于相同质量的冰的体积比水大，体积膨胀可造成管道开裂，管件损坏。当温度低于－15℃时，浆液池和吸收塔以及净烟气烟道也会发生结冰现象。在北方的冬季，由于冰冻造成FGD被迫停机的现象并不少见。为了防止FGD装置结冰和冻结，设计时应采取必要的保温措施，如沿管道敷设保温层、伴热带等。间歇运行的泵及管路、管件更要注意保温。事故浆液池和排放坑中，由于液位较低，搅拌器自动停止运行，要防止搅拌器被冻结，以避免必须启动时而不能正常运转，或者因阻力太大导致搅拌器电动机启动电流过大，烧毁电动机。石膏仓应采取防冻措施，以保证石膏正常排出。此外，浆液池和吸收塔以及净烟气烟道要根据当地冬季气温情况，必要时也需采取相应的保温措施。

复习思考题

5-1　石膏脱水系统的作用是什么?

5-2　FGD 中石膏脱水系统由哪些设备构成?

5-3　试述 FGD 中一级脱水的作用。

5-4　试述 FGD 中二级脱水的作用。

5-5　试述水力旋流器的组成及工作原理。

5-6　水力旋流器有何特点?

5-7　简述卧式真空皮带脱水机的组成及工作原理。

5-8　旋流器常用于湿法脱硫系统中，请画出其中旋流子的工作原理示意图。

5-9　请画出使用水力旋流器的一级石膏浆液脱水系统图。

5-10　请画出使用真空皮带脱水机的二级石膏浆液脱水系统工艺流程。

5-11　氢氧化物沉淀法和硫化物沉淀法的原理分别是什么?

5-12　脱硫废水处理有哪几个工艺?

5-13　脱水石膏的应用途径有哪些?

5-14　防止 FGD 装置中发生结垢堵塞常用的方法有哪些?

5-15　试述对于典型的石灰石湿法 FGD 装置，发生不同程度腐蚀磨损的区段和相应的对策。

5-16　试述石灰石—石膏湿法烟气脱硫系统中，采用抛弃法的利与弊。

第六章

其他烟气脱硫工艺

目前，世界上燃煤电厂所采用的脱硫工艺多种多样，达到数百种之多。在这些脱硫工艺中，有的技术较为成熟，已经达到工业应用的水平，有的尚处于试验研究阶段。经过初步筛选，对目前技术较为成熟、在火电厂有一定应用的烟气脱硫工艺进行简单介绍。

第一节 海 水 脱 硫

自然界海水呈碱性，pH 值一般为 8.0～8.3，每克海水碱度约为 2.2～2.7mg，一般含盐分 3.5%，其中碳酸盐占 0.34%，硫酸盐占 10.8%，氯化物占 88.5%，其他盐分占 0.36%。海水对酸性气体如 SO_2 具有很强的吸收和中和能力，SO_2 被海水吸收后，经曝气氧化，最终产物为可溶性硫酸盐，而硫酸盐本来就是海水的主要成分之一。国外研究人员和工程技术人员开发了多种海水脱硫工艺。对于沿海利用海水作为直流供水水源的火力发电厂，可以直接利用其排水作为脱硫的吸收剂，从而成为对自然资源综合利用的典型工艺。

海水脱硫工艺按是否添加其他化学物质作为吸收剂分为两类：①不添加任何化学物质，用纯海水作为吸收剂的工艺；②海水中添加吸收剂的脱硫工艺。深圳西部电厂 4 号机组（300MW）烟气脱硫属于前一种海水脱硫工艺，而福建后石电厂 1、2 号燃煤发电机组（2×600MW）的烟气脱硫装置采用后一种，吸收剂为海水+氢氧化钠。后石电厂 1、2 号 F-FGD 已于 1999 年 11 月和 2000 年 6 月分别投入运行。本节介绍用纯海水作为吸收剂的脱硫工艺。

一、脱硫原理与工艺流程

1. 海水脱硫（F-FGD）基本原理

海水脱硫工艺以挪威 ABB 公司开发的 Flakt-Hydro 工艺为代表。该工艺属于湿法脱硫工艺。其基本原理是天然海水以直流的方式吸收烟气里的 SO_2。因海水具备天然碱度，对于像 SO_2 这样的酸性气体的吸收呈现出极大缓冲能力，可吸收相对大量的 SO_2。从吸收塔流出的酸性吸收液依靠重力流入水质恢复系统，在这里提供氧气和稀释海水，将氧化 SO_2 成无害的硫酸盐，并使水质恢复系统排水水质（pH 值等）恢复到原有水平。纯海水脱硫的机理如下

$$SO_2(g) + H_2O \longrightarrow SO_2(l) + H_2O \tag{6-1}$$

$$SO_2(l) + H_2O \longrightarrow HSO_3^- + H^+ \tag{6-2}$$

$$HSO_3^- \longrightarrow SO_3^{2-} + H^+ \tag{6-3}$$

在海水恢复系统中，加空气氧化为

$$SO_3^{2-} + \frac{1}{2}O_2(g) \longrightarrow SO_4^{2-} \tag{6-4}$$

碳酸盐 F-FGD 工艺中的化学反应过程为

$$CO_3^{2-} + H^+ \longrightarrow HCO_3^- \tag{6-5}$$

$$HCO_3^- + H^+ \longrightarrow CO_2(l) + H_2O \tag{6-6}$$

$$CO_2(l) \longrightarrow CO_2(g)\uparrow \tag{6-7}$$

总的化学反应过程为

$$SO_2(g) + H_2O + \frac{1}{2}O_2(g) \longrightarrow SO_4^{2-} + 2H^+ \quad (6-8)$$

$$HCO_3^{1-} + H^+ \longrightarrow CO_2\uparrow(g+l) + H_2O \quad (6-9)$$

烟气与海水接触后，SO_2 被海水吸收，生成亚硫酸根离子与氢离子，洗涤液 pH 值随之降低；同时在海水的洗涤过程中，海水中的碳酸氢根离子与氢离子发生反应生成水和二氧化碳，从而阻止或缓和洗涤液 pH 值的继续下降，有利于海水对 SO_2 的吸收。洗涤后的海水为酸性，需通入空气，曝气、氧化处理，将亚硫酸根离子氧化成硫酸根离子，提升海水的 pH 值，降低化学需氧量，达到排放标准后排入大海，如图 6-1 所示。

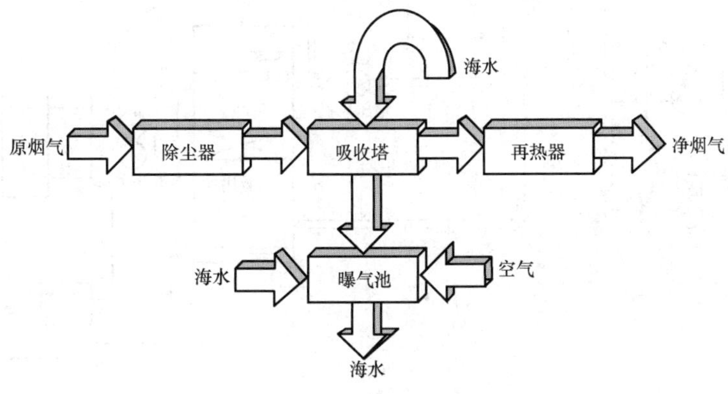

图 6-1 海水脱硫示意

2. 海水脱硫（F-FGD）的构成

F-FGD 由烟气系统、SO_2 吸收系统、供排水系统、海水恢复系统、电气及仪表控制等系统组成，系统流程如图 6-2 所示。

海水脱硫工艺的主要流程是：锅炉排出的烟气经除尘器后，由系统增压风机送入气—气热交换器（GGH）降温侧，然后进入吸收塔，在吸收塔中被来自循环冷却系统的部分海水洗涤，烟气中的 SO_2 被吸收，净化后的清洁烟气通过 GGH 加热升温后，经烟囱排入大气；吸收塔排出的废水排入曝气池，在曝气池中与来自冷却系统的海水混合。鼓风机鼓入大量空气，对混合的海水进行强制氧化，除去亚硫酸根。待海水的水质（pH 值和 COD 等指标）得以恢复后，排入指定海域。

深圳西部电厂 4 号机组（300MW）进入 F-FGD 系统主要组成和特点介绍。

（1）烟气系统。正常运行中，来自锅炉引风机的排烟经系统入口烟道进入 F-FGD 系统后的绝大部分烟气经气—气热交换器（GGH）降温侧，降温后从塔底部自下而上流经填料吸收塔洗涤，吸收塔出口的清洁烟气在混合加热器中与 3%的小旁路热烟气混合，升温后经增压风机，进入 GGH 加热升温至 70℃以上（保证值为 70℃），最后由系统的出口烟道进入烟囱排入大气。引风机出口与烟囱之间设有 100%烟量的旁路烟道。F-FGD 系统停止运行时，开启旁路烟道上的挡板门，烟气直接进入烟囱排放，以确保机组运行不受影响。

（2）SO_2 吸收系统。吸收塔设计为填料塔，塔体横截面为正方形，外壳是钢筋混凝土结构。塔体填料为 PP 材质做成的环状填料，不规则地填充于塔内。这种填料具有较高比表面积，但通过填料床的烟气压降较大。烟气自吸收塔下部进入，向上通过吸收区，在填料表面

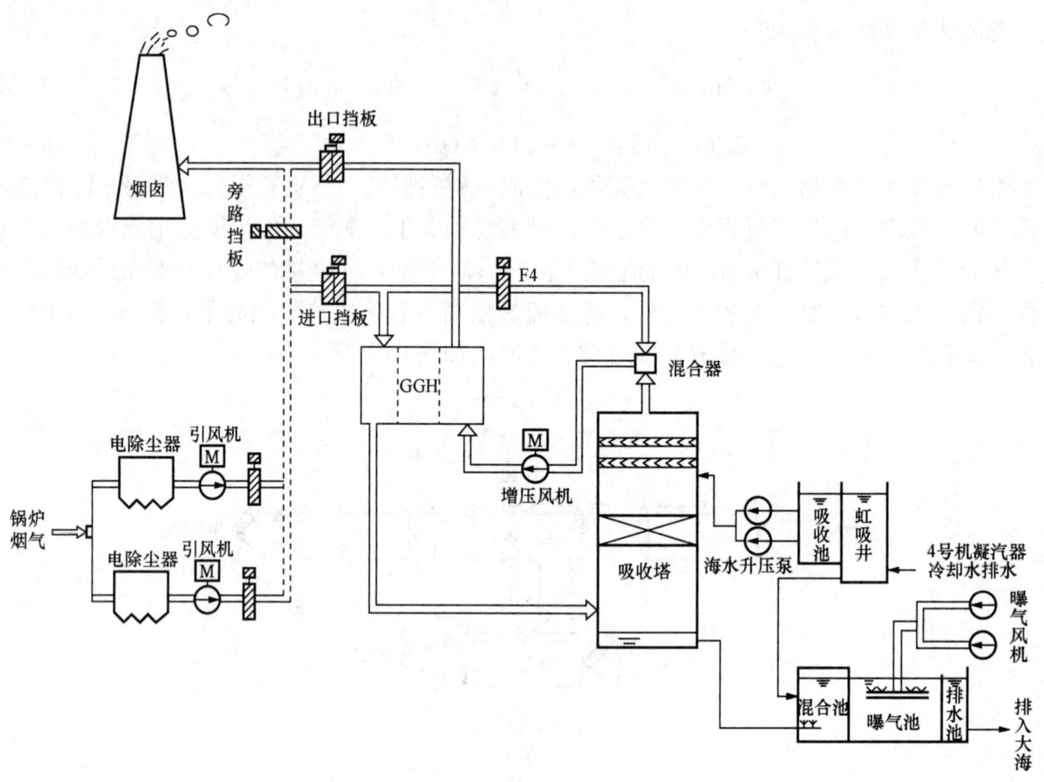

图 6-2 海水脱硫工艺流程

与从吸收塔上部喷入的海水充分接触反应。净化后的烟气经顶部除雾器除去水滴后排出。洗涤烟气后的海水收集在塔底，依靠重力流入海水恢复系统。

(3) 海水供排水系统。电厂循环水为海水，系直流式单元制供水系统。F-FGD 系统水源直接取自发电机组凝汽器排出口的虹吸井，部分海水进入紧贴虹吸井的吸水池，经海水升压泵进入吸收塔，排出的海水自流入曝气池，在曝气池与由虹吸井直接排入曝气池的海水汇流并充分混合，经曝气处理合格后的海水经排水沟入海。脱硫海水泵是脱硫供水系统的关键设备。两台泵同时运行，不设备用。

深圳西部电厂 4 号机组（300MW）采用温水方案，即 F-FGD 工艺系统从凝汽器出口取水（循环水按升温 8.5℃考虑），不需从其他地方取水或另设取水口，以煤的含硫量为 6.3%，脱硫效率达到 90%，海水盐度为 2.3%作为设计的原始依据，F-FGD 工艺系统海水用量为 43 200m^3/h，与单台汽轮机所需循环冷却水量相当。因此，电厂原设计的循环水量即可基本满足 F-FGD 工艺系统的要求。

(4) 海水恢复系统。海水恢复系统包括曝气池和曝气系统，其主体结构是曝气池。曝气系统又分混合池、曝气池与排水池三部分。来自凝汽器的冷却海水与吸收塔排出的酸性水在曝气池中混合。在曝气池下部安装多排通气管道，管道上有很多排气孔，通过曝气风机向池内鼓入适量的压缩空气，细碎的气泡使曝气池内海水中溶解氧达到饱和，并将亚硫酸盐氧化成稳定无害的硫酸盐，同时曝气使海水中的 HCO_3^- 被中和后释放出 CO_2，使排水中的 pH 值升到 6.5 以上。达到排放标准后的海水由曝气池溢流至排水沟，再排入大海。

曝气池为钢筋混凝土半地下结构，内壁敷设玻璃钢，池底底面加设 500mm 厚防腐防渗层。曝气风机装在曝气池旁。

（5）仪表与控制。F-FGD的仪表控制系统具备以下主要功能：①数据采集。连续采集F-FGD系统进出口烟气的SO_2、O_2浓度，烟气的温度，曝气池排水的pH值、COD及水温等。②控制。对烟气旁路挡板的前后压差进行闭环控制，其他设备采用顺序控制。

二、F-FGD工艺意义和特点

F-FGD工艺主要的生产物为硫酸盐，它仅仅是恢复硫自然循环的平衡。因为如果不用海水脱硫，火电厂排放的SO_2进入大气被降雨洗涤（严重时称为酸雨），通过陆地径流进入海洋，海水脱硫则缩短了这一过程，可以避免破坏陆地生态。硫的循环路径如图6-3所示。

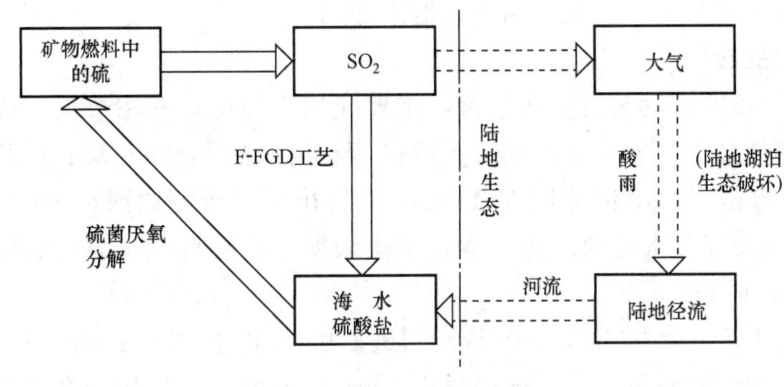

图6-3　硫的循环路径

为此，F-FGD装置发挥的功能为：截断工业排放的硫回到大海之前进入大气、湖泊、河流并造成污染和破坏的渠道；同时将硫（SO_2）以硫酸盐的形式不经过大气、淡水湖、河流和土壤而直接进入大海。

在F-FGD工艺中，海水采用一次通过的方式吸收烟气中的SO_2，然后进入曝气池，在曝气池中注入大量的海水和空气，将SO_2氧化成硫酸根离子，其水质得以恢复后又流回大海。

海水中含有大约3.5%的盐分，其中主要为氯化物和硫酸盐。硫酸盐占总盐的10.8%，碳酸盐占总盐的0.34%，为碳酸钙和碳酸钠，所以，自然界海水呈碱性，pH值一般为8.0～8.3，其碱度为220～290mg/L（按$CaCO_3$计）。因此对SO_2具有很大的吸收和中和能力，SO_2被海水吸收后，最后生成可溶性的硫酸盐，这些硫酸盐是海水的主要成分之一。对海洋生态环境的研究表明，海水烟气脱硫的排水不影响海洋生物的生存环境，这与海洋对酸性物的中和能力强有关。

海水中的硫酸盐在硫菌的作用下厌氧分解生成硫，这些硫沉积在化石内形成可燃硫，因而形成了自然界的硫循环。

在排出的海水中，虽然硫酸盐不是污染因子，pH值经处理至大于6.5以后也可达标排放，进入海洋后很快又可达到8.0～8.3，但由于烟气中还有其他成分，除尘后的烟气中的少量烟尘大部分被洗涤下来也进入海水，故仍需认真进行水环境评价。

F-FGD工艺特点如下：

（1）工艺简单，系统可靠。F-FGD工艺系统主要由吸收塔、再热器和曝气池等部分组成，脱硫原理及工艺简单。由于F-FGD工艺利用海水吸收SO_2，不再采用其他添加剂，因此系统不会结垢或堵塞，具有极高的系统利用率。

（2）脱硫效率及其保证率高。F-FGD工艺脱硫效率可达90%以上，完全能够满足环保部门关于削减SO_2排放的要求。由于系统简单，运行稳定可靠，因而很容易获得很高的脱硫效率保证率。

（3）不产生任何气态和固态废弃物，最大程度地减少了FGD装置对环境带来的附加影响。

（4）投资省、运行费用低。一般来说约为石灰石—石膏湿法脱硫工艺的2/3以下，运行费用约为后者的1/2～2/3。

（5）F-FGD装置的直接运行费用绝大部分为系统电耗（约占电厂发电量的1%～1.5%），除此之外无需采购、运输、制备其他添加剂。

三、海水脱硫的应用

目前该工艺已有30多套装置投入运行，主要应用于发电厂和冶炼厂。国外最大的装置处理标准状况下烟气量1 125 000m^3/h，于1988年在挪威的Husnes炼铝厂投运，该烟气量相当于375MW发电机组。1988年印度Tata电力公司在处于海边河口地的Bombay电厂5号机组（500MW）安装海水脱硫装置，运行结果表明，系统性能可靠，脱硫效率高，脱硫率达90%以上，最高可达98%。

我国深圳西部电厂一台机组（300MW）引进挪威ABB公司的Flakt-Hydro海水脱硫工艺，成为我国第一台海水脱硫工艺。该项目于1998年底竣工，于1999年3月8日顺利通过72h的连续运行并移交生产。同年6月底及7月初，中外双方对投运后的海水烟气脱硫系统进行了性能考核测试，中国环境监测总站对海水烟气脱硫装置进行了验收前的现场监测工作，测试结果表明：该脱硫系统运行稳定，设备状况良好，主要性能指标满足国家的审查要求，达到或超过了设计值。

福建漳州后石电厂设计装机容量为6×600MW。为满足环保要求，锅炉岛设置两台除尘效率达99.85%的双室五电场静电除尘器、标准状况下排放浓度仅35mg/m^3，经脱硫后将减至27mg/m^3以下；采用海水脱硫，脱硫效率不低于90%；在锅炉尾部还加装了烟气脱硝装置。脱硫装置是目前国内电力系统内安装的最大的海水脱硫设施。该厂F-FGD与深圳西部电厂的相比有以下特点：①后石电厂F-FGD是一炉两塔，各处理一半的烟气量；②吸收塔为喷淋托盘结构，吸收塔烟气压损小，锅炉引风机与增压风机合并设计；③采用湿烟囱工艺。

由于海水脱硫工艺具有技术成熟，流程简单，运行可靠，脱硫效率高，无需另购吸收剂和处理副产物，从而具有投资与运行费用较低等特点，在海滨火电厂的建设中，由于海水资源充足，只要海洋环境条件允许，具有很强的吸引力。目前青岛、黄岛、厦门嵩屿等一批电厂正在就此开展前期工作，已通过环境评价，大多已通过招标确定了供货厂商和拟提供专利的国外合作伙伴。

四、深圳能源集团西部电厂4号机组实例

深圳西部电厂与妈湾电力公司处于同一厂址，首期安装2×300MW机组，其第2台机组（全厂址编号为4号）同步安装海水脱硫装置。

锅炉为哈尔滨锅炉厂有限责任公司生产。电气除尘器由兰州电力修造厂制造，除尘效率≥99%。两台炉合用一座烟囱，高210m，出口直径7m，钢筋混凝土外筒，耐腐蚀合金钢内筒。

电厂燃用晋北烟煤，设计含硫 0.63%，实际约为 0.75%，BMCR 工况实际用煤 126.9t/h，相应烟气量为 122 万 m^3/h，FGD 入口烟温 123℃，在 104～145℃之间变化。

海水流量凝汽器后为 $12m^3/s$，含盐 2.3%，水温在 27～40℃之间变化。

1. F-FGD 设计性能指标

（1）在设计工况下，系统脱硫效率不小于 90%。在校核工况下不小于 70%。

（2）曝气池出口 pH≥6.5。排水水质满足 GB 3097—1997《海水水质标准》的三类标准。

（3）FGD 系统出口烟温不小于 70℃。

其典型海水脱硫系统工艺流程如图 6-2 所示。海水泵为 2×50%容量，型号为 24SH-9，吸水池及海水泵站布置在主厂房 A 列外，平面尺寸分别为 11m×5m 及 13.5m×5.5m。海水泵房为半地下式，有防雨篷及手动起吊装置。全容量烟气进入 1 台 TLT 国产动叶可调轴流风机，再进入德国 ABB 进口气—气热交换器（双分仓、回转式），最后进入吸收塔；吸收塔出口烟气排入烟道进烟囱，设有 100%通过能力的旁路烟道及相应的三个挡板。吸收塔为正方形，14.3m×14.3m，高 20m，外壳为钢筋混凝土结构，本体吸收效率大于 95%，采用逆流式填料塔，出口装有除雾器，内壁防腐。海水水质恢复系统俗称海水处理厂，位于 A 列外，平面尺寸 58m×37m，池深 7.3m，半地下钢筋混凝土结构，分为进水池含混合池、曝气池与排水池三段，其中混合池顶封闭，防止 SO_2 逸出，余为敞开式，曝气风机布置在混合池顶部，共设 2 台，2118A/761 型，由上海鼓风机厂供货，风机房有手动起吊装置及防雨篷，并有消声器减少噪声。

2. 海水脱硫防腐

海水脱硫工艺中防腐是一个较突出的问题，具体措施包括：

（1）吸收塔身为钢筋混凝土结构，内衬有机树脂，内部管件、填料选用加强玻璃钢材料或聚丙烯材料。

（2）烟道为钢结构，内衬有机树脂。

（3）GGH 壳体及转子衬有机树脂，传热元件为搪瓷钢材料。

（4）曝气池为钢筋混凝土结构，内涂改性环氧煤沥青。

（5）海水管道和曝气管道采用加强玻璃钢管材（FRP）。

（6）海水升压泵、进出口阀门、烟气挡板的关键部件选用耐海水腐蚀的合金材料。

（7）烟囱内筒选用抗腐蚀的 S-TEN3 钢。

3. 海水脱硫排水

海水脱硫排水对海洋环境的影响是一个关键问题。为此，在赴国外考察及进行环评的基础上明确了以下问题：

（1）海中脱硫工艺中 SO_4^{2-} 增量仅占海水中 SO_4^{2-} 浓度的 2%左右，是对海洋生物无毒、无害的主要成分之一，无不良影响。

（2）COD 增量是因残留 SO_3^{2-} 引起的，脱硫后海水 COD 增量约为 2.5mg/L 以内，与未脱硫的其余海水混合后，增量不超过 0.7mg/L，取水口环境平均浓度 1.2mg/L，两者相加仍小于 2mg/L，低于一类海水标准限值，故影响不明显。

（3）脱硫后海水水温上升，总溶解盐浓度增加，溶解氧（DO）下降，曝气后有很大恢复，可以大于 3mg/L，满足三类海水水质标准要求。海水冷却水 DO 浓度平均大于

5.4mg/L，一台机组脱硫后的海水与三台机组未脱硫的海水混合后，可以满足一类海水水质标准的要求。

(4) pH 值。脱硫塔后为2.5～3，混合后为4～5，曝气池后可达6.5以上，满足三类海水水质标准要求。实测可达6.7～6.9。进入海洋后，由于迁移扩散与稀释作用，很快即可恢复到正常水平。

(5) 温升。西部电厂所在水域平均海水水温为25.7℃，在18.6～31.3℃之间变化，电厂冷却水温升8.5℃，部分用于脱硫后，温升会再上升1℃，由于4台机组仅1台脱硫，温升平均只再上升0.25℃，由于海洋的作用，很快也会恢复到正常水平。

(6) 飞灰和重金属增量。除尘器后烟气含尘量已小于原来的1%，但在脱硫塔中大部分被洗涤下来，进入海水。如除尘器后飞灰平均浓度为标况下183mg/m^3，即使全部洗下来进入海水，增量不超过5mg/L，即未超过一类海水水质标准（人为增量不大于10mg/L），影响不大。烟尘中存在的痕量元素，如Cu、Pb、Zn、Cd、Hg、Cr、As、Ni等，也将随灰进入海水，它在海域中将沉积在底部淤泥之内，挪威曾对这一影响进行过长期观测，结果是理论上有影响，其差别经长期观测仍难以测出，还需要继续观测。

国家环保总局于1999年9月主持召开了该工艺的研讨会，认为西部电厂海水脱硫示范工程投产后，各项性能指标均超过了设计值，符合国家标准和要求；曝气过程中无明显溢出情况，不会对周围大气环境造成二次污染；对排水口附近区域对比监测认为对海水水质影响很小，但今后仍应继续监测。这些结论为该工艺今后的推广奠定了良好的基础。

第二节 旋转喷雾干燥法脱硫

一、旋转喷雾干燥法脱硫

旋转喷雾干燥法又称LSD法，该脱硫工艺是以石灰粉（CaO）为脱硫剂，经消化并加水制成消石灰乳［$Ca(OH)_2$浆液］，消石灰乳由泵打入位于吸收塔内的雾化装置，在吸收塔内被雾化成细小液滴的吸收剂与烟气混合接触，与烟气中的SO_2发生化学反应生成$CaSO_3$和$CaSO_4$，烟气中的SO_2被脱除。与烟气反应的同时，吸收剂带入的水分迅速被蒸发而干燥，烟气温度随之降低。脱硫反应产物及未被利用的吸收剂（俗称脱硫灰）以干燥的颗粒物形式部分随烟气带出吸收塔，进入除尘器被收集下来；部分靠离心力作用从烟气中分离出来，从吸收塔底部排出。为了提高脱硫吸收剂的利用率，一般将部分脱硫灰再循环送回制浆系统，和吸收剂浆液混合成固体浓度为30%～50%的浆液。脱硫后的烟气经除尘器除尘后排放。

反应步骤及方程式如下：

(1) 生石灰制浆

$$CaO + H_2O \longrightarrow Ca(OH)_2 \tag{6-10}$$

(2) SO_2被液滴吸收

$$SO_2 + H_2O \longrightarrow H_2SO_3 \tag{6-11}$$

(3) 吸收的SO_2同溶解的吸收剂反应生成

$$H_2SO_3 + Ca(OH)_2 \longrightarrow CaSO_3 + 2H_2O \tag{6-12}$$

(4) 液滴中$CaSO_3$达到饱和后，即开始结晶析出

$$CaSO_3(g) \longrightarrow CaSO_3(s) \tag{6-13}$$

（5）部分溶液中的$CaSO_3$与溶于液滴中的O_2反应，氧化成硫酸钙

$$CaSO_3(g)+\frac{1}{2}O_2 \longrightarrow CaSO_4(g) \tag{6-14}$$

（6）$CaSO_4$饱和结晶析出

$$CaSO_4(g) \longrightarrow CaSO_4(s) \tag{6-15}$$

该工艺系统很关键的一个参数就是吸收塔出口温度。一方面要求有足够低的温度，以满足脱硫化学反应的需要；另一方面又要保证高于露点，以防止设备和烟道的腐蚀。因此，在烟气中SO_2浓度、钙硫比不变的情况下，就只能通过水量的变化来控制吸收塔出口温度。

喷雾干燥法脱硫工艺的优点是脱硫渣为干燥固体、便于处理，工艺能耗低，无废水，无腐蚀，技术成熟，工艺流程较为简单，投资与运行费用均较低，系统可靠性高等。脱硫率可达到80%以上。该工艺在美国及西欧一些国家应用较为广泛，在125MW以下机组上有一定的应用业绩。

二、工程实例

1990年在我国四川内江白马电厂建成了一套中型试验装置，该装置处理烟气量$7\times10^4m^3/h$，进口SO_2浓度0.3%。经连续运转考核，当钙硫比为1.4时，脱硫率可达到80%以上。

1994年山东黄岛电厂建成了一套旋转喷雾干燥法脱硫试验装置，该装置分为四个系统，采用三菱重工提供的技术，使用与典型喷雾干燥工艺不同的细长塔型，主要试验该工艺在高硫煤上的应用。当标准状况下烟气量为$3\times10^5m^3/h$，进口SO_2浓度为0.2%时，脱硫率可达到70%。其脱硫工艺流程见图6-4。

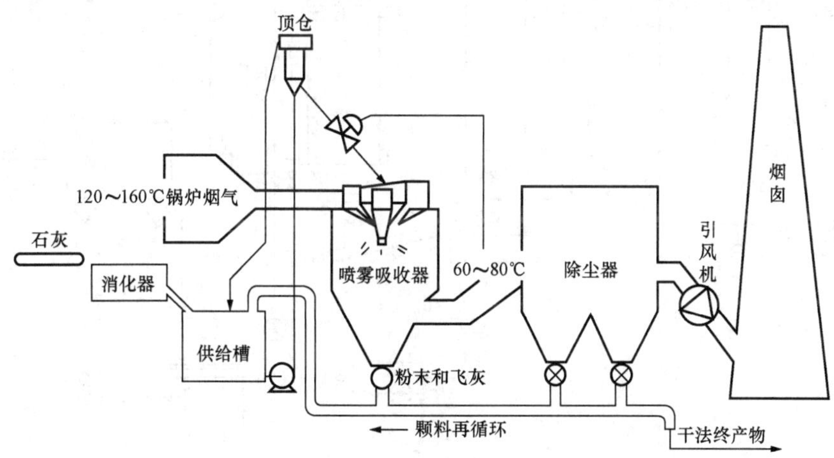

图6-4　旋转喷雾干燥法烟气脱硫工艺流程

（1）生石灰系统。由自卸汽车运来的生石灰块（150mm以下），纯度为70%以上，经接受槽、破碎（至4mm以下）与提升至石灰仓储存。

（2）浆液制备系统。石灰仓内的生石灰，经输送、提升至高位料仓，再经计量进入石灰熟（消）料罐，加热水搅拌、消化成为合格浆液，经过滤进供给罐后，再用泵送至吸收塔的高位料箱，经分离残渣后进入旋转喷雾器。在消化罐中，可以加入一定比例的脱硫灰与粉煤灰。标准浓度泥浆（23%）用生石灰5650kg、飞灰300kg、副产品300kg。

（3）脱硫系统。脱硫反应塔是脱硫工艺系统的核心，它由高速旋转喷雾器、烟气分配器

及吸收塔组成。烟气从塔顶切向进入烟气分配器，形成气液接触良好的流场。吸收塔有效高度23m，塔径8.6m，烟气在塔内停留时间为10s。该塔为细长形，比传统的吸收塔高径比例较大，目的是增加停留时间、有利于吸收反应，占地面积较小。

旋转喷雾轮是吸收塔乃至本工艺的关键设备，它通过高速旋转，产生巨大的离心力，使进入雾化轮的浆液从喷嘴甩出，形成雾化液滴。雾化轮转速通常为6000～10 000r/min，直径400mm，雾化粒径为50～100μm。

（4）除尘除渣系统。塔后电除尘器为二室二电场，集尘面积为5000m^2，除尘效率为98.27%。灰处理采用抛弃法，除尘器收集的脱硫灰，一部分经气力输送至脱硫灰仓，再经磨细加水搅拌后进入消化罐；其余部分及吸收塔底排出的脱硫灰，采用水力除灰方式排出。

第三节　炉内喷钙加尾部增湿活化脱硫

一、炉内喷钙加尾部增湿活化脱硫工艺

炉内喷钙加尾部增湿活化工艺也称LIFAC技术（Limestone Injection into the Furnace and Activation of Calcium）。它实质上是炉内脱硫与烟气脱硫的组合，典型的LIFAC脱硫工艺流程见图6-5。

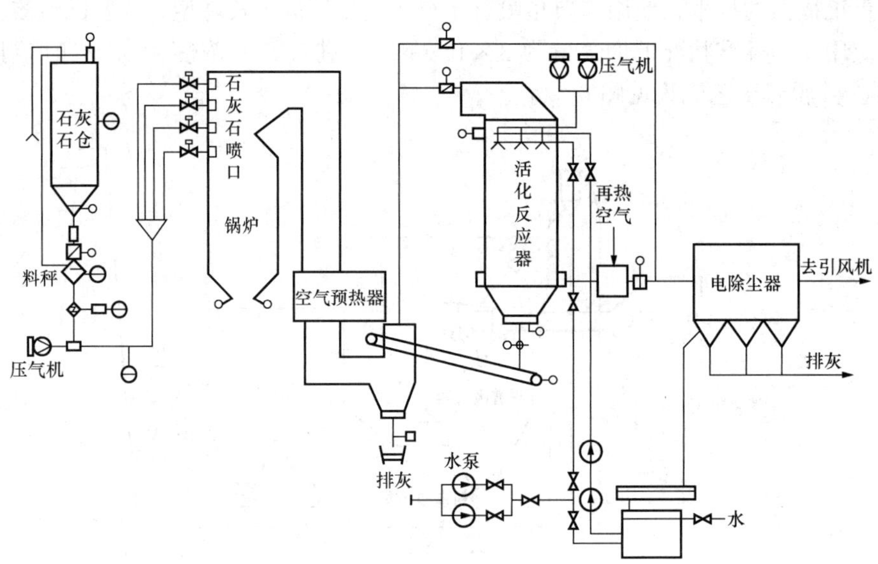

图6-5　LIFAC脱硫工艺流程

它由以下系统组成：

（1）石灰石粉系统。包括石灰石粉的制备、计量、运输、储存、分配和喷射等。

（2）活化反应系统。包括活化水的雾化、烟气与水混合反应，下渣与除渣、器壁防结垢等设备。

（3）脱硫灰再循环系统。包括电除尘器下部集灰、储存、运输等装置。

（4）烟气再热系统。包括烟气混合式加热装置与主烟气混合用喷嘴等。用预热器出口热风，将烟气温度从55～60℃加热至70～75℃，以防腐蚀。

工作原理：该工艺多以石灰石粉为吸收剂，将石灰石粉磨至300目左右（小于40μm），

用压缩空气喷入炉内最佳温度区（850～1150℃），并使石灰石粉与烟气有良好的接触和足够的反应时间。石灰石粉受热分解成高活性的 CaO，再与烟气中的 SO_2 反应生成亚硫酸钙及硫酸钙。在空气预热器后进行喷水调湿，烟气中游离的 CaO 和水反应生成 $Ca(OH)_2$，固硫与水雾滴蒸发，大部分反应物颗粒被电除尘器捕集，其余从活化器底部分离，从电除尘器下的灰一部分再循环进入活化器。

LIFAC 工艺主要包括三步：①向高温炉膛喷射石灰石粉；②炉后活化器中用水或灰浆增湿活化；③灰浆或干灰再循环。

第一步，将磨细到 300 目左右的石灰石粉用气流输送方式喷射到炉膛上部温度为 850～1150℃的区域，$CaCO_3$ 立即分解并与烟气中 SO_2 和少量 SO_3 反应生成硫酸钙

$$CaCO_3 \longrightarrow CaO + CO_2 \tag{6-16}$$

$$CaO + SO_2 + \frac{1}{2}O_2 \longrightarrow CaSO_4 \tag{6-17}$$

$$CaO + SO_3 \longrightarrow CaSO_4 \tag{6-18}$$

炉内喷钙的脱硫率约为 25%～35%，投资占整个脱硫系统总投资的 10%左右。

第二步，在安装于锅炉与电除尘器之间的增湿活化器中完成。在活化器内，炉膛中未反应的 CaO 与喷入的水（或灰浆中的水）反应生成 $Ca(OH)_2$，SO_2 与生成的新鲜 $Ca(OH)_2$ 快速反应生成亚硫酸钙 $CaSO_3$，然后又部分地被氧化为硫酸钙 $CaSO_4$，即

$$CaO + H_2O \longrightarrow Ca(OH)_2 \tag{6-19}$$

$$Ca(OH)_2 + SO_2 \longrightarrow CaSO_3 + H_2O \tag{6-20}$$

$$CaSO_3 + \frac{1}{2}O_2 \longrightarrow CaSO_4 \tag{6-21}$$

由于烟气自身较高温度的蒸发作用，该过程的反应产物呈干粉状态。大部分 $CaSO_3$、$CaSO_4$ 和未反应的 CaO、$Ca(OH)_2$ 与飞灰一起随烟气进入电除尘器被捕集，其余部分从活化器的底部分离出来，与电除尘器捕集物中的一部分再循环返回到活化器中，以提高脱硫剂的利用率。由于脱除过程生成新的固体颗粒，加上灰渣再循环，使 ESP 的入口粉尘浓度增大。为保证 ESP 出口粉尘浓度达标，需采取一些措施，如增加 1～2 个电场等。为避免烟气在 ESP 和烟囱中结露腐蚀，常需在活化器与 ESP 之间对烟气再加热。

活化器是整个脱硫系统的心脏，烟气经过加水增湿活化和干灰再循环，可使系统总脱硫率达到 75%以上。加水增湿活化部分的投资约占整个脱硫系统总投资的 85%。

第三步，将电除尘器捕集的部分物料加水制成灰浆喷入活化器，可使系统总脱硫率提高到 85%。这一步骤增加的投资约占整个脱硫系统总投资的 5%。

以上几个步骤可以分步实施，每增加一步，则投资和脱硫效率相应增加，运行费用相应降低。分步实施可以在原有装置上进行，不需要换原有设备，这可使用户在计划自己的投资和满足今后更趋严格的排放标准方面有更大的灵活性。同样，在选择所使用的燃料方面也更为灵活。

我国南京下关电厂两台 125MW 机组和浙江钱清电厂一台 125MW 机组分别于 1998 年、1999 年投运。据 Fortum 公司介绍 LIFAC 工艺的投资比传统湿法减少 50%。

二、工艺特点

（1）适用于含硫量为 0.6%～2.5%的煤种，在 Ca/S=1.5～2 时，根据采用干灰再循环

系统的不同，脱硫效率可达70%～85%。

(2) 该法已有了一定的运行经验，按照安装在加拿大Shand电站300MW燃煤锅炉上的LIFAC系统与湿法FGD系统的经济分析比较，LIFAC设备的投资费用仅为湿法FGD的32%，运行费为湿法FGD的78%。因此LIFAC法是一种投资较少的系统。运行时虽然为达到相同的脱硫效率其钙硫比较高因而需消耗更多的石灰石，但由于相对简单，辅机电耗及维修费用较低，因而其总运行费用仍比湿法脱硫低。

(3) 按照LIFAC系统中一台活化反应器能够处理的烟气流量，采用LIFAC脱硫方法的最佳锅炉容量为50～300MW（220～1000t/h）。由于湿法烟气脱硫系统的一台洗涤塔能够处理大得多的烟气流量，因此当锅炉容量大于300MW时选用湿法烟气脱硫可能更为经济。

(4) 由于活化反应器是在高于露点的温度条件下运行，因此其固态反应产物是干粉，没有泥浆和污水排放，排出的最终固态产品可以用作建筑和筑路。

(5) 有如下缺点。钙喷入炉内一般不会引起结焦，对尾部受热面磨损不大，但易引起积灰。总的热损失（除硫系统）约为0.4%，锅炉效率降低约1.0%。由于钙的喷入及再循环，使粉尘量增大，除尘器的除尘能力应增大，能耗增加。对静电除尘器运行的影响有：①烟气通过活化器反应后，烟温约降低至100℃，烟气体积减小，有利于提高除尘效率；烟气经过增湿，比电阻有所下降，有利于提高除尘效率；②喷钙后飞灰与石灰石粉混合物的粒径比飞灰略大一些，容易收集；③活化器中烟气速度较低，在该流动空间中有20%～30%的除尘效率，降低了静电除尘器的除尘负荷。

第四节 电子束法烟气脱硫

一、电子束法烟气脱硫工艺

电子束法烟气脱硫的工艺大致由除尘、烟气冷却、加氨、电子束照射、副产品捕集五道工序组成。典型的电子束法烟气脱硫工艺流程见图6-6。

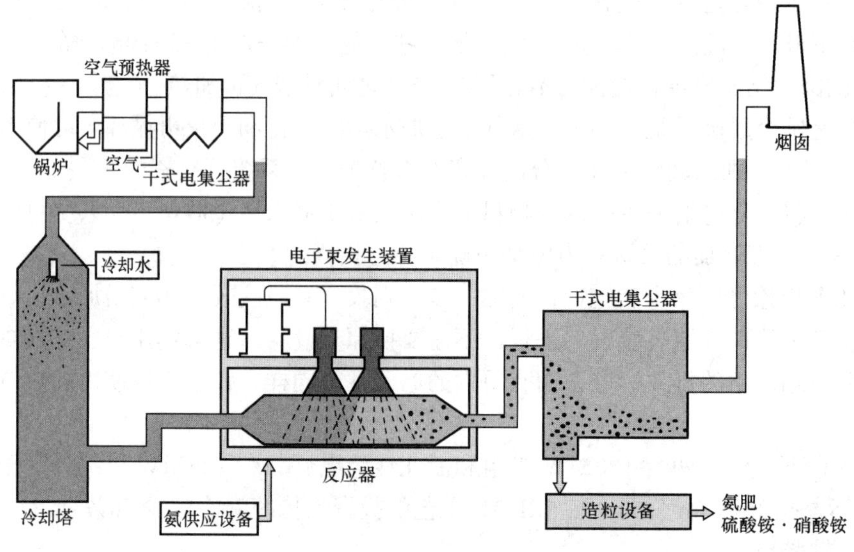

图6-6 电子束法烟气脱硫工艺流程

电子束法烟气脱硫工艺是一种物理方法和化学方法相结合的高新技术。电子束法采用电子加速器产生的电子束辐照烟气，利用产生的自由基等活性基因氧化烟气中的 SO_2 和 NO_x 等污染物，从而与脱硫剂氨反应，生成硫酸铵和硝酸铵。即：

（1）游离基的生成。当用高能电子束辐照烟气时，电子束能量大部分被 N_2、O_2、H_2O 所吸收，生成活性很强的游离基 OH 基、O 原子、HO_2 基、N 基。

（2）SO_2 和 NO_x 氧化。烟气中的 SO_2 和 NO_x 与产生的游离基 OH、O、HO_2 进行反应，分别氧化成硫酸 H_2SO_4 和硝酸 HNO_3。

（3）氨气反应生成硫酸铵和硝酸铵。

按照波兰Pomorzany电厂（$2.7\times10^5 m^3/h$）与杭州协联热电公司（$3\times10^5 m^3/h$）电子束脱硫装置的实践，当脱硫效率为 90%时，脱硝效率可从 20%左右上升到 55%～70%，当然，这需要加大剂量，即耗电为代价。

工艺流程：烟气首先经锅炉静电除尘器除尘后进入冷却塔进一步除尘、降温和增湿，烟气温度从 140℃左右降至 60℃左右。此后将一定量的氨气、压缩空气和软水混合喷入反应器进口处，与烟气混合，经高能电子束照射后，SO_2、NO_x 在游离基作用下生成 H_2SO_4 和 HNO_3，并进一步与 NH_3 发生化学反应，生成 $(NH_4)_2SO_4$ 和 NH_4NO_3 粉末。部分粉末沉降至反应器底部，通过输送机排出，大部分粉末随烟气一起进入后续的电除尘器，从而被收集下来。洁净的烟气经引风机升压后进入烟囱排入大气。

化学原理为

$$SO_2 + (NH_4)_2SO_4 + H_2O \rightarrow 2NH_4HSO_3$$

$$NH_3 + NH_4HSO_3 \rightarrow (NH_4)_2SO_3$$

$$2(NH_4)_2SO_3 + SO_2 \rightarrow 2NH_4HSO_4$$

$$2NH_4HSO_3 + O_2 \rightarrow 2NH_4HSO_4$$

$$NH_4HSO_4 + (NH_4)_2SO_3 \rightarrow (NH_4)_2SO_3 + NH_4HSO_3$$

电子束法烟气脱硫系统包括烟气系统、氨的储存和供给系统、压缩空气系统、SO_2 反应系统、软水系统和副产品处理等。

（1）烟气及 SO_2 去除系统。锅炉的烟气经电除尘后，进入蒸发型喷雾冷却塔。在塔中，由顶塔喷嘴喷出的雾化水被烟气的热量完全蒸发，使烟气在绝热条件下增湿，并降温，然后进入反应器，先与喷入的接近化学计量的氨气混合，再接受两级高能电子束辐射。同时向反应器中喷入计量的雾化软化水吸收硫酸的反应热，保持反应器出口烟气温度。反应后的烟气进入干式电除尘器，捕集生成的硫铵及硝铵副产品粉末，最后洁净的烟气由引风机升压后经烟囱排放。也可设旁路烟道，并分设引风机与增压机，使脱硫装置停运时，机组可以不停运。

（2）工业水及软化水系统。工业水有三个用途：一是作为冷却塔喷雾冷却用水，同时除尘；二是经软化后作为反应器降温用水，吸收反应热；三是作为辅机设备冷却、清洗用水，如引风机、电子束发生装置、空气压缩机等。

（3）压缩空气系统。供给冷却塔内部清扫；布袋除尘器反冲；与氨混合后用于雾化软化水；经储气罐和干燥器后，用于其他用气点。

（4）副产品输送系统。用链式输送机和埋刮板输送机等送造粒车间造粒后储存待用。

（5）热、冷风系统。为维护电子加速器，（冷却）电子窗箔（清扫），配备有风机及加热器，冷却风最后用冷却排风机排入烟道。为防止副产品在储存间内二次飞扬，设有布袋尘器。

（6）蒸汽系统（约0.5MPa，280℃）。主要为加热窗箔用冷却风，电除尘器灰斗加热，供液氨气化及设备拌热之用。

（7）氨的储存和供给系统。液氨从储存经氨油分离、氨压机升压后，再二级氨油分离，经过气氨操作台入氨罐槽车。氨罐槽车中的液氨在此气氨压力作用下经液氨操作台卸入液氨储槽，由于故障泄漏等原因排出的气氨可由氨吸收塔吸收、稀释。

液氨储槽中的液氨用泵输送至氨气化器，气氨与压缩空气混合后送入反应器。

二、电子束法烟气脱硫工艺特点

（1）能同时脱除烟气中的 SO_2 和 NO_x；

（2）运行操作简单，维护方便；

（3）是干法过程，无废水废渣排放；

（4）副产品是以硫酸氨为主，含少量硝酸氨构成的有益农业氮肥；

（5）投资少，运行费用较低，经济性较好，适合在高硫煤地区运用；

（6）电子束运行中产生X射线，在建筑物处、操作室等处辐射剂量最大为0.3μSv/h，低于国家标准。

脱硫工艺方案比较及国内应用情况分别见表6-1和表6-2。

表6-1 脱硫工艺方案比较

项 目	石灰石—石膏湿法	喷雾干燥法	炉内喷钙尾部增湿	电子束法	氨法脱硫	镁法脱硫
技术成熟程度	成熟	成熟	成熟	工业试验	工业试验	成熟
适用煤种	不限	中低硫煤	中低硫煤	中低硫煤	不限	中低硫煤
单机应用的经济规模	200MW及以上	200MW及以下	200MW及以下	200MW及以下	200MW及以下	200MW及以下
脱硫率	95%以上	75%～85%	70%～80%	75%～80%	90%以上	90%以上
本地吸收剂来源	石灰石资源丰富	高品质石灰难得到	石灰石资源丰富	液氨较难得到	液氨较难得到	氧化镁较难得到
吸收剂利用率	90%以上	50%～60%	30%～40%	90%以上	90%以上	90%以上
副产物	石膏	亚硫酸钙	亚硫酸钙	硫铵/硝铵	亚硫酸铵	硫酸镁
副产物处置	可利用系统简单	抛弃系统简单	抛弃系统简单	可利用系统复杂	可利用系统复杂	抛弃如利用则系统复杂
废水	少量废水	无	无	无	无	有
市场占有率	>80%	一般为5%～8%		少	低	低

表6-2 脱硫方法在国内的应用情况

脱硫方法	喷雾干燥法		炉内喷钙尾部增湿活化		海水脱硫	荷电干式喷射	电子束法
项目	四川白马电厂	山东黄岛电厂	南京下关电厂	辽宁抚顺电厂	深圳西部电厂	山东德州电厂	成都热电厂
机组容量	1×200MW	1×210MW	2×125MW	1×120MW	1×300MW	1×120MW	1×200MW

续表

脱硫方法	喷雾干燥法		炉内喷钙 尾部增湿活化		海水脱硫	荷电干式喷射	电子束法
煤含硫量（%）	3.2	1.86	0.92	0.54	0.75	1.0	2.0
处理烟气量	80 000m^3/h 相当于25MW机组	300 000m^3/h	2×544 000m^3/h	480 000m^3/h	1 220 000m^3/h	40 000m^3/h	300 000m^3/h 部分烟气
吸收剂	生石灰	生石灰	石灰石	石灰石	天然海水	石灰	氨气
脱硫效率	80%	70%	75%	40%	90%	70%	80%
脱硫装置	1	1	2	1	1	1	1
投运日期	1991年8月	1994年4月	1998年12月	1996年	1998年7月	1995年9月	1996年12月
承包商	国内设计和供货	日本三菱	芬兰IVO	芬兰IVO	挪威ABB公司	美国阿兰柯公司	日本荏原
费用	950万元	16亿日元	800万美元	—	19647万元	200万元	800万元
备注	中试装置	中日合作	全套引进	引进炉内喷钙	—	在锅炉出口烟道中进行	1998.6验收
单价	380万元	1248万元	265万元	—	654万元	—	—

复习思考题

6-1 分析海水脱硫的基本原理及主要系统。

6-2 写出海水脱硫工艺的基本原理及化学反应式。

6-3 简述喷雾干燥法FGD系统的主要组成和工艺流程。

6-4 简述喷雾干燥法FGD系统的优缺点。

6-5 简述电子束法脱硫工艺流程和特点。

6-6 电子束法脱硫工艺系统由哪几部分组成？

6-7 LIFAC系统中活化反应器内的脱硫效率取决于哪些因素？

6-8 简述LIFAC系统中助推风的作用。

6-9 简述LIFAC系统中灰循环系统的工作原理。

第七章

脱硫装置的运行

为了保证脱硫系统持续稳定运行，保证脱硫设备的长期使用及在事故情况下的安全，脱硫运行人员必须对脱硫系统进行正确的操作、及时的调整和适当的维护，使脱硫装置始终保持在良好的工况。

在众多的脱硫技术中，湿式石灰石－石膏法烟气脱硫是目前世界上应用最多、技术最为成熟的一种脱硫技术，本章将介绍这种脱硫装置的启动停运、正常运行中的维护及事故处理等方面的内容。

第一节　脱硫装置的启动与停运

脱硫装置的启、停由运行人员在控制室内操作其控制系统来进行。根据停运时间长短，脱硫装置的停运可分为短时停运、短期停运和长期停运；与此相应，脱硫装置的启动可分为短时停运后启动、短期停运后启动和长期停运后启动。

一、脱硫装置的停运

1. 短时停运（临时停运）

指停运几个小时。此时，不必停运全部脱硫装置，一般仅仅停运下述设备：

（1）脱硫装置烟气系统，即停增压风机，切旁路运行；

（2）吸收塔循环泵；

（3）氧化风机；

（4）石灰石浆液供给系统。

2. 短期停运

指停运几天。此时，除上述设备外，以下设备也应停运：

（1）除雾器冲洗系统；

（2）石灰石浆液制备系统；

（3）石膏脱水系统；

（4）石膏浆液排出泵及石膏溢流浆液泵；

（5）工业水系统。

在短时停运和短期停运期间，装置中输送浆液的管线必须冲洗。有浆液的容器内，搅拌器维持运行。

3. 长期停运

指停运一周以上。脱硫系统正常停运是按次序进行的，先将脱硫装置从正常操作状态转至短期停机状态，然后转至长期停机状态，如图 7-1 所示。在脱硫装置停运过程中，特别是与烟气系统相关的操作，应与锅炉运行人员密切联系，平稳操作，以保证锅炉的运行安全和脱硫装置的安全停运。

脱硫系统停运后应注意：

（1）有悬浮液的管线必须冲洗干净；

（2）定期检查系统中各箱罐的液位，如果是长期停运，应将各箱罐清空；

（3）考虑设备的换油和维护工作；

（4）停运期间进行必需的消缺工作。

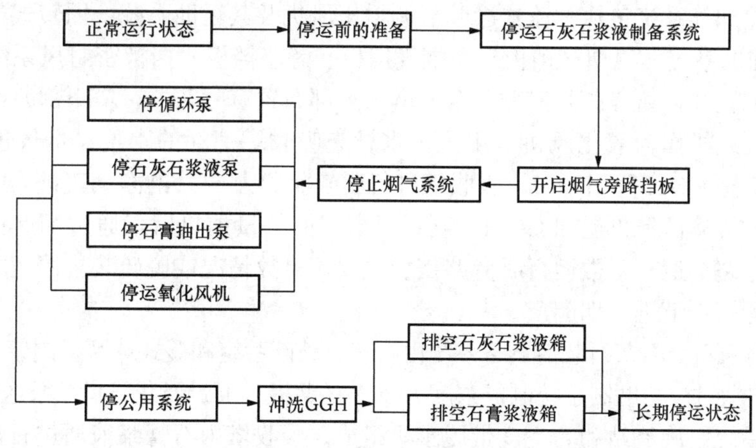

图 7-1　长期停机流程

二、脱硫装置的启动

1. 短时停运后及短期停运后的启动

短时停运、短期停运后的启动要根据停机的具体原因有针对性地进行。其启动方法和长时间停机后的启动方法一样，不同的是短时间停机后除部分系统未投入外，其余系统都正常运行。只需把停运的系统投入即可。

2. 长期停运后的启动

脱硫装置大修完毕后，应对各个设备和系统进行试运行，试验合格后方可备用。试运完毕后有浆液的容器内的搅拌器应维持运行。为确保机组启动后脱硫装置及时投入，在机组启动前一天，应启动工艺水系统、工业水系统和制浆系统，石灰石浆液箱储备足够的合格吸收剂。机组启动后，脱硫装置按短期停运操作。脱硫装置启动流程如图 7-2 所示。

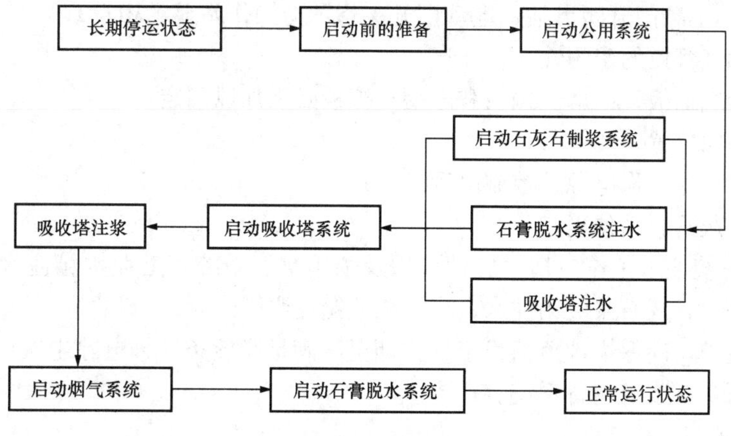

图 7-2　脱硫装置启动流程

三、脱硫装置启动、停运操作实例

本节以某300MW燃煤机组配置的湿式石灰石烟气脱硫装置为例，介绍脱硫装置的启动、停运操作。

（一）脱硫装置概述

该脱硫装置烟气系统包括轴流式静叶可调增压风机及其辅助系统、回转式气一气换热器（GGH）及其辅助系统、原烟气挡板、净烟气挡板、旁路挡板、挡板密封风系统。吸收塔为逆流喷淋式，配置3台离心式浆液循环泵，塔内上部布置有除雾器，塔下部浆液池布置有搅拌器，采用罗茨风机作为氧化风机，用工艺水补充吸收塔消耗的水量。烟气进入脱硫系统后，经增压风机至GGH降温后进入吸收塔进行脱硫。脱去SO_2的净烟气进入吸收塔上部除雾器除去携带的雾滴后，再返回GGH，利用原烟气的热量加热后，通过烟囱排向大气。脱硫系统设置了旁路烟道，正常运行时旁路挡板关闭，事故情况或脱硫装置停运时旁路挡板开启，烟气经过旁路烟道进入烟囱。

脱硫剂为石灰石。石灰石浆液制备系统由石灰石破碎系统和湿式球磨机制浆系统组成。入厂的块状石灰石通过湿法磨制系统制成浓度为30%的浆液，通过石灰石供浆泵送入吸收塔。

石膏脱水系统由旋流站和真空皮带脱水机组成。吸收塔内石膏浆液通过石膏浆液排出泵从吸收塔浆液池中排出，经一、二级脱水制成含水率不大于10%的石膏。

（二）脱硫装置启动、停运操作

1. 脱硫装置启动

（1）启动前的检查工作如下：

1）对所属设备作全面详细检查，发现缺陷及时联系检修消除并验收；

2）现场杂物清除干净，各通道畅通，照明充足，栏杆楼梯安全牢固；

3）各设备油位正常，油质良好，油位计和油面镜清晰完好，无渗漏油现象；

4）各烟道、管道保温完好，各种标志清晰完整；

5）烟道、箱、罐、塔、坑和GGH等内部已清扫干净，无余留物；

6）DCS系统投入，各组态参数正确，测量显示及调节动作正常；

7）机械、电气设备地脚螺栓齐全牢固，防护罩完整，连接件及紧固件安装正常；

8）就地仪表、变送器、传感器工作正常，初始位置正确；

9）手动门、电动门开闭灵活，电动门开关指示与操作站显示相符；

10）检查烟气管道的密闭性；

11）旁路烟气挡板、原烟气挡板和净烟气挡板必须加以固定；

12）检查阀门位置；

13）将所有设备工作电源、控制电源送上；

14）检查石灰石仓料位正常。

（2）FGD系统注水工作包括：启动仪用及杂用空气系统；工业水箱注水；工业回用水箱注水；吸收塔、石灰石浆液箱注水；事故浆液箱注浆。

（3）联系值长，确保锅炉负荷稳定、排烟温度满足脱硫条件、电除尘器正常投用。

（4）启动石灰石浆液制备系统。

（5）启动GGH。

（6）启动工业水泵。

(7) 启动石灰石供浆泵。
(8) 启动吸收塔循环泵。
(9) 将 pH 值控制、密度控制置于"自动"方式。
(10) 联系值长脱硫系统准备接受烟气。
(11) 启动氧化风机。
(12) 启动烟气系统。
(13) 启动石膏浆液排出泵。
(14) 启动真空皮带脱水机系统。
(15) 启动废水处理系统。

2. 脱硫装置停运

(1) 将石灰石浆液箱和石膏浆液缓冲箱液位降至最低。
(2) 停止烟气系统。
(3) 停止石灰石浆液泵。
(4) 停止吸收塔循环泵。
(5) 停止氧化风机。
(6) 冲洗石膏浆液 pH 测量仪和密度测量仪。
(7) 停止石膏浆液输送泵。
(8) 停止真空皮带脱水机系统。
(9) 停止工业水泵。
(10) 停止仪用空气。
(11) 当 GGH 进口与出口温度相同时，用高压水冲洗 GGH 一次，然后停止 GGH 运行。
(12) 当增压风机轴承温度不高时，停运轴承冷却风机。
(13) 脱硫系统停运后，检查各箱罐液位；检查搅拌器；巡视检查脱硫系统。
(14) 冲洗所有浆液管道，一个系统冲洗完毕后冲洗下一个系统。

(三) 烟气系统的启动与停运

1. 烟气系统的启动

(1) 启动 GGH 子系统。
(2) 停止挡板门密封风机。
(3) 打开脱硫系统原烟气挡板门。
(4) 关闭吸收塔排空门。
(5) 打开脱硫系统净烟气挡板门。
(6) 启动增压风机子系统。
(7) 缓慢关闭旁路挡板门，同时缓慢调大增压风机静叶开度。
(8) 增压风机入口压力投自动。
(9) 启动挡板门密封风机。
(10) 启动 GGH 净化风机子系统。

2. 烟气系统的停运

(1) 停止挡板门密封风机。

（2）增压风机静叶开度调节手动，增压风机入口压力解除自动。

（3）打开烟气旁路挡板。

（4）手动关闭增压风机静叶，使开度最小。

（5）停止增压风机子系统。

（6）停止 GGH 净化风机子系统。

（7）关闭原烟气挡板。

（8）打开吸收塔排空门。

（9）关闭净烟气挡板。

（10）启动挡板门密封风机。

（四）石灰石浆液制备系统的启动与停运

1. 石灰石浆液制备系统的启动

（1）启动湿磨子系统。

（2）再循环浆液箱液位平衡阀自动全开后置为手动控制；湿磨供水阀开度控制自动；再循环浆液箱供水阀开度控制自动。

（3）启动称重皮带给料机。

（4）石灰石浆液密度控制手动。

（5）等待再循环浆液箱液位达到规定液位。

（6）连锁启动浆液箱再循环泵。

（7）再循环浆液箱液位平衡阀开度置为自动。

2. 石灰石浆液制备系统的停运

（1）停止称重皮带给料机；湿磨供水阀开度控制置为自动。

（2）自动关闭湿磨供水阀。

（3）自动关闭再循环浆液箱供水阀。

（4）再循环浆液箱液位平衡阀自动全关后置为手动控制，等待再循环箱液位降到规定值。

（5）连锁停止再循环泵。

（6）停止湿磨子系统。

（五）石膏脱水系统的启动与停运

1. 石膏脱水系统的启动

（1）启动空气压缩机。

（2）启动滤布冲洗水泵。

（3）皮带润滑水流量低信号不报警，真空箱密封水流量低信号不报警。

（4）滤饼冲洗水箱排放阀关闭，滤饼冲洗水箱补水阀自动开至满水后关闭。

（5）真空皮带机启动。

（6）开真空泵密封水气动阀。

（7）真空泵密封水流量低信号不报警。

（8）启动真空泵。

（9）启动滤饼冲洗水泵，皮带机速度控制自动，石膏浆液分配阀开向真空皮带机。

2. 石膏脱水系统的停运

（1）皮带机速度控制手动。

(2) 石膏浆液分配阀开向石膏溢流浆液箱。

(3) 停止滤饼冲洗水泵。

(4) 开启滤饼冲洗水箱排放阀。

(5) 停止真空泵。

(6) 关闭真空泵密封水气动阀。

(7) 停运真空皮带机。

(8) 停运滤饼冲洗水泵。

第二节 脱硫装置的运行维护

一、脱硫装置的运行调节

脱硫装置正常运行过程中，锅炉负荷、烟气参数等因素不断变化，因此需要对脱硫装置的运行参数进行调节，以保证其安全、经济地运行。

脱硫装置正常运行过程中，总的注意事项有：

(1) 运行人员必须注意运行设备以预防设备发生故障，注意各运行参数并与设计值比较，发现偏差，应及时查明原因。同时做好数据的纪录以积累经验。

(2) FGD系统内的备用设备必须保证其处于备用状态，运行设备发生故障后，备用设备能正常启动。备用设备必须每个月启动一次。

(3) 浆液设备停用后必须进行冲洗。

1. 吸收塔浆液pH值调节

当吸收塔入口的烟气流量、烟气中SO_2浓度以及石灰石品质、石灰石浆液浓度变化时，吸收塔浆液pH值应作相应的调节，以保证脱硫装置的脱硫效率。

吸收塔浆液pH值过高，使脱硫效率提高，但$CaCO_3$过剩率增大，既不经济又影响石膏纯度；pH值过低，使脱硫效率降低。通常，pH值维持在5～6。吸收塔浆液的pH值是通过调节石灰石浆液的流量来调节的。增加石灰石浆液流量，吸收塔浆液pH值随之提高；减小石灰石浆液流量，吸收浆液pH值降低。

2. 吸收塔液位调节

为了保证脱硫装置的正常运行，达到要求的脱硫效率，吸收塔内应维持一定的液位高度。吸收塔浆液池液位过低会降低氧化反应空间，影响石膏结晶时间，液位高度低于设定值，将导致循环泵和搅拌系统停运；液位过高时将导致浆液溢流。

吸收塔液位调节通过调节除雾器冲洗水或工艺水的进水量来进行。当液位低时开启吸收塔补水阀，液位高时关闭补水阀，以维持吸收塔的液位在正常范围内。

3. 吸收塔排出石膏浆液流量调节

为了维持吸收塔内合适的浆液浓度，保证脱硫效率和系统安全运行，需要从吸收塔反应池底部排放浓度较高的石膏浆液。如果石膏浆液排放量过小，将使反应池内石膏浓度过高，可能造成管道及泵的磨损腐蚀和堵塞、水力旋流器振动等，严重时可造成塔池搅拌机的过负荷，烧损电动机；如果排放量过大，会导致浆液中石灰石浓度下降，脱硫效率降低，石灰石利用率下降和副产品石膏品质恶化，严重时会导致脱硫装置因吸收塔液位过低而停运。因此，运行过程中需要对吸收塔排出石膏浆液流量进行调节。吸收塔排出石膏浆液流量通过流量调节阀来调节。

4. 增压风机烟气流量的调节

锅炉负荷变化时，烟气流量发生变化，需要调节通过脱硫装置的烟气流量，使之与锅炉燃烧产生的烟气流量相对应。

根据增压风机入口的压力信号，调节增压风机的叶片角度来调节增压风机烟气流量，以调节进入脱硫装置烟气流量。

5. 石灰石浆液箱液位和浓度的调节

石灰石浆液箱液位和浓度通过石灰石和水的流量来调节，液位直接控制进水量，浆液浓度调节给粉量。为了维持石灰石浆液箱中液位和浆液浓度，应控制向石灰石浆液箱补充工艺水和过滤水。石灰石浆液箱的浆液浓度通过维持石灰石和过滤水的比率保持恒定。

6. 石膏质量的调节

脱硫石膏是石灰石湿法烟气脱硫系统的最终产品，其品质好坏取决于整个工艺的运行状态。

碳酸钙和亚硫酸盐是吸收塔内化学反应的残留物，直接影响石膏品质。若石膏中$CaCO_3$过多，应及时检查系统情况，分析石灰石给浆量变化原因，并联系化学化验分析石灰石浆液品质、石灰石原料品质及石灰石浆液中颗粒的粒度。若石灰石浆液中颗粒粒径过粗，应调整细度在合格范围内；若石灰石原料中杂质过多，应通知有关部门，保证石灰石原料品质在合格范围内。若石膏中$CaSO_3$过多，应及时调整氧化空气量，以保证吸收塔中$CaSO_3$被充分氧化。

若石膏颜色较深，则其含尘量过大，应及时调整电除尘器的运行情况，降低粉尘含量。

7. 真空皮带脱水机滤饼厚度调节

维持真空皮带脱水机上石膏滤饼的厚度是保证石膏含水量的重要条件。当石膏浆液泵排出流量发生变化时，单位时间内落到皮带脱水机上的石膏浆液的流量随之变化。脱水机上装有滤饼厚度检测仪，在线检测滤饼厚度，用来控制脱水机运动速度，以维持石膏滤饼厚度的稳定。

二、脱硫装置的运行维护

1. 运行维护总则

(1) 保证设备的正常安全运行，对锅炉无不利影响。

(2) 采用合理的运行方式，减少资源浪费。

2. 设备的检查与维护

(1) 按规定对转动机械及轴承进行定期加油，使油位控制在正常值。转动设备如果没有必需的润滑剂禁止启动。运行时应经常检查润滑油位，注意设备的电流、压力、振动、声音、温度及严密性。

(2) 检查电动机、风机、空气压缩机等设备的冷却状况及所有泵和风机的电动机、轴承温度，以防过热。

(3) 严密监视增压风机、浆液循环泵电流，发现异常波动时，查明原因并采取相应措施。

(4) 定期检查泵的机械密封。离心泵启动前必须有足够的液位，入口阀应全开。若滤网被堵塞，应停止该泵运行并清洗滤网。

(5) 检查管道、法兰、人孔等处的泄漏情况，发现问题及时处理。

(6) 搅拌器启动前应确保搅拌器的叶轮浸没于液体表面之下。叶片在液面上转动使受力不均，可能引起叶片破坏，或造成轴承的过大磨损。

(7) 脱硫烟道和旁路烟道挡板的运动部件上发生严重积灰时，会影响挡板的正常开关，因此应定期开关这些挡板以除灰。当脱硫装置和锅炉停运时，要检查这些挡板并清理积灰。

(8) 检查 GGH 的压降，对 GGH 进行在线清洗。

(9) 检查除雾器的压降。若压降增大，应增加除雾器的冲洗水量。

(10) 检查增压风机导叶是否能自动调整开度，以及所对应的炉膛负压和增压风机的进口压力。

(11) 检查泵的出口压力和流量。

浆液输送回路中，浆液的流动速度不能过低，以防止固体沉积于管道底部造成堵塞；速度也不能过高，以防止对衬里或管道壁的过度磨损。发生沉积时的表现为：当输送泵的出口压力保持一定时，浆液流量减少；当浆液流量保持一定时，泵的出口压力增加。如果不能维持正常的压力和流量时，必须对管道进行冲洗。

(12) 当水力旋流器堵塞时，必须停运石膏浆液排出泵，冲洗管道和水力旋流器。

(13) 做好设备的定期维护、试验与切换工作，发现缺陷及时填写缺陷单并汇报。

(14) 各浆液泵每星期运行泵与备用泵切换一次，所有的浆液泵和浆液管道在启动前及停运后应进行冲洗。

(15) 备用设备保持良好的备用状态，运行设备故障后备用设备能够正常启动。

3. 系统参数的检查与调整

(1) 脱硫运行人员应注意各运行参数并与设计值比较，发现偏差及时查明原因，要做好数据的记录以积累经验。

(2) 监视各测点运行参数在控制范围内，合理调整运行参数值。

4. 校验和检查测量装置

SO_2 测量装置每 12h 自动校验一次，在线 pH 计每月至少校验一次，烟道压力测量装置每月要检查和清洁一次，密度测量装置每周检查一次。

5. 进行例行化学分析

为了了解脱硫装置的性能，并获得脱硫反应、氧化反应和基本工艺的状态，需要定期从液体管线和气体管线中采样，对样品进行分析，为运行调节提供依据。

6. 做好运行参数的记录，并分析其趋势，及时发现问题

需记录的主要参数有：锅炉的主要参数，如负荷、烟温等；吸收塔、烟气换热器及除雾器的压降；烟气脱硫系统进、出口 SO_2、O_2 的浓度；氧化空气流量、风机电流；增压风机出、入口压力及电流；吸收塔浆液 pH 值及密度；循环泵电流；石灰石浆液密度；工艺水流量等。

7. 处理报警信息

确认系统的报警信息，发现问题及时处理。

8. 脱硫装置的清洁

检查管道的泄漏、固体的沉积、管道的结垢及污染等现象，发现后进行处理，以保持脱硫装置的清洁。

三、脱硫装置运行安全性

脱硫系统运行的安全性包含两层含义：一是对发电厂机组安全性的影响，如对锅炉运行

的影响，对烟囱的腐蚀等；二是脱硫系统本身的安全程度，如系统各设备的安全性、防腐性等，它直接影响系统的运行可靠性和投运率等。

（一）脱硫装置运行对锅炉运行的影响

烟气脱硫装置与锅炉的联系是通过脱硫装置进、出口烟气挡板及旁路烟气挡板进行烟气的切换。脱硫系统在正常运行时，不会对锅炉产生影响，只有在脱硫系统故障解列以及脱硫系统启停时，才会对锅炉产生影响。脱硫系统启停或解列时，由烟气旁路和主路的切换实现烟气的切换，由于两路烟道的阻力不一样，若操作不当，会对锅炉的炉膛负压产生明显的影响，可能使锅炉主燃料跳闸（MFT），甚至危及锅炉炉膛的安全。

1. 一炉一塔，脱硫装置单设增压风机

在锅炉正常运行，脱硫系统启动时，旁路挡板要与脱硫升压风机配合着逐渐关小，否则会对锅炉内的负压产生冲击，影响锅炉的正常运行。在锅炉正常运行，脱硫系统解列时，旁路挡板要快速打开，否则也会对锅炉内的负压产生冲击，影响锅炉的正常运行。

2. 一炉一塔，脱硫装置与锅炉合用一台风机

这种系统设置的方式可降低造价和减少场地的占有量，但会给锅炉的安全运行带来影响。因为在锅炉运行时，若脱硫系统出现故障解列时，旁路挡板会很快打开，此时系统阻力突然降低，炉膛内的负压随之增高，有可能造成锅炉灭火。

3. 两炉一塔，并且共用一台增压风机

采用此种方法的优点是降低造价和减少场地的占有量。但此种方式也给脱硫装置的安全经济运行带来了很大的危害。现以某电厂脱硫装置的烟道系统（见图 7-3）为例，说明此方案对锅炉的影响。

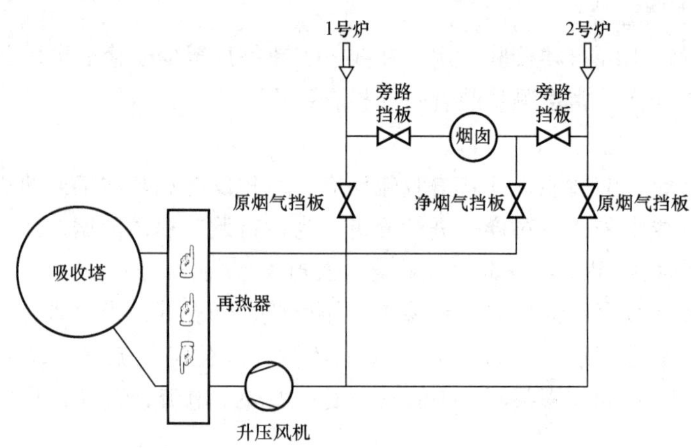

图 7-3　烟气脱硫装置的烟道系统

（1）当一台炉停运，另一台通烟时，脱硫装置只处理了 50％的烟气量，这是很不经济的；当改变两台炉通烟运行的方式时，存在很大的风险。例如，在两台炉通烟运行需要解列一台炉（假设 2 号炉）通烟时，首先要慢慢打开 2 号炉旁路挡板，同时调节增压风机的动叶保持原烟道的压力。但因增压风机前强大的负压作用，一部分净烟气并没有进入烟囱，而是通过开启的旁路挡板重新进入了原烟气烟道，形成了烟气再循环，增加了通过增压风机的风

量，原烟道压力上升，锅炉炉膛出现正压。为降低原烟气烟道的压力，增压风机的动叶开度增加，此时再循环烟气量会急剧增加，原烟道压力将进一步上升。旁路挡板开完后，应该关闭 2 号炉的原烟气挡板，但在挡板关闭的过程中，调节增压风机的动叶以保持原烟气烟道负压非常困难和不安全，会对锅炉炉膛负压造成很大的冲击。

为了避免上述情况的发生，在实际运行中采用了以下方法：当解列 2 号炉通烟时，首先解除增压风机前压力自动，然后缓慢开启旁路挡板，并在此过程中，逐渐适当关闭增压风机动叶开度，维持增压风机前压力不高于 0，并最终实现 2 台锅炉旁路挡板全开，增压风机动叶关至最小，然后关闭 2 号炉原烟气挡板和净烟气挡板，最后进行 1 号炉的单台锅炉通烟操作。因此在两台炉共用一套脱硫装置时，宜采用两台增压风机，每台增压风机只与一台锅炉配套运行。

（2）脱硫系统对锅炉运行的影响主要体现在两方面：①当增压风机紧急停运时，如旁路挡板不能及时打开或打开的速度控制不好，烟气受阻，很可能造成锅炉因炉膛负压的变化引起主燃料跳闸（MFT）；②在脱硫系统启停过程中，如挡板开关与增压风机的调节配合不好，也将使炉膛负压的变化过大。

（3）采取的相应措施为：①采用合适的旁路快开或半快开装置。脱硫系统的旁路挡板全开时间在 15s 左右，这样会减缓对锅炉炉膛负压的冲击。如某 300MW 机组配置的脱硫装置烟气旁路挡板，正常情况下开关为电动 60s，事故快开时 2s 可开至 75%以上，经多次用事故按钮停增压风机试验，对锅炉炉膛压力影响很小，不会影响机组的安全运行，但前提条件是旁路烟气挡板不能失电。目前，烟气挡板都设有 UPS 电源，可保证在系统失电后旁路烟气挡板快速打开。②旁路挡板部分打开或全部打开。在脱硫系统运行时将旁路挡板部分打开或全部打开，同时调节增压风机负荷，使少量脱硫后的净烟气产生再循环。需要注意的是，净烟气再循环量应控制至最小。

（二）烟囱的安全性

烟囱是火力发电厂中一个重要的生产设备型构筑物，电厂的安全运行要求烟囱的寿命至少与锅炉相同甚至更长。烟气经湿式脱硫后，温度较低，含湿量较大且具有一定的酸性，可能造成烟气温度低于酸露点温度，如果再遇上其他一些不利因素，则有可能导致烟气在烟囱内壁结露从而对内壁产生酸腐蚀。腐蚀先从内衬开始逐渐移向筒壁，先腐蚀结构薄弱部位后逐渐扩大。内衬的灰缝，筒壁裂缝或混凝土不密实处，都是先被腐蚀的部位。随着时间的推移，烟囱的耐久性将会受到严重的影响，甚至直接威胁着电厂的安全运行。

烟气造成烟囱腐蚀的条件有：

（1）烟囱内壁温度低于酸露点温度。经过湿式脱硫后的烟气，其排烟温度及烟囱内壁温度均较低，烟气含湿量较大。根据酸露点温度的计算式［式（7-1）］可知，酸露点温度随烟气含湿量及 SO_3 含量的增加而增加，烟气中只要有少量的 SO_3，就会使酸露点温度大大提高。如果烟囱内壁温度低于酸露点温度，则有可能造成酸（主要是 SO_3 溶于水后形成的 H_2SO_4）凝结在内壁上。

酸露点温度的计算式为

$$t_{1d} = 186 + 201\phi_{H_2O} + 261\phi_{SO_3} \tag{7-1}$$

式中 t_{1d}——烟气的酸露点；

ϕ_{H_2O}——烟气中水蒸气的体积分数，%；

ϕ_{SO_3}——烟气中 SO_3 的体积分数，%。

烟囱内壁温度为

$$t = t_g - q/a \tag{7-2}$$

式中 t——烟囱内壁温度，℃；

t_g——烟气平均温度，℃；

q——热流量，kJ/(m²·h)；

a——烟气侧对流传热系数，kJ/(m²·h·℃)。

由式（7-2）可知，烟囱内壁温度小于烟气平均温度。如果烟气温度小于酸露点温度，则烟囱内壁温度必小于烟气露点温度。

根据国内外典型湿法烟气脱硫系统运行的结果来看，脱硫前烟气温度和烟囱内壁温度基本上大于酸露点，烟气不会在尾部烟道和烟囱内壁结露。脱硫后烟气中 SO_2 减少许多，但 SO_3 含量基本不变。尽管脱硫后烟气经过加热温度升高，但仍低于酸露点温度，SO_3 将溶于水中，烟气会在烟囱内壁结露并腐蚀。

（2）烟囱内部存在正压区。烟囱内如果出现正压，则烟气会通过内壁裂缝渗入到钢筋混凝土筒身内表面，由于该处温度比烟气温度低得多，因此烟气冷却到低于露点温度时就会在该处或者烟囱筒壁析出硫酸，导致承重结构腐蚀加快，从而降低了烟囱寿命。其腐蚀程度随烟气腐蚀性的增强而增加，所以烟囱内出现正压区对烟囱的安全不利。如果烟囱在负压下运行，则基本不存在烟气向烟囱外壁渗透问题，一般希望烟囱全程负压运行。

脱硫后烟囱进口烟气温度降低，导致烟气密度增大，烟囱的自抽吸能力降低，使烟囱内压力分布改变，正压区扩大。

（3）烟囱出口的烟气流速过大或过小。烟囱顶部发生腐蚀的主要原因是由于冷空气进入。如果冷空气进入烟囱顶端的迎风面截面，则会引起烟囱内表面冷却，由此可引起酸凝结。为防止这种现象发生，避免冷空气进入，应保证烟囱出口烟气流速不低于一定值。但如果烟气流速过大，超过一定值后，则烟囱顶部一段范围内烟气有可能由负压变成正压。

随着大容量机组的建设，为了满足环保要求，烟气的流速提高到 30m/s 左右。过高的烟气流速将会导致烟囱内烟气呈正压运行状态而发生渗透，烟气很容易通过内衬的缝隙渗透到隔热层中去，最终导致烟囱外筒壁内表面受热温度急剧升高，筒壁温度应力增大，使得筒壁产生裂缝的概率增大。有资料分析，当出口流速大于 25m/s 时，在锥形烟囱中有可能会出现正压区段，且在夏季时由于烟囱自然拔力的降低，会使正压区有所扩大。

总之，脱硫后的烟气温度比未脱硫的烟气温度低，烟气温度的变化对烟囱带来的影响主要有：①由于烟气温度的降低出现酸结露现象，造成烟囱内部腐蚀；②由于烟气温度的变化使烟囱的热应力发生改变；③由于烟温降低影响烟气抬升高度，从而影响烟气的排放；④由于烟温的降低造成正压区范围扩大。

在脱硫装置运行过程中要注意这些影响，定期对烟囱进行检查，发现问题及时处理。对尾部烟道应进行防腐保护，如加铺玻璃防腐材料等。

（三）脱硫装置运行中的防腐

烟气脱硫装置运行中容易发生腐蚀的设备和部位主要是烟气再热器、吸收塔入口干湿交界处、吸收塔内部及吸收塔出口后的烟道。

在烟气再热器（尤其是冷端）和吸收塔出口后的烟道中，烟气温度低于酸露点，烟气中的硫酸蒸汽凝结，对壁面产生酸腐蚀。GGH 的冷端结露的化验结果表明，其 pH 值有时低至 1.8，容易发生强烈的腐蚀。即使有玻璃鳞片涂层，也会遭到严重腐蚀。因此，必须对烟气再热器及吸收塔出口后烟道进行定期腐蚀情况检查。

吸收塔入口干湿交界处极易出现防腐层开裂等失效现象，造成开裂部位的腐蚀。涂层开裂的原因是：一方面，碳钢基体与鳞片树脂防腐层的膨胀系数不同，且在涂层与基体钢板的厚度方向上温度梯度较大，受热时在两者界面处产生热应力；另一方面，由于烟气经喷淋冷却，干湿界面的受热从高温急剧下降到低温，剧烈的温度变化使涂层沿烟气流动方向产生相当大的热应力。热应力与其他残余应力叠加，使涂层产生很大内应力。涂层长期承受这些内应力的作用将引起疲劳，从而导致开裂。

运行中，吸收塔内部防腐层容易发生开裂和脱落现象，造成开裂和脱落部位的金属腐蚀，脱落的防腐材料还将影响浆液循环泵和喷淋系统的安全运行。

吸收塔搅拌器处于烟气脱硫系统中腐蚀环境最为恶劣的区域之一，它在酸性浆液中工作，加上运行时颗粒物的摩擦、冲刷，将造成叶片严重损坏。这种损坏主要是腐蚀引起的，同时还有机械碰撞、磨损。

烟气脱硫装置的防腐，除了在设计时选用合适的设备材料、防腐材料和施工工艺外，在运行中还应采取以下措施来防止或减少腐蚀的发生。

(1) 监测浆液 pH 值。控制 pH 值范围以防止 pH 值过低而加速腐蚀。

(2) 监测浆液 Cl^- 浓度，及时排走高浓度氯化物的浆液，防止氯化物的浓缩。

(3) 保持表面无沉积物或氧化皮，沉积物或氧化皮的聚积会增大点蚀和缝隙腐蚀的危险。因此，在有条件时应及时冲洗。

(4) 定期检查，发现问题及时处理。

(四) 脱硫装置运行中的防垢

在烟气脱硫装置运行过程中，浆液容器、管道和管件中存在不同程度的结垢和沉积现象，引起管道的堵塞、磨损、腐蚀，增大运行阻力。烟气含尘浓度较高时，在吸收塔内干湿交界面区域也会积结较大的灰垢，坠落的大块灰垢对 FGD 装置的安全运行构成威胁。烟气再热器的积垢导致换热效果恶化，运行阻力增大。烟气挡板积垢可导致执行机构动作失灵。因此，必须高度重视设备运行中结垢和沉积现象，确保 FGD 装置安全运行。除了在设计时选择合理的工艺外，在运行中还应采取以下措施来防止或减少积垢的发生。

(1) 控制烟气中飞灰的含量，使 FGD 装置入口烟尘浓度在设计值范围内。

(2) 控制吸收塔浆液中石膏的过饱和度，最大不得超过 140%。

(3) 选择合适的 pH 值运行，避免 pH 值急剧变化。浆液 pH 值急剧而频繁地变化会导致腐蚀加速。

(4) 向吸收塔内浆液鼓入足够的氧化空气，保证亚硫酸钙的充分氧化。

(5) 向石灰石浆液中添加乙二酸、镁离子等阻垢剂。加入乙二酸可以起到缓冲 pH 值的作用，抑制 SO_2 的溶解，加速液相传质，提高石灰石的利用率。加入镁离子可以生成溶解度大的 $MgCO_3$，增加了亚硫酸根离子的浓度，降低了钙离子的浓度，使系统在未饱和状态下运行，以防止结垢。

(6) 对接触浆液的管道在停运时及时冲洗干净。

(7) 保证除雾器、烟气再热器等的冲洗和吹扫系统运行可靠。

(8) 烟气挡板系统定期清灰。

(9) 定期检查，发现问题及时处理。

第三节 脱硫装置的事故处理

一、脱硫装置事故处理原则

运行人员在进行事故处理操作时应按照运行规程和运行人员岗位责任制的要求进行，冷静地做好设备的安全工作，切勿盲目乱动设备。

发生事故时，运行人员应综合参数的变化及设备异常情况，正确判断和处理，防止事故扩大，限制事故范围或消除事故的根本原因。在设备不具备运行条件或继续运行对人身、设备有直接危害时，应停运脱硫装置。

在事故已发生或将要发生的情况下，运行人员应对可能发生故障的设备进行仔细检查，确认是否有保护动作，并做好记录，在此之前不得轻易复位，并迅速将情况向有关领导汇报，按照规程规定和领导指示进行处理，在紧急情况下应迅速处理事故，然后尽快向领导汇报。

事故处理完毕后，值班人员应将事故的发生和处理的详细情况记入运行日志中，记录的内容应有事故前的运行状况、事故现场描述、保护动作、事故处理时间、顺序和结果，如有设备损坏应描述损坏情况。

发生下列情况之一时，运行人员要紧急停运脱硫装置：

(1) 增压风机故障；

(2) GGH 停止转动；

(3) 吸收塔循环泵全停；

(4) 烟气温度超出允许范围；

(5) 原烟气挡板门未开；

(6) 净烟气挡板门未开；

(7) 6kV 电源中断；

(8) 锅炉发出灭火信号；

(9) 锅炉投油或除尘器故障。

二、脱硫装置常见故障

6kV 电源中断故障现象、原因及处理方法见表 7 - 1。

表 7 - 1　　6kV 电源中断故障现象、原因及处理方法

现　　象	原　　因	处 理 方 法
6kV 母线电压消失，声光报警信号发出； 运行中脱硫系统跳闸，对应母线所带 6kV 电动机停转； 对应 380V 母线自动投入备用电源，否则 380V 负荷也会失电跳闸	6kV 母线故障； 发电机跳闸，备用电源未连锁投入； 脱硫变压器故障备用电源未投入； 高压备用变压器或低压侧某一分支故障	立即确认脱硫连锁跳闸动作是否完成，若各烟道挡板动作不良应立即将自动切为手动操作； 尽快联系值长及电气维修人员，查明故障原因，争取尽快恢复供电； 将增压风机静叶开度关至最小位置，做好重新启动脱硫装置的准备； 6kV 电源短时不能恢复，按停机相关规定处理；并尽快将管道和泵体内的浆液排出以免沉淀； 若造成 380V 电源中断，按相应规定处理

380V电源中断故障现象、原因及处理方法见表7-2。

表7-2　380V电源中断故障现象、原因及处理方法

现　　象	原　　因	处理方法
380V电源中断声光报警信号发出； 380V电压指示到零，低电压跳闸； 工作照明跳闸，事故照明自动投入	脱硫主电源故障，备用电源未自动投入； 脱硫低压变压器跳闸，备用电源未自动投入； 380V母线故障	若是6kV电源故障引起，按短时停机处理； 若是380V单段故障，应查明故障原因及设备动作情况，并将情况向班长和车间及有关领导汇报； 当380V电源全部中断，而短时间内不能恢复时，应将所有泵、管道的浆液排净并及时冲洗。因工艺水泵无动力电源不能启动，故需汇报班长及车间，组织检修人员协助处理； 电气保护动作引起的电源中断严禁盲目强行送电

工艺水中断故障现象、原因及处理方法见表7-3。

表7-3　工艺水中断故障现象、原因及处理方法

现　　象	原　　因	处理方法
工艺水泵跳闸报警； 生产现场各处用水中断； 相关浆液箱液位下降； 泵的冷却水中断	运行工艺水泵跳闸，备用水泵联动不成功； 工艺水水源中断或工艺水箱供水阀未开，工艺水箱液位太低，工艺水泵跳闸； 工艺水管破裂	停止被中断冷却水的各泵、制浆系统及相关设备运行，查明工艺水中断原因，及时汇报班长，要求联系有关单位恢复供水； 若短时间不能恢复时，按短时停机处理

增压风机跳闸故障现象、原因及处理方法见表7-4。

表7-4　增压风机跳闸故障现象、原因及处理方法

现　　象	原　　因	处理方法
脱硫增压风机跳闸，声光报警发出； 旁路挡板门自动开启； GGH净化风机自动停止	增压风机失电； 吸收塔循环泵全停； 原、净烟气挡板门开启不到位； 增压风机轴承温度过高； 增压风机电动机轴承温度过高； 增压风机电动机线圈温度过高； 增压风机轴承振动过大； 增压风机发生喘振； 电气故障（过负荷、过电流保护、差动保护动作）； 运行人员误操作	确认旁路挡板门自动开启，若连锁不良应手动处理； 手动关闭原、净烟气挡板门，开启吸收塔排空阀； 检查增压风机跳闸原因，若属连锁动作造成，应待系统恢复正常，方可重新启动；若属增压风机设备故障造成，应及时汇报班长及车间，联系检修人员处理。在故障未查实处理完毕之前，严禁重新启动增压风机； 若短时间不能恢复运行，按短时停运处理

吸收塔循环泵全停故障现象、原因及处理方法见表7-5。

表 7-5　　　　吸收塔循环泵全停故障现象、原因及处理方法

现　　象	原　　因	处 理 方 法
循环泵跳闸，声光报警信号发出； 循环泵电动机停转； 保护开启旁路挡板门，停运增压风机	6kV 电源中断； 吸收塔液位过低； 吸收塔液位控制回路故障	确认连锁动作正常。旁路挡板门自动开启，增压风机跳闸，若连锁不良应手动处理； 查明循环泵跳闸原因，汇报班长，通知相关检修人员处理； 若短时间不能恢复运行，按短时停运处理

工业水中断故障现象、原因及处理方法见表 7-6。

表 7-6　　　　工业水中断故障现象、原因及处理方法

现　　象	原　　因	处 理 方 法
工业水泵跳闸报警； 石膏脱水系统跳闸报警； 湿磨轴承及油站冷却水中断	运行工业水泵跳闸，备用水泵联动不成功； 工业水水源中断或工业水箱供水阀未开，工业水箱液位太低，工业水泵跳闸； 工业水管破裂	停止石膏脱水系统和制浆系统运行，查明工业水中断原因，及时汇报班长，要求联系有关单位恢复供水； 若短时间不能恢复，造成吸收塔内浆液密度过高，或石灰石浆液箱液位过低不能维持 FGD 系统运行时，按短时停机处理

锅炉排烟 SO_2 浓度超过脱硫系统设计允许值故障现象、原因及处理方法见表 7-7。

表 7-7　　锅炉排烟 SO_2 浓度超过脱硫系统设计允许值故障现象、原因及处理方法

现　　象	原　　因	处 理 方 法
原烟气 SO_2 浓度超过脱硫系统设计允许值； 吸收塔供浆调节阀长时间自动全开，流量达到最大值； 吸收塔内浆液 pH 值下降； 净烟气 SO_2 浓度超过脱硫系统设计保证值，脱硫效率下降； 吸收塔内浆液密度增大，石膏脱水系统长时间运行，脱水效果差	锅炉排烟 SO_2 浓度超过脱硫系统设计允许值	当原烟气 SO_2 浓度超过设计允许值时，开启旁路挡板门。根据原烟气 SO_2 浓度情况，调整增压风机静叶开度，在保证系统稳定的前提下，尽可能使较多流量的烟气实现脱硫； 当原烟气 SO_2 浓度降低至脱硫系统设计值时，关闭旁路挡板门

泵运行中出现无流量故障现象、原因及处理方法见表 7-8。

表 7-8　　　　泵运行中出现无流量故障现象、原因及处理方法

现　　象	原　　因	处 理 方 法
泵运行中出现无流量	泵内进入空气产生气穴； 泵的入口或出口滤网堵塞； 泵自身故障	泵启动时，严格按规程操作，防止泵内进气； 检查泵的吸入管是否有砂眼，导致泵内进气； 检查泵的入口或出口滤网是否堵塞，并及时清理； 检查泵是否有异常振动和异声，及各部位的温度是否正常，判断泵自身是否存在故障

脱水机异常故障现象及处理方法见表 7-9。

表 7-9　脱水机异常故障现象及处理方法

现　象	处理方法
真空消失：滤液罐真空下降； 石膏结块湿度增大或不脱水； 声音异常	检查滤液罐真空及真空泵工作是否正常； 检查真空母管及滤液罐的所有法兰和接口有无泄漏； 检查滤液泵工作是否正常； 检查脱水机上石膏浆是否均匀满布； 检查皮带有无破损、密封水流量是否正常；根据以上各项采取针对措施
因电源故障造成脱水机跳闸	检查给料装置确已关闭； 待查明原因后重新启动脱水机
压缩空气消失：当压缩空气消失时，如果设备处于自动运行方式，则所有设备将自动停止	如果是手动运行方式，则应检查给料装置是否已关闭； 按正常步骤停止脱水机； 待查明原因后重新启动脱水机

吸收塔浆液 pH 值异常故障现象、原因及处理方法见表 7-10。

表 7-10　吸收塔浆液 pH 值异常故障现象、原因及处理方法

现　象	原　因	处理方法
pH 值由正常值逐步下降至 5.0 以下	石灰石浆液供给量或浓度下降； 石灰石纯度下降； 石灰石供浆泵虹吸破坏； 锅炉投油助燃； 电除尘器运行异常或部分停运，烟尘浓度增大	增加石灰石浆液供给量； 检查供浆系统设备运行情况，若虹吸破坏时，应切换备用泵； 检查石灰石浆液浓度是否保持在适当范围，若小于一定值时，应增加给粉量，将浓度恢复； 联系锅炉是否有投油助燃，若投油时，应打开烟气旁路挡板门，将 FGD 烟气量减至 50%运行，尽快使 pH 值恢复； 若吸收塔入口烟尘浓度（标准状态下）超过 500mg/m³ 以上，电话联系除灰值班员，并打开烟气旁路挡板门，将烟气量减到 50%以下，并将石膏系统旋流稀液外排，直至 pH 值恢复

火灾故障现象及处理方法见表 7-11。

表 7-11　火灾故障现象及处理方法

现　象	处理方法
火警系统发出声光报警信号； 运行现场发现设备冒烟、着火或有焦味； 电缆着火时，相关设备可能跳闸，监控显示失真	正确判断火灾具有的危险性，根据火灾的地点、性质选择相应的灭火器迅速灭火，必要时应停止设备或母线的工作电源和控制电源； 主值在接到有关火灾的报告或发现火灾报警时应迅速调配人员查实火情，尽快报火警，并将情况向部门领导汇报； 控制室内发生火灾时应立即紧急停止脱硫系统运行，根据情况使用相应的灭火器； 灭火工作结束后，运行人员应对各部分设备进行检查，对设备的受损情况进行确认，并向有关领导汇报

GGH 停运故障现象、原因及处理方法见表 7-12。

表 7-12　GGH 停运故障现象、原因及处理方法

现　　象	原　　因	处 理 方 法
GGH 停转； 吸收塔入口烟温直线上升； 旁路烟道挡板打开； 增压风机停运	主电动机跳闸，辅电动机未能联动起来； 主、辅驱动电源中断； 机械卡塞； GGH 轴承损坏	确认连锁动作正常。旁路挡板门自动开启，增压风机跳闸，进、出口烟气挡板自动关闭，若连锁不良应手动处理； 若辅电动机联动不成功，应立即设法启动辅电动机，否则需人工盘车； 查明 GGH 跳闸原因，并按相关规定处理； 汇报有关领导

复 习 思 考 题

7-1　脱硫装置有哪几种启动和停运方式？

7-2　脱硫装置短期停运一般要停运哪些设备？

7-3　叙述脱硫装置长期停运的程序。

7-4　叙述脱硫装置长期停运后启动的程序。

7-5　脱硫装置启动前应做哪些检查？

7-6　简述烟气系统启动和停运程序。

7-7　脱硫装置正常运行过程中，需要对脱硫装置的哪些运行参数进行调节？

7-8　脱硫装置运行中，运行人员必须记录的主要参数有哪些？

7-9　脱硫装置运行中，应做哪些检查维护工作？

7-10　分析石灰石湿法烟气脱硫系统对锅炉运行的影响。

7-11　脱硫装置运行中采取哪些措施防止腐蚀的发生？

7-12　脱硫装置在运行中可以采取哪些措施来防止积垢的发生？

7-13　哪些情况下要紧急停运脱硫装置？

7-14　工艺水中断的现象、原因有哪些？如何处理？

7-15　增压风机跳闸的现象、原因有哪些？如何处理？

7-16　吸收塔循环泵全停的现象、原因有哪些？如何处理？

7-17　吸收塔浆液 pH 值异常的原因有哪些？如何处理？

7-18　GGH 停运的现象、原因有哪些？如何处理？

（注：题中的脱硫装置为湿式石灰石烟气脱硫装置）

第八章

运行参数的检测及控制系统

脱硫装置运行控制的目的是提高脱硫效率、降低石灰石消耗、保证装置的安全与经济运行。虽然脱硫装置的运行控制远不如火电厂热力设备的控制复杂，但是，在运行参数检测、控制指标上有其特殊性，更具有化工过程控制的特点。

在石灰石湿法烟气脱硫装置的运行中，需要检测与控制的参数，除了温度与压力外，还包括浆液流量、液位、压力、烟气成分（SO_2、CO、O_2、NO_x、CO_2 等）、烟尘浓度和浆液pH值、浆液浓度等物性参数。

由于脱硫装置中的某些被控对象具有较大的迟延和惯性，因此，在控制系统的设计中必须考虑这一特性。脱硫装置的动态特性主要反映在大量液固物料所具有的质量惯性和化学反应惯性上，基本与蓄热量无关，这与火电厂热力设备的动态特性不同。另外，控制系统的设计不仅要考虑脱硫装置本体的特点，还需要考虑脱硫装置的运行对锅炉发电机组的影响。

现代大型火电厂的烟气脱硫装置均采用与当前自动化水平相符、与机组自动化水平一致的分散控制系统（DCS），实现脱硫装置启动、正常运行工况的监视和调整、停机和事故处理。其功能包括数据采集与处理（DAS）、模拟量控制（MCS）、顺序控制（SCS）及连锁保护、脱硫变压器和脱硫厂用电源系统监控等。

燃煤电厂烟气脱硫的辅助系统一般采用专用就地控制设备，即可编程控制器（PLC）加上位机的控制方式，包括石灰石或石灰石粉卸料和存储控制、浆液制备系统控制、皮带脱水机控制、石膏存储和石膏处理控制、脱硫废水控制、GGH的控制。

脱硫工艺的顺序控制功能可纳入脱硫分散控制系统，也可采用可编程控制器来实现。

脱硫装置均采用集中控制方式。新建电厂的脱硫装置控制纳入机组单元控制室，或采用独立控制室，已建电厂增设的脱硫装置采用独立控制室，脱硫集中控制均以操作员站作为监视控制中心。

第一节　运行参数的检测与测点布置

一、脱硫装置运行参数检测的特点

运行参数的检测是脱硫装置自动控制系统的一个基本组成环节。脱硫装置的工作过程实际上是一典型的化工过程，其运行参数的检测与控制均与化工过程参数的检测与控制类似，而与火电厂热力设备明显不同。

脱硫装置运行中需要检测的过程参数包括温度、压力、流量、液位、烟气成分、石灰石浆液与石膏浆液pH值、浆液浓度（或密度）等。

温度、压力、液位及流量参数的检测在火电厂热力设备中广泛采用，在脱硫装置中这类参数的测量原理与方法没有明显区别，且不涉及高温、高压条件下的参数检测。不同之处主要是脱硫装置运行中需要测量、控制高浓度石灰石、石膏浆液的温度、压力、液位及流量，参数检测时，需要考虑被测介质的氧化性、腐蚀性、高黏度、易结晶、易堵塞等特殊性。譬如，在浆液温度检测时，需要选择适当的保护套管、连接导线等附件；测量腐蚀性、黏度大或易结晶的介质压力及液位时，必须在取压装置上作特殊处理；测量石灰石、石膏浆液的流量时，需要采用适合于高浓度固液两相流的测量装置。

各个参数的具体检测系统由被测量、传感器、变送器和显示装置组成。传感器、变送器和显示装置与火电厂采用的装置基本相同。

二、主要参数的检测

1. 压力（压差）检测

脱硫装置中测量石灰石浆液压力时，考虑到被测介质的高黏度、易结晶、易堵塞等特殊性，压力（差压）测量装置应具有以下特点：采用大口径的取压管；采用法兰连接方式［见图 8-1（a）］；配备专用冲洗系统［见图 8-1（b）］。

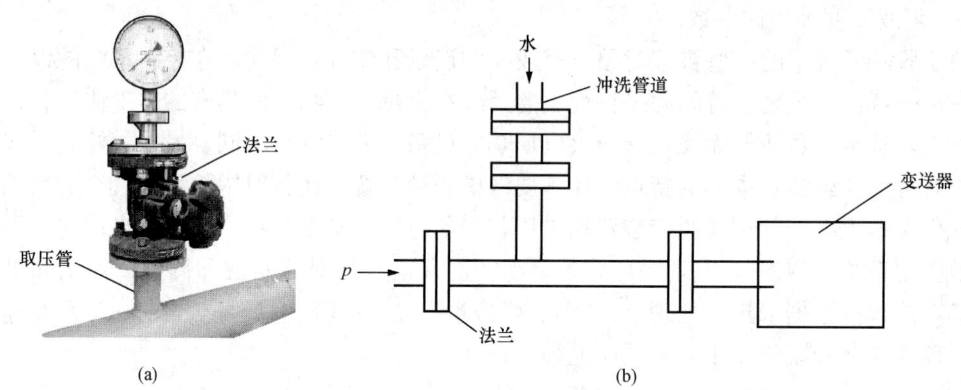

图 8-1 石灰石浆液压力测量

（a）法兰连接；（b）冲洗系统

测量烟气压力时，应在取压装置后安装一个除尘器，如图 8-2 所示。

2. 液位检测

吸收塔石灰石浆液液位的测量可采用压力测量方式或差压测量方式，如图 8-3 所示。

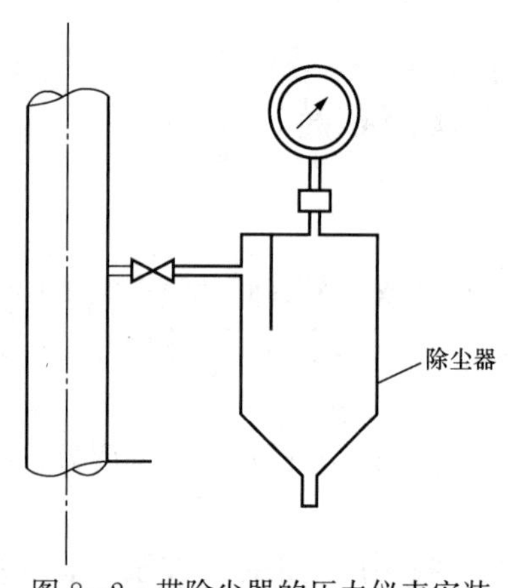

图 8-2 带除尘器的压力仪表安装

图 8-3 吸收塔液位差压测量方式

3. 烟气成分检测

每套脱硫装置一般进、出口烟道上各安装一套烟气成分连续监测排放系统，实时检测烟

气中的 SO_2、CO、NO_x、烟尘等。脱硫装置出口烟气分析仪兼有控制与环保监测的功能。

（1）热导式气体成分检测。热导式气体成分检测是根据混合气体中待测组分的热导率与其他组分的热导率有明显差异的事实，当被测气体的待测组分含量变化时，将引起热导率的变化，通过热导池转换成电热丝电阻值的变化，从而间接得知待测组分的含量，是一种应用较广的物理式气体成分分析仪器。

表征物质导热率大小的物理量是热导率 λ，λ 越大，说明该物质的传热速率越大。

不同的物质，其热导率不同，常见气体相对于空气的热导率见图 8-4。

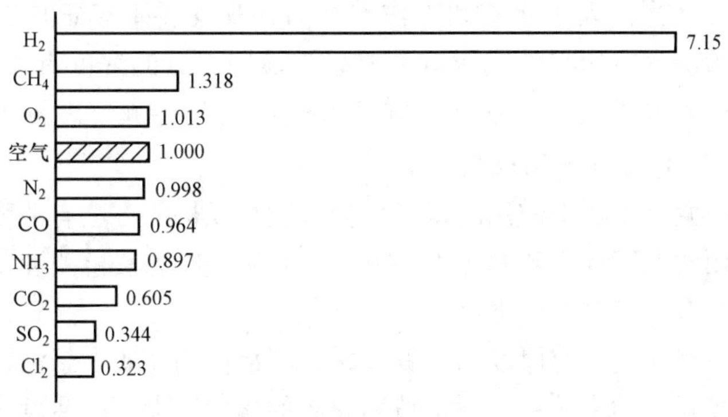

图 8-4　常见气体相对于空气的热导率

对于由多种气体组成的混合气体，若彼此无相互作用，其热导率可近似为

$$\lambda = \lambda_1 c_1 + \lambda_2 c_2 + \cdots + \lambda_i c_i + \cdots + \lambda_n c_n \tag{8-1}$$

式中　λ——混合气体的热导率；

λ_i、c_i——第 i 种组分的热导率和浓度。

设待测组分的热导率为 λ_1，浓度为 c_1，其他气体组分的热导率近似相等，为 λ_2，利用式（8-1）可以推出待测组分浓度和混合气体热导率之间的关系为

$$c_1 = (\lambda - \lambda_2)/(\lambda_1 - \lambda_2) \tag{8-2}$$

可见，只要测得混合气体的热导率 λ，就可以测得待测组分的浓度 c_1。显然，热导式气体分析仪的使用必须满足两个要求：一是待测气体的热导率与其他组分的热导率要有显著的差别，差别越大，灵敏度越高；二是混合气体中其他组分的热导率应相同或十分接近，由图 8-4 可见，热导式气体分析仪可用于 H_2、CO_2、SO_2 等气体在一定条件下的浓度测量。

（2）红外式烟气成分检测。红外气体成分检测是根据气体对红外线的吸收特性来检测混合气体中某一组分的含量。凡是不对称双原子或者多原子气体分子，都会吸收某些波长范围内的红外线，随气体浓度的增加，被吸收的红外线能量越多。例如，CO 气体对波长 4.65μm 附近的红外线具有极强的吸收能力，而 CO_2 气体的红外线特征吸收波长在 4.26μm 和 2.78μm 附近。

红外线气体成分检测的基本原理如图 8-5 所示。红外线光源发出红外光，经过反射镜，两路红光分别经过参比室和工作室。参比室中充满不吸收红外线的 N_2，而待测气体经工作室通过。如果待测气体中不含待测组分，红外线穿过参比室和工作室时均未被吸收，进入红外探测器 A、B 两个检测气室的能量相等，两个气室气体密度相同，中间隔膜也不会弯曲，因此平行板电容量不发生变化。相反，如果待测气体中含有待测组分，红外线穿过工作室时

相应波长的红外线被吸收，进入红外探测器B检测气室的能量降低（被吸收的能量大小与待测气体的浓度有关），B气室气体压力降低，薄膜电容中的动片向右偏移，致使薄膜电容的容量产生变化，此变化量与混合气体中被测组分的浓度有关，因此，电容的变化量就直接反映了被测气体的浓度。

由于不同气体会对不同波长的红外线产生不同的吸收作用，如CO和CO_2都会对4～5μm波长范围内的红外线有非常相近的吸收光谱。所以两种气体的相互干扰就非常明显。为了消除背景气体的影响，可以在检测和参比两条光路上各加装一个滤波气室。滤波气室中充满背景气体，当红外光进入参比室和工作室之前，背景气体特征波长的红外线被完全吸收，使作用于两个检测气室的红外线能量之差只与被测组分的浓度有关。图8-5中的两个滤波气室可以用两个相同的滤光镜取代。红外线气体成分检测仪表较多地用于CO、CO_2、CH_4、NH_3、SO_2、NO_x等气体的检测。

（3）烟尘浓度检测。工业上应用的烟气含尘浓度在线检测方法有浊度法与射线法。

目前工业上采用的浊度计主要基于光电方法。采用光电方法检测浊度分为透射法和散射法。常用的浊度计多基于光散射原理制成。

透射法是用一束光通过一定厚度的待测介质，测量待测介质中悬浮颗粒对入射光吸收和散射所引起的透射光强度的衰减量来确定被测介质的含尘浓度，即浊度。

散射法是利用测量穿过待测介质的入射光束被待测介质中的悬浮颗粒散射所产生的散射光的强度来实现的。如图8-6所示，光源发出的光，经聚光镜聚光后以一定的角度射向被测介质，测定因颗粒产生的散射光，并经光电池转换成电压信号输出。随被测气体中颗粒的增加，散射光增强，光电池输出增加，当被测介质不含固体颗粒时，光电池的输出为零。因此，只要测量光电池的输出电压就可以测定烟尘的浓度，但由于颗粒团对可见光的遮挡，因此，这种方法不适合于颗粒浓度较大的烟尘测量。

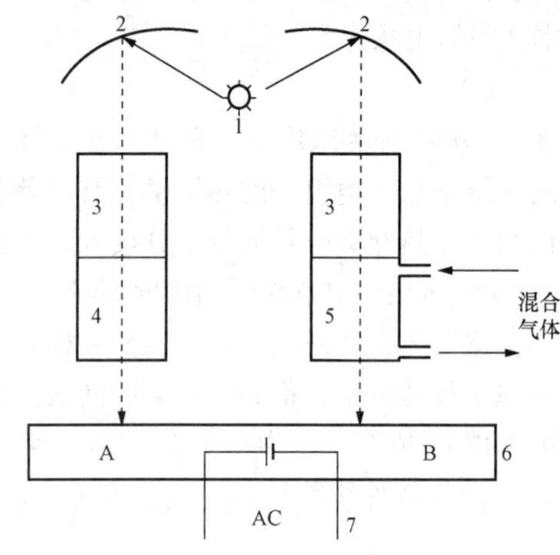

图8-5　红外线气体成分检测原理

1—红外线光源；2—反射镜；3—滤波室或滤光镜；4—参比室；5—工作室；6—红外探测器；7—薄膜电容

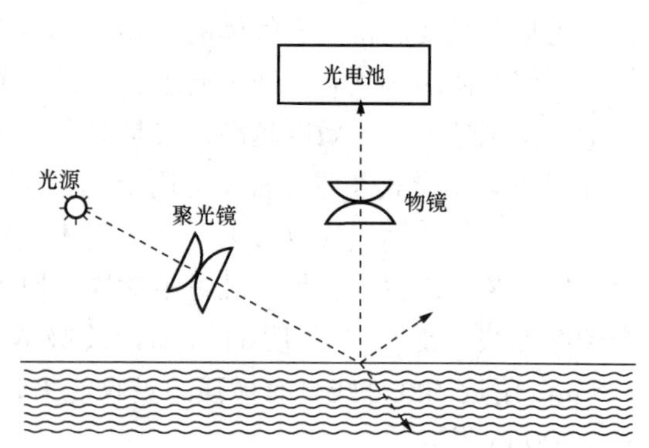

图8-6　散射式浊度计测量原理

核辐射射线法检测烟道烟气中固体粉尘颗粒浓度可以克服上述光电法的缺点。

4. 浆液 pH 值检测

吸收塔浆液的 pH 值是脱硫装置运行中最主要的检测与控制参数之一，是浆池内石灰石反应活性和钙硫比的综合反映。加入吸收塔的新鲜石灰石浆液的量取决于锅炉负荷、烟气中 SO_2 浓度及实际的吸收塔浆液的 pH 值。根据系统管道的不同布置，pH 值计可布置在吸收塔浆液再循环泵出口管道上，也可布置在吸收塔石膏浆液排出管道上。

pH 值是用来表示溶液酸碱度的一种方法，pH 值的检测仪表称为 pH 值计，也被称为酸度计。通过连续检测水溶液中氢离子的浓度来确定水溶液的酸碱度，pH 值被定义为水溶液中氢离子活度的负对数，即

$$pH = -\lg[H^+] \tag{8-3}$$

化学上定义水的 pH 值为 7，pH 值小于 7 的溶液呈酸性，pH 值大于 7 的溶液呈碱性。

（1）pH 值计的测量原理。由于直接测量溶液中氢离子的浓度是有困难的，所以，通常采用由氢离子浓度引起的电极电位变化的方法来实现 pH 值的测量。根据电极理论，电极电位与离子浓度的对数呈线性关系，因此，测量被测水溶液的 pH 值的问题就转化为测量电池电动势。

（2）pH 值计的组成。如图 8 - 7 所示，pH 值计的电极包括一支测量电极（玻璃电极）和一支参比电极（甘汞电极），两者组成原电池。参比电极的电动势是稳定且精确的，与被测介质中的氢离子浓度无关；玻璃电极是 pH 计的测量电极，其上可产生正比于被测介质 pH 值的毫伏电动势，原电池电动势的大小仅取决于介质的 pH 值，因此，通过测量电池电动势，即可计算出氢离子的浓度，从而实现了溶液 pH 值的检测。测量中，电极浸入待测溶液中，将溶液中的 H^+ 离子浓度转换成毫伏电压信号，将信号放大并经对数转换为 pH 值，由仪表显示。

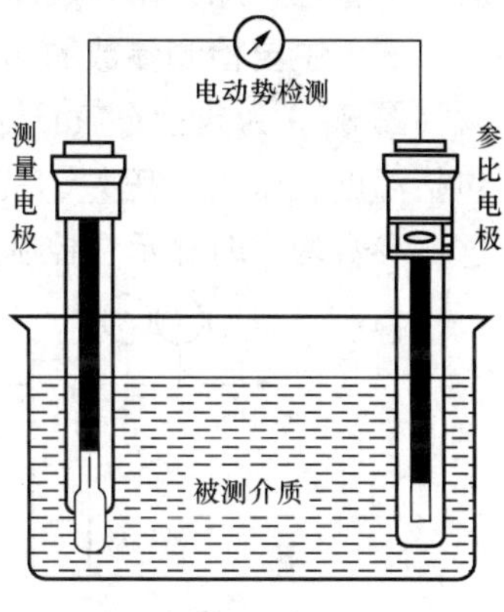

图 8 - 7　pH 值计构造示意

如果将参比电极与测量电极封装在一起就构成了复合电极，具有结构简单、维护量小、使用寿命长的特点，在各种工业领域中的应用十分广泛。pH 值计在使用过程中，需要保持电极的清洁，并定期用稀盐酸清洗，且每次清洗后或长期停用后均需要重新校准。测量时须保持被测溶液温度稳定并进行温度补偿。

5. 石灰石、石膏浆液浓度（密度）检测

为了得到并控制送入脱硫塔石灰石浆液的浓度及浆液的质量流量，或得到并控制石膏浆液中固态物质的浓度及浆液排出量，需要实时检测石灰石、石膏浆液的浓度。由于浆液中固态物质的含量最高可达 30% 左右，无法采用常规的检测方法，因此，目前工业上一般采用基于核辐射射线原理的浓度计。

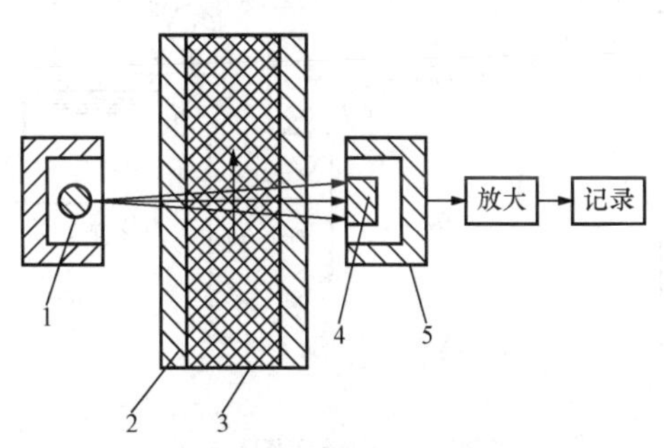

图 8 - 8　核辐射浓度计基本原理

1—发射源；2—管道；3—被测介质；4—探测器；5—铅屏蔽

如图 8 - 8 所示，由核放射源发射的核辐射线（通常为 γ 射线）穿过管道中的介质，其中一部分被介质散射和吸收，其余部分射线被安装在管道另一侧的探测器所

接收。介质吸收的射线量与被测介质的密度呈指数吸收规律，即射线的投射强度将随介质中固体物质的浓度的增加而呈指数规律衰减。射线强度的变化规律如式（8-4）所示，即

$$I = I_0 e^{-\mu D} \tag{8-4}$$

式中　I_0——进入被测对象之前的射线强度；

μ——被测介质的吸收系数；

D——被测介质的浓度；

I——穿过被测对象后的射线强度。

在已知核辐射源射出的射线强度和介质的吸收系数的情况下，只要通过射线接收器检测出透过介质后的射线强度，就可以检测出流经管道的浆液浓度。射线法检测的浓度计为非接触在线测量，可测定石灰石浆液、石膏浆液、泥浆、砂浆、水煤浆等混合液体的质量百分比浓度或体积百分比浓度，也可检测烟气中的粉尘浓度。核射线能够直接穿透钢板等介质，使用时几乎不受温度、压力、浓度、电磁场等因素的影响。但由于射线对人体有害，因此对射线的剂量应严加控制，且须有严格的安全防护措施。

三、主要检测参数的测点布置

图8-9为典型石灰石湿法烟气脱硫装置主要工艺过程运行监测参数的测点布置示意图。包括温度、压力、压差、液位、pH值、浓度（密度）、流量、烟气成分、石膏层厚度等，这些参数均实时显示在控制系统的计算机画面上，并用于运行参数控制。

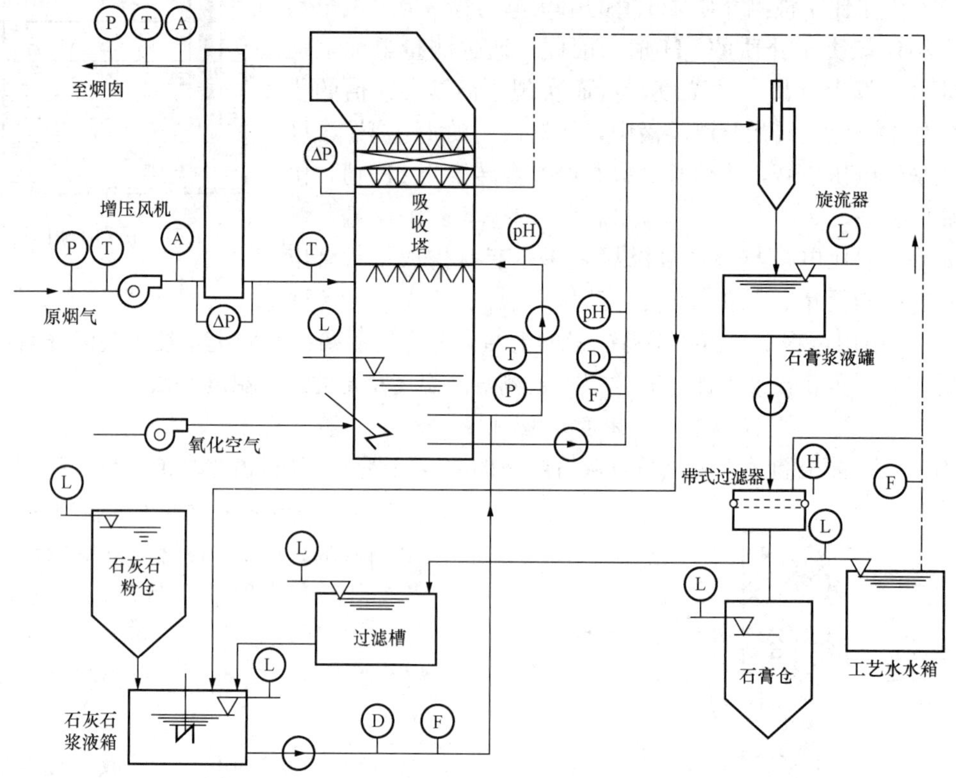

图8-9　典型石灰石湿法烟气脱硫装置主要测点布置示意图

P—压力计；ΔP—差压计；T—温度计；pH—pH计；D—浓度计（密度计）；F—流量计；L—液位（物位）计；H—石膏层厚度测试仪；A—烟气成分测试仪：O_2、SO_2、CO、NO_x、飞灰

图 8-9 中，当石灰石浆液经再循环泵补入吸收塔，pH 计布置在浆液箱出口管道；当石灰石浆液直接补入吸收塔，pH 计可布置在再循环泵出口管道。

为了检测送入脱硫塔中的石灰石浆液的质量流量，通常需要布置体积流量计（如电磁流量计）和浓度计（如核射线式浓度计）；pH 值是脱硫装置运行与控制的重要参数，通常需要采用冗余设计，布置两台 pH 计，并采取清洗与维护措施；检测浆液的压力或压差的取压装置必须安装隔离装置。

第二节　脱硫装置的控制系统

一、概述

为保证烟气脱硫效果和烟气脱硫设备的安全经济运行，应设置完整的热工测量、自动调节、控制、保护及热工信号报警装置。其自动化水平将使运行人员在少量就地巡检人员的配合下，即可实现对烟气脱硫设备及其附属系统的启动、停止和正常运行工况的监视、控制和调整，以及异常与事故工况的报警、连锁和保护。

脱硫过程采用分散控制系统（DCS）实现全过程的自动调节与程序控制，按控制对象分解为以下各个控制子系统。

（1）吸收系统的控制。包括吸收塔浆液 pH 值控制、吸收塔浆液液位控制、吸收塔排出石膏浆液流量控制等。

（2）烟风系统的控制。包括增压风机烟气流量（压力）控制、旁路挡板差压控制、事故挡板控制等。

（3）石灰石浆液供给系统的控制。包括石灰石浆液箱的液位控制与石灰石浆液浓度控制等。

（4）石膏脱水系统的控制。包括真空皮带脱水机石膏层厚度控制与滤液水箱水位控制等。

（5）工艺水及冲洗系统的控制。包括除雾器冲洗控制、吸收塔浆液管道冲洗控制与工艺水箱液位控制等。脱硫装置设有工艺水箱，工艺水经水泵增压后用于除雾器冲洗水、管道冲洗水及 GGH 的冲洗水等。

（6）废水处理装置的运行控制。废水处理系统基本独立于整套脱硫装置，控制系统也相对独立，其运行控制在废水处理章节中介绍。

二、脱硫装置运行的主要控制系统

1. 吸收塔浆液 pH 值控制

吸收塔内浆液 pH 值是由送入脱硫吸收塔的石灰石浆液的流量来进行调节与控制的，也常被称为石灰石浆液补充控制，其控制的目的是获得最高的石灰石利用率、保证预期的脱硫效果及提高脱硫装置适应锅炉负荷变化的灵活性。吸收塔内浆液 pH 值是湿法烟气脱硫系统中最主要，也是相对较复杂的控制回路。

吸收塔内的石灰石浆液 pH 值在一定范围内时，pH 值增大，脱硫效率提高；pH 值降低，脱硫效率随之降低。通常，浆液 pH 值应维持在 5.0～5.8。当吸收塔浆液 pH 值降低时，需要增大输入的石灰石浆液流量；当 pH 值增大时，则相应减小输入的石灰石浆液流量。

脱硫装置运行中，可能引起吸收塔浆液 pH 值变化或波动的主要因素为烟气量与烟气中

SO_2 的浓度，还有石灰石浆液的浓度和供给量等。

（1）烟气量。如果送入脱硫吸收塔的石灰石浆液的流量不变，烟气量的增加会使浆液的pH值减小，反之会使pH值增大。通常情况下，火电厂锅炉机组的负荷变化频繁，烟气量也随之频繁改变。因此，对吸收塔浆液pH值控制系统来说，烟气量变化是最主要的外界干扰因素。

（2）烟气中 SO_2 的浓度。即使烟气量维持不变，由于锅炉所用燃煤的含S量发生变化，烟气中 SO_2 的浓度也将随之波动。但由于煤质变化幅度不会如负荷变化那么大，因此，烟气中 SO_2 浓度的变化通常不会很大。所以，输入吸收塔的新鲜石灰石浆液的量取决于锅炉的原烟气量、烟气 SO_2 浓度（两者乘积运算结果为进入吸收塔的 SO_2 质量流量）及实时检测的吸收塔浆液pH值，这些参数为检测参数。pH值控制系统以pH值为被控量，以输入吸收塔的石灰石浆液的流量为调节变量。由于吸收塔内的持液量很大，即被控对象（pH值）的延滞与惯性较大，因此，单独依靠浆液pH值的检测信号与pH值设定值进行比较的反馈控制系统，将不能得到良好的控制质量。因此，必须采用锅炉烟气量与烟气中 SO_2 的浓度作为控制系统的前馈信号。由于电站锅炉未设置烟气量的检测，故必须由锅炉的其他参数来间接反映烟气量。如果锅炉煤质稳定，烟气量与锅炉负荷呈线性关系；但如果锅炉煤质变化或过量空气系数变化，即使锅炉负荷不变，烟气量也会发生变化。因此，仅仅依据锅炉负荷并不能较理想地反映烟气量的变化。锅炉的送风量既反映锅炉负荷的变化，也反映燃烧煤质及过量空气系数的变化，总是与烟气量呈线性关系。因此，可以将锅炉负荷或送风量作为控制系统的前馈信号。

图8-10所示为吸收塔内浆液pH值单回路加前馈的复合控制系统，图中前馈控制器起前馈控制作用，用来克服由于烟气量与烟气中 SO_2 浓度的变化对被控变量pH值造成的影响；而反馈控制器起反馈控制作用。将浆液pH测量值与设定的pH值进行比较，得到的差值信号与作为前馈信号的锅炉烟气量与烟气中 SO_2 浓度的综合信号（为进入吸收塔的 SO_2 质量流量）相叠加，前馈与反馈控制共同作用产生一个调节信号，来控制石灰石浆液供给阀门的开度，使吸收塔内浆液pH值维持在设定值上。

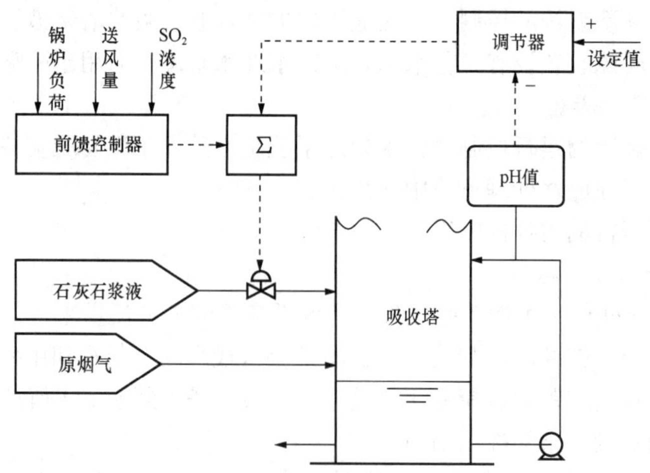

图8-10 吸收塔浆液pH值单回路加前馈的复合控制系统

图8-11是吸收塔浆液pH值单回路加前馈复合控制系统的方框图，是由一个反馈闭环和一个开环的补偿回路叠加而成的。

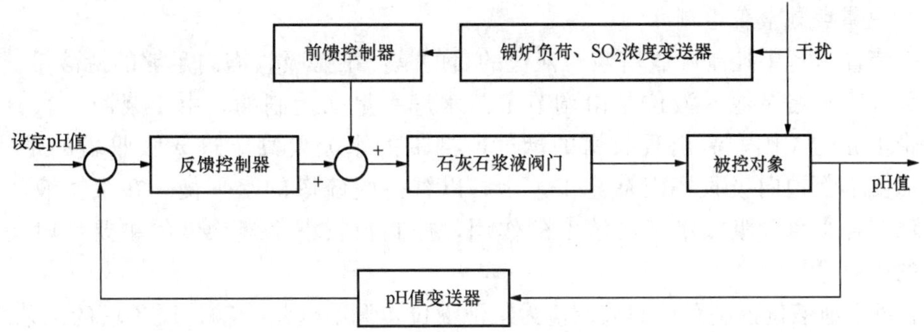

图 8-11　吸收塔浆液 pH 值单回路加前馈复合控制系统方框图

图 8-12 所示为吸收塔内浆液 pH 值串级加前馈的复合控制系统，其主要区别在于增加了石灰石浆液流量中间信号，流量测量值要比 pH 值测量值更快、更直接。用流量信号后，改善了对象的特性，使调节过程加快，具有超前控制的作用，并具有一定的自适应能力从而有效地克服滞后，提高了控制质量。

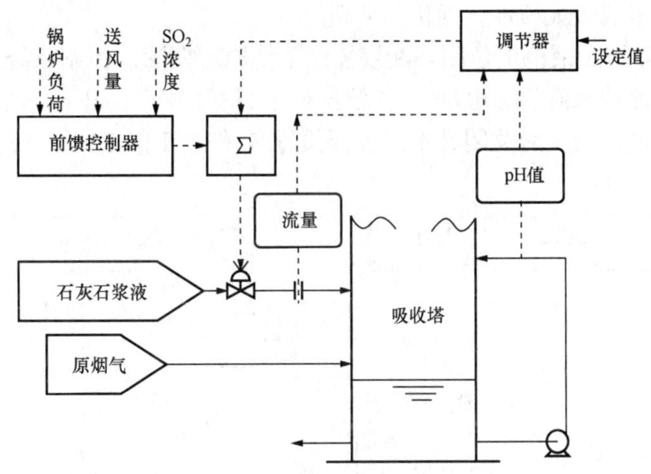

图 8-12　吸收塔浆液 pH 值串级加前馈复合控制系统

图 8-13 是吸收塔浆液 pH 值串级加前馈复合控制系统的方框图，该系统是由两个反馈闭环回路和一个开环的补偿回路叠加而成的。

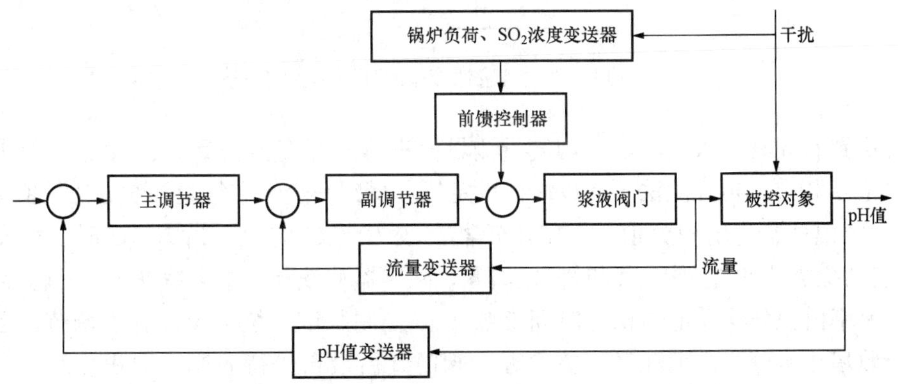

图 8-13　吸收塔浆液 pH 值串级加前馈复合控制系统方框图

2. 吸收塔浆池液位控制

脱硫装置运行中控制吸收塔浆池液位的目的是：维持吸收塔内足够的持液量，保证脱硫的效果。吸收塔浆池的液位是由调节工艺水进水量来控制的，由于浆液中水分蒸发和烟气携带水分的原因，流出吸收塔的烟气所携带的水分要高于进入吸收塔的烟气水分，因此，需要不断地向吸收塔内补充工艺水，以维持脱硫塔的水平衡。在维持液位的同时也起到调节补水量和吸收塔浆液浓度的作用，控制吸收塔浆液浓度的主要手段是控制石膏浆液的排放量。

吸收塔浆池液位控制系统的被调量为浆池液位，调节变量为输入脱硫塔的工艺水流量，该补充水均是以除雾器冲洗水送入。吸收塔浆池液位是通过控制除雾器冲洗间隔时间来实现的，采取间歇补水方式，吸收塔浆池液位控制系统为闭环断续控制系统。

由于吸收塔浆液损失的水量与进入的烟气量（与/或烟气温度）成正比，当烟气量增加时，蒸发与携带的水量也将随即增大，将会使液位下降速率增快；而且，脱硫塔的横截面很大，单靠水位偏差信号调节入水流量，其调节速度会比较缓慢。因此，吸收塔浆液池液位控制系统将烟气量（锅炉负荷）作为水位调节的提前补偿信号，来补偿烟气量变化对液位的影响，以克服液位调节的较大惯性，加快调节速度。

图 8-14 为吸收塔浆液池液位闭环断续控制系统原理框图。控制系统的作用是启动除雾器冲洗顺序控制，冲洗水阀门为电动门，接受开关量信号 W，在 $W=1$ 时开启补水门，进入除雾器冲洗顺序控制，结束后关闭补水门，开关量 W 是基于图 8-14 中的运算回路形成的。

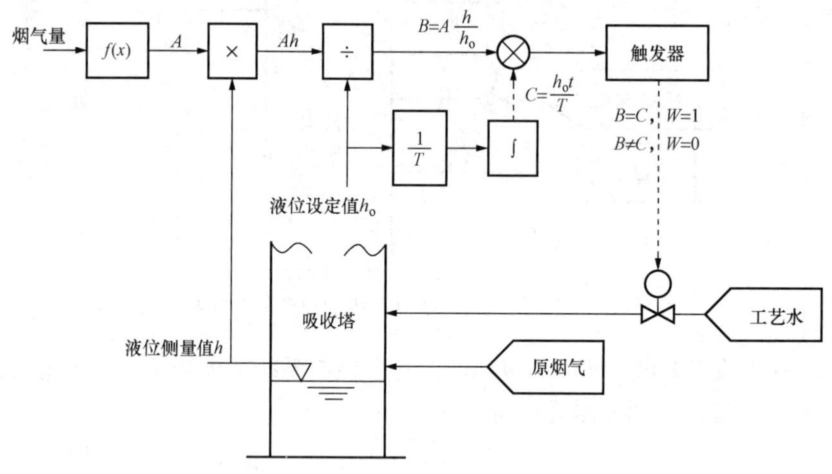

图 8-14　吸收塔浆池液位闭环断续控制系统

运算回路首先将进入吸收塔的烟气量测量值进行运算变换得到 A，然后 A 经乘法器与液位测量值 h 相乘，再经除法器除以液位设定值，得到一个经烟气量补偿的比较值 B；液位设定值 h_0 经积分器输出积分值 C，用比较器比较 B 与 C 的值，当 $B=C$ 时，触发器输出 $W=1$，启动除雾器冲洗顺控，同时将 C 清零，除雾器冲洗顺控结束后进入新一轮等待时间。C 的上升速率由积分器设定的积分时间常数 T 来控制。该系统为单向补水调节，运行中需要根据吸收塔中水分实际消耗量调整除雾器阀门开启最长等待时间（即积分时间常数 T），延长等待时间，可相应减少吸收塔的补充水量，避免液位上涨。

3. 吸收塔石膏浆液排出控制

脱硫吸收塔运行中，需要从浆池底部排放浓度较高的石膏浆液，以维持脱硫塔的质量平衡及合适的浆液浓度。过高的浆液浓度将会造成浆液管道堵塞，过低的浓度会降低脱硫效率。吸收塔石膏浆液为断续排放，因此，石膏浆液的脱水系统也是以间歇方式运行的，吸收塔石膏浆液排放的开关指令同时送给石膏浆液脱水控制系统。

该控制系统为单回路闭环断续控制系统。

目前，常采用两种石膏浆液排出流量控制方式，区别在于所依据的检测参数不同。

（1）依据石灰石浆液供给量。根据进入吸收塔的石灰石浆液量与流出吸收塔的石膏浆液量的质量平衡关系，由检测的石灰石浆液质量流量计算出应排出吸收塔的石膏浆液的质量流量。依据计算得到的两者之间的线性比例关系，通过开、关石膏排出泵与阀门来控制吸收塔石膏浆液排出。

（2）依据浆液浓度检测参数。需要在浆液循环泵出口的管道上或者石膏浆液排放泵出口管道上布置浆液浓度计，实时检测浆液的浓度值，根据检测值与设定值的差值来控制石膏浆液排出泵与阀门的开启与关闭。还可以进一步采用进入吸收塔的石灰石浆液量作为前馈信号，构成单回路加前馈的控制系统。

也有依据吸收塔浆液的液位来控制石膏浆排放量的，但必须同时有其他检测或计算参数作为辅助参数，如浆液浓度、石灰石浆液补给流量等。

4. 增压风机压力（流量）控制

为了克服脱硫装置所产生的额外压力损失，通常需要增设一台独立的增压风机（比如动叶可调轴流式风机）。由于锅炉的负荷变化，流过脱硫装置的烟气量及其造成的压力损失也随之变化，因此，需要设置专门的控制回路来控制增压风机的叶片调节机构，以控制脱硫装置进口烟道烟气的压力值。

增压风机压力（流量）控制回路采用复合控制系统。以增压风机入口压力为被控量，为了跟踪锅炉负荷的变化，采用锅炉负荷作为控制系统前馈信号，将压力测量值与不同锅炉负荷下的设定值进行比较，得到的差值信号与锅炉负荷信号相叠加，前馈与反馈控制共同作用产生一个调节信号，来控制增压风机的叶片调节机构，使增压风机入口烟道压力值维持在设定值。

图 8-15 所示增压风机压力（流量）复合控制系统，是一个反馈加前馈的复合控制系统。

5. 石灰石浆液箱的液位与浓度控制

石灰石浆液箱液位是依据检测的液位信号，采用单回路闭环控制系统进行控制的。石灰石浆液浓度的控制可通过保持石灰石给料量和工艺水（与过滤水）的流量的比率恒定来实现，以开环方式控制石灰石浆液的浓度；也有依据布置在石灰石浆液泵出口管道上的浓度计检测的浆液浓度，来实现闭环控制。

6. 真空皮带脱水机石膏层厚度控制

在石膏脱水运行中需要保持皮带脱水机上滤饼稳定的厚度，因此，根据厚度传感器检测的皮带脱水机上滤饼厚度，采用变频调速器来调整和控制皮带脱水机的运动速度。该系统为单回路反馈控制系统。

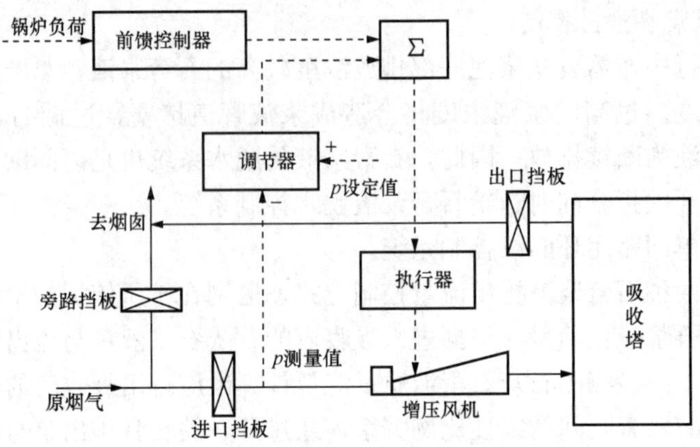

图 8-15 增压风机压力（流量）复合控制系统

第三节 脱硫装置的顺序控制、保护与连锁

一、顺序控制

脱硫装置顺序控制的目的是满足脱硫装置的启动、停止及正常运行工况的控制要求，并实现脱硫装置在事故和异常工况下的控制操作，保证脱硫装置的安全。

顺序控制的具体功能包括：

(1) 实现脱硫装置主要工艺系统的自启停。

(2) 实现吸收塔及辅机、阀门、烟气挡板的顺序控制、控制操作及试验操作。

(3) 实现辅机与其相关的冷却系统、润滑系统、密封系统的连锁控制。

(4) 在发生局部设备故障跳闸时，连锁启停相关设备。

(5) 实现脱硫厂用电系统的连锁控制。

顺序控制的典型项目包括：

(1) 脱硫装置烟气系统的顺序控制，具体为 FGD 的进口与出口烟气挡板，旁路进口与出口烟气挡板的开启与关闭操作。各烟气挡板见图 8-16 所示。为了确保脱硫装置和机组安全运行，通常配置旁路挡板的后备操作设备。

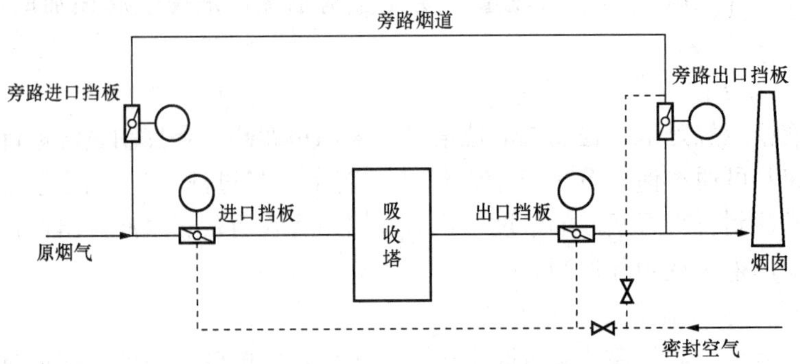

图 8-16 脱硫装置主烟道与旁路烟道挡板

(2) 除雾器系统的顺序控制，具体为各层冲洗水的开启与关闭操作。

(3) 吸收塔浆液循环泵的顺序控制，具体为循环泵的电动门、排污门、冲洗水门及循环泵的开启与关闭操作。

(4) 石灰石浆液泵的顺序控制，具体为浆液泵的电动门、排污门、冲洗水门及浆液泵开启与关闭操作。

(5) 石膏浆液泵的顺序控制，具体为浆液泵的电动门及泵的开启与关闭操作。

(6) 工艺水泵的顺序控制，具体为水泵的电动门、排污门、冲洗水门及循环泵的开启与关闭操作。

(7) 排放系统的顺序控制操作。

(8) 电气系统的顺序控制操作。

二、保护与连锁

保护是指当脱硫装置在启停或运行过程中发生危及设备和人身安全的工况时，为防止事故发生和避免事故扩大，监控设备自动采取的保护动作措施。

保护动作可分为三类动作形态：

(1) 报警信号。向操作人员提示机组运行中的异常情况。

(2) 连锁动作。必要时按既定程序自动启动设备或自动切除某些设备及系统，使机组保持原负荷运行或减负荷运行。

(3) 跳闸保护。当发生重大故障，危及设备或人身安全时，实施跳闸保护，停止整个装置（或某一部分设备）运行，避免事故扩大。

脱硫运行中的保护与报警的内容包括：

(1) 工艺系统的主要热工参数、化工参数和电气参数偏离正常运行范围。

(2) 热工保护动作及主要辅机设备故障。

(3) 热工监控系统故障。

(4) 热工电源、气源故障。

(5) 辅助系统及主要电气设备故障。

在脱硫装置启停过程中应抑制虚假报警信号。

脱硫运行中保护与连锁的典型项目包括：

(1) FGD装置的保护。FGD装置停运保护的工况包括两台浆液循环泵都故障停运、正常运行时FGD入口或出口挡板关闭、FGD系统失电、FGD入口烟温超过规定值、GGH发生故障等。

(2) 烟气挡板的保护与连锁。

(3) 密封风机的保护与连锁。

(4) 除雾器系统的连锁。

(5) 循环泵的保护与连锁。

(6) 吸收塔搅拌器的保护与连锁。

(7) 氧化风机的保护与连锁。

(8) 石灰石浆液泵的保护与连锁。

(9) 石灰石浆液罐液位及搅拌器的保护与连锁。

(10) 石膏浆液泵及电动门的保护与连锁。

(11) 石膏浆液罐液位及搅拌器的保护与连锁。

(12) 工艺水箱液位的保护与连锁。

复习思考题

8-1 脱硫装置运行中有哪些参数需要检测?

8-2 石灰石浆液压力测量与火电厂蒸汽压力测量有何不同?

8-3 简述烟气成分测量原理。

8-4 简述 pH 计测量原理。

8-5 见图 8-11，试简述该系统的调节过程。

8-6 见图 8-15，试作控制系统的方框图。

第九章

石灰石湿法烟气脱硫装置检修

湿法烟气脱硫装置的检修大致分为：石灰石制备、储存、输送系统；二氧化硫吸收系统；烟气系统；副产品处理系统。

检修前的准备工作包括：

（1）根据运行状态下的检测结果确定检修项目及工期。

（2）制订安全措施、技术措施、施工定量图、网络图。

（3）根据现场实际情况制订检修风险评估及措施。

（4）准备好检修记录卡、技术图纸、验收单。

（5）准备好检修专用工具、量具等。

（6）准备好检修材料及备件。

（7）办理工作票、动火票。

（8）通知热工、电气拆除驱动电动机的电缆及热工元件。

湿法烟气脱硫装置的大修项目包括：①增压风机检修；②气—气换热器（GGH）检修；③吸收塔检修；④氧化风机及系统检修；⑤浆液循环泵检修；⑥真空皮带脱水机检修；⑦烟气系统检修；⑧石灰石粉储运及浆液制备系统检修；⑨石膏脱水及储存系统检修；⑩事故浆池及浆液输排系统检修；⑪工艺水系统检修；⑫废水处理系统检修；⑬检查、调试控制系统；⑭检查稳压阀、安全阀、切换阀；⑮抽样检查衬胶管道；⑯清理地坑、地沟。

第一节　石灰石制备、储存及输送系统

石灰石制备、储存及输送系统主要包括湿式球磨机、给料机、石灰石输送机、石灰石粉仓、料位计、粉仓安全器和石灰石粉仓鼓风机等。

一、石灰石湿式球磨机

（一）球磨机本体

（1）大修球磨机时须选放钢球，选放钢球可使用专用的选钢球工具来进行。

（2）出入口弯头护板需完整，如厚度磨损为原始厚度的1/2～2/3时，必须更换或挖补。

（3）每次大小修均需检查钢甲瓦的磨损情况，如钢甲瓦磨损超过原始厚度的2/3～3/4时，必须更换新钢瓦和钢甲瓦，局部碎裂则局部更换。

（4）每次大小修均需检查钢甲瓦螺栓，大罐端部的法兰螺栓及销钉，大牙轮对口螺栓及销钉。

（5）每次大修需测量大罐水平，不得大于0.2mm/m。

（6）每次大小修均应保证大瓦油密封、围带、防磨盘、人孔门等完整，不漏油、不漏石灰石粉。

（7）空心轴套的螺栓螺母应完好，空心轴套与端部钢甲瓦的间隙至少应保持在5mm以上，以保证受热膨胀时不发生摩擦。

（8）更换空心轴套时必须检查内螺纹的方向，并仔细校验空心轴套与空心轴的配合尺寸和螺孔方位。空心轴套与空心轴配合太松是造成割断法兰螺栓的主要原因。

（9）下列各处的间隙应符合规定：

1）给料管及出粉管与空心轴套的径向间隙为5～8mm；

2）给料管及出粉管应深入空心轴套内8～10mm；

3）新推力轴瓦的推力间隙应在0.8～1.2mm内（旧瓦应小于3mm）；

4）承力轴瓦的膨胀间隙应为15～20mm；

5）两半齿轮接合面间隙应小于0.1mm；

6）合板、垫铁和楔铁应完整，无松动和短缺现象，地脚螺栓无松动现象；

7）更换钢甲瓦时，必须详细检查大罐各部是否有裂纹现象。

（二）球磨机轴瓦

（1）主轴的轴颈面表面要光滑，不得有麻面及伤痕等，轴面的高低不平及圆锥不应超过0.08mm，轴的椭圆度不应超过0.05mm/m。

（2）轴承底板安装的水平度不应超过1.5mm/m。

（3）轴承球面与轴承内滚动球体应接触良好，0.03mm的塞尺应不能塞入，用红丹粉检验时接触面应达到70%以上。

（4）轴瓦与轴颈的接触点应达到75%。

（5）钨金应完好，不应有裂纹、损伤及剥落等现象，钨金应呈银乳色，钨金发黄表明质量不良。

（6）在接触面内25%的面积发生剥落或有其他严重的缺陷时，必须焊补或重新浇注钨金瓦。

（7）每次大修须用专用桥规测量轴承，检查钨金的磨损程度，并作出记录，每次测量时桥规须放在同一位置上。

（8）在揭开轴承盖时，须防止脏物掉到轴承滑动面上。

（9）如发现大瓦有严重缺陷时，必须在大修时顶起大瓦，进行详细检查。

（10）每次大修均需清理大瓦水膛污水，并检查是否有泄漏现象或进行水压试验。

（11）每次吊盖检查时需测量大瓦间隙，其数值应符合表9-1的规定。

表9-1 大瓦间隙

塞尺厚度（mm）	塞入长度（287/470或287/410）	塞入长度（250/390）	塞尺厚度（mm）	塞入长度（287/470或287/410）	塞入长度（250/390）
0.15	500～580	480～550	1.0	250～350	200～300
0.5	450～500	380～480	1.25	150～200	150～200
0.75	400～450	300～380			

二、石灰石预破碎机

（一）工作原理

电动机经皮带传动，带动主机的主轴旋转，从而使装于主轴上的打击锤在水平面做高速回转。当物料从进口作垂直向的重力分流时，被高速回转的打击锤撞击而破碎，并随重力而下降，从排料口及时排出机腔。

（二）检修工艺

（1）拆除皮带轮防护罩，拆除皮带轮，检查皮带轮有无损伤、裂纹、撕裂，损坏严重应予以更换。

（2）打开人孔门，检查人孔门转轴处，须灵活不卡涩。清理积粉。

（3）检查机壳耐磨板，若耐磨板松动应紧固。若耐磨板磨损量大于1/3～1/2则应更换耐磨板。

（4）检查冲击板，若磨损量大于1/3则予以更换。检查与基板固定螺栓，应紧固。

（5）检查冲击杆，若一侧磨损严重可旋转180°或更换新的冲击杆。务必检测止推梁与冲击杆之间的最小距离，确保不小于25mm，否则应更换新的冲击杆。

（6）检查核实冲击尖与冲击挡板间的径向间隙。前冲击挡板缝隙应为50mm，后冲击挡板缝隙应为30mm。

（7）冲击挡板间隙由机壳外的调整螺栓调整。调整之前，可用锤子轻敲调整杆及冲击挡板，使聚集的石灰石粉变得松散脱落而易于调整。

（8）检查轴承的顶部间隙及游隙应满足要求。

（9）检查、清洗、添加轴承润滑油。

三、给料机

给料机分为皮带给料机和叶轮给料机两类。

（一）皮带给料机的检修质量标准

（1）头架、尾架应牢固地安装在基础上，中间支架应牢固装在中间的机壳内。

（2）安装中，各部件相互连接处应按规定要求进行装配，保证牢固、正确。

（3）机架中心线对输送机纵向中心线不重合度不应超过2mm。

（4）中间架在铅垂面内的不垂直度不应超过长度的1‰。

（5）中间架左右固定端高低的偏差不得超过1mm。

（6）中间架间距的偏差小于等于1.5mm，相对标高偏差小于2‰。

（7）托辊横向中心对输送机纵向中心线的不重合度小于3mm。

（8）螺旋拉紧装置，前后行程大于100mm。

（9）胶带连接应按规定要求进行。要求接头处平整、清洁。胶带接头应和胶带中心线垂直，接口弧度达到规定要求。

（10）胶带应无割伤、裂纹及其他原因造成的损伤，尤其注意有无半边磨损。

（11）及时对滚筒、托辊加油润滑轴承，确保运转正常，发现托辊损坏或不转应予以更换或调整。

（12）输送胶带运转初期磨合不充分，从而产生初期拉伸；由于尾部皮带轮的位置调整不当都会使胶带产生跑偏，应及时调整，否则将产生计量误差甚至使给料机无法正常工作。

（13）输送胶带发生伸缩，应调整旋转尾部的张紧丝杆，同时要注意左右两个丝杆同向旋转，调整完毕运转达10圈以上看皮带偏转情况，若仍然偏则继续调。

（14）根据胶带的跑偏方向，同向同时调整左右两个丝杆，每次旋转1/3～1/2圈。

（15）调整皮带跑偏时，绝对不能只旋转一侧的张紧丝杆。

（二）叶轮给料机的检修质量标准

叶轮给料机主要是对传动机构和密封的检修。其中，传动机构主要包括蜗轮箱及轴承，密封主要指油、粉料的密封。

（1）蜗轮箱及轴承。蜗轮箱及轴承的检修，主要是检查伤痕，用游标卡尺测量磨损，并结合目测，检查裂纹伤痕及磨损情况。一旦发现齿面的磨损超过10%或有断齿时，必须更换。要求做到无裂纹、伤痕及不规则的磨损。

（2）油、粉料密封。油、粉料密封的检修对给料机能否安全运行至关重要，应严格避免发生跑漏现象。检查时，重点检查密封件的伤痕和磨损以及O形环和密封垫的磨损情况。通过检修，要求做到：密封件无伤痕及磨损；O形环无不规则磨损，密封垫无破损。

（3）供料箱。供料箱的检修相对简单，主要是检查箱体内有无损坏，清除各部位及箱体内的附着物及灰尘、积灰。做到无裂纹、磨穿，并消除箱体内的杂物，保持清洁。

（4）叶片及滑动门。叶片及滑动门主要检查叶片以及门杆是否弯曲、门板有无变形。要求做到：叶片无变形、弯曲或裂纹。磨损量达1/3以上时，应更换。

四、石灰石粉仓鼓风机

以罗茨风机为例。解体检查鼓风机的转子外壳、齿轮、轴承、密封件、联轴器、消声过滤器。

1. 工艺要点

（1）检查转子、外壳应无裂纹、摩擦。清除内部异物，测量转子间隙。

（2）检查齿轮的磨损量，应无断齿。

（3）检查过滤器应无堵塞、腐蚀。

2. 具体质量要求

（1）转子、外壳完好。转子间隙见表9-2。

表9-2　　　　转　子　间　隙　　　　mm

驱动端	齿轮端	吸气侧	排放侧	转子间及顶隙
0.1～0.2	0.15～0.4	0.12～0.36	0.08～0.25	0.1～0.35

（2）齿面磨损小于10%，无断齿及过热痕迹。

（3）密封件完好，无磨损。

（4）胶垫无老化或损坏。

（5）过滤器金属网罩无锈蚀，过滤垫无堵塞或损坏。

五、斗式提升机的安装检修

1. 斗式提升机的安装检修

（1）将电动机减速机的地脚螺栓松开，反传动链条扳卸下来，检查链条有无裂纹，大小链轮有无磨损，齿牙有无其他损坏。打开头部轮上的壳罩以检查大链条轮有无磨损，根据具体情况以更换新的或进行修理。

（2）将头部大输料轮两侧的料斗拆下，用导链拉住。将下部平衡重力杆拆下，拉紧螺栓松开，使下轮上拉、整体链条松动，再将导链拉紧、将大链条拆开。对正销子固定片中间的孔，拿出固定片，打出销子。用导链将整个轮拆下，检查轴承、轴瓦、大输料链轮有无磨损，进行修理或更换。

(3) 将头部回装好以后，再检查修理尾部输料链条轮与轴承，拆开下部链条，对损坏的下部链条轮修理或更换，在回装前将下部的粉料清理干净。

(4) 检查进料口、出料口，这两个部位是磨损严重的部分，要常维护、检查。

(5) 在回装时要注意调节该底板与链条料斗之间的尺寸。尺寸小会使两个部件碰撞；尺寸大会使物料下落堆积在下部内壳，引起下部运行不良。

(6) 检查上下壳体磨损情况，进行修补或更换。

(7) 以上部件修理完毕后，将电动机减速机回位，装传动链条。传动部分加润滑油，在链条松紧适度的情况下送电空转。在上部检查链条料斗有无变形、磨损，若有应进行修理或更换。检查完毕后将下部平衡平稳装置装好，调好链条松紧并锁紧。

(8) 安装好的减速机的轴线与斗式提升机驱动轮轴线应相互平行，其最大偏移量不大于0.2mm，最大轴线相交不大于40°。

(9) 斗式提升机头部、尾部、中间壳体的中心线应在同一垂线，其垂直度允许误差小于1.0mm/m，总高的累积误差不大于8.0mm。

(10) 机壳法兰连接不得有显著错位，法兰间可垫入2mm石棉垫。

(11) 尾轴的滑动行程为250mm，设备装好后剩余行程不小于50%。

(12) 料斗在牵引物件上应正确，并紧固，在运行中不应有偏斜和碰撞。

(13) 整机装好后，应进行不小于8h的空载试车，试车过程中不允许有抖链、颤动、碰撞及其他问题。

(14) 8h空载运转后应停机检查各紧固件，斗链轴销是否有松动、脱落，同时检查各部分润滑情况。

(15) 空载合格后，可负载运行。启动时首先空载启动，待正常后逐渐加料，加料应均匀，不得骤然加料以防堵塞过载。

2. 斗式提升机的操作与维护

(1) 每次启动后，空载一段时间运转正常后应均匀加料，不得大量突增或过载运行。

(2) 如无特殊情况，不得负载停车，一般应在停止加料后，停机内物料基本卸空时停车。若满载运转时，发生紧急停车后须先启动几次或适量排除机壳内的物料后，再启动开机。

(3) 注意制粉系统的连锁启停。

(4) 运行过程中应严防铁件、大块硬件、杂物等混入斗提机内，以防损伤设备引起事故。

六、皮带跑偏

在带式输送机输送过程中，有时皮带中心脱离输送机中心线而跑向一侧，这种现象称为皮带的跑偏。整条皮带向一侧跑偏的原因及其处理方法如下：

(1) 主动滚筒中心与皮带中心不垂直。处理方法：移动轴承位置，调整中心。

(2) 托辊支架与皮带不垂直。处理方法：调整支架。

(3) 从动滚筒中心与皮带中心不垂直。处理方法：调整中心。

(4) 主动或从动滚筒及托辊表面黏有物料。处理方法：清理物料。

(5) 皮带接头不正。处理方法：重新接头。

(6) 物料落下位置偏离皮带中心。处理方法：改造落料管或加装挡板，使物料落到皮带中心。

（7）杂物卡死。处理方法：清除杂物。

七、皮带胶接口制作的质量要求

（1）皮带各台阶等分的不均匀度不得大于1mm。

（2）裁割外表面平整，不得有破裂现象，刀割接头时不允许误割下一层帆布。每个台阶的误差长度不得超过带宽的1/10。

（3）钢丝砂轮清理浮胶时，以清干净浮胶为准。

（4）接口处皮带边缘应为一条直线，其直线度应小于0.3%。

（5）接头应保证能使用一年以上。在此期间不得发生空洞、翘边等现象。

八、布袋收尘器

（一）滤布管的拆卸与安装

（1）轻轻地将滤布管插入气囊板的孔洞中，注意勿将滤布管碰坏。

（2）将滤布管顶端上的弹簧弯曲成U形，并且将其插入气囊板的孔洞中。

（3）轻轻地将弹簧摘开。

（4）确保滤布管的顶端不要伸出气囊板外。

（5）轻轻地将笼子插入滤布管中，笼子的凸缘搭在气囊板上再推笼子。

（6）将接口插入集气管里，将集气管的末端放在主体的支架上，然后让接口滑向气阀这一侧。这样就可以把滤布管安装在正确的位置上了。

（7）使用螺栓将集气管的末端安装在主体支架上。

（8）在文丘里管上装一个Z形弹簧，将其滑向集气管，并将其推向检修人员所在的一侧，直到安装在合适的位置上。

拆卸与安装的顺序正好相反。

（二）故障情况及处理方法

故障情况及处理方法见表9-3。

表9-3 故障情况及处理方法

现象	故障原因	处理方法
听到异常声响	听到空气泄漏	检查空气管道系统
		重新固定弹性管座
		更换弹性防护管座
		重新固定连接处
		更换尼龙管和接口
除尘效果太差	空气压力不足	加大气压
	循环清扫安装不良	缩短脉冲时间间隔
	管道和滤布管过于潮湿	检查潮湿的原因并治理
	导阀不能运行	检查电气系统，导阀失灵更换
	气阀的薄膜被破坏	清理因杂质引起的堵塞，更换薄膜

第二节　二氧化硫吸收系统

二氧化硫吸收系统包括吸收塔、氧化风机、搅拌器和渣浆泵（石膏浆泵、石灰石浆泵）等。

一、吸收塔

脱硫吸收塔是脱硫工艺的主体设备，外形大多数为圆筒，内衬有防腐树脂、玻璃鳞片或橡胶等，整个塔体结构的连接为焊接（除人孔采用螺栓连接外）。吸收塔内的工作条件非常恶劣，腐蚀、结垢、水冲击等较为严重。同时，由于其体积庞大，检修任务最为繁重。

（一）二氧化硫吸收塔的检修项目

（1）检查塔（罐）防腐内衬（树脂）的磨损及变形。

（2）检查格栅梁及托架。

（3）检查氧化配气管，做鼓泡试验。

（4）检查各部位冲洗喷嘴及管道、阀门。

（5）检查格栅填料。

（6）检查除雾器。

（二）二氧化硫吸收塔检修工艺要点及质量要求

（1）检查塔（罐）腐蚀内衬（树脂）的磨损及变形。要求清除塔内及干湿界面的灰渣及垢物；用电火花仪检查防腐内衬有无损坏，用测厚仪检查内衬的磨损情况；检查塔壁变形及开焊情况。当发现变形及开焊时，采用内顶外压校直。

质量要求为：①各部位清洁，无杂物；②内衬无针孔、裂纹、鼓泡和剥落，磨损厚度不小于原厚度的1/3；③塔壁平直，焊缝无裂纹。

（2）检查格栅梁及托架。检查格栅梁及托架的防腐磨损情况，视情况补修或更换，检查托架安装是否平稳，测量水平度。

质量要求为：梁、架防腐层完好，水平度不大于2mm。

（3）检查氧化配气管，做鼓泡试验。氧化配气管检修的工艺要求为：①用水冲洗，疏通配气管；②检查焊缝及断裂情况，进行补焊；③检查管子定位抱箍，若有脱落，应补齐拧紧；④塔罐内注水淹没喷嘴，通入压缩空气做鼓泡试验。

质量要求为：①无堵塞；②焊缝及管道无裂纹、脱焊；③抱箍齐全、牢固；④氧化配气管的喷嘴鼓泡均匀，管道无振动。

（4）检查各部位冲洗喷嘴及管道、阀门。主要检查喷嘴是否完整，有无堵塞、磨损，管道是否通畅。

质量要求为：管道无泄漏，阀门开关灵活，管道应无腐蚀，法兰及阀门无损坏。

（5）检查格栅填料。

质量要求为：格栅表面光洁，无严重结垢、无损坏。当出现严重堵塞、结垢情况时应从塔内取出，进行除垢、清洗；如有损坏，更换损坏件。

（6）检查除雾器。除雾器的堵塞、损坏、变形等，都会严重影响其后烟道的腐蚀。除雾器的主要部件是芯体、紧固件和漏斗排水管。

质量要求为：除雾器芯体无杂物堵塞，表面光洁，无变形、损坏，连接紧固件完好、牢固，漏斗及排水通畅。

（三）二氧化硫吸收塔液位异常产生的原因及处理方法

吸收塔液位异常是指液位过高、过低或波动过大。造成吸收塔液位异常的原因有：

（1）吸收塔液位计显示不准。

（2）浆液循环管泄漏。

（3）各种冲洗阀关闭不严。

（4）吸收塔泄漏。

（5）吸收塔液位控制模块故障。

相应处理方法是：

（1）冲洗或检查校正液位计。

（2）检查修补循环管道。

（3）检查更换阀门。

（4）检查吸收塔及底部排污阀。

（5）更换模块。

（四）引起石灰石浆液密度异常的原因及处理方法

引起石灰石浆液密度异常的原因有：

（1）密度计显示不准。

（2）粉仓内的石灰石粉受潮板结或有搭桥现象。

（3）石灰石粉给料机卡涩或跳闸。

（4）密度自动控制系统失灵。

（5）制浆池补水流量异常。

相应处理方法是：

（1）检查密度计电源是否正常、石灰石浆液流量是否过低，如无异常，应人工测量石灰石浆液密度，并联系热工人员校准密度计。

（2）检查流化风机和流化风管，投运粉仓壁振打装置。

（3）清理造成给料机故障的杂物。

（4）联系热工人员检查石灰石浆液密度控制模块。

（5）检查工艺水泵运行情况，核对补水门实际开度与DCS显示开度是否相符。

二、氧化风机

氧化风机一般采用罗茨风机结构。罗茨风机是一种旋转活塞容积式气体压缩机，机壳与两墙板围成一整体气缸，气缸机壳上有进气口和出气口。一对彼此以一定间隙相互啮合的叶轮通过同步齿轮转动做等速反向旋转，借助两叶轮的啮合，使进气口与出气口隔开，在旋转中将气缸容积的气体从进气口推移到出气口，气体在到达排气口的瞬间，因排气侧高压气体的回流而被加压及输送。

1. 罗茨风机检修的工艺要点

（1）检查转子、外壳有无裂纹、磨损，清除内部异物，测量转子间隙。

（2）检查齿轮的磨损量，有无断齿。

（3）检查密封件的磨损情况。

（4）检查更换联轴器橡胶垫。

（5）检查过滤器有无堵塞、锈蚀。

2. 氧化风机检修质量标准

（1）安装前清除防护、防锈油，检查零件有无损坏及机内有无异物。

（2）管道连接前检查管道内有无异物，检查管道支撑牢固。

（3）氧化风机入口应加装带有防护网及消声器的过滤器，出口管道上应加装消声器。

（4）叶轮与机壳间隙的调整。在调整达到要求后，修整定位锥销孔，重新打入定位销。

（5）两叶轮相互间隙调整，叶轮在转动时，相互之间间隙在叶轮整个工作曲线啮合部位都应在规定范围内，调整此间隙可通过拆下从动齿定位销，拧松六角螺栓转动皮带轮，就可改变从动轮圈与齿轮毂之间的相对位置。

3. 氧化风机的故障

①不正常运转噪声；②鼓风机太热；③吸入流量太低；④电动机需用功率超出；⑤边侧皮带振动；⑥鼓风机在切断电源后倒转。

三、搅拌器

脱硫搅拌器分为吸收塔及事故浆罐搅拌器、地坑及石灰石循环搅拌器两种。搅拌器的检修主要是指其传动机构，如皮带轮、减速器和轴承等。

1. 搅拌器的主要故障

①有异常噪声、振动或晃动、搅拌器轴松动；②搅拌器轴或轴承轴弯曲或破裂、搅拌不够、过载保护装置将电动机关掉、齿轮过分发热、机械密封泄漏、缓冲液位下降或缓冲液内有气泡，传动装置转动，但搅拌器不动。

2. 搅拌器的检修

（1）检查皮带轮、皮带槽的磨损，并调整皮带轮。

质量要求为：①皮带轮无缺损，轮槽厚度磨损量不超过其2/3；②测量平行度，调整中心距。中心偏差不大于0.5mm/mm，总偏差不大于100mm。皮带张紧力适中，无打滑现象；③皮带无撕裂及老化。

（2）检修减速器齿轮的磨损、锈蚀情况，测量齿侧间隙；检查减速器润滑油管路及油泵，更换损耗的轴承。

质量要求为：①齿面无锈蚀斑点，齿面磨损不超过1/10；②齿侧间隙为0.51～0.8mm，齿面接触大于65%；③管路畅通，油泵供油正常；④轴承无过热、裂纹，磨损量符合相应轴承标准的规定。

（3）检修大轴（传动轴）直线度，检查叶片防腐层是否腐蚀磨损、叶片变形及连接情况。

质量要求为：①大轴无弯曲，直线度偏差不大于1‰；②叶轮防腐层（橡胶）无裂纹、脱胶；③叶片无弯曲变形，连接牢固。

四、渣浆泵（浆液循环泵）

渣浆泵的工作原理：离心浆泵的泵壳内装有一个工作叶轮，叶轮安装在直接由电动机或其他传动装置带动的传动轴上，叶轮内有弯曲的叶片，叶片之间形成了液体的通道。汲入管安装在泵壳的中心，压出管则同泵壳周边相切。

在开泵之前，先使泵壳和汲入管充满液体。叶轮旋转时，充满叶片之间通道中的液体在离心力的作用下，从叶轮周边甩出叶轮，然后沿着泵壳的水道向压出管流去。当一部分液体甩出时，在叶轮的汲液口处产生一定程度的真空，在大气压力的作用下，液体经汲入管流进泵内，这样，液体就可源源不断地汲入和送出。

泵壳为螺旋蜗卷状，因而泵壳与叶轮之间的液流通道截面逐渐扩大，从通道流过的液体的一部分动能转变为压力能，液体在压力能的作用下，沿着输送管道流向目的地。

渣浆泵包括石膏浆泵和石灰石浆液泵。因其输送工质的特殊性，检修工艺的要求比常规泵更为严格。

1. 渣浆泵的检修工艺要点及质量要求

(1) 检修皮带轮或齿型联轴器。主要进行对中检查。注意调整中心时机座加垫片一般不超过 3 片，且垫片无锈斑。

质量要求为：①皮带轮完好。齿型联轴器无锈斑、缺损，齿面磨损不大于齿厚的 25%。②两皮带轮槽间中心偏差不超过 1mm。齿型联轴器中心偏差不大于 0.05mm，张口不大于 0.03～0.05mm。

(2) 检修填料或机械密封。

质量要求为：①更换填料时注意填料的内径应大于轴径 0.10～0.30mm，外径小于填料函孔径 0.30～0.50mm，切口角度一般与轴向成 45°，相邻两道填料的切口应错开 90°，初装不宜压得太紧。②检修机械密封。安装时将轴表面清洗干净，抹上黄油，装好各部 O 形环，压盖应对角均匀拧紧。

质量要求为：①开通密封水后沿轴间隙出水为滴漏状清水，运转中填料箱及压盖不发热，无浑水流出；②盘簧无卡涩，动静环表面光洁无裂纹、划伤、锈斑或沟槽。轴套无磨痕，粗糙度 R_a 值为 1.6。

(3) 检修轴承。①检查轴承表面及测量间隙。更换轴承时采用热装温度不超过 100℃，严禁直接用火焰加热；安装时轴承平行套入，不得直接敲击弹夹和外圈。②检查测量主轴颈圆柱度，以两轴颈为基准，测量中段径向跳动量。

质量要求为：①轴承体表面应无锈蚀、坑斑（麻点不超过 3 点，深度不大于 0.50mm，直径小于 2mm），转动灵活无噪声。②公差配合要求：轴径向轴承与轴 H7/js6；径向轴承与轴 H7/h6；外圈与箱内壁 JS7/h6；止推轴承外圈径向间隙为 0.02～0.06mm；轴承轴向间隙不大于 0.30mm；轴承径向间隙不大于 0.15mm；转子定中心时应取总窜动量的 1/2。

(4) 检修泵及过流部件。主要是检查泵体及橡胶衬里、叶轮等过流部件的磨损、腐蚀、气蚀情况以及测定与吸入衬板的间隙。

质量要求为：①泵壳无磨损与裂纹；橡胶衬里无撕裂、穿孔、脱胶和泵壳定位牢固；叶轮无穿孔、脱胶，无可能引起振动的失衡缺陷。②轮与吸入衬板的间隙：卧式泵为 4～1.5mm；立式液下泵为 2～3mm。③无泄漏，且水压高于泵压 50kPa 以上。

(5) 检修密封水系统。重点检查修理密封水管道的法兰阀门，检查轴承是否破坏，轴承箱是否漏油。要求实现轴封完好，无泄漏点。

(6) 检修润滑油系统。检查润滑油质，并定期补充及更换。要求润滑油符合标准，无杂质。

(7) 检查出入口蝶阀。要做到开关灵活，关闭严密，橡胶衬里无损坏。

2. 渣浆泵的故障分析及解决办法

渣浆泵的故障分析及解决办法见表 9-4。

表 9-4　**故障分析及解决办法**

故障	原因	解决办法
泵出水不足	(1) 泵出口压力过高	继续打开出口阀门，直到到达工况点
	(2) 回压过高（系统阻力太大，泵扬程不够）	安装一个较小尺寸的叶轮
	(3) 泵管路未完全排气或注水不足	泵管路完全排气或注水
	(4) 进水管路或叶轮堵塞	清除泵或管路中的沉积物
	(5) 管道内生成气囊	1) 改变管路布置形式； 2) 若需要可配置排气阀门
	(6) 有效汽蚀余量太低（进口）	1) 完全打开吸入管路上的截止阀； 2) 当输入管路中的阻力太大时，需重新调整吸入管路； 3) 检查吸滤器
	(7) 吸上高度过高	1) 清洗吸滤器及吸入管路； 2) 改变或更换吸入管路
	(8) 填料箱进气	1) 密封水管路堵塞，清理之或提高密封水压力； 2) 更换轴封或填料
	(9) 反转	调换电源相序
	(10) 转速太低，皮带过松或打滑	更换
	(11) 泵内磨损严重	更换已磨损的零件
	(12) 连接螺栓松动	1) 拧紧螺栓； 2) 更换垫圈
驱动机过载	(1) 泵出口压力低于规定要求	1) 使用吐出管路上的截止阀调整工况点； 2) 在长时间过载的情况下，可修整叶轮
	(2) 泵送流体的比重或黏度高于订货规定值	与制造厂联系
	(3) 填料压盖过紧或歪斜	重新调整填料压盖
	(4) 转速过高	降低转速
	(5) 润滑剂量过大或过少或不适用	减少或增加或更换润滑剂
	(6) 电动机两相运行	检查线路或电气接头
	(7) 连接螺栓松动	1) 拧紧螺栓； 2) 更换垫圈
泵出口压力过高	转速过高	降低转速
轴承温度高	(1) 泵机组不对中	检查联轴器是否对中，若需要重新调整
	(2) 泵连接不正	检查管路接头和固定螺栓
	(3) 未保证规定的联轴器间隙	按照安装图或联轴器标准规定的数据重新调整联轴器间隙
	(4) 工作电压过低	检查电源

续表

故障	原因	解决办法
泵泄漏	(1) 密封故障	检查或更换各结合面处的密封垫
	(2) 叶轮不平衡	1) 清洁叶轮; 2) 叶轮重新找平衡
轴封水泄漏	(1) 轴封磨损	1) 检查轴封的状态,若需要予以更换; 2) 检查密封水管是否被堵塞和密封水的压力
	(2) 轴套表面已磨损	更换轴套
	(3) 填料压盖、密封盖不正确拧紧或使用错误的填料	纠正
	(4) 泵运转噪声	1) 校正吸入状态; 2) 检查泵的对中,必要时重新调整; 3) 重新平衡泵转子; 4) 提高泵吸入口的吸入压力
	(5) 泵机组不对中	检查联轴器是否对中,若需要重新调整
	(6) 泵连接不正	检查管路接头和固定螺栓
泵运转不平稳	(1) 泵管路未完全排气或注水不足	泵管路完全排气或注水
	(2) 有效汽蚀余量太低(进口)	1) 完全打开吸入管路上的截止阀; 2) 当输入管路中的阻力太大时,需重新调整吸入管路; 3) 检查吸滤器
	(3) 泵内磨损严重	更换已磨损的零件
	(4) 泵出口压力低于规定要求	1) 使用吐出管路上的截止阀调整工况点; 2) 在长时间过载的情况下,可修整叶轮
	(5) 泵机组不对中	检查联轴器是否对中,若需要重新调整
	(6) 泵连接不正	检查管路接头和固定螺栓
	(7) 轴承已损坏	更换轴承
泵内温升过高	(1) 泵管路未完全排气或注水不足	泵管路完全排气或注水
	(2) 有效汽蚀余量太低(进口)	1) 完全打开吸入管路上的截止阀; 2) 当输入管路中的阻力太大时,需重新调整吸入管路; 3) 检查吸滤器

3. 离心泵检修质量要求

叶轮、导叶、诱导轮等部件应光洁,无缺陷;套装配合正确,配合清理干净,涂擦粉剂涂料;泵轴径向跳动不大于 0.05mm,密封环径向间隙一般为叶轮密封环处直径的 1‰~1.5‰,但不得小于轴瓦轴顶部间隙;密封环轴向间隙不小于泵的轴向窜动量,并不得小于 0.5~1.5mm;结合面的涂料和垫料厚度,应保证各部件规定的紧力值或轴向间隙值;水泵转动灵活,无卡涩、摩擦、偏重等现象;机械密封动环和静环接触应光洁,呈环状,飘偏小于 0.02mm,弹簧无裂纹、锈蚀,压缩量合适,压力均匀;密封装的浮动环与轴承间隙一般为 0.15~0.25mm,支撑环和轴套间隙四周均匀。

4. 离心式风机振幅超过标准的主要原因

叶片质量不对称或一侧部分叶片磨损严重；叶片附有不均匀的积灰或灰片脱落；翼形叶片被磨穿；灰粒钻进叶片内；叶片焊接不良，灰粒从焊缝中钻入；平衡重量与位置不相符或位置移动后未找动平衡；双吸风机两侧进的烟气量不均匀；地脚螺栓松动；联轴器中心未找好；轴承间隙调整不当或轴承损坏。轴刚度不够、共振、轴承基础稳定性差和电动机振动偏大等均会引起风机振幅超过标准值。

5. 石灰石浆液泵叶轮的调节

橡胶内衬泵叶轮与前后护套之间的间隙要相等。调节叶轮间隙首先要停泵，松开压紧轴承组件的螺栓，拧调整螺栓上的螺母，使轴承组件向前移动，同时用手转动轴，按泵转动方向旋转，直到叶轮与前护板摩擦为止。再调整螺栓上前面的螺母，使轴承组件后移，此时叶轮与后护板间隙在0.5～1mm之间；拧调整螺栓上的螺母，使轴承组件先向前移动，使叶轮与前护套接触；再使轴承组件向后移动，使叶轮与后护板接触，测出轴承组件总的移动距离，取此距离的一半作为叶轮与前后护套的间隙；再用调节螺栓调节轴承组件的位置，保证叶轮与前后护套是正确间隙值。

五、防腐设备的检修

防腐设备的检修重点是检查衬胶管道、净烟气烟道、烟气再热器、吸收塔、各类浆液泵、浆液箱、搅拌装置等设备的腐蚀状况和防腐层是否发生脱落，根据具体情况进行维护、检修或更换处理。这些设备的检查与检修周期一般为每年一次，检查与检修吸收塔等浆液设备与管道前需要排空其内部的浆液。

1. 橡胶衬里的特点

(1) 优点：①对基体结构的适应性强，可进行较复杂异型构件的衬覆；②具有良好的缓和冲击、吸收振动能力；③衬里破坏较易修复；④衬胶方法灵活，对于小型部件，可采用车间衬胶，对于大型部件，可采用现场衬胶；⑤衬胶层的整体性能好，致密性高，具有良好的抗渗性能；⑥橡胶衬里的价格较低，其性能价格比具有竞争力。

(2) 缺点：①耐热性能较差，一般硬质橡胶的使用温度为90℃以下，软质橡胶为－25～150℃；②对强氧化性介质的化学稳定性较差；③橡胶衬里容易被硬物等造成机械性损伤；④橡胶的导热性能差，一般其导热系数为0.576～1kW/(m·℃)；⑤硬质橡胶的膨胀系数是金属的3～5倍，在温度剧变、温差较大时，容易使衬胶开裂及胶层和基体之间出现剥离脱层现象；⑥设备衬胶后，不能在基体上焊接施工，否则会引起胶层遇高温分解，甚至发生火灾事故。

2. 温度对衬里的影响

(1) 温度不同，材料选择不同，通常140～110℃为一挡，110～90℃为一挡，90℃以下为一挡。

(2) 衬里材料与设备基体在温度作用下产生不同步线膨胀，温度越高，设备越大，其负作用越大，会导致两者界面黏接产生热应力，影响衬里寿命。

(3) 温度使材料的物理化学性能下降，从而降低衬里材料的耐磨性及抗应力破坏能力，也加速有机材料的恶化过程。

(4) 在温度作用下，衬里内施工形成的缺陷，如气泡、微裂纹、界面孔隙等受热应力为介质渗透提供了条件。

第三节 烟 气 系 统

烟气系统需要将原烟气引入FGD中，经脱硫净化后排放至烟囱。当FGD系统发生故障时，应立即启动烟气旁路系统，将烟气通过旁路排放至烟囱，以免锅炉灭火。烟气系统检修的重点部件包括烟气再热器、增压风机、烟道挡板。

一、烟气再热器

我国石灰石湿法烟气脱硫装置主要采用两种形式的烟气再热器，即管式和回转式。其中，应用最多的为回转式。

回转式换热器是带有旋转换热表面的再生式热交换器。安装有蓄热元件的转子在壳体内连续旋转，原烟气通过烟气管道进入GGH（气—气换热器），并将热量传送到旋转转子的蓄热元件，蓄热元件将此热量传送给自吸收塔来的净烟气，提升净烟气进入烟囱之前的温度，以防止烟气低温结露腐蚀。与电站锅炉采用的空气预热器相比，脱硫装置的回转式换热器具有换热效果好、不易堵粉、密封要求更高及烟气泄漏率小于1%等特点。

回转式换热器的检修工艺过程与质量标准有5个方面。

1. 转子驱动装置的检修

(1) 沿滑板退出驱动装置。

(2) 检查齿轮受力面（手握驱动电动机和柄）有无磨损，磨损严重及断齿应予以更换。

(3) 检查齿轮箱主副齿轮对磨损及啮合情况，接触面积比应不小于2/3。

(4) 检查齿轮箱轴承游隙符合该滚动轴承设计要求。

(5) 检查并更换齿轮箱齿轮润滑脂。

2. 转子上轴承的检修

(1) 拆除上轴承保温，打开轴承箱上盖检查。

(2) 放净轴承箱内润滑油，用10号槽钢固定大轴。拆除上轴承箱固定螺栓，松开限位顶丝，用专用工具将轴承箱顶出放在平台上，取下轴承和后密封环。

(3) 回装、调整轴承箱基座台板水平、大轴水平。

3. 转子下轴承的检修

(1) 抬高转子上部径向密封板；测量轴承箱水平；专用千斤顶将转子顶起；拆开轴承箱盖板；拆除小轴承箱固定螺栓；松开限位顶丝；移出下轴承箱。

(2) 回装轴承、轴承箱。

4. 转子检修

(1) 打开人孔门，风道内壁焊吊点。

(2) 用手拉葫芦（差动滑轮）吊出蓄热包。

(3) 检查蓄热包，蓄热包应无积灰，否则冲洗。

(4) 检查径向密封隔板无断裂及径向密封片无脱落。

(5) 检查焊缝无裂纹。

(6) 检查上部径向密封间隙，允许间隙自轴心沿径向为3～13mm。

(7) 检查下部径向密封间隙，允许间隙自轴心沿径向为2～12mm。

(8) 检查环向密封间隙，允许间隙为3mm。

(9) 检查轴向密封间隙，允许间隙垂直向下为6～8mm。

(10) 检查转子法兰，应无裂纹，焊缝平整无毛刺。

(11) 依次回装蓄热包。

5. 换热器吹灰装置的检修

(1) 关断吹灰器管道上的全部阀门，切断吹灰器电源。

(2) 松开盘根压盖螺栓，向前移动吹灰器支架一定距离，然后从填料室中取出填料环。

(3) 松开吹灰器与管道的连接法兰，取下进汽管的吹灰阀。

(4) 把进汽管向前推进，拉出阀杆，由自由端取下盘根和整体金属陶瓷环，然后将进汽管推入管轴和矩形管。

(5) 拆矩形管必须拆开矩形管法兰的螺丝钉，将矩形管从管轴中拉出，更换填料。

(6) 回装进汽管及进汽阀。

(7) 检查吹灰器矩形管、导轨、齿轮（矩形管无过度弯曲，导轨无变形，磨损量不大于1/3）。

(8) 检查链和链轮（链条、链轮磨损小于1/3）。

(9) 测量各部轴承间隙并做好记录（轴承游隙小于2.3μm）。

(10) 检查齿轮和轴承（齿轮无裂纹点蚀，磨损量小于1/3，滚珠内外套无麻点、裂纹、起皮、过热、珠架无变形、裂纹、锈蚀）。

(11) 回装行走箱。

(12) 检查吹灰器喷嘴有无锈蚀，锈蚀严重必须更换。

(13) 回装加热器吹灰装置，手动盘车检查灵活性。

二、增压风机

(一) 增压风机的检修工艺过程

(1) 风机与电动机解列。

(2) 拆开联轴器。

(3) 风箱、壳体的检查修锉。

(4) 检查主轴，测量水平度。步骤包括：①滑动轴承体解体；②滑动轴承检查；③滑动轴承体组装，同拆卸步骤相反。

应该注意的是，如果在安装一个新的轴承或新的轴承零件时，必须保持大轴在轴承座内的轴向、径向间隙，否则风机会发生损坏。

(5) 出入口挡板及旁路挡板的检修。

(二) 增压风机的检修质量标准

1. 增压风机检修工艺要点

(1) 检查调整联轴器的中心。

(2) 调整联轴器与轴和弹性圈的配合间隙。

(3) 检查叶轮表面，测试叶轮不平衡重量。

(4) 检查叶片和轮盘的磨损情况。

(5) 检查主轴及轴颈的表面，调整主轴的直线度和轴颈的圆柱度公差。

(6) 检查处理轴承合金表面，调整轴承各部接触面积及调整各部间隙。

2. 增压风机检修质量要求

（1）联轴器校正中心要符合要求：径向圆跳动 0.08mm，端面圆跳动 0.06mm。两端面间隙 10mm，调整垫片，每组不得超过 4 块。

（2）联轴器与轴的配合为 H7/js6，与弹性圈配合无间隙，弹性圈外径与孔配合间隙为 0.4～0.6mm。

（3）叶轮无裂纹、变形等缺陷。允许最大不平衡质量为 8g。

（4）叶片厚度磨损不超过其厚度的 1/2，轮盘厚度磨损量不超过轮盘厚度的 1/3。

（5）主轴无裂纹等缺陷，轴颈无沟槽，其粗糙度 R_a 值为 0.8，直线度为 0.05mm，与轴承配合时，其轴径的圆柱度公差为 0.04mm。

（6）轴承合金表面无裂纹、砂眼、夹层或脱壳等缺陷。合金面与轴颈的接触角为 60°～90°，其接触斑点不少于每平方厘米 2 点。

（7）衬背与座孔贴合均匀，上轴承体与上盖的接触面积不少于 40%，下轴承体与下座的接触面积不少于 50%，接触面积不小于 70%。顶部间隙为 0.34～0.40mm，侧向间隙为1/2顶部间隙，推力间隙为 0.20～0.30mm。推力轴承与推力盘、衬背的过盈量为 0.02～0.04mm。

（三）增压风机的主要故障

1. 增压风机不能正常投运

造成增压风机不能正常投运的原因有：①增压风机失电；②吸收塔循环泵全停；③原、净烟气挡板开启不到位；④增压风机轴承温度过高；⑤增压风机电动机轴承温度过高；⑥增压风机电动机绕组温度过高；⑦增压风机轴承振动过大；⑧增压风机发生喘振；⑨电气故障（过负荷、过电流保护、差动保护动作）；⑩运行人员误操作。

2. 增压风机振动过大原因及处理方法

增压风机振动过大原因有：①叶片和轮毂上积灰；②联轴器有缺陷；③轴承有缺陷；④部件松动；⑤叶片磨损；⑥失速操作；⑦导管堵塞或挡板未开启。

应采取的处理措施有：①清理积灰；②修理或更换联轴器；③更换轴承；④紧固松动部件螺栓；⑤更换叶片；⑥断开主电动机或控制风机使其脱开失速范围；⑦疏通堵塞导管或开启挡板。

3. 增压风机的其他主要故障及发生原因

增压风机的其他主要故障及发生原因见表 9-5。

表 9-5　　增压风机的其他主要故障及发生原因

故障名称	产生原因
轴承箱振动剧烈	（1）风机轴与电动机轴不同心； （2）机壳或进风口与叶轮摩擦； （3）基础的刚度不够或不牢固； （4）叶轮变形或黏灰； （5）叶轮与轴松动、联轴器螺栓松动； （6）机壳与支架、轴承箱与支架、轴承箱盖与座等连接螺栓松动； （7）风机进出气管道安装不良； （8）风机叶轮不平衡

续表

故障名称	产生原因
轴承温升过高	（1）轴承箱或电动机振动剧烈； （2）润滑脂质量不良，变质或填充过多，或含有杂质； （3）轴承箱盖和座连接螺栓的紧力过大或过小； （4）轴与滚动轴承安装歪斜，前后两轴承不同心； （5）滚动轴承损坏； （6）轴弯曲； （7）工作处温度过高
电动机电流大或温升过高	（1）启动时入口风道挡板门未关严； （2）流量超过规定值，管路阻力过小或风管漏气； （3）风机输送气体密度过大或温度过低，使压力过大； （4）电动机输入电压过低，电源单相断电或电动机转速增大； （5）联轴器连接不正，皮圈过紧或间隙不匀； （6）受轴承箱振动剧烈的影响； （7）机件发生故障，动叶轮与静止部分发生摩擦

三、烟道挡板

烟道挡板检修工艺水平的高低，不仅影响着FGD系统能否正常运行，更重要的是，会对锅炉运行的安全性产生重大影响。因为其一旦开关不及时，甚至会导致锅炉灭火。

烟道挡板检修工艺要点如下：

（1）检查叶片表面是否有积垢、腐蚀、变形、裂纹，铲刮清除灰垢，叶片表面洁净。

（2）检查轴封及密封空气管道的腐蚀及接头的连接并疏通管道，要求轴封完好，无杂物、腐蚀及泄漏，管道畅通。

（3）检修轴承有无机械损伤，轴承座有无位移或裂纹。要求轴承无锈蚀和裂纹，轴承座无裂纹并固定良好。

（4）检查蜗轮、蜗杆及箱体有无机械损伤，并更换润滑油。检修后要求叶轮蜗轮、蜗杆完好，无锈蚀，润滑油无变质，油位正常。

（5）检查挡板连接杆有无变形、弯曲。先转动每块挡板进行逐一检查，再装好传动连接杆，检查整个挡板。要求达到挡板连接杆无弯曲，连接牢固，能灵活开关，0°时应达到全关状态，90°时应达到全开状态。

第四节　副产品处理系统

副产品处理系统包括石膏输送机、水力旋流器和真空皮带脱水机。

一、石膏输送机检修工艺要点

（1）桁架的检修。检查桁架的裂纹、开焊变形及腐蚀情况，以及桁架是否固定牢固，有无松动。桁架裂纹时，必须焊接牢固；桁架变形应矫正平直，保证皮带直线运动，并无晃动现象。

（2）皮带的检查与检修。检查有无裂纹及皮带磨损、老化现象以及皮带的接头是否适宜和牢固。

质量要求为：①皮带磨损一般不得超过厚度的50%，且无裂纹。②应采用分层塔接，塔接角为30°～45°，塔接线分层交叉。硫化或固化处理牢固。

（3）滚筒与托辊的检修。检查其表面有无裂纹或凹凸现象，以及磨损情况和轴线与机体中心的垂直度。应保证无裂纹或凹坑，否则应更换或焊补。厚度磨损不得超过60%（塑料材料不能超过50%），垂直度公差为1.5mm。

（4）轴与齿轮的检修。①检查轴表面有无损伤及裂纹。轴表面应无损伤或裂纹，否则应予以更换。②检查轴的粗糙度及公差。粗糙度 R_a 值小于1.6，直线公差为0.015mm/100mm。③检查齿面的磨损。磨损厚度应不超过齿厚的25%，并应光洁，无裂纹、剥离等缺陷。④测定齿轮与轴的配合。齿轮与轴的配合为H7/k6。

二、水力旋流器

（一）设备维护

（1）应经常检查旋流器各部分的磨损情况，如果任何一种部件的厚度减少50%，则必须将其更换。

（2）旋流器最易磨损的部位是底流口，若发现“底流夹细”则应检查底流口磨损及堵塞情况。如磨损严重，应及时予以更换。

（3）检测底流口是否磨损，并更换底流口。

（4）在使用前应检查旋流器及管路是否处于正常状态，根据来料量的多少，决定旋流器的使用台数，将使用旋流器的球型阀门打开，备用旋流器的球型阀门关闭。

（5）球型阀门可以完全开启，或完全关闭，但决不允许处于半开半闭状态（即决不允许用阀门控制流量）。

（6）运行中要确保压力表读数不波动，如有明显波动则需检查原因。要求设备在不高于0.3MPa的压力下工作。

（7）设备在正常压力下平稳运行时，要检查连接点漏损量，必要时采取补救措施。

（8）经常检查进入旋流器的残渣引起的堵塞。旋流器进料口堵塞会使溢流和底流流量减少，旋流器底流口堵塞会使底流流量减小甚至断流，有时还会发生剧烈振动。如发生堵塞，应及时关闭旋流器给料阀门，清除堵塞物。同时在停车时应及时将进料池排空，以免再次开车时由于沉淀、浓度过高而引起堵塞事故。

（9）设备正常运行。应时常检查压力表的稳定性、溢流及底流流量大小、排料状态，并定时检测溢流，底流浓度、细度。

（二）常见故障及处理方法

1. 给料压力

给料压力应稳定在0.1～0.4MPa，不得产生较大的波动。给料压力发生波动有损于设备性能，影响旋流器的分级效果。压力波动通常是泵槽液位下降和空气拽引造成泵给料不足或者是泵内进入杂物堵塞造成的。运行很长时间后压力下降是由泵磨损造成的。

调整处理方法：若是泵槽液位下降引起的压力波动，可以通过增加液位或关闭一两个旋流器或减小泵速来调整。若是由泵堵塞或磨损引起的压力波动，则需检修泵。

2. 堵塞

检查所有运行中的旋流器溢流和底流排料是否通畅，如果旋流器溢流和底流的流量减少或底流断流，则表明旋流器发生堵塞。

调整处理方法：若是溢流、底流流量均减小，则可能是旋流器进料口堵塞，此时应关闭堵塞旋流器的进料阀门，将其拆下，清除堵塞物；若是底流流量减小或断流，则是底流口堵塞，此时可将螺母拧下，清除底流口中杂物。

3. 底流参数分析

经常观察旋流器底流排料状态，并定期检查底流浓度和细度。底流浓度波动或“底流夹细”均应及时调整。旋流器正常工作状态下，底流排料应呈“伞状”。如底流浓度过大，则底流呈“柱状”或呈断续“块状”排出。

调整处理方法：底流浓度大可能是由给料浆液浓度大或底流过小造成的。可以先在进料处补加适量的水，若底流浓度仍大，则需更换较大的底流口。若底流呈“伞状”排出，但底流浓度小于生产要求浓度，则可能是进料浓度低造成的，此时应提高进料浓度。“底流夹细”的原因可能是底流口径过大、溢流管直径过小、压力过高或过低，可以先调整好压力，再更换一个较小规格的底流口，逐步调试达到正常生产状态。

4. 溢流参数分析

定时检测溢流浓度及细度。溢流浓度增大或“溢流跑粗”可能与给料浓度增大和底流口堵塞有关。

调整处理方法：发现“溢流跑粗”可以先检测底流口是否堵塞，再检测进料浓度，并根据具体情况调整。

三、真空皮带脱水机

真空皮带脱水机的作用是分开固液两相体，借助于水平滤面，快速过滤沉积固体石膏颗粒。最主要的部件是皮带输送机，其在真空箱上部滑动并带动循环滤布。卸料皮带上有大量的孔洞，以便于空气和滤液通过滤布流入真空箱中。真空箱的真空状态是通过真空泵保持。滤液经气压下降段从真空箱中排出。滤饼通过重力完成卸料。喷射低压水连续冲洗滤布，这样返回到过滤器的过滤段滤布始终保持清洁状态。

1. 过滤带的检修及更换

滤带表面损坏时应更换，并保证滤带通气良好，无堵塞，保证在过滤带行走中无锐利物损坏的可能。新过滤布应与旧过滤布行走轨迹一致，行走中不跑偏，过滤布光滑面向上。

具体操作要求为：

（1）检查有无撕裂、孔洞。

（2）用水均匀冲洗滤布，清除堵塞。

（3）清除过滤带托（辊）轮及锐利的残留物。更换过滤带。安装时新过滤布必须在2个支架间的1个压杆上安装好，并定位于过滤器尾端，低速运转过滤器直到接头部位位于张紧轮及过滤器顶部间位置并停止。抬起张紧轮后拆下旧过滤布，接好连接线。搭接线缝处表面用树脂填充，以防漏浆。

2. 过滤布导向装置检修

检查导向器定位是否准确，部件应完好。人工控制支撑臂左右调整过滤布走向，注意采用微调。技术要求为：

（1）定位器挡板偏移为16°。

（2）控制臂与滤带调整比为10/40，即当控制臂移动10mm时，过滤带移动40mm。

3. 托轮及压辊检修

(1) 检查托轮及压辊磨损。支撑轴应无损坏，润滑油是否充足。

(2) 要求托轮、压辊应无沟槽；定期补充及更换润滑油。

4. 真空箱及软管检修

检查真空箱及连接软管的损坏情况。做到无泄漏，连接件完好、牢固。

四、石膏脱水能力不足的原因

(1) 石膏浆液浓度太低。

(2) 烟气流量过高。

(3) SO_2 入口浓度太高。

(4) 石膏浆液泵出力不足。

(5) 石膏水力旋流器数目太少、入口压力太低。

(6) 到皮带机的石膏浆液浓度太低。

五、FGD 装置运行中的一般性检查和维护的项目

(1) FGD 装置的清洁。

(2) 转动设备的润滑和冷却。

(3) 泵的机械密封，运行工况，循环回路。

(4) 罐体、管道法兰和人孔门等处的泄漏情况。

(5) 搅拌器的运行情况。

(6) 烟气系统的积灰、堵塞情况，氧化风机的油压、油位及滤网清洁情况。

(7) 石膏脱水系统的积垢情况。

(8) 测量装置的校验和检查。

(9) 系统运行中的化学分析。

复习思考题

9-1 什么叫皮带跑偏？试述整条皮带向一侧跑偏的原因及其处理方法。

9-2 简述叶轮给粉机的检修工艺要点。

9-3 皮带胶接口制作的质量要求。

9-4 试述二氧化硫吸收塔检修工艺要点及质量要求。

9-5 试述渣浆泵（石膏浆泵、石灰石浆液泵）的检修工艺要点及质量要求。

9-6 离心泵检修的质量要求是什么？

9-7 氧化风机的故障有哪些？

9-8 搅拌器的故障有哪些？

9-9 离心式风机振幅超过标准的主要原因有哪些？

9-10 如何进行石灰石浆液泵叶轮的调节？

9-11 简述罗茨风机检修的工艺要点。

9-12 温度对衬里的影响主要有哪几个方面？

9-13 简述回转式换热器的检修工艺要点及质量要求。

9-14 试述增压风机检修工艺要点及质量要求。

9-15　造成增压风机不能正常投运的原因有哪些?

9-16　增压风机振动过大原因及处理方法。

9-17　烟道挡板检修工艺要点。

9-18　简述石膏输送机的检修工艺要点。

9-19　试述真空皮带脱水机检修工艺要点。

9-20　石膏脱水能力不足的原因有哪些?

9-21　FGD装置运行中的一般性检查和维护的项目有哪些?

第十章　烟气脱硝技术概述

第一节　NO_x 的危害及燃煤 NO_x 的生成

一、燃煤电厂 NO_x 的排放现状及危害

氮和氧结合的化合物有 N_2O、NO、NO_3、NO_2、N_2O_4、N_2O_5 等，总起来用氮氧化物（NO_x）表示，其中造成大气污染的 NO_x 主要是指 NO 和 NO_2，而 NO_2 的毒性是 NO 的 4～5 倍。大气中天然排放的 NO_x，主要来自土壤和海洋中有机物分解，属于自然界氮循环过程。人为活动排放的 NO_x 主要来自煤炭的燃烧过程，每燃烧 1t 煤则产生大约 8～9kg 的氮氧化物。汽车尾气和天然气、石油燃烧的废气含有 NO_x，化肥的使用也会产生 NO_x。化石燃料燃烧生成的 NO_x 中有 90%以上是 NO，其余为 NO_2。随着电力工业的发展和汽车数量的增多，NO_x 排放量将越来越大，对我国大气环境的污染越来越严重。2005 年，全国氮氧化物排放总量为 1990 万 t，其中火力发电是最大来源，占到 36%左右，2007 年我国火力发电 NO_x 排放量约为 840 万 t，比 2003 年的 597.3 万 t 增加约 40%，而同期火电装机容量增长 91%，火电煤耗量增长 61%，这说明我国火电单位发电量的 NO_x 排放水平总体呈逐步下降的趋势。但与发达国家相比，我国火电行业单位发电量的 NO_x 排放水平依然很高，为 3.1g/kWh。这一水平与发达国家 1999 年的排放水平相比，约是美国的 1.3 倍、德国的 3.4 倍、日本的 10 倍。截至 2007 年年底，我国已建成烟气脱硝装置 26 台（套），总装机容量为 11 250MW。在建脱硝火电厂共计 32 座，总容量 34 730MW。专家预测，未来 15 年中国 NO_x 的排放量将继续增长，到 2020 年可能达到 3000 万 t 以上。如此巨大的排放量，势必对公众健康、生态环境和社会经济造成严重影响。

NO 是无色、无刺激气味的不活泼气体，在大气中的 NO 会迅速被氧化成 NO_2。NO_2 是棕红色有刺激性臭味的气体。NO_x 可刺激肺部，使人较难抵抗感冒之类的呼吸系统疾病，呼吸系统有问题的人士如哮喘病患者，较易受 NO_x 影响。

在 NO_x 中，对人体健康危害最大的是 NO_2，可引起肺损害，甚至造成肺水肿，慢性中毒可导致气管及肺部发生病变。NO_2 在空气中的浓度（体积分数）与其对人体或其他生物的危害情况见表 10-1。

表 10-1　　NO_x 浓度症状

NO_x 的体积分数（$\times10^{-6}$）	对人体或其他生物的危害情况
0.5	连续暴露 4h，肺细胞病理组织发生变化，3～12 个月会出现肺气肿，对感染的抵抗力减弱
1	闻到臭味
2.5	>7h，豆类、西红柿等作物的叶子变为白色
3.5	>2h，细菌对动物感染能力增大
5	闻到很难闻的臭味

续表

NO_x 的体积分数（$\times10^{-6}$）	对人体或其他生物的危害情况
10～15	眼、鼻、呼吸道受刺激
25	人只能短时间停留
50	1min 内，人的呼吸异常，鼻子受刺激
80	3～5min 内，引起胸痛
100～150	30min 内，至多 1h，人就会因肺水肿而死亡
>200	人瞬间死亡

NO_x 还可危害植物，NO_2 对植物的危害比 NO 严重得多。具体症状是：在叶脉间或叶片边缘出现不规则水渍状伤害，使叶子逐渐坏死，出现白色、黄色或褐色斑点，造成农作物减产或死亡。

NO_x 对材料的腐蚀作用主要是由反应产物硝酸盐和亚硝酸盐引起的，同时使某些织物的染料褪色。光化学烟雾能加速橡胶制品老化，腐蚀建筑物和衣物，缩短其使用寿命。

大气中的 NO_x 也破坏着臭氧层，臭氧层被破坏将改变大气结构。臭氧层是地球大气不可分割的一部分，对大气的循环以及大气的温度分布起着重要的作用。臭氧在平流层中通过吸收太阳的紫外线辐射和地面的红外线辐射而使大气升温，臭氧层被破坏会使平流层获得的热量减少，而到达对流层和地球表面的太阳辐射增加，导致了对流层变热而平流层变冷，破坏了地表的辐射收支平衡，使全球气候变化。臭氧的损耗导致到达地表的紫外线辐射增加，紫外线可以促进维生素的合成，对骨组织的生长、保护起有益的作用，但紫外线中 UV-B 段辐射增强会引起皮肤病、白内障及免疫系统的疾病等。

酸雨是大气污染物（如硫化物和氮化物）与空气、水和氧之间化学反应的产物，已有研究表明，HNO_3 对酸雨的贡献呈逐年上升之势，降水中 NO_3^-/SO_4^{2-} 的比值在全国范围内逐渐增加。

据有关研究指出，现在每年我国酸雨污染造成的经济损失约 5000 亿元，成为制约我国社会经济发展的重要环境因素。

二、煤燃烧 NO_x 的生成机理

燃煤发电过程产生的众多气态污染物（NO_x、CO、SO_x、C_nH_m）中，NO_x 是危害很大且又很难处理的气态污染物之一。煤燃烧产生的 NO_x 主要有 NO、NO_2 和微量的 N_2O。在煤的燃烧过程中，NO_x 的生成量和排放量不仅与反应系统中总的含氮量（分子氮和燃料氮）有关，还与燃烧方式（特别是燃烧温度和过量空气系数等）密切相关，燃烧形成的 NO_x 主要有燃料型（fuel NO_x）、热力型（thermal NO_x）和瞬发型（prompt NO_x，或称快速型）三种。

1. 热力型 NO_x（T-NO_x）

煤燃烧所用空气中的 N_2 与 O_2 在高温条件下反应生成的 NO_x，由于其对温度的依赖性很强，通常称为热力型 NO_x。在贫燃料火焰中的反应为

$$N_2 + O \rightleftharpoons N + NO \tag{10-1}$$

$$N + O_2 \rightleftharpoons NO + O \tag{10-2}$$

在富燃料火焰中的反应为

$$N + OH \rightleftharpoons NO + H \tag{10-3}$$

温度对热力型 NO_x 的生成具有决定性影响，燃烧温度越高，NO_x 的产生率越大，排放的 NO_x 越多。以煤粉炉为例，在燃烧温度为 1350℃时，几乎 100%生成燃料型 NO_x，但当温度为 1600℃时，热力型 NO_x 可占炉内 NO_x 总量的 25%～30%。除了反应温度外，热力型 NO_x 的生成还与 N_2 浓度以及停留时间有关。也就是说，过量空气系数和烟气在高温区的停留时间对热力型 NO_x 的生成有很大影响。

控制热力型 NO_x 产生的措施有：①减少燃烧最高温度区域范围；②降低燃烧峰值温度；③使燃烧在远离理论空气比的条件下进行；④缩短燃料在高温区的停留时间；⑤降低局部氧气浓度。

2. 燃料型 NO_x（F-NO_x）

煤含有氮，燃烧所排放的 NO_x 浓度会随煤中氮含量增加而增加，因此煤中氮含量是 NO_x 排放的一个重要来源。煤中的氮一般以氮原子的形态与各种碳氢化合物结合，形成氮的环状或链状化合物。在进入燃烧区之前，空气中的氧与氮原子反应生成 NO，NO 在大气中被氧化成毒性更大的 NO_2。这种燃料中的氮化合物经热分解和氧化反应而生成的 NO_x 称为燃料型 NO_x。煤燃烧产生的 NO_x 中，75%～90%是燃料型 NO_x。试验表明，NO_x 的生成和转化率与温度之间的关系比热力型对温度的依赖要小，与氧化剂的份额关系较大。也就是说，过量空气系数越高，NO_x 的生成和转化率也越高。

控制燃料型 NO_x 产生的措施有：①减少过量空气系数；②控制燃料与空气的前期混合；③提高入炉燃料的局部燃烧浓度；④利用中间生成物反应降低 NO_x 产量。

3. 瞬发（或快速）型 NO_x（P-NO_x）

燃料中碳氢化合物在富燃料燃烧时，反应区附近快速生成 NO_x 称为瞬发型 NO_x。它是燃料燃烧时产生的烃（CH、CH_2、CH_3）基团撞击燃烧空气中的 N_2 产生的 CN 和 HCN 等化合物，HCN 再与火焰产生的大量 O、OH 反应生成 NCO，NCO 又被进一步氧化而生成的 NO。此外，火焰中 HCN 浓度很高时存在大量的氨化合物（NH_x），这些氨化合物与氧原子等快速反应生成 NO。

在燃煤锅炉中，瞬发型 NO_x 生成量很小，一般占 NO_x 总量的 5%以下。通常情况下，在燃用不含氮的碳氢燃料低温燃烧时，才重点考虑快速型 NO_x。

4. NO_x 的还原

煤中的氮并不都转化成 NO_x，还有相当一部分转化成对环境无害的 N_2，因此煤燃烧过程中实际排放出的 NO_x 量远小于根据煤中氮含量计算出的 NO_x 理论排放量。对燃烧器内部和烟道气中 NO_x 浓度分布的分析表明，燃烧器从底部向上，NO_x 浓度趋于减小，烟道中 NO_x 浓度更小，这是因为部分 NO_x 在煤的燃烧过程中被还原生成了 N_2。与 NO_x 可以发生反应的物质还有焦炭、一氧化碳（CO）、氨气（NH_3）、氢气（H_2）、碳氧化合物等，其中 NO_x 与焦炭的反应最为重要，是 NO_x 还原的主要因素。

根据 NO_x 的产生机理，把 NO_x 的控制方法分为燃烧前、燃烧中和燃烧后三种。燃烧前脱硝主要是将燃料转化为低氮燃料，这样成本太高，至今尚未得到很好的开发，是今后深入研究的方向。燃烧中脱硝主要是指各种降低 NO_x 的燃烧技术，它是新建锅炉普遍采用的有效降低 NO_x 排放的技术，但该技术已不能完全满足当前及今后的环保要求。燃烧后脱硝主要指烟气脱硝技术，其脱硝效率高，随着环保要求的日益严格，高效率的烟气脱硝技术将是主要的发展方向。

第二节 NO_x 排放控制法规

一、工业发达国家 NO_x 控制

目前 NO_x 的允许排放量标准在全世界倾向于严格。各国对 NO_x 的排放限制各不相同，但发达国家都把电站锅炉产生的 NO_x 作为一个重要控制指标，并制定了相应的 NO_x 排放标准。在 NO_x 的控制方面，德国和日本是世界上对污染排放标准要求最严格、技术最先进的国家。美国是世界上能源消耗最多的国家，近年来也有很多重大举措。

1. 德国

对 300MW 以上的机组，规定了 200mg/m^3 的严格标准（本文所指 NO_x 的数值如无特别说明，为标准状况下，O_2 含量为 6%，NO_x 为按 NO_2 计算的干烟气中 NO_x 含量），按这一标准，仅采用燃烧技术的改进在目前是无法实现的，必须安装烟气净化处理的特殊装置。

2. 日本

针对 NO_x 污染问题，日本采取了一些相应的控制措施，对固定源的对策为：①实施全日本统一的排放标准，对于那些 NO_x 排放量较大、造成污染严重的设备，其 NO_x 排放限值逐年减小；②总量控制，对于污染源排放较为集中的区域，仅按排放标准进行限制难以确保该区域的大气 NO_x 浓度达到环境标准，从 1982 年起开始对 NO_x 实施排放总量控制；③实施降低 NO_x 排放的技术措施，如安装烟气脱硝设施。目前日本 NO_x 排放限值为 100ppm，约折合 200mg/m^3。

3. 美国

美国自 1990 年修订《清洁空气法》后，对 NO_x 的控制采取区域性和洲际性控制战略，提出将 NO_x 排放量比 1980 年水平减少 200 万 t 的目标。为保证该目标的实施，有关部门把 NO_x 占年排放总量 1/3 的电厂列为防范重点。

在某些地区的新建电站锅炉，特别设立了 NO_x 排放必须小于 142.85mg/m^3 的控制标准。对于不达标者，给予严厉处罚，直至关闭。

美国 2005 年规定 NO_x 排放限值为 1.0～1.4lb/MWh，约折合 135～184mg/m^3。

工业发达国家 NO_x 控制法规标准有以下特点：

（1）最初较多地关注减少汽车尾气中的 NO_x，后来注意加强对电厂 NO_x 排放的控制。

（2）20 世纪 80 年代中后期，有关 NO_x 排放标准大幅度严格起来。

（3）对 NO_x 排放量的控制，除利用法律手段外，还运用了市场机制。

二、国内控制法规

近年来我国 NO_x排放量不断增加，酸雨污染已由硫酸型向硫酸、硝酸复合型转变，城市大气环境形势依然严峻，区域性大气污染问题日趋明显。此外，NO_x的排放控制要求与发达国家和地区相比差距较大。GB 13223—2003 已无法适应当前及未来一段时期内火电行业环境保护要求，提高排放控制要求，控制火电 NO_x排放迫在眉睫，需要对 GB 13223—2003 进行修订，以满足当前的环保工作需要。

为了控制大气 NO_x 污染，环境保护部发布了《关于印发〈2009～2010 年全国污染防治工作要点〉的通知》，该通知要求全面开展 NO_x 污染防治，以火电行业为重点，开展工业 NO_x 污染防治。在京津冀、长三角和珠三角地区，新建火电厂必须同步建设脱硝装置，2015 年年底前，现役机组全部完成脱硝改造。

目前正在修订的标准原则是：

（1）重点地区内新建、改建和扩建的火电锅炉，须同步配套建设烟气脱硝装置，执行 200mg/m^3 的限值。

（2）其他地区新建、改建和扩建的燃煤电厂，须同步配套建设烟气脱硝装置或预留烟气脱硝场地，执行 400mg/m^3 的限值。

（3）对燃用天然气的燃气锅炉执行 150mg/m^3 排放限值，燃用其他气体燃料的燃气锅炉及燃油锅炉执行 200mg/m^3 排放限值。

（4）新建燃用天然气的燃气轮机机组执行 50mg/m^3 排放限值，燃用除天然气外的气态燃料和燃油的燃气轮机机组执行 120mg/m^3 排放限值。

到 2015 年 1 月 1 日，位于重点地区的火电机组，已要求预留烟气脱硝场地，应安装高效烟气脱硝装置，执行 200mg/m^3 的排放浓度限值。

到 2015 年 1 月 1 日，位于其他地区的火电机组，根据燃煤煤质的不同采用高效低氮燃烧技术或烟气脱硝技术执行 400mg/m^3 的排放浓度限值。该限值对于燃用烟煤和褐煤的火电机组，只需改造先进高效的低氮燃烧器即可实现，对于燃用无烟煤和贫煤的火电机组，则可安装 SNCR 或 SCR，达到排放浓度限值。

第三节　降低 NO_x 排放的燃烧技术

控制火电厂 NO_x 生成与排放最常用的方法有两种：一类是燃烧中脱硝技术，通过燃烧技术的改进（包括采用先进的低 NO_x 燃烧器），可有效减少锅炉炉膛内煤燃烧生成的 NO_x 量；另一类是燃烧后脱硝技术，即在锅炉尾部加装烟气脱硝装置，减少 NO_x 向环境的排放量。

一、分级燃烧技术

分级燃烧就是把燃烧分阶段完成，通过调节燃烧工况降低 NO_x 生成量。它包含了低过量空气燃烧、空气分级燃烧、燃料分级燃烧和烟气再循环等技术。这些技术的基本思路是：形成缺氧富燃料区并设法降低局部高温区的燃烧温度以抑制 NO_x 的生成，避开温度过高和大过量空气系数同时出现；减少燃料周围的氧浓度，形成还原性气氛并加入还原剂，使已生成的 NO_x 被还原。低 NO_x 燃烧器是最常用的分级燃烧技术。

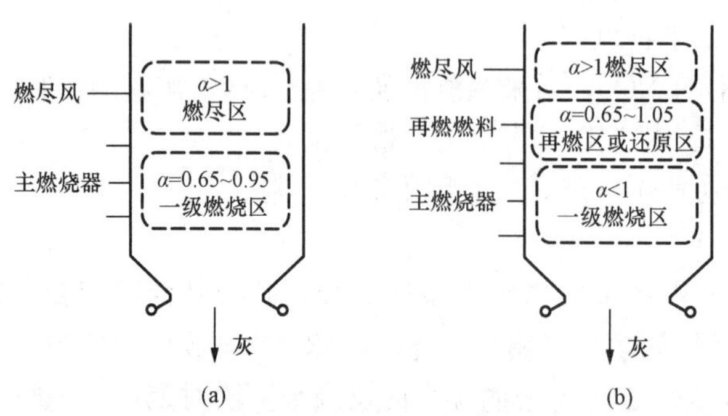

图 10-1　空气与燃料分级原理
（a）空气分级燃烧；（b）燃料分级燃烧

1. 空气分级燃烧

如图 10-1（a）、图 10-2 所示，空气分级燃烧技术是将燃烧用的空气分阶段送入，在第一阶段燃烧区内供入80%左右理论空气量，形成过量空气系数 $\alpha<1$ 的富燃料燃烧区，从而降低燃烧区内的燃烧速度和温度水平，抑制了挥发分燃烧生成的热力型 NO_x。另外，燃烧生成的 CO 与 NO 的还原反应以及燃料中 N 分解成中间产物（如 NH、CN 和 HCN 等）相互复合作用或与 NO 的还原分解，同样抑制了燃料型 NO_x 的生成。其反应式为

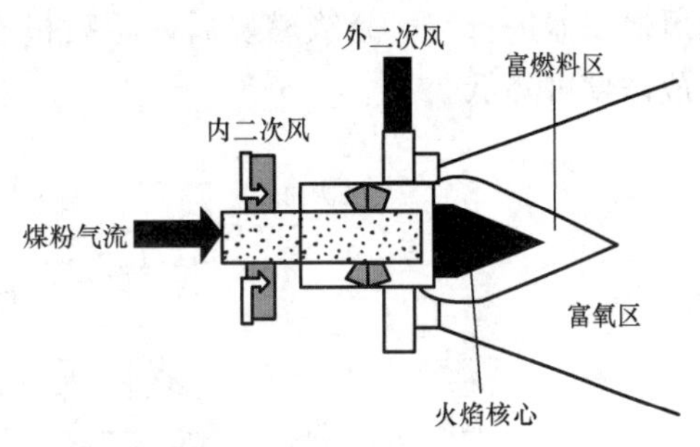

图 10-2　空气分级燃烧过程

$$CO+NO \rightarrow CO_2+\frac{1}{2}N_2 \tag{10-4}$$

$$NH+NH \rightarrow N_2+H_2 \tag{10-5}$$

$$NH+NO \rightarrow N_2+OH \tag{10-6}$$

第二阶段将燃烧所需空气的余下部分以二次风形式送入，使第一阶段产生的烟气在该燃烧区内 $\alpha>1$ 的条件下完成燃烧。在此区间，虽然空气量多，一些中间产物被氧化生成 NO

$$CH+O_2 \rightarrow CO+NO \tag{10-7}$$

但由于火焰温度较低，NO 生成量不大，最终第二阶段燃烧可使 NO_x 生成量降低 30%～40%，因此总的 NO_x 生成量降低。

空气分级燃烧可以在燃烧器内实现，也可以在锅炉内完成。它能降低以天然气为燃料的燃烧过程 60%～70%的 NO_x，以煤或油为燃料的燃烧过程 40%～50%的 NO_x。采用这种技术的低 NO_x 燃烧器主要有德国斯坦谬勒（Steinmuller）公司设计的 SM 型、巴布科克—日立（Babcock-Hitachi）公司的 HT-NR 型、德国巴布科克公司第二代产品 WB 型和第三代产品 DS 型、美国巴布科克—威尔科克斯（B&W）公司 DRB 型低 NO_x 燃烧器、日本的 PM 型燃烧器等。

2. 燃料分级燃烧

燃料分级也称为再燃烧，是把燃料分成两股或多股燃料流，这些燃料流经过 3 个燃烧区发生燃烧反应。如图 10-1（b）所示，把 80%～85%的燃料送入第一燃烧区，在过量空气系数 $\alpha<1$ 的条件下完全燃烧，其余 15%～20%燃料送入第二燃烧区，在 $\alpha<1$ 的条件下燃烧，形成很强的还原气氛，使得第一燃烧区内生成的部分 NO_x 还原成 N_2，从而达到减少 NO_x 排放的目的。第三燃烧区为燃尽区，其 $\alpha>1$，以保证把未完全燃烧产物燃尽。

NO 的还原可发生在燃烧器内，也可发生在炉膛内。燃料分级可减少约 50%的 NO_x 排放。采用这种技术的燃烧器比较少，但炉膛内进行燃料分级布置的较多。

二、分级燃烧型低 NO_x 燃烧器

1. 空气分级低 NO_x 燃烧器

（1）DRB 型低 NO_x 燃烧器。如图 10-3 所示，DRB 型空气分级低 NO_x 燃烧器主要是通过控制煤粉与空气的混合，延迟燃烧过程，降低燃烧强度和火焰最高温度来降低 NO_x 的生成量。其特点是一次风为直流或弱旋，二次风分为内、外两股，具有 3 个同心环形喷口。一次风量占总风量的 15%～20%，内二次风量占总风量的 30%～40%，外二次风占 50%～60%。此外，在一次风喷口周围还有一股冷空气或烟气，可以抑制挥发分析出和着火阶段 NO_x 的生成。在燃烧器周围布置二级燃烧空气喷口，使得 $\alpha\approx1.2$，保证煤粉燃尽。采用双

调风燃烧器进行空气分级燃烧后，距喷口 1.2m 处的火焰温度由 1600℃降至 1400℃，NO_x 排放浓度可降低 39%。

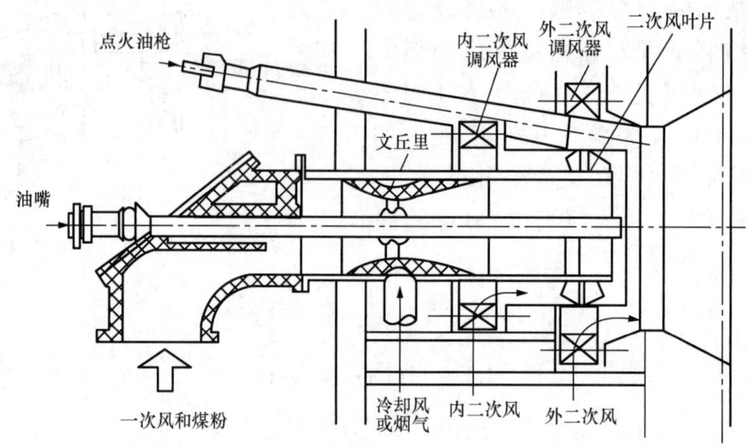

图 10-3 DRB 型双调风低 NO_x 燃烧器结构

（2）巴布科克—日立的 HT-NR3 燃烧器。其结构如图 10-4 所示，主要由一次风弯头、文丘里管、内二次风装置（含调风器、调节机构）、煤粉浓缩器、稳燃环、三次风（外二次风）执行器及燃烧器壳体等组成。

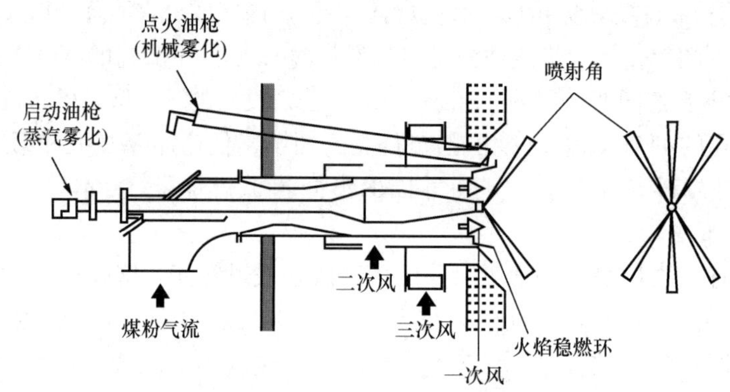

图 10-4 HT-NR3 旋流煤粉燃烧器示意

HT-NR 燃烧器技术特点：①HT-NR 燃烧器有一个锥形的煤粉浓缩器。该浓缩器提高火焰了稳燃环附近的煤粉浓度，有利于煤粉着火和燃烧；②在一次风管（煤粉喷嘴）的前端装有陶瓷制的齿形环状火焰稳焰环及稳焰齿。陶瓷稳焰环在一次风喷口端产生热烟气回流，提高点火速度和火焰温度；③使用导流筒控制最外侧高旋流的三次风（外二次风）和火焰的混合，在不降低燃烧效率的同时，减少 NO_x 的生成；④在煤粉燃烧器的上部布置了一层燃尽风喷口，分为主燃尽风（AAP）和侧燃尽风（SAP），其作用是补充燃料后期燃烧所需的空气，同时实现分级燃烧，抑制 NO_x 的生成，防止炉膛结渣。

（3）DS 型低 NO_x 燃烧器。它是一种分级燃烧器，是 Babcock 公司 1995 年开发的第三代产品，其结构如图 10-5 所示。为了考虑减少 NO_x 生成的同时，可能出现的燃烧不良等问题，它采用截面积较大的中心风管，减缓了中心风速，保证回流区的稳定；增大一次风射流的周界长度和一次风粉气流同高温烟气的接触面积，提高了煤粉的着火稳定性；在一次风道内安装了旋流导向叶片，并将喷嘴端部设计成外扩型；煤粉喷嘴出口加装了齿环形稳燃器；在外二次风道中采用扩张形喷口，以使内外二次风不会提前混合；内外二次风道为切向进风蜗壳式结构，保证燃烧器出口断面空气分布均匀，增加了优化燃烧所具备的旋流强度。因此该燃烧器可实现 NO_x 低于 450mg/m³ 的排放标准。而且，它既可用于前后墙对冲燃烧方式，也可用于四角切圆燃烧方式；燃烧优质烟煤和劣质烟煤或贫煤均适用。

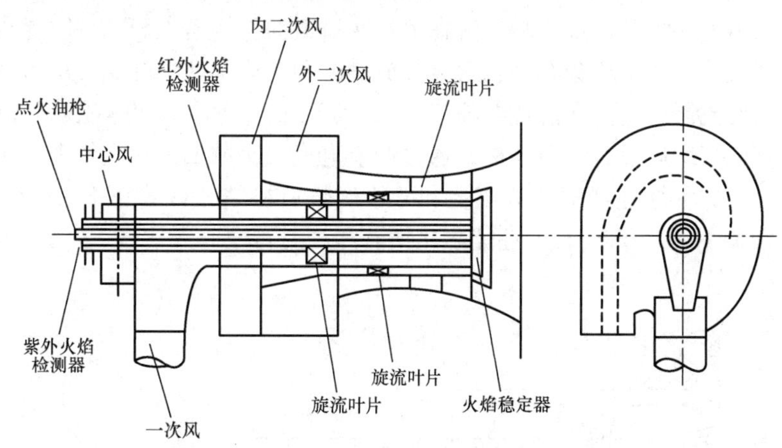

图 10-5　DS 型低 NQ 燃烧器的结构

2. 燃料分级低 NO_x 燃烧器

图 10-6 所示为德国斯坦谬勒（Steinmuller）公司按照燃料分级燃烧原理设计的 MSN 型旋流煤粉燃烧器。一次风煤粉混合物在喷口附近着火并与旋转的二次风混合，形成 $\alpha_1 = 0.9$ 的一级燃烧区，燃烧在接近理论空气量的条件下进行，保证煤粉在锅炉运行的全部负荷范围内均有很高的着火稳定性。在距一次燃料喷口一定距离处，沿半径方向对称布置有 4 个二次燃烧喷口。

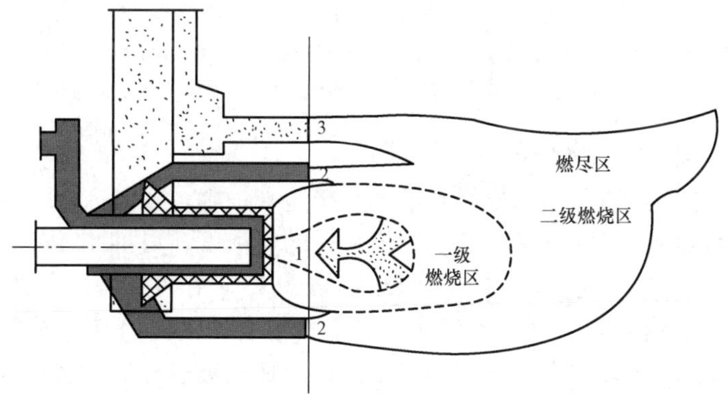

图 10-6　MSN 型旋流煤粉燃烧器结构

1—一次风燃料喷口；2—二次风燃料喷口；3—OFA 喷口

煤粉在 $\alpha_2 = 0.55$ 的条件下被送入炉膛，并在距喷口一定距离处与来自一级燃烧区的煤粉混合，形成还原性气氛很强的二级燃烧区。此区不但可以抑制 NO_x 的生成，还可将一级燃烧区中生成的 NO_x 还原。同时，二级燃烧区推迟了燃烧过程，使火焰温度降低，抑制了热力型 NO_x 的生成。

保证煤粉完全燃烧的“火上风”由 OFA 喷口送入燃烧器上部的炉膛，并与来自二级燃烧区的火焰混合，在 $\alpha=1.25$ 的条件下将煤粉燃尽。

三、浓淡型低 NO_x 燃烧器

图 10－7 所示为秦裕琨等提出的径向浓淡旋流煤粉燃烧器，在其一次风道内加装具有高浓缩比的煤粉浓缩器，一次风粉混合物经浓缩器后分离成浓煤粉和淡煤粉，浓煤粉经过靠近中心管的一次风道喷入炉膛，淡煤粉气流在浓一次风道的外侧喷入炉膛，因此在燃烧器出口处形成煤粉浓度径向浓淡不均分布；二次风分成旋流和直流，其中旋流二次风由装有固定式轴向弯曲叶片的旋流器产生，在燃烧器喷口外与直流二次风混合，经一次风外侧的二次风喷口喷入炉膛。直流二次风设有调节挡板，通过调节直流二次风量来改变整个二次风旋转强度和射流扩展角，因这种燃烧器把浓淡燃烧和分级燃烧有机结合，故它不仅低负荷稳燃性能好、NO_x 排放量降低 30％～50％，还能防止结渣和高温腐蚀。

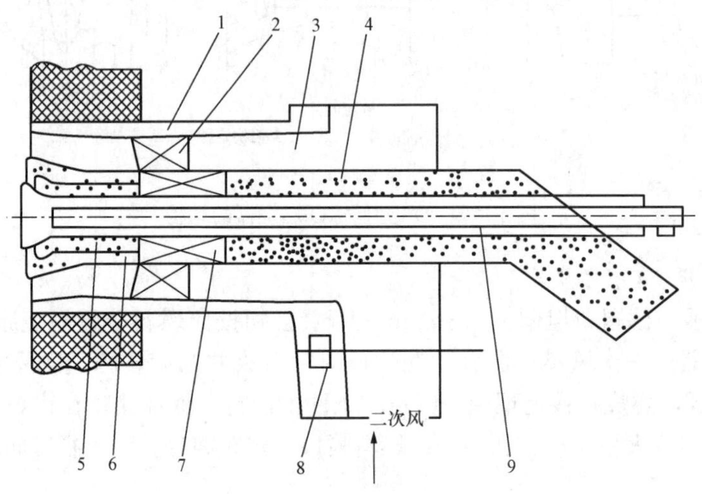

图 10－7　径向浓淡旋流煤粉燃烧器

1—直流二次风；2—旋流器；3—旋流二次风道；4—一次风道；5—浓一次风；6—淡一次风；7—煤粉浓缩器；8—直流二次风挡板；9—点火装置

四、烟气再循环低 NO_x 燃烧器

在锅炉空气预热器前抽取一部分低温烟气直接送入炉膛，或渗入一、二次风中再送入炉膛，既降低了燃烧区域的温度，又降低了燃烧区域的氧浓度，可抑制 NO_x 的生成。

图 10－8 所示为日本三菱公司在直流煤粉燃烧器上应用烟气再循环技术而开发的 SGR 型烟气再循环低 NO_x 燃烧器。再循环烟气不与空气混合，而是直接送至燃烧器，在一次风煤粉空气混合喷口上、下各装有再循环烟气喷口，因烟气吸热和氧的稀释，在一次风喷口附近形成还原性气氛，使燃烧速度和燃烧区温度降低，抑制了 NO_x 的生成。上二次风起着“火上风”的作用，当它与自下而上的还原性火焰混合时，在 $\alpha>1$ 的条件下完成煤粉的燃尽过程，当 $\alpha=1.2$ 时，不同煤种的 NO_x 排放值均为 200～500mg/m^3。

该技术的 NO_x 降低率不仅与燃料种类有关，而且还与再循环烟气量有关。当再循环烟气量的增加时，NO_x 排放减少，进一步增大烟气再循环量，NO_x 的排放变化不大，趋于一个定值。但是，再循环烟气量过大，炉温降低太多，会导致燃烧不稳，未完全燃烧损失也会增加。因此，电站锅炉的烟气再循环率一般控制在 10％～20％，此时 NO_x 可降低25％～35％。

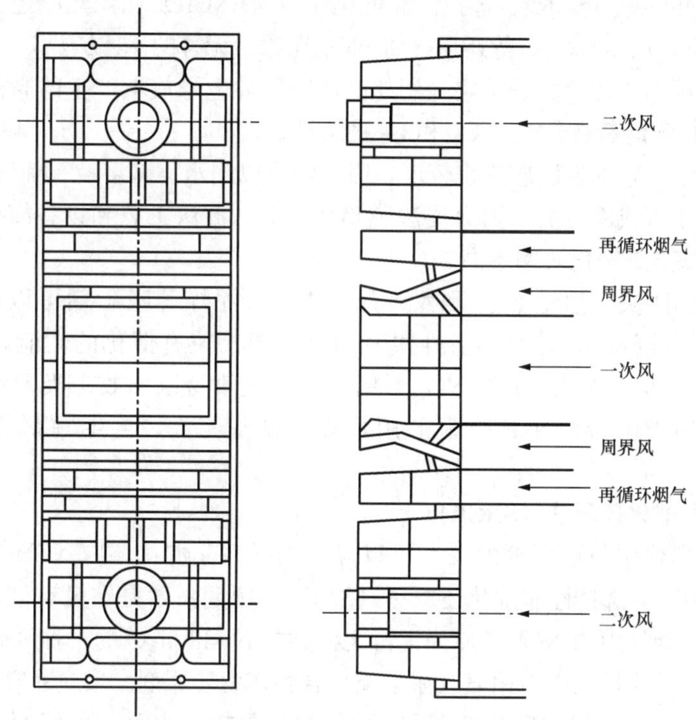

图 10-8　SGR 型烟气再循环低 NO_x 燃烧器

第四节　烟气脱硝技术

一、烟气脱硝技术分类

（1）烟气脱硝工艺可以分为湿法和干法两大类。

1）湿法（Wet Process），是指反应剂为液态的工艺技术。通过氧化剂 O_2、ClO_2、$KMnO_4$ 把 NO_x 氧化成 NO_2，然后用水或碱性溶液吸收脱硝。包括臭氧氧化吸收法和 ClO_2 气相氧化吸收法。

2）干法（Dry Process），是指反应剂为气态的工艺技术。包括氨催化还原法和非催化还原法。

无论是干法还是湿法，依据脱硝反应的化学机理，又可以分为还原（Reduction）法、分解（Decomposition）法、吸附（Absorption）法、等离子体活化（Plasma activation）法和生化（Biochemical）法等。

目前，世界上较多使用的湿法有气相氧化液相吸收法和液相氧化吸收法，较多使用的干法有选择性催化还原法（Selective Catalytic Reduction，SCR）、选择性非催化还原法（Selective Non-Catalytic Reduction，SNCR）等。

（2）气相氧化液相吸收法包括三类：

1）电子束照射法。它利用高能电子产生的自由基将 NO 氧化为 NO_2，再与 H_2O 和 NH_3 作用生成 NH_4NO_3，并加以回收利用，可同时脱硫脱硝。

2）选择性催化还原（SCR）、选择性非催化还原（SNCR）和炽热碳还原法。它是在催化或非催化条件下，用 NH_3、C 等还原剂将 NO_x 还原为无害的 N_2 方法。

3）低温常压等离子体分解法。它利用超高压窄脉冲电晕放电产生的高能活性粒子撞击 NO_x 分子，使其化学键断裂分解为 O_2 和 N_2 的方法。

液相氧化吸收 NO_x 的方法应用也较广。吸收液可以用水、碱溶液、稀硝酸、浓硫酸等。由于 NO_x 极难溶于水或碱溶液，因而湿法脱硝率不高。湿法工艺和设备简单、投资少、能回收利用 NO_x，缺点是净化效率不高。

用分子筛、活性炭、活性焦、天然沸石、硅胶及泥煤等吸附剂可以吸附脱除 NO_x，其中有些吸附剂如硅胶、分子筛、活性炭及活性焦等，兼有催化的性能，能将废气中的 NO_x 催化还原为 NO_2。脱附出来的 NO_2 可用水或碱吸收得以回收。吸附法脱硝率高，且能回收 NO_x，但因吸附容量小、吸附剂用量多，设备庞大，再生频繁等原因，应用不广泛。

二、选择性非催化还原法（SNCR）

根据 NO_x 还原作用与还原剂的关系可以分为选择性非催化还原（SNCR）和选择性催化还原（SCR）两种。选择性非催化还原法（SNCR）脱硝技术是在没有催化剂存在的条件下，利用还原剂将烟气中的 NO_x 还原为无毒无污染的 N_2 和 H_2O 的一种脱硝技术。

选择性非催化还原过程中，用氨或尿素类化合物作为还原剂。反应通常发生在较高的温度（850～1100℃）下，通过高温达到反应所需的活化能，从而避免使用催化剂，也称为 Theremal DeND。该过程的反应式如下

$$4NH_3 + 6NO \rightarrow 5N_2 + 6H_2O \tag{10-8}$$

$$8NH_3 + 6NO_2 \rightarrow 7N_2 + 12H_2O \tag{10-9}$$

可能发生的竞争反应为

$$4NH_3 + 5O_2 \rightarrow 4NO + 6H_2O \tag{10-10}$$

$$4NH_3 + 3O_2 \rightarrow 2N_2 + 6H_2O \tag{10-11}$$

基于尿素为还原剂的 SNCR 系统总反应式可以表示为

$$CO(NH_2)_3 + 2NO + \frac{1}{2}O_2 \rightarrow 2N_2 + CO_2 + 2H_2O \tag{10-12}$$

基于尿素为还原剂的 SNCR 系统流程如图 10 - 9 所示，典型的 SNCR 工艺如图 10 - 10 所示。

影响 NO_x 还原率的因素主要有温度、NO_x 浓度、还原剂与烟气的混合状态、NH_3/NO_x 摩尔比以及反应接触时间。SNCR 法对温度的要求比较严格，还原剂必须在最佳温度区注入，以确保式（10 - 8）和式（10 - 9）占主导；如果温度超过 1100℃，式（10 - 10）和式(10 - 11)将变得很重要，会浪费大量的氨；如果温度低于所希望的区间，NH_3 与 NO_x 则不能发生还原反应或反应不完全，造成氨残留量增加，引起大量的氨泄漏。

此外，还原剂注入后与烟气的快速混合也是非常重要的。由于锅炉的负荷不同，最适宜温度的位置在锅炉中也有变化。因此只有在多个部位注入且各部位的注入量不同时，才能获得最优结果。另外，由于烟气在炉内的停留时间很短，不可能使物料与烟气完全混合。因此，会出现分层现象，导致总还原率下降。工业运行的数据表明，SNCR 工艺脱硝率较低，通常为 30%～60%。

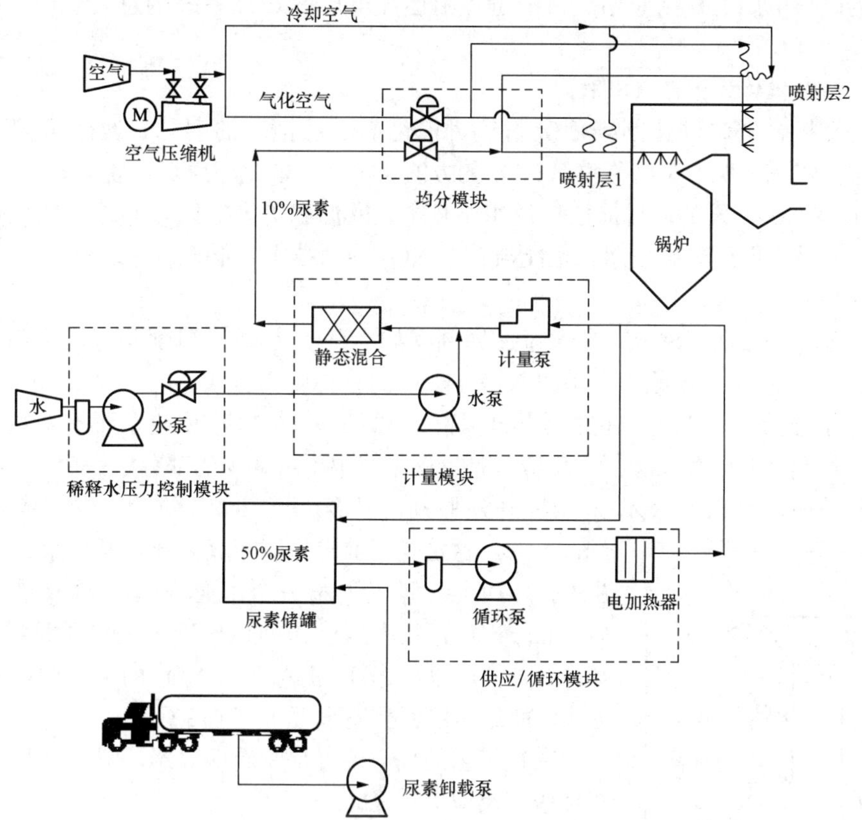

图 10-9 尿素为还原剂 SNCR 系统流程图

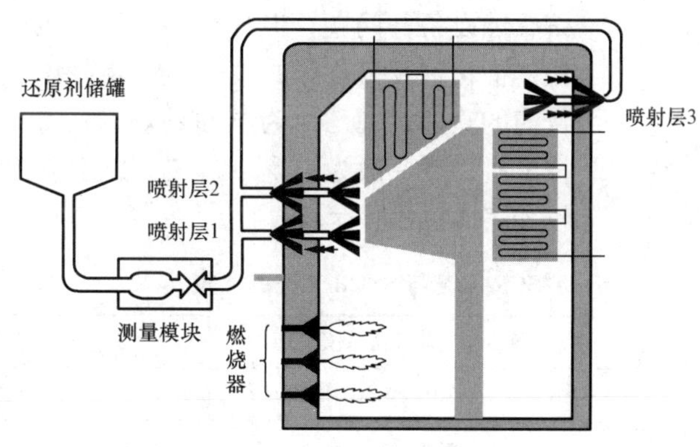

图 10-10 典型的 SNCR 工艺

总之，SNCR 不需要使用催化剂，设备投资少，只需要还原剂储罐和喷射装置，并且不会出现催化剂堵塞设备等问题。但存在一些不足，如反应中生成的 $(NH_4)_2SO_4$ 和 NH_4HSO_4 会腐蚀和堵塞设备；烟气中增加了 NH_3 的排放量，NH_3 的利用效率低，控制比较困难；反应过程中形成的 N_2O 排放到大气中会导致二次污染；NO_x 的脱除效率较低等。因此，SNCR 未能得到广泛的工业应用。

SNCR 技术在 20 世纪 70 年代中期最先应用于日本的一些燃油、燃气电厂。80 年代末，欧盟国家的燃煤电厂也开始应用。目前世界上燃煤电厂 SNCR 系统的总装机容量在 15GW 以上。

三、选择性催化还原法（SCR）

为解决直接分解法催化剂表面吸附氧对催化剂活性抑制的问题，诞生了催化还原法（SCR），它是较易实现工业化的脱除 NO_x 的方法。选择性催化还原烟气脱硝技术是 20 世纪 70 年代由日本研究开发的，目前已广泛用于日本、欧洲和美国等国家和地区的燃煤电厂烟气净化中。该技术既可单独使用，也能与其他 NO_x 控制技术（低 NO_x 燃烧技术、SNCR 技术）联合使用。

选择性催化还原法（SCR）是通过还原剂（如 NH_3）在适当温度并有催化剂存在的条件下，将烟气中的 NO_x 还原为无害的 N_2 和 H_2O 的一种脱硝方法。与 SNCR 相同，这种工艺之所以称作选择性，是因为还原剂 NH_3 优先与烟气中的 NO_x 反应，而不是被烟气中的 O_2 氧化。烟气中 O_2 的存在能促进反应，是反应系统中不可缺少的部分。

当前应用最多的 SCR 技术以 NH_3 作还原剂，以 V_2O_5/TiO_2 为催化剂来降解火电厂排放的 NO_x，这也是目前唯一能在氧化气氛下脱除 NO_x 的实用方法。1979 年，世界上第一个工业规模的 SCR 装置在日本 Kudamatsu 电厂投入运行。NH_3-SCR 过程通常是在空气预热器的上游将还原剂 NH_3 注入含有 NO_x 的烟气中，随后 NO_x 在催化剂的作用下被还原为 N_2 和 H_2O。

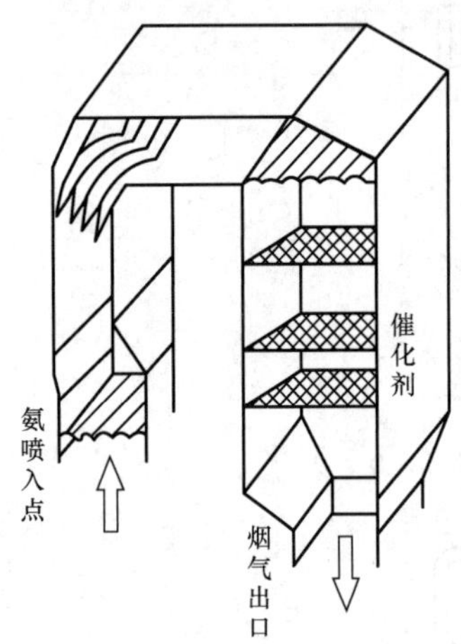

图 10-11　典型的 SCR 脱硝反应器示意

SCR 工艺的核心装置是脱硝反应器，图 10-11 为典型的 SCR 脱硝反应器示意。

在推广 SCR 法初期，虽然曾遇到催化剂被烟气中的粉尘磨损、阻塞，受砷、碱金属等物质的毒害失活及形成的硫酸铵腐蚀设备等问题，但随着运行经验的增加、操作条件的优化、催化剂及其载体的改进，SCR 技术日趋成熟并开始受到普遍的欢迎，现已成为电站锅炉烟气脱硝的主流技术。SCR 技术脱硝率一般为 70%～90%。SCR 工艺与 SNCR 工艺的比较如表 10-2 所示。

表 10-2　　SCR 工艺与 SNCR 工艺的比较

工艺名称	选择性催化还原法（SCR）	选择性非催化还原法（SNCR）
NO_x 脱除效率（%）	70～90	30～60
操作温度（℃）	200～500	800～1100
NH_3 / NO_x 摩尔比	0.4～1.0	0.8～2.5
氨泄漏（10^{-6}体积分数）	<5	5～20
总投资	高	低
操作成本	中等	中等

四、SNCR/SCR 联合烟气脱硝技术

SNCR/SCR 联合烟气脱硝技术是将 SNCR 工艺的还原剂喷入炉膛，利用逃逸 NH_3 同

SCR 工艺进行催化还原反应，进一步脱除 NO_x。该工艺于 20 世纪 70 年代首次在日本的一座燃油装置上进行试验，试验结果表明了该技术是可行的。理论上，SNCR 工艺在脱除部分 NO_x 的同时也为后面的催化法脱除更多的 NO_x 提供了所需的氨。SNCR 体系可向 SCR 催化剂提供充足的氨，但是控制好氨的分布以适应的 NO_x 分布却是非常困难的。为了克服这一难点，混合工艺需要在 SCR 反应器中安装一个辅助氨喷射系统，通过试验和调节辅助氨喷射能改善 NH_3 在反应器中的分布效果。SNCR/SCR 联合烟气脱硝技术可以达到 40%～80% 的脱硝效率。图 10 - 12 所示为 SNCR/SCR 联合烟气脱硝工艺图。

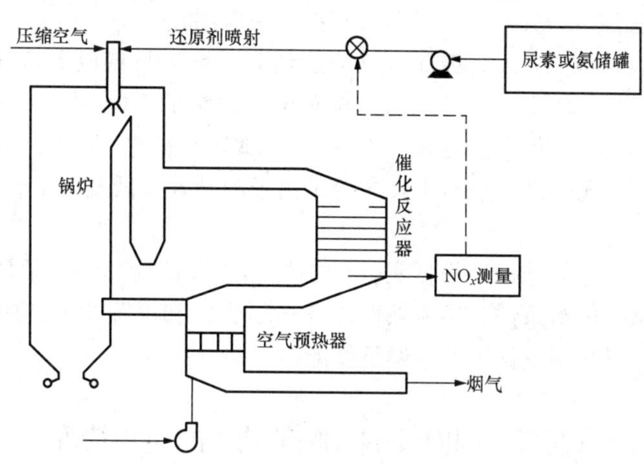

图 10 - 12　SNCR/SCR 联合脱硝工艺流程

五、脱硝技术的比较与评价

国内外研究控制常规燃煤火电厂大气污染物（SO_2、NO_x）的排放技术已有许多年。炉内脱硝法或技术主要有低过量空气燃烧法、空气分级燃烧法、低 NO_x 燃烧器、再燃烧等。其中，低过量空气燃烧法虽然成本低廉，但是降低 NO_x 一般为 15%～20%，使用起来会对锅炉带来一些不良的影响，例如，炉内氧浓度低于 3%时，会造成 CO 浓度的急剧增加，增加未燃烧的热损失，同时也会引起飞灰含碳量的增加，燃烧效率降低。

空气分级燃烧法通常降低 NO_x 20%～30%，成本比低过量空气燃烧法稍贵一点。对于实施分级燃烧同样存在类似上述的问题，即由于在第一燃烧区内 $\alpha<1$，燃烧是在低于理论空气量的情况下进行的，因此必然会产生大量的不完全燃烧产物，对抑制 NO_x 的效果是好的，但是产生的不完全燃烧产物较大，导致燃烧效率的降低及引起结渣和腐蚀的可能性增大。

低 NO_x 燃烧器是用得较多的炉内降低 NO_x 技术。

再燃烧也是一种较低成本的炉内降低 NO_x 技术，根据不同的再燃燃料、操作参数及锅炉条件，脱硝率在 25%～65%之间。

总之，炉内降低 NO_x 燃烧方法通过降低燃烧温度、减小过量空气系数、缩短烟气在高温区的停留时间以及选择低氮燃料来达到控制 NO_x 的目的。这些方法的大部分技术措施均有悖于传统的强化燃烧的概念，在某些方面，根据 NO_x 的生成原则组织燃烧的技术与组织强化高效燃烧的传统观念相矛盾。在实施这些技术时，会不同程度地遇到下列问题：①较低温度、较低氧量的燃烧环境势必以牺牲燃烧效率为代价，因此，在不提高煤粉细度的情况下，飞灰可燃烧物含量会增加；②由于在燃烧器区域欠氧燃烧，炉膛壁面附近的 CO 含量增加，具有引起水冷壁管金属腐蚀的潜在可能性；③为了降低燃烧温度，推迟燃烧过程，在某些情况下，可能导致着火稳定性下降和锅炉低负荷燃烧稳定性下降；④采取的大部分燃烧调整措施均可能使沿炉膛高度的温度分布趋于平坦，使炉膛吸热量发生不同程度的偏移，可能会使炉膛出口烟温偏高，其脱硝效率相对较低（一般为 15%～17%）。尽管如此，采用这种方法是目前我国燃煤电站降低 NO_x 的主要措施之一。

锅炉尾部烟气脱氮方法很多，由于投资成本及运行操作等方面的原因，这些技术在燃煤电站中用的最多的是 SCR，其次是 SNCR，其他方法应用较少。

SCR 方法因其技术成熟，脱硝效率高（能达到 70%～90%或以上），在国外电站中的广泛应用。在一些环境要求较高，如德国、日本等电站锅炉的 NO_x 排放量小于 200mg/m^3 的发达国家，安装 SCR 脱硝装置已经成为新机组及部分改造老机组的一项不成文的规定。SNCR 在国际上的运用规模仅次于 SCR，主要是由于脱硝效率低及大量的氨逃逸对锅炉尾部设备的影响。

总之，烟气脱硝工艺的选择应根据具体的锅炉形式和负荷、烟气条件和 NO_x 浓度、需要达到的效率、还原剂供给条件、场地条件、空气预热器和电除尘器等情况及 SCR 装置特点等综合因素考虑，以达到最佳的技术经济性能。

第五节 国内外烟气脱硝装置的应用情况

一、国外的应用情况

烟气脱硝是目前世界上发达国家普遍采用的减少 NO_x 排放的方法，20 世纪 70 年代日本首先将 SCR 方法用于控制电站锅炉的 NO_x 排放。为满足严格的 NO_x 排放标准，日本开发了钒基/钛基催化剂并取得了成功，奠定了当今 SCR 催化剂技术的基础。SCR 技术较为广泛地应用于燃气、燃油和燃煤电站锅炉，现有约 170 套 SCR 系统运行在近 100GW 装机容量的发电机组上，占电力行业烟气脱硝装置的 93%。

美国烟气脱硝技术的工业应用虽然开始得较晚，直到 1997 年，美国才有 8 台燃煤机组使用 SCR，总容量约 3000MW。但美国的烟气脱硝技术发展十分迅速，而且计划庞大。根据美国能源部制订的战略计划，美国能源部国家能源实验室负责实施现有电厂的改造计划。该计划的一个重要内容是先进的 NO_x 控制技术的研发，主要锁定为 SCR 法。表 10-3 为美国能源研究室为实施国家关于氮氧化物减排法令所预测的 1999～2020 年的烟气脱硝技术规划。

表 10-3 美国 NO_x 控制的预测（1999～2020 年）

分析条件	需要控制的容量（GW）	
	SCR	SNCR
基数	91.1	46.0
减排 50%	98.0	14.6
减排 65%	156.3	55.5
减排 75%	218.1	43.8

二、国内的应用情况

随着我国 NO_x 排放标准的不断严格，仅仅依靠燃烧控制技术已不能满足要求。我国从 20 世纪 80 年代初就开始了火电厂烟气脱硝技术的研究工作，取得了一定的成绩。福建漳州后石电厂是国内第一家建设 SCR 脱硝装置的电厂，2003 年之后，我国电力建设步入高速发展的轨道，一批 SCR 脱硝装置开始纳入新建、改扩建的煤电工程项目中，并于 2006 年后逐步投运。据不完全统计，截至 2007 年年底，全国已有 10 余座电厂建成 SCR 脱硝装置（见表 10-4），烟气脱硝装机容量约为 13 000MW。这些电厂主要分布在我国经济发达的沿海地区、中心城市或人口密集的环境敏感区域。尽管 SCR 脱硝机组的总装机容量在全国煤电中的比例仅为 2.3%左右，但它们的建成，对今后燃煤电厂 NO_x 控制的工艺选择、设计安装、运行调试等方面起到了宝贵的技术借鉴与工程示范作用。

表 10-4　　我国已建的燃煤电厂脱硝工程

电厂名称	脱硝机组	承包商	催化剂厂家
福建后石电厂	6×600MW	中鼎&日立 SCR（BHK）	BHK
福建嵩屿电厂	4×300MW	上海石川岛（IHI）	康宁
国华太仓电厂	2×600MW	江苏苏源环保 SCR	日本造船
国华宁海电厂	1×600MW	浙大能源&日立 SCR（BHK）	BHK
广东台山电厂	5 号机组（600MW）	浙大能源&TopsoeSCR（H/T）	H/T
广州恒运热电厂	2×300MW	东锅&鲁奇 SCR	东方凯特瑞
华电长沙电厂	2×600MW	东锅&鲁奇 SCR	东方凯特瑞
北京高井热电厂	4 台锅炉（400MW）	国电龙源/科林环保	康宁/SK
北京石景山电厂	4×250MW	清华同方	BHK
北京高碑店电厂	4×200MW	清华同方	HK/Ceram
大唐乌沙山电厂	4 号机组（600MW）	清华同方	HK/Ceram
山西阳城二期	2×600MW	大唐环保	H/T
徐州阚山电厂	2×600MW	NPCC&美国 FTISCR/SNCR	

复习思考题

10-1　NO_x 的危害和控制手段有哪些？

10-2　燃煤机组 NO_x 的生成机理是什么？

10-3　分级燃烧有几种？举例分析分级燃烧降低 NO_x 排放的原理。

10-4　举例说明低 NO_x 燃烧器的原理。

10-5　烟气脱硝技术如何分类？

10-6　何谓选择性非催化还原法脱硝？写出该脱硝反应的化学反应式。

第十一章

选择性催化还原 SCR 脱硝原理与工艺

第一节　SCR 反应的基本化学原理

一、SCR 反应机理

SCR 化学反应机理比较复杂，但主要的反应是在一定温度和催化剂的作用下，还原剂有选择地把烟气中的 NO_x 还原为无毒无污染的 N_2 和 H_2O，还原剂可以是碳氢化合物（如甲烷、丙烯等）、氨、尿素等，工业应用的还原剂主要是氨，其次是尿素。液氨或氨水在蒸发器蒸发后喷入系统中，在催化剂的作用下，氨气将烟气中的 NO_x 还原为 N_2 和 H_2O，如图 11-1 所示。SCR 脱硝化学反应原理如图 11-2 所示。

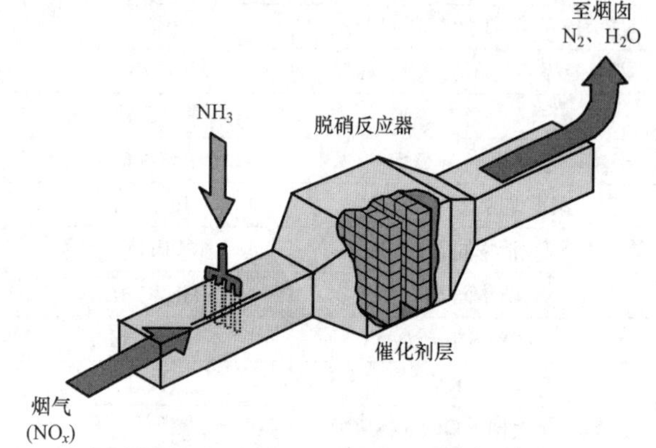

图 11-1　SCR 脱硝反应流程示意

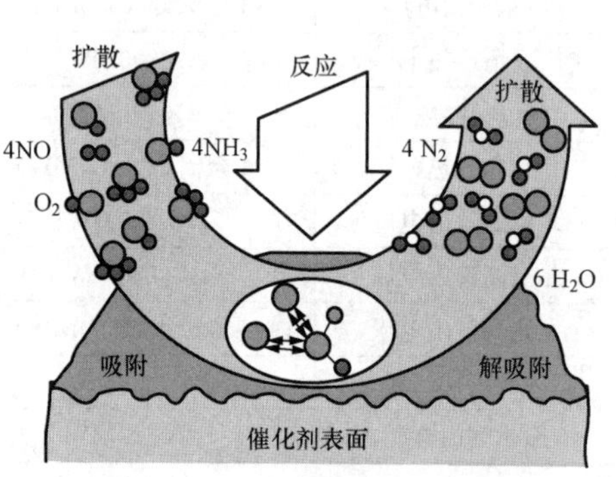

图 11-2　SCR 脱硝化学反应原理

SCR 化学反应式如下

$$4NH_3 + 4NO + O_2 \xrightarrow{\text{催化剂}} 4N_2 + 6H_2O \tag{11-1}$$

$$4NH_3 + 2NO_2 + O_2 \xrightarrow{\text{催化剂}} 3N_2 + 6H_2O \tag{11-2}$$

$$4NH_3 + 6NO_2 \rightarrow 5N_2 + 6H_2O \tag{11-3}$$

$$8NH_3 + 6NO_2 \rightarrow 7N_2 + 12H_2O \tag{11-4}$$

式（11-1）是最主要的，因为烟气中几乎 95%的 NO_x 以 NO 形式存在。在没有添加催化剂的条件下，上述 NO_x 还原反应只在很狭窄的温度范围内（800～980℃左右）进行，即选择性非催化还原（SNCR）。当温度为 1050～1200℃时，NH_3 会氧化成 NO，而且还原速度很快降下来；当温度低于 800℃时，反应速度很慢，此时需要添加催化剂，因此有 SCR 工艺和 SNCR 工艺之分。通过添加适当的催化剂，反应温度可以降低，并且可以扩展到适合电厂实际使用的 290～430℃的温度范围。SCR 工艺化学反应过程如图 11-3 所示。

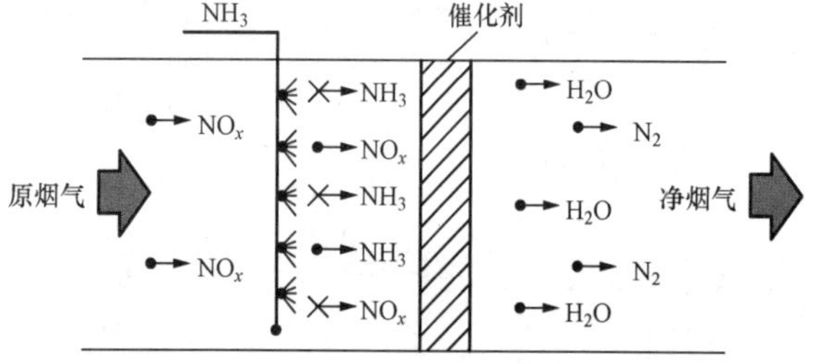

图 11-3　SCR 工艺化学反应过程

催化剂有金属基催化剂、碱金属氧化物催化剂和离子交换的沸石分子筛催化剂三种。最常用的金属基催化剂含有氧化钒、氧化钛、氧化钼、氧化钨等。

总的来说，在典型的 SCR 反应条件下（$NH_3/NO_x=1$，较小的 O_2 含量，且 $t<400℃$），式（11-1）是总的反应式。但 SCR 反应的选择性除了生成 N_2 外，还有其他产物生成，例如，当反应条件改变时（$NH_3/NO_x<1$），通过式（11-4）进行。另外，转化除了式（11-4）以外，还可能发生以下副反应

$$4NH_3 + 3O_2 \rightarrow 2N_2 + 6H_2O + 1267.1kJ \tag{11-5}$$

$$2NH_3 \rightarrow N_2 + 3H_2 - 91.9kJ \tag{11-6}$$

$$4NH_3 + 5O_2 \rightarrow 4NO + 6H_2O + 907.3kJ \tag{11-7}$$

发生 NH_3 分解的反应［式（11-6）］和 NH_3 氧化为 NO 的反应［式（11-7）］都在 350℃以上才能进行，450℃以上开始剧烈起来。反应温度常在 300℃以下时仅有 NH_3 氧化为 N_2 的副反应［式（11-5）］可能发生。

图 11-4 表示了 NH_3 和 NO_x 在催化剂上的反应机理，其主要过程为：①NH_3、NO_x 和 O_2 自烟气扩散到催化剂外表面；②NH_3、NO_x 和 O_2 进一步向催化剂中的微孔表面扩散；③气相中的 NO_x 和 O_2 与被吸附在催化剂表面活性中心的 NH_3 反应生成 N_2 和 H_2O；④N_2 和 H_2O 从催化剂表面上脱附到微孔内；⑤脱附下来 H_2O 和 N_2 从微孔内向外扩散；⑥H_2O 和 N_2 进一步向外扩散到催化剂外表面；⑦H_2O 和 N_2 从催化剂外表面扩散到主流气体中被带走。

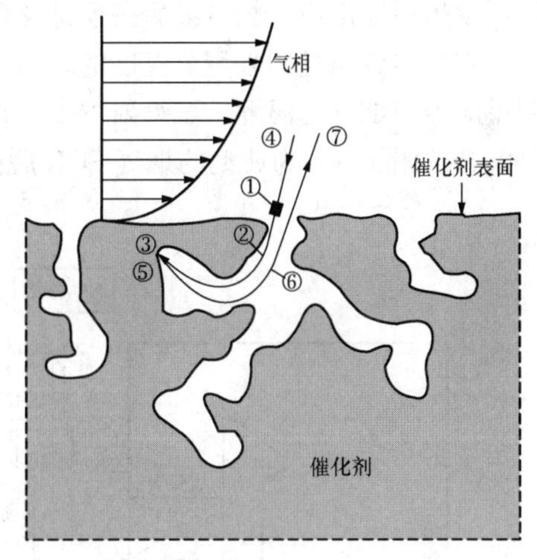

图 11-4　SCR 反应过程机理示意

由图 11-4 可知，式（11-1）和式（11-2）主要是在催化剂表面进行的，催化剂的外表面积和微孔特性很大程度上决定了催化剂反应活性，上述 6 个过程中，速度最慢的①～④为控制步骤。

二、钒—钛（V_2O_5/TiO_2）催化反应机理

目前工业中应用最多的 SCR 催化剂大多以 TiO_2 为载体，以 V_2O_5 或 V_2O_5-WO_3、V_2O_5-MoO_3 为活性成分。其中 TiO_2 具有较高的活性和抗 SO_2 性能；V_2O_5 是最重要的活性成分，具有较高的脱硝效率，同时也会促进 SO_2 向 SO_3 的转化；另一种活性材料 WO_3 的添加，有助于抑制 SO_2 的转化；其他活性材料还有 Mo、Cr 等，它们可起到助催化剂及稳定剂的作用。一般 V 的负载量低于 1%～1.5%，而 WO_3 和 MoO_3 的负载量分别为 10%和 6%左右。

V_2O_5/TiO_2 催化剂的制备有多种方法，如共混法、浸渍法等。与共混法相比，浸渍法可使活性组分 V_2O_5 在载体表面分布得更加均匀，催化效果好，因而更常用。由于活性组分 V_2O_5 不溶于水，浸渍法采用 V_2O_5 的前躯体 NH_4VO_3 来配置浸渍液，载体 TiO_2 经充分浸渍后进行煅烧，得到成品催化剂。通过对该催化剂的 XRD（吸附态光谱分析）进行分析，浸渍法所制备的催化剂中 V_2O_5 以单层分散的形式存在，不出现 V_2O_5 的晶相衍射峰。但 V_2O_5 在 TiO_2 上的单分子层分布有一阈值，超过该阈值后，V_2O_5 形成微晶或结晶区，引起催化剂活性下降。

因此，在 SCR 催化过程中仅考虑单层 V_2O_5 的催化作用，而不考虑内层 V_2O_5 的催化作用。

第二节　选择性催化还原脱硝工艺

一、SCR 脱硝工艺流程

选择性催化剂还原技术（SCR）具有很高的脱硝率，虽然它的投资和运行费用很高，但仍是目前应用最广泛的一种烟气脱硝工艺，是唯一能够满足欧洲、美国、日本等发达国家、地区排放要求的脱硝技术。自 20 世纪 80 年代以来，这一技术已经成功应用于电站锅炉、工业锅炉、石油精炼厂、炼钢厂、硝酸厂和玻璃制造厂等燃用各种燃料的锅炉烟气治理。

选择性催化剂还原系统安装在锅炉省煤器之后的烟道上。NH_3 通过固定于注氨格栅上的喷嘴喷入烟气中，与烟气混合均匀后一起进入填充有催化剂的脱硝反应器，反应器通常垂直放置（也有个别水平放置），反应器中的催化剂分上下多层，NO_x 与 NH_3 在催化剂的作用下发生还原反应。经过最后一层催化剂后，烟气中的 NO_x 被控制在排放限制以内。

省煤器旁路是用来调节温度的，通过调节经过省煤器的烟气与通过旁路烟气的比例来控制反应器中烟气的温度。氨喷射器安装在反应器的上游足够远处，以保证喷入的氨与烟气充分混合。图 11 - 5 为典型的烟气 SCR 脱硝系统流程示意图。

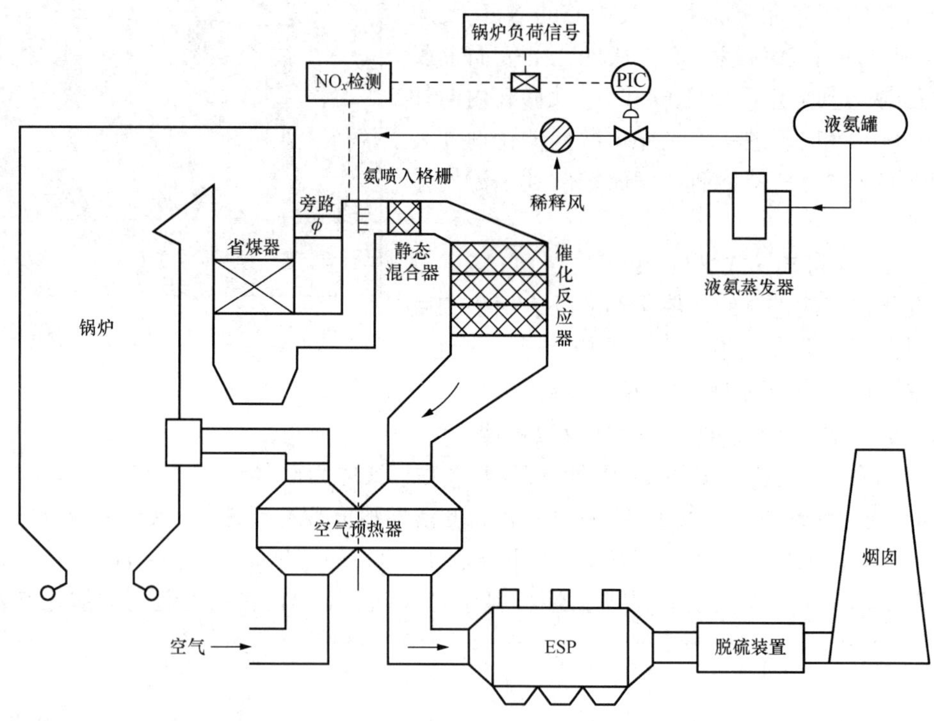

图 11 - 5　SCR 脱硝工艺流程

二、工艺布置

SCR 脱硝反应系统的布置方式有三种，即高粉尘区 SCR（HD-SCR）、低粉尘区 SCR（LD-SCR）及尾部 SCR（TE-SCR）布置方式，如图 11 - 6 所示。

一般认为，高粉尘区 SCR 工艺是火电厂脱硝的最佳选择，同时也是目前应用最广泛和技术最成熟的工艺。

1. 高粉尘区 SCR 工艺流程

高粉尘区 SCR 系统设在省煤器与空气预热器之间，主要由氨气供应系统、氨气/空气稀释与混合系统、SCR 催化反应器等组成。氨储罐输出的液氨在气化器内由 50℃左右的温水加热蒸发为氨气后，被送到氨气缓冲槽备用。缓冲槽的氨气经调压阀减压后送入各机组的氨气/空气混合充分后由喷氨格栅（AIG）的喷嘴喷入烟气中。烟气与氨气混合后进入 SCR 催化反应器，当烟气流经催化剂层时，氨气与 NO_x 在催化剂的作用下发生氧化还原反应，将 NO_x 还原为无害的 N_2 和 H_2O。

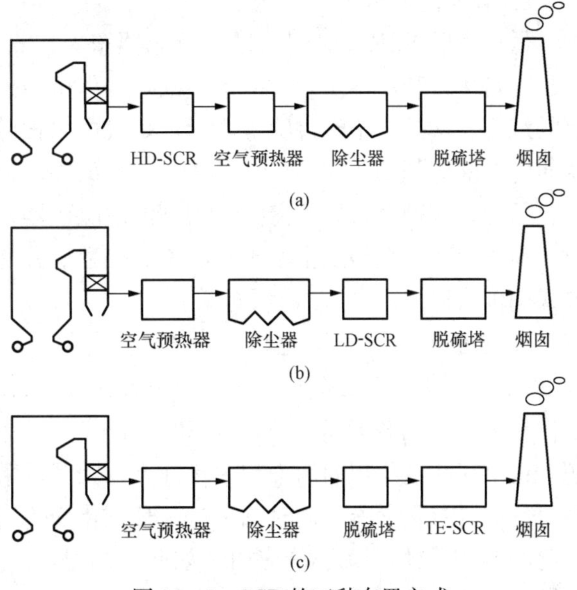

图 11 - 6　SCR 的三种布置方式

（a）HD-SCR 布置方式；（b）LD-SCR 布置方式；（c）TE-SCR 布置方式

由于省煤器与空气预热器之间的烟气温度一般为 280～400℃，在此温度范围内多数催化剂具有足够的活性，因此，这种布置方式的优点是烟气不必加热就能满足反应温度的要求。但烟气尚未经过除尘，飞灰颗粒磨损反应器并使蜂窝状催化剂堵塞；飞灰中的有害物质（K、Na、Ca、Si、As），特别是其中的砷（As）氧化物会使催化剂污染或中毒；催化剂处于高温烟气中，若温度过高，会使催化剂烧结或失效。因为这些情况容易造成催化剂寿命缩短，所以这种布置方式往往需要加大催化剂体积，以弥补以上各种因素对催化剂的不利影响。

另外，由于催化反应器的下游还有空气预热器和烟气脱硫系统（FGD）等重要设备，部分未反应的 NH_3 和烟气中的 SO_3 生成的硫酸铵、硫酸氢铵，可能对后面的设备产生损害，甚至会影响粉煤灰的质量，造成粉煤灰难以综合利用。

高粉尘布置方式的另一个问题是，对已经建成的机组进行加装 SCR 系统的改造时，可能会因为场地的限制，使得这种布置方案的实施遇到困难，同时还会带来建造费用高、停机时间长等问题。

高粉尘布置方式对锅炉的设计有比较大的影响，主要表现在以下几个方面：

（1）由于空气预热器布置于炉后竖井底部，并拉出一定的距离，而采用催化反应器高粉尘布置方式时所需要的距离一般比无催化反应器时的距离要大。因此，锅炉尾部布置必须变化，锅炉柱距需做相应调整。

（2）由于增加了催化反应器，因此，在空气预热器钢构架设计时要考虑催化反应器的载荷。

（3）脱硝反应过程中会产生少量 NH_4HSO_4 且沉积在空气预热受热面上，造成空气预热器堵塞、腐蚀，影响换热效果，因此，应适当增加吹灰器数量或吹灰次数。

（4）脱硝装置的烟气阻力一般为 400～600Pa，在锅炉烟风阻力计算和引风机选型时，需予以考虑。

2. 低粉尘区 SCR 工艺流程

低粉尘区 SCR 工艺是将脱硝反应器布置在除尘器之后的烟道中，这种布置方式虽然避免了高粉尘量和高温所导致的某些缺点，但可能出现一些新问题，最常见的是飞灰在催化剂上的沉积。这是由于经过除尘之后，烟气中未被除去的细小粉尘容易沉积在催化剂表面上，从而降低催化剂的活性。

另外，这种布置方式需要采用高温电除尘器，投资费用和运行要求都要相应地提高；同时，高粉尘区布置易发生由于硫酸铵和硫酸氢铵的沉积对下游设备的危害，在低粉尘区布置方式中依然存在。

3. 尾部区 SCR 工艺流程

尾部 SCR 工艺是将脱硝反应器布置在烟气脱硫装置（FGD）之后。这样催化剂将完全工作在无尘、无 SO_3 等污染的干净“烟气”中，由于不存在飞灰对反应器的堵塞及腐蚀问题，也不存在催化剂的污染和中毒问题，因此可采用高活性的催化剂，减少了反应器的体积并使反应器布置紧凑，同时有利于延长催化剂使用寿命。但由于烟气温度过低（50～60℃），目前的 SCR 催化剂都不能应用于如此低的温度，所以必须加装气—气换热器或采用加设燃油或燃天然气的燃烧器将烟温提高到催化剂的活性温度，从而增加了能源消耗和运行费用。根据欧洲的经验，用天然气加热烟气时，每产生 150MWh 电能所需耗用的天然气约为 $1000m^3$。如此大量的能量消耗所带来的高额运行成本是这种方式推广的最大障碍。

SCR 系统不同的布置方案对其前后的设备配置将产生不同程度的影响，表 11-1 是以上几种布置方式的配置方案的比较。

表 11-1 催化反应器不同布置方式的配置方案

项目		HD-SCR	LD-SCR	TE-SCR
$DeNO_x$	烟气流量相对值	100	102	120
	催化剂类型	防冲蚀型	普通型	普通型
	催化剂体积相对值	100	85	80
	催化剂寿命（年）	2～3	3～4	3～5
烟气再热所需的能量		不需要	不需要	需要
电除尘器	类型	低温	高温	低温
	尺寸相对值	100	150	100
	飞灰中氨含量	有	无	无
脱硫装置废水氨含量		有	有	无
其他影响	对空气预热器的影响	有	有	无
	烟气再热脱硝	不需要	不需要	需要
	要求位置的大小相对值	100	120	120
	能耗相对值	100	110	130
	设计布置（新建）	比较容易	容易	容易
	设计布置（老厂改建）	受限制	极受限制	容易

SCR 脱硝反应系统布置方式的选择主要依赖于所用催化剂的活性温度。现有电厂 SCR 装

置中，高粉尘布置方式居多。因此，本书重点针对介绍燃煤电厂HD-SCR技术及工程应用。

三、液氨为还原剂的SCR脱硝工艺主要系统

利用液氨作为还原剂的SCR脱硝系统由催化反应器、氨储存及供应系统、氨喷射系统及相关的测试控制系统等组成，如图11-7所示。

1. SCR反应器

反应器为直立式焊接钢结构容器，内部设有催化剂支撑件，能承受内部压力、地震负荷、烟尘负荷、催化剂负荷和热应力等。反应器外壳设有加固肋及保温层。催化剂顶部装有密封装置，防止未处理的烟气短路。催化剂通过反应器外的催化剂填装系统从侧门放入反应器内。

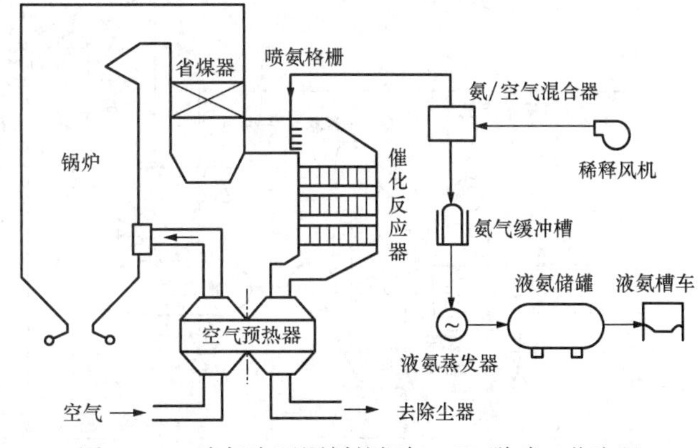

图11-7　液氨为还原剂的烟气SCR脱硝工艺流程

反应器的水平段安装有导流、优化分布装置以及喷氨格栅，在反应器的竖直段装有催化剂床。催化剂底部安装有气密装置，防止未处理烟气泄漏。

反应器采用固定平行通道形式，一般催化剂床为3～4层，并预留一层位置，作为将来脱硝效率低于需要值时增装催化剂用，以增强脱硝效率并延长催化剂寿命。

2. SCR催化反应系统

注入烟道后的氨气随烟气自上而下垂直进入SCR脱硝反应器，在280～400℃的温度条件下及催化剂的作用下，将烟气中的NO_x催化降解为无害的N_2和H_2O。催化反应器是SCR系统的主要设备，其成分组成、结构、寿命及相关参数直接影响SCR系统脱硝效率及运行状况。用于SCR工艺的催化剂应满足如下条件：①在较低的温度和较宽的温度范围具有较高的活性；②较高的选择性，即较低的SO_2/SO_3转化率；③具有抗二氧化硫（SO_2）、卤素氢化物（HCl、HF）、碱金属（Na_2O、K_2O）、重金属（As）等特性；④在较大的温度波动范围内具有良好的热稳定性；⑤机械稳定性好，耐冲刷磨损；⑥压力损失小；⑦使用寿命长；⑧废物易于回收利用；⑨成本较低。

运行过程中，催化剂会因中毒、老化，活性逐渐降低，催化NO_x还原效果变差，当反应器出口烟气中氨的浓度升高到一定程度时，必须用催化剂的备品替换。按设计要求，燃油和燃煤电厂每年要更换1/3的催化剂。当催化剂活性降低时依次逐层更换催化剂。

3. 氨储存和供氨系统

在SCR脱硝系统构成中，氨储存及供应系统最复杂，主要包括液氨卸料压缩机、液氨储罐、液氨蒸发器、氨气缓冲槽及氨气稀释槽等设备。另外，还必须备有喷淋设施、废水泵、废水池等附属设施，同时要安装计量和检测仪表。

液氨的供应由液氨槽车运送，利用液氨卸料压缩机将液氨由槽车输入液氨储罐内，罐车与系统由挠性软管连接。用液氨泵将储槽中的液氨输送到液氨蒸发器内蒸发为氨气，经氨气缓冲槽来控制一定的压力及其流量，然后与稀释空气在混合器中混合均匀，再送至脱硝系统。氨气系统紧急排放的氨气则排入氨气稀释槽中，经水吸收后排入废水池，再经废水泵送至废水处理系统，如图11-8所示。

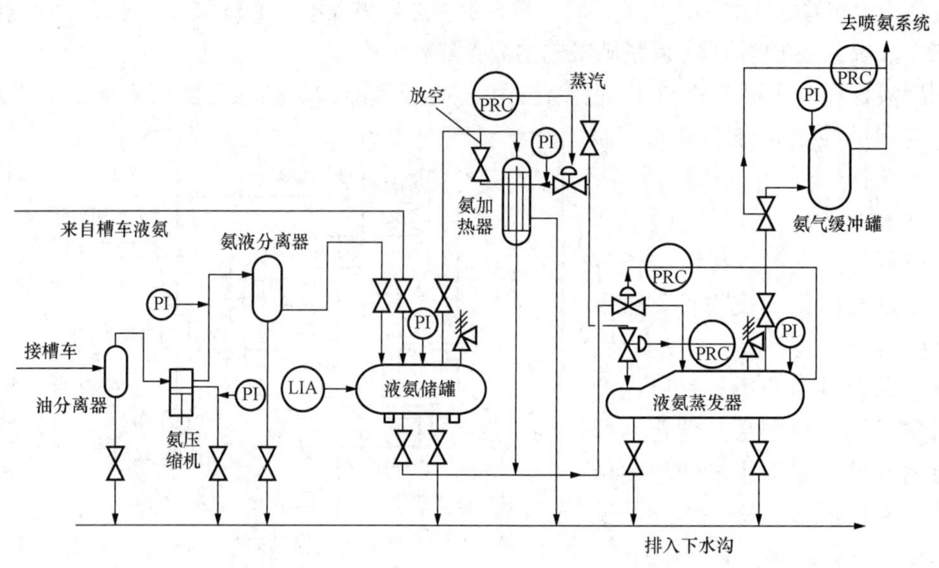

图 11-8 氨气储存和供应系统的工艺流程

加氨方式有两类，一类是无水加氨，氨从液氨储罐依次进入蒸发器和缓冲罐，经减压与空气混合后，再喷入烟道中，其系统流程如图 11-9 所示；另一类是有水加氨，氨从液氨储罐经雾化喷嘴进入高温蒸发器，蒸发后的氨喷入烟道中，其系统流程如图 11-10 所示。

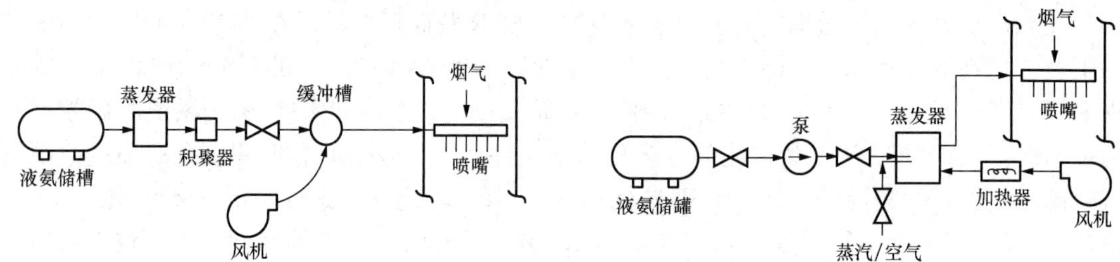

图 11-9 无水加氨系统工艺流程

图 11-10 有水加氨系统工艺流程

4. 氨气/空气喷射系统

氨气/空气在混合器和管路内充分混合后进入氨气分配总管。氨气/空气喷射系统包括供应箱、喷氨格栅和喷嘴等。每个供应箱安装一个节流阀及节流孔板，可使混合物在喷氨格栅达到均匀分布。手动节流阀的设定，是靠烟气风管的取样所获得的 NH_3/NO_x 摩尔比来调整的。氨喷射管位于催化剂上游烟道内。氨气/空气混合物喷射配合 NO_x 浓度分布，通过雾化喷嘴来调整。

四、尿素为还原剂的 SCR 脱硝工艺主要系统

与液氨不同，利用尿素作为脱硝还原剂时需要专门的设备将尿素转化为氨，之后送至 SCR 反应器。尿素制氨方法主要有水解法和热解法两种。

（一）尿素水解法制氨工艺原理

尿素与水在一定温度和压力下可生成氨气与 CO_2 的混合气体，此反应为吸热反应。

尿素水解法制氨工艺原理是把浓度为 40%～50%的尿素溶液（38℃），通过计量泵送入

水解反应器，在 130～180℃和 0.17～0.20MPa 的反应条件下，先生成中间产物氨基甲酸酯（$NH_4CO_2NH_2$），随后氨基甲酸酯分解，生成氨气和二氧化碳，其组成一般为 NH_3 蒸气浓度 28%、CO_2 浓度 14%、水蒸气浓度 58%，反应式如下

$$NH_2CONH_2 + H_2O \rightarrow NH_4CO_2NH_2 \tag{11-8}$$

$$NH_4CO_2NH_2 \rightarrow 2NH_3 + CO_2 \tag{11-9}$$

分解出来的氨基产物作为 SCR 脱硝反应的还原剂，在催化剂的作用下发生化学反应生成 N_2 和 H_2O。尿素水解法制氨工艺流程如图 11-11 所示。

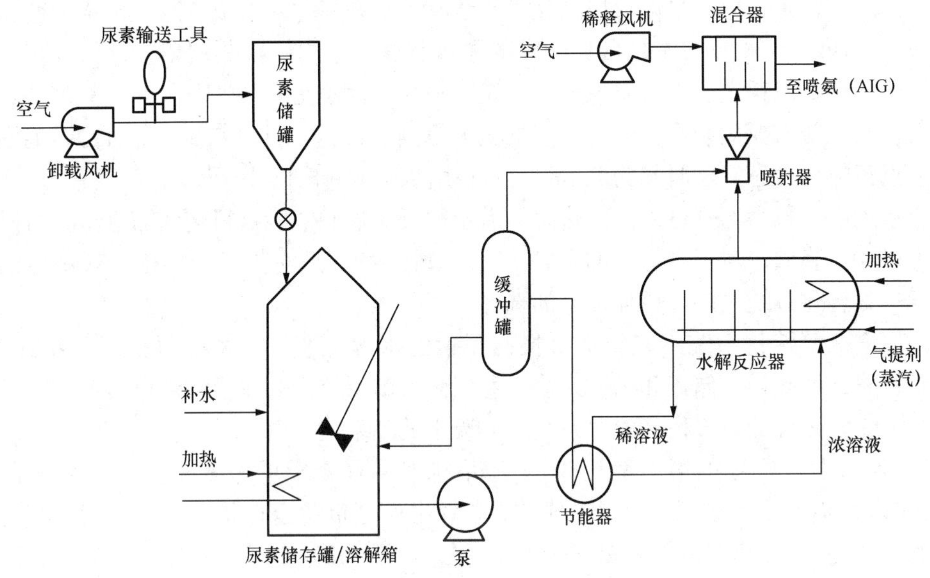

图 11-11　尿素水解法工艺流程

固体尿素一般储存在钢制储罐内，由于尿素的吸潮性很强，为了避免板结，储罐需要装设气化风系统，配有电加热器，将加热后的空气注入仓底气化板，干料通过螺旋输送机送往溶解箱，螺旋输送机采用变频电动机驱动，实现给料的计量。

1. AOD 技术工艺

(1) AOD 技术工艺简述。首先将尿素颗粒送入尿素溶解箱，用水解反应器出来的液体进行溶解，不足时用除盐水补充，配置成浓度为 40%～50%的尿素溶液，通过计量泵送往尿素水解反应器，水解反应器为压力容器，采用 316L 不锈钢材料制造，内置多层隔板，装设有蒸汽加热器，通过 1.5～3.0MPa 的蒸汽对尿素溶液进行直接加热。水解蒸汽通过装设在水解反应器底部的喷嘴直接喷射到尿素溶液中，使之达到 180～250℃的反应温度。通过蒸汽压力来控制水解反应器的压力，多层隔板可以增加反应时间，使反应更加充分。

尿素溶液水解后的产物为 NH_3、CO_2 和 H_2O 的混合气体。由捕滴器除掉夹带的水滴后，通过自身压力送往氨气稀释系统，加入空气后稀释成浓度为 5%的氨气，送往氨喷射系统。与液氨系统不同的是，稀释空气需要加热到 180℃以上，避免 NH_3 与 CO_2 在低温下逆向反应，生成氨基甲酸盐。同样，成品氨气输送管道需要进行伴热，介质温度需要维持在 180℃以上。

在水解反应器内，尿素溶液并不能完全水解，部分尿素和 NH_3 将残留在溶液中，残液通过自身压力流入尿素溶液储备箱。由于残液温度较高，为了避免能量损失，残液通过节能

器回收热量，加热水解反应器入口的尿素溶液。

节能器为管式换热器，均采用316L不锈钢材料制造。

(2) AOD技术工艺特点。①不使用催化剂，在180～250℃的反应温度和1.5～3.0MPa的反应压力下进行，反应速度较慢；②使用多段式水解反应器使每一段水解反应及蒸汽气提效果最佳，使最后剩余溶液中的尿素浓度降至最低；③由于水解速度较慢，AOD技术反应系统要求有较大的反应器，以满足氨气的供应要求，蒸汽气提技术使反应器的体积减小并提高了响应速度；④在尿素水解反应器中没有考虑杂质的处理，易造成堵塞；⑤由于系统的反应压力和温度不恒定，尿素水解反应的化学平衡状态也在变化，造成氨气组成成分变化，对控制带来不方便；⑥AOD技术是最早开发的尿素制氨工艺之一，业绩较多。另外，尿素系统相对比较复杂，能耗也高于液氨系统，但是其最大的优势是安全性非常高，只需储存固体尿素颗粒，氨气随需要而制作。这种系统的负荷范围非常宽，可以在10%～120%范围内的任意负荷点工作，冷态启动时间为20min，热备用状态响应时间小于10s。

整个系统的设备大部分可以国产化，只有水解反应器和节能器目前尚需进口，所以整体投资也可以大大降低。对于高等级的电站SCR系统，特别是对位于人口密度较高地区的电厂，尿素—氨转化系统是一种更加可靠的选择。

(3) 尿素—氨转化系统工艺组成。根据尿素的水解工艺，该系统包括以下组成部分：①固体颗粒尿素的卸料、储存和供给系统；②尿素溶解系统；③尿素溶液给料系统；④尿素水解系统；⑤氨蒸气的空气稀释混合系统；⑥废水处理系统。

2000年10月，国际上第一套用于SCR系统的商业规模的尿素—氨转化系统在美国AES Almrutos电站投入运行并取得了成功。在该电站全负荷运行状态下对尿素—氨转化系统进行的运行测试中，NO_x的脱除率一直保持在87%～95%之间。另外，对启动、停机和空载状态的运行性能所进行的检验均显示良好的结果。

尿素水解反应在不同的温度和压力下可达到不同的化学平衡状态，此反应一般在150～300℃下进行。在此温度和常压下，尿素水解的化学反应速度较慢，达到平衡状态需要10h以上。为了提高尿素水解的速度，尿素水解工艺往往通过提高温度和压力的方法，使水解达到平衡的时间缩短到30min。近年来，国外开发出使用催化剂的尿素水解工艺，通过催化剂的使用，可以提高尿素水解速度，在较低的温度和压力下可使尿素水解达到化学平衡的时间缩短到5min内。

2. SafeDe NO_x 工艺

SafeDe NO_x 工艺是由美国Chemithon公司开发的一种水解工艺，并于2005年取得美国专利，目前已应用于3套机组。SafeDe NO_x 工艺流程如图11-12所示。

(二) 尿素热解法制氨

尿素热解法制氨是将尿素在尿素溶解器中溶解为70%的溶液，然后将尿素溶液注入分解器，在0.31～0.52MPa、345～455℃的反应条件下，尿素首先分解成异氰酸和氨气，异氰酸再分解为氨气和二氧化碳，反应式如下

$$NH_2CONH_2 \longrightarrow NH_3 + HNCO \tag{11-10}$$

$$HNCO + H_2O \longrightarrow NH_3 + CO_2 \tag{11-11}$$

分解室提供尿素分解所需要的混合时间、停留时间以及温度，分解出来的氨基产物作为SCR脱硝反应的还原剂，在催化剂的作用下发生化学反应生成N_2和H_2O，如图11-13所示。

热解法主要设备有尿素卸料装置、螺旋给料机、尿素溶解箱、尿素储罐、循环装置、计

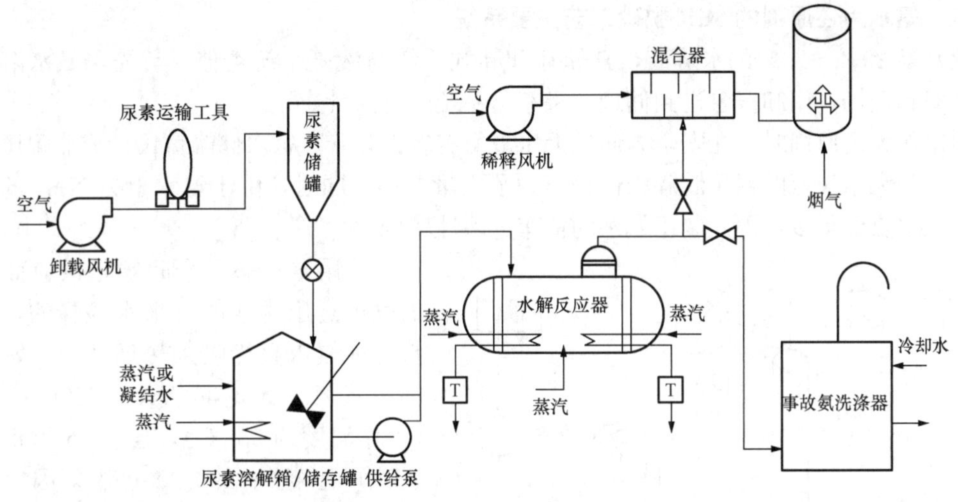

图 11-12　SafeDe NO_x 工艺流程

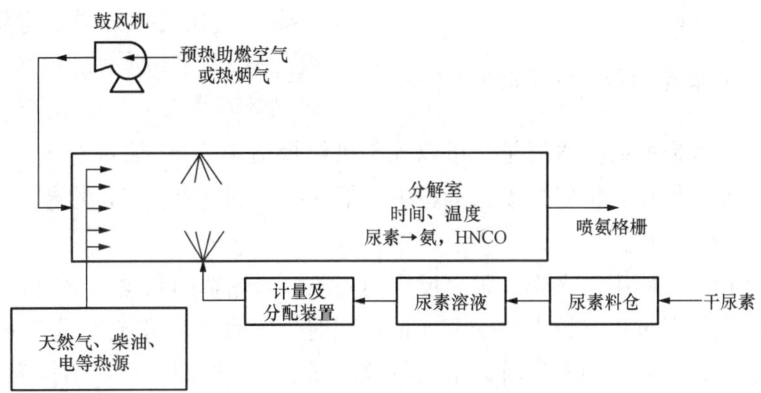

图 11-13　尿素热解工艺流程

量与分配室、绝热分解室、燃烧器、尿素溶液喷射器等。

在尿素热解法制氨工艺中，氨基甲酸铵作为一种中间产物具有较高的腐蚀性，所以除了尿素储罐外，其余的设备和管道全部为不锈钢，并且需要将尿素溶液加热至氨基甲酸铵形成温度以上。此外，由于尿素溶液的易结晶性，不论是水解法还是热解法，对于所有尿素溶液的容器和管道必须进行伴热（蒸汽伴热或电伴热），将溶液的温度保持在其相应浓度的结晶温度以上。

与水解法相比，热解法具有反应完全、不易产生中间聚合物、工艺更简单等优点，两者的比较见表 11-2。

表 11-2　热解法与水解法比较

热　解　法	水　解　法	热　解　法	水　解　法
热力控制工艺	高压操作	氨逃逸控制好	水用量大，浪费能量
使用气体燃料或柴油	需要高温	控制简单	负荷变化时，易生成残留尿素聚合物堵塞管道
喷入 40%～50%浓度尿素液	低浓度尿素液		
跟随能力强，响应时间快	响应时间与跟随能量较差	成本通常较低	需高压容器，设备要求高

五、氨水为还原剂的SCR脱硝工艺主要系统

氨水是20%～29%的水溶液，其储存和卸载系统与液氨系统类似。首先，氨水溶液由罐车运载到现场，用卸载泵送到储罐，罐车与系统通过软管连接。

氨水作为还原剂时，在安全方面较无水液氨有较大改善。氨水储罐可设计成非耐压型的锥顶罐，与无水液氨的耐压储罐相比，节约了大量费用。同时，由于氨水上方 NH_3 的蒸汽压力较无水氨低得多，因此装运氨水的槽车危险性较低。

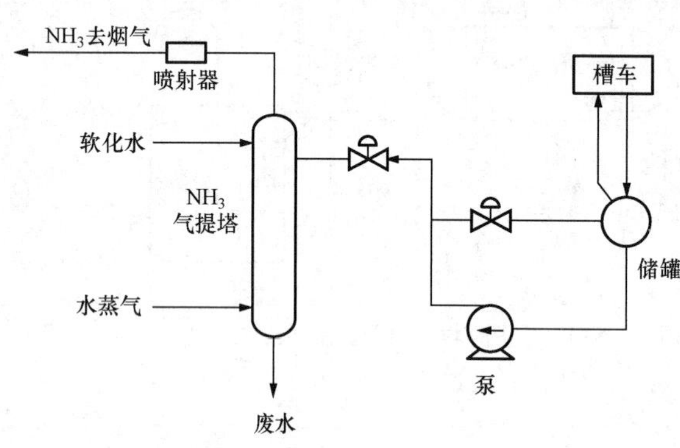

图 11-14　用水蒸气从氨水中抽提氨的流程

使用氨水的一个问题是供应商提供的氨水是用含盐的自来水稀释的，如果将这种氨水直接喷入热烟道中，氨和水都会蒸发，无论是 V_2O_5/TiO_2 催化剂（工作温度约350℃），还是Pt型催化剂（工作温度约290℃），都会因NaCl、KCl等盐类而使催化还原效率迅速降低。因此，使用氨水作为脱硝催化还原剂时，需要一个氨气提升塔，将氨蒸气和水分类。图11-14所示是用水蒸气从氨水中抽提氨的流程示意。

通过改变进入气提塔的氨水流量，可以控制供给烟道中 NH_3 的量。氨气提升塔得到纯净的氨通过喷射器（如喷射格栅）喷入烟道中，烟气中的 NO_x 与 NH_3 在催化剂作用下发生反应，产物为 N_2 和 H_2O。

与无水液氨相比，使用氨水作为脱硝反应的氨源，运输费用和操作费用有所增加，但氨水的车运、储存和处理过程有较大的安全保证；同时，氨水储存和蒸发设备的费用比较低。另外，使用氨水时环保方面的要求较无水液氨低。基于上述原因，用氨水作为烟气脱硝反应的氨源也有一定的竞争力。

氨水系统的主要设备有氨水储罐、卸载泵和管道、氨水蒸发系统及氨/空气稀释系统等。

（1）氨水储罐。氨水储罐一般由厚度不小于6mm的不锈钢制成，设计压力不小于0.12MPa。根据工程设计要求配备一个或几个储罐。罐的底部高于地面150mm以上，从罐的顶部注入氨。

（2）卸载泵和管道。一般配备两个卸载泵，通过软管连接卸载泵和罐车，并在尾部设置开关。卸载管道带有所必需的阀门，以便能通过每一个泵充满两个氨储罐或排空两个罐的氨返回到罐车内。

（3）氨蒸发系统。氨水溶液通过位于氨储存区的计量给料泵输送到蒸发器，给料泵的最小流量设计参照制订的运行条件，达到脱硝系统的最大期望容量。所有与氨水溶液接触的部件及与气态氨连接的部件，都可使用奥氏体不锈钢AISI304L制作。设计的热交换器表面在满负荷时应提供干性和过热的高温水蒸气来加热氨水。

（4）氨气/空气稀释系统。一般每一个反应器都配备一个空气加热/稀释系统，用来加热空气并与气态氨混合输送到反应器。由于氨水中水分的存在，空气及混合气体温度必须高于水冷凝温度。图11-15所示为尿素转氨热解的工艺设备。

图 11 - 15　尿素转氨热解（ULTRA）工艺设备

第三节　影响 SCR 的反应条件和工艺参数

在 SCR 系统中，影响 NO_x 脱除率性能的主要设计和运行因素包括反应温度、停留时间、还原剂与烟气的混合程度、还原剂与 NO_x 的化学计量比、逸出的 NO_x 和 NH_3 浓度、催化剂性能等。

一、入口 NO_x 浓度

对于特定的锅炉，SCR 反应器入口烟气 NO_x 浓度受锅炉运行条件的影响，煤质变化、锅炉负荷变化、燃烧条件（如配风方式、过量空气系数等）的变化都会使反应器入口烟气中 NO_x 浓度发生变化。

对于 SCR 反应器的设计，需规定一个基准的入口烟气 NO_x 浓度，称为基线（Baseline）浓度。对于新设计的燃煤发电锅炉，基线浓度一般为锅炉燃用设计煤种在额定负荷（BRL）运行时的烟气 NO_x 浓度。

二、停留时间（τ）和空间速率

停留时间是指反应物在反应器中与 NO_x 进行反应的时间，或定义为烟气流经反应器，在所有催化剂孔道内停留的总时间。其计算式为

$$\tau = \frac{\varepsilon V_c}{Q_g} \tag{11-12}$$

式中　Q_g——烟气体积流量；

V_c——催化剂体积；

ε——催化剂孔道横截面积与催化剂整体横截面积的比率。

一般而言，反应物在反应器中停留时间越长，脱硝率越高。反应温度也影响所需的停留时间，当温度接近还原反应的最佳温度，所需的停留时间减少。在反应温度为 310℃，NH_3/NO_x 摩尔比为 1 的条件下，烟气与催化剂的接触时间与 NO_x 脱除率的影响如图 11 - 16 所示。由图 11 - 16 可知，SCR 系统最佳的停留时间为 200ms。当停留时间小于 200ms 时，随着烟气与催化剂接触时间的增大，有利于烟气在催化剂微孔内的扩散、吸附、反应和产物的解

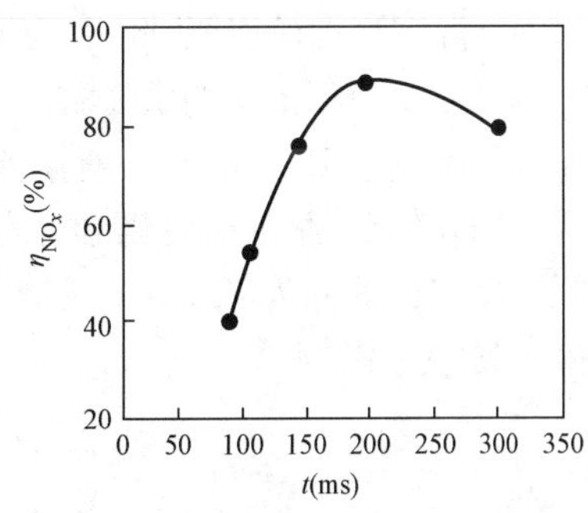

图 11 - 16　停留时间与脱硝率的关系

吸、扩散，NO_x 的脱除率提高。但是，若接触时间过大，NH_3 氧化反应开始发生［式（11-5）和式（11-6)］，会使 NO_x 的脱除率下降。

停留时间通常与空间速率（Space Velocity，SV）相关。SV 定义为单位时间内单位体积的催化剂所能处理的单位烟气的体积量，单位为 h^{-1}，SV 反映了烟气在 SCR 反应器内的停留时间的长短，其计算式为

$$SV = \frac{Q_{fg}}{V_c} \tag{11-13}$$

式中 Q_{fg}——烟气流量，m^3/h。

SV 越大，停留时间越短。对一定流量的烟气，当增加催化剂的用量，SV 降低时，NO_x 的脱除率提高。空间速率过大，烟气在反应器内停留时间短，则反应有可能不完全，这样氨的逃逸量就大，同时烟气对催化剂骨架的冲刷也大。相反，空间速率太小，对于给定的烟气流速，催化剂用量要增加，运行经济性下降。对于固态排渣煤粉炉高粉尘区布置的 SCR 反应器，反应器的空间速率由试验决定，一般控制为 2500～3500h^{-1}。

空间速率是 SCR 反应器的一个关键设计参数，也是主要的设计依据。空间速率的确定除受催化剂特性的影响外，还需要考虑脱硝效率、运行温度、氨的允许逃逸量以及烟气中的粉尘含量、锅炉类型、催化反应器布置位置等诸多因素，如表 11-3 所示。

表 11-3 燃煤电站锅炉 SCR 空间速率与烟气流速

锅炉排渣方式	固 态 排 渣		液 态 排 渣	
SCR 的位置	布置在除尘器前	布置在除尘器后	布置在除尘器前	布置在除尘器后
空间速率（h^{-1}）	2500～3500	5500～6500	1500～2500	4000～5500
烟气流速（m/s）	6.1～7.4	7.2～8.6	3.7～5.4	5.3～7.2

三、反应温度

每一种催化剂都有充分发挥活性的反应温度范围，反应温度不仅决定反应物的反应速度，而且决定催化剂的反应活性。以目前广泛使用的钒—钛［V_2O_5-WO_3(MoO_3)/TiO_2］催化剂为例，反应温度大多设定为 320～420℃。如果温度过低，反应速度慢，甚至出现一些不利于 NO_x 降解的副反应，如铵盐的生成反应加快等；如果温度过高，则会出现催化剂活性微晶高温烧结的现象，影响催化剂的使用寿命。SCR 系统的最佳操作温度决定于催化剂的类型和烟气的组成。图 11-17 所示是一典型金属氧化物型催化剂 NO_x 脱除率与温度的函数关系。

当烟气温度接近最佳值时，反应速率上升，更少的催化剂量就能实现相同的 NO_x 脱除率。图 11-18 显示了所需催化剂量随温度变化的关系。当烟气温度从 320℃（600℉）上升到最佳值 370～420℃（700～750℉）时，所需催化剂量大约减少 40%，SCR 系统成本因而大幅降低。

四、NH_3/NO_x 摩尔比（化学计量比）

氨氮摩尔比简称为氨氮比，它的定义是 SCR 反应器入口烟气中氨浓度与氮氧化物浓度的比值，其定义式为

$$\alpha = \frac{C_{NH_3}^{i}}{C_{NO_x}^{i}} \tag{11-14}$$

式中 $C_{NH_3}^{i}$、$C_{NO_x}^{i}$——反应器入口烟气中 NH_3 和 NO_x 的浓度。

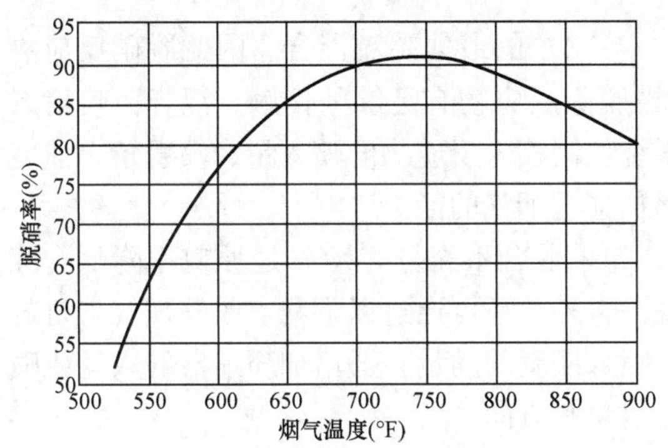

图 11-17　典型 SCR 系统 NO_x 脱除率与温度的函数关系

$\left[t_1=\frac{5}{9}(t_2-32)\right.$，其中：$t_1$，℃；$t_2$，℉$\left.\right]$

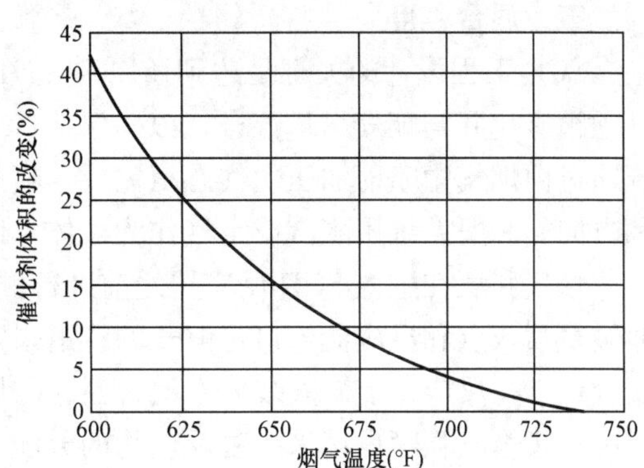

图 11-18　催化剂用量与温度的变化关系

根据化学反应方程式，脱除 1mol 的 NO_x 需要消耗 1mol 的 NH_3，NH_3/NO_x 摩尔比为 1。反应温度为 310℃，NH_3/NO_x 摩尔比对 NO_x 脱除率的影响如图 11-19 所示，由图可知 NO_x 脱除率随 NH_3/NO_x 摩尔比的增加而增加，$NH_3/NO_x<1$ 时，影响更明显。NH_3 投入量偏低，NO_x 的脱除率受到限制，若 NH_3 的投入过量，NH_3 氧化等副反应的反应速率增大，从而降低了 NO_x 的脱除率，同时也增加了净化气体中未转化 NH_3 的排放浓度，造成 NH_3 对环境的二次污染以及产生铵盐等腐蚀性物质。通常喷入的 NH_3 量随着机组负荷的变化而变化，NH_3 量与 NO_x 脱除效率的关系必须通过现场调试来实现。在设定的脱硝率下，如果喷氨调节阀的性能越好、喷氨格栅的混合性能越强，则实际的 NH_3/NO_x 摩尔比就越接近理论值。在 SCR 工艺中，一般控制 NH_3/NO_x 摩尔比小于 1.2。

Flora 等人（1991 年）的实验结果表明反应物化学计量比大约为 1.0 时，能达到 95%以上的 NO_x 脱除率，并能使氨的溢出浓度维持在允许值或更小，如图 11-20 所示。然而，随着催化剂活性的降低，当氨的溢出量超过了允许值时，就必须安装附加的催化剂或用新的催化剂替换掉失活的催化剂。将氨的排放控制在 5×10^{-6} 以下，这对飞灰的利用和减少其对下游装置的堵塞是非常有用的。

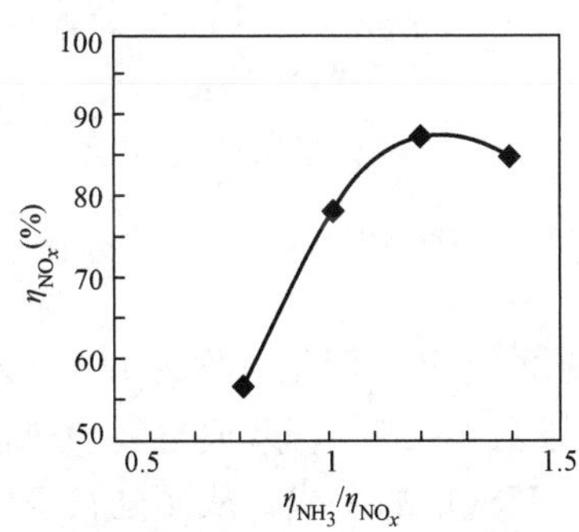

图 11-19　NH_3/NO_x 对 NO_x 脱除率的影响

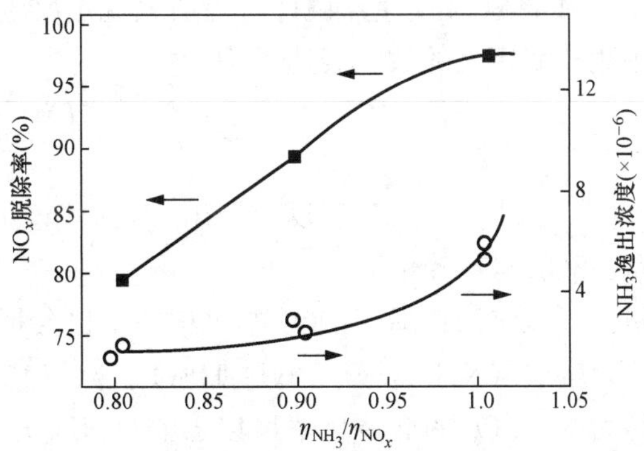

图 11-20　NH_3/NO_x 对 NO_x 脱除率和氨的逸出影响

五、混合程度

SCR工程设计的关键是达到还原剂（NH_3）与NO_x的最佳湍流混合。因此脱硝反应物必须被雾化并与烟气尽量混合，以确保NH_3与被脱除反应物有足够的接触。混合由喷射系统通过向烟气中喷射加压的气态氨完成。喷射系统控制喷入反应物的喷入量、喷射角、速度和方向，一般系统用蒸汽或空气作为载体，以增加穿透烟气的能力。

烟气和氨在进入SCR反应器之前进行混合，如果混合不充分，NO_x还原效率降低。除通过氨喷入点和反应器入口足够长的管道来实现混合外，还可通过以下几点改善烟气与氨的混合：①在反应器上游安装静态混合器；②增加喷入液滴的动量；③增加喷射器的数量或喷射区；④修改喷嘴设计来改善反应物的分配、喷射角和方向。

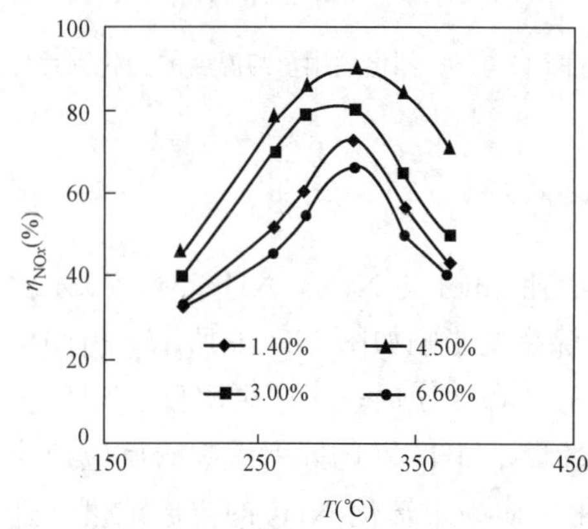

图11-21　催化剂中V_2O_5含量对NO_x脱除率的影响

六、催化剂中V_2O_5对NO_x脱除率的影响

催化剂中V_2O_5含量对NO_x脱除率的影响如图11-21所示，由图可知，催化剂中V_2O_5含量增加，催化效率增加，NO_x脱除率提高。但是，当V_2O_5含量超过6.6%时，催化效率反而下降，这主要是由于V_2O_5在载体TiO_2上的分布不同造成的。红外光谱表明，当V_2O_5含量在1.4%～4.5%时，V_2O_5均匀分布于载体TiO_2上，并且以等轴聚合的钒基形式存在；当V_2O_5含量为6.6%时，V_2O_5在载体TiO_2上形成新的结晶区——V_2O_5结晶区，从而降低了催化剂的活性。

七、脱硝率（η_{NO_x}）

脱硝率定义为反应器入口前的NO_x浓度减去反应器出口后的NO_x浓度，再除以反应器入口前的NO_x浓度。脱硝率直接反映了烟气中氮氧化物的脱除效率。

在工程实践中，一般设置了初期脱硝率和远期脱硝率，以满足日益严格的烟气污染物排放浓度的要求。比如，有些电厂设置了初期脱硝率为60%，远期脱硝率为90%的排放控制目标，脱硝率的变化可通过改变催化剂层数的布置来实现。

另外，脱硝率的选取，与电厂锅炉选用的燃烧器类型、当前的NO_x排放浓度也有很大的关系。对于SCR反应器设计，一般只规定反应器出口NO_x浓度或脱硝效率。

脱硝效率定义的数学表达式为

$$\eta_{NO_x}=\frac{C_{NO_x}^{i}-C_{NO_x}^{e}}{C_{NO_x}^{i}} \tag{11-15}$$

式中　$C_{NO_x}^{e}$、$C_{NO_x}^{i}$——SCR反应器出、入口烟气的NO_x浓度，mg/m^3。

八、SO_2/SO_3转化率

钒—钛催化剂在降解NO_x的过程中，也会把烟气中的部分SO_2催化氧化为SO_3，发生副反应，生成$(NH_4)_2SO_4$、NH_4HSO_4［式（11-16）、式（11-17）］，造成空气预热器换热元件堵塞。SO_2的低转化率可以遏制$(NH_4)_2SO_4$、NH_4HSO_4的生成，从而延长空气预热器的清扫周期。当SO_2的转化率过高时，不仅容易导致空气预热器的堵灰和后续设备的腐蚀，而且会造成催化剂中毒。因此，在SCR运行时，一般要求SO_2/SO_3的转化率小于

1%。影响 SO_2/SO_3 转化率的因素主要有反应温度、催化剂成分及氨的喷入量。降低 SO_2 氧化为 SO_3 的主要措施是：①严格控制 SCR 的反应温度；②改善催化剂成分，例如，在钒—钛催化剂体系中加入钨、钼等成分，可有效地抑制 SO_2 被氧化为 SO_3。

$$2NH_3 + SO_3 + H_2O = (NH_4)_2SO_4 \tag{11-16}$$

$$NH_3 + SO_3 + H_2O = NH_4HSO_4 \tag{11-17}$$

九、NH_3 逃逸率

NH_3 逃逸率是指催化反应器出口烟气中 NH_3 的体积分数，它反映了未参加反应的 NH_3 量。NH_3 逃逸率之所以受到高度的重视，主要原因是：①逃逸的 NH_3 增加了生产成本，可能造成环境的二次污染；②逃逸的 NH_3 与烟气中的 SO_3 反应生成 NH_4HSO_4 和 $(NH_4)_2SO_4$ 等黏稠状的铵盐，黏结在空气预热器等下游设备上，并腐蚀这些设备，同时增大了沿程阻力。一般控制 NH_3 逃逸率小于 3%。图 11-22 所示为某火电厂的沿程氨逃逸示意。

减少 NH_3 逃逸率主要通过设计合理的空间速率和 NH_3/NO_x 摩尔比来实现。

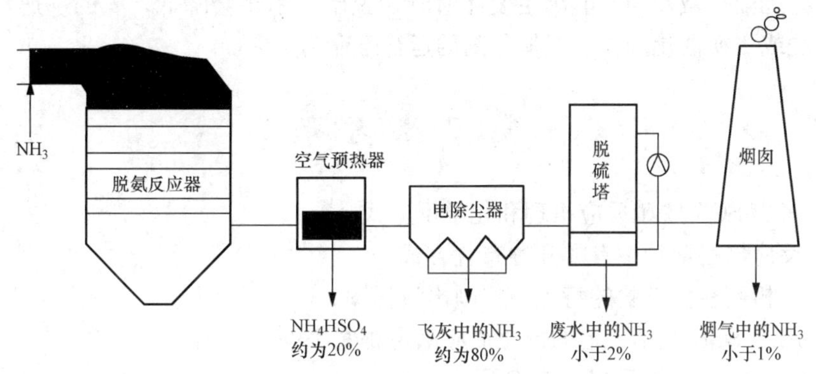

图 11-22 氨逃逸量沿程分布

十、反应器运行压降

反应器运行压降指省煤器出口至空气预热器进口之间烟道的压降，它反映了烟气经过 SCR 反应器催化剂层后的压力损失。正常情况下，反应器运行压降小于 1000Pa。

以美国和欧洲部分电厂为例，常见的 SCR 工艺参数见表 11-4。

表 11-4 美国和欧洲部分电厂 SCR 工艺参数

电 站	PSNH Merrimack 1 号机组	PP&L Montour 2 号机组	BEWAG KW Reuter D 和 E 机组	Altbach HKW Neckar 机组
装机容量（MW）	122	745	300	460
燃料种类	烟煤	烟煤	烟煤	烟煤
烟气量（m^3/h）	312 750	2 606 300	930 000	1 300 000
进口 NO_x 浓度（mg/m^3）	2018	600	650	650
出口 NO_x 浓度（mg/m^3）	<226	<60	<150	<200
设计脱硝率（%）	88.9	90	77	81.5
设计温度（℃）	660	725	725	698
氨逃逸率（%）	<3	<2	<3	<3

续表

电 站	PSNH Merrimack 1号机组	PP&L Montour 2号机组	BEWAG KW Reuter D和E机组	Altbach HKW Neckar 机组
反应器个数	1	2	1	1
投运年份	1999	2000	1988/1989	1990
SCR 安装位置	高尘区	高尘区	高尘区	高尘区
催化剂层数	3+1（备用）	2+2（备用）	3+1（备用）	3
催化剂类型与孔径（mm）	平板式/5.4	蜂窝式/7.1	蜂窝式/7.4	蜂窝式/7.4
吹灰器布置	每层布置	每层布置	仅第一层布置	—

十一、催化剂的运行寿命

催化剂的运行寿命是指催化剂活性能够满足脱硝设计性能的时间。催化剂运行一段时间后，其活性会逐渐衰减，当不能满足设计值时，脱硝效率将会降低，氨的逃逸量将会增加，此时必须清洗或更换催化剂。一般催化剂的运行寿命为2～3年。

复习思考题

11-1 写出SCR脱硝反应机理和化学反应式。
11-2 反应器在锅炉中有哪几种布置方式？
11-3 分析高粉尘布置的特点，并画出流程图。
11-4 用于SCR脱硝工艺的催化剂应满足哪些条件？
11-5 画出无水加氨系统工艺流程图。
11-6 试述尿素水解法制氨工艺原理，并写出其化学反应式。
11-7 尿素水解法制氨工艺有哪些特点？
11-8 试述尿素—氨转化系统的工艺组成。
11-9 试述尿素热解法制氨原理，并写出其化学反应式。
11-10 画出热解法制氨工艺流程图。
11-11 与无水氨相比，使用氨水作为脱硝反应还原剂有何特点？
11-12 在SCR脱硝系统中，影响NO_x脱除率主要因素有哪些？
11-13 何谓停留时间？分析停留时间与NO_x脱除率的关系。
11-14 何谓NH_3/NO_x摩尔比？分析NH_3/NO_x摩尔比与NO_x脱除率的关系。
11-15 分析催化剂中V_2O_5对NO_x脱除率的影响。
11-16 什么是脱硝效率？
11-17 分析SO_2/SO_3转化率对机组运行的影响。
11-18 什么是氨逃逸率？分析氨逃逸率对机组运行的影响。

第十二章

SCR 系统还原剂及主要设备

第一节　SCR 系统还原剂

一、还原剂

用于燃煤电厂 SCR 烟气脱硝系统的还原剂有液氨、氨水和尿素等。其中应用最广泛的是液氨，其次是尿素。

1. 液氨（NH_3）

无水氨又名液氨（或气态氨），常温常压下呈气态，气态氨无色，有刺激性气味，无水氨分子式 NH_3，分子量 17.03，在标准状态下，密度是 0.7714g/L，比空气的密度小，沸点 －77.7℃，熔点 －33.35℃，水溶液呈强碱性。

无水氨通常以加压液化的方式储存，液态氨转变为气态时会膨胀 850 倍，并形成氨云。液氨泄漏到空气中时，会与空气中的水形成云状物，不易扩散，对其附近的人身安全造成危害。

氨蒸气与空气混合物的爆炸极限为 16％～25％（最易引燃浓度为 17％），氨和空气混合物达到上述浓度范围遇明火会燃烧和爆炸，如有油类或其他可燃性物质存在，则爆炸性更高。与硫酸或其他强无机酸反应放热，化合物可达到沸腾。泄漏时，会对人身安全造成相当程度的危害。

无水氨可以侵蚀某些塑料制品、橡胶和涂层，不能与乙烯、丙烯酸、硼、卤素、环氧乙烷、次氯酸、硝酸、汞、氯化银、硫、锑、双氧水等物质共存。

氨很容易液化，在常压下冷却至 －33.35℃，或在常温下加压至 700～800kPa 时，气态氨就会液化成无色液体，同时放出大量热。液态氨汽化时要吸收大量的热，使周围物质的温度急剧下降，所以氨常用作制冷剂。氨极易溶于水，溶于水后的氨溶液通常又称为氨水。

长期暴露在氨气中，会对肺造成损伤，导致支气管炎。直接与氨接触会刺激皮肤，灼伤眼睛，使眼睛暂时或永久失明，并导致头痛、恶心、呕吐等，严重时会导致死亡。出现症状应及时吸入新鲜空气，并用大量水冲洗眼睛，严重时应送医院治疗或抢救。

2. 氨水

氨水是 20％～29％的水溶液，较无水氨相对安全。氨水溶液呈弱碱性和强腐蚀性。其暴露途径与液氨类似，对人体有害。

3. 尿素

尿素分子式为 $CO(NH_2)_2$，分子量为 56，含氮通常大于 46％，为白色或浅黄色颗粒，或结晶状的固体化合物，吸湿性较强，易溶于水，水溶液为中性。尿素可作化肥和其他工业原料。在烟气脱硝工艺中，尿素越来越多地作为氨的替代品充当还原剂使用。

与无水氨和氨水相比，尿素是无毒、无伤害的化学品，无需附设安全设备，所以使用尿素作还原剂的脱硝系统成本较低。常温常压下尿素呈固态，运输和储存都较容易。液态尿素有较好的药物分配特性，输送系统易安装，容易对其雾化形态进行控制。利用尿素作还原剂时运行环境较好，因为尿素是在喷入混合燃烧室后转化为氨，实现氧化还原反应的，因此，可以避免在储存、管路及阀门泄漏时造成的危害。

4. 应用情况

目前，电站锅炉 SCR 装置普遍使用的是液氨（无水氨）。液氨属化学危险物质，对液氨的运输与卸载等有非常严格的规程与规定，欧洲很多电站的液氨供应只允许使用铁路运输。若采用氨水，就可以避开适用于液氨的严格规定，但经济性差，需要额外的设备和能量消耗，并需采用特殊的喷嘴将氨水喷入烟气。德国仅有个别电站使用氨水作为 SCR 的还原剂。

采用液氨作为还原剂时，在喷入烟道前需用热水或蒸汽对液氨进行汽化。液氨被汽化为氨气后，通过专用的稀释风机提供稀释风，也可以从送风机出口抽取一小部分冷空气（约占锅炉燃烧总风量的 0.5%～1%）作为稀释风，对其进行稀释混合，形成浓度均匀的氨与空气的混合物（通常将氨的含量控制在 5%以内）。混合氨气通过布置在烟道中的氨喷嘴，均匀喷入 SCR 反应器前的烟道。三种 SCR 还原剂的综合比较见表 12-1。

表 12-1　　三种 SCR 还原剂的比较

SCR 还原剂	液　氨	氨　水	尿　素
脱硝剂成本	便宜（100%）	贵（约 100%）	最贵（180%）
生成 1kg 氨气所需要的原料量	1.01kg（99%氨）	4kg（25%氨）	1.76kg
运输成本	便宜	贵	便宜
安全性	有毒	有害	无害
储存条件	高压	常压	常压，干态
储存方式	储罐（液态）	储罐（液态）	料仓（微颗粒状）
初始投资费用	便宜	贵	贵
运行费用	便宜，需要热量蒸发液氨	贵，需要高热量蒸发，蒸馏水和氨	贵，需要高热量水解尿素和蒸发氨
设备安全要求	有关法律规定	需要	基本不需要

出于对安全性和实用性考虑，尿素制氨得到广泛应用与关注。用尿素作原料，通过尿素—氨转化系统生成氨，避免了氨在运输和储存过程中存在的危险。与液氨系统相比，尿素—氨转化工艺运行成本更低、更具经济性。特别是近 10 年来，采用尿素作为还原剂的 SCR 比例迅速上升，见表 12-2。

表 12-2　　世界 SCR 还原剂使用现状

20 世纪 70 年代	液氨	日本、韩国、中国台湾（90%液氨、10%氨水和尿素）
20 世纪 80 年代	氨水	欧洲（20%液氨、50%氨水、30%尿素）
20 世纪 90 年代	尿素	美国（近年来，新建 SCR 装置均使用尿素作为还原剂）

二、储氨和供氨设备

液氨是一种高毒性的物质，对它的安全防护问题受到了职业安全和健康管理部门以及环保部门的高度重视，各国都建立了相关的法规，对液氨的储存、运输和使用进行严格的规范与限制。这里着重讨论液氨的储存与使用。

1. 储氨罐

液氨存放在圆形或圆柱形压力罐内（见图12-1和图12-2），储氨罐的容积一般为50～200m³，总储存容量按可供两周的使用时间设计。

图12-1 国内某电厂储氨罐实物图

图12-2 国内某电厂储氨罐

每个厂最少配备两个储氨罐，每个储氨罐只装一半液氨，以便需要时可用泵将一个罐里的氨送到另一个罐里去。这样做除了安全方面的考虑外，还可以保证一个罐在检修时，SCR反应器仍能不间断地工作。

储氨罐可以放置在地面或地下，但位于市区内电厂的储氨罐必须放置在地下。储氨罐外面要涂敷防护层，其中的地下式储氨罐需要涂沥青防腐层，地面式储氨罐需要涂特殊的热反射层。

每个储氨罐均应配备安全泄压阀、液位变送器和液位开关等作为超压保护装置。液氨供应管道上还应配备止回阀、紧急关断阀和安全泄压阀（见图 12-3），在液氨管道出现事故或操作错误时，可以避免出现严重泄漏。

通过温度计、压力表、液位计和相应的变送器，将储氨罐状态的信号送到脱硝控制系统。当储氨罐内温度或压力出现高限报警时，启动储氨罐四周安装的工业水喷淋管线及喷头装置，对罐体进行自动喷淋减温；当有微量氨气泄漏时，也可启动自动喷淋装置，吸收氨气，控制氨气扩散污染。

2. 卸氨装置

卸氨系统主要由卸氨压缩机与液氨槽车组成，液氨压缩机一般为往复式。由槽车运来的液氨，通过卸料压缩机（见图 12-4～图 12-6）的压差，将槽车内的液氨送至储氨罐内，卸氨过程产生的尾气被吸入装有水的吸收罐内，避免对环境造成影响。

图 12-3　安全泄压阀

图 12-4　卸料压缩机

图 12-5　卸氨压缩机出口气液分离器

图 12-6　卸氨压缩机四通阀

因为卸氨过程液氨减压后蒸发吸热，所以卸氨管道上经常会大量结冰或化霜。为减少此类问题的发生，确保卸氨过程的安全，经常在槽车之后的卸氨管上连接一台蛇形管自然吸热器，减少液氨管道的结冰或化霜现象，如图 12-7 所示。

一般情况下，两个氨储罐公用一套卸氨管路，一套卸氨管路包含有一路卸氨气相平衡管路和一路卸氨液相管路，每一管路上均装有气动总门、气动隔离门（见图 12-8）和手动隔离门。两台卸氨压缩机分别并联在气相平衡管路和卸氨液相管路内，通过卸氨压缩机入口四通阀改变工作管路连接方式，以满足不同氨液卸载和倒换功能。每一管路上均装有两个安全门连接在氨稀释吸污管路上，以防止管路超压造成管路损坏和环境污染事故。

图 12-7　蛇形管自然吸热器

图 12-8　卸氨管路上气动隔离门

储氨罐上部的饱和氨气通过氨气压缩机增压，增压后的高压氨气进入槽车，将液氨压入储氨罐。图 12-9 所示是压缩机卸氨的工作原理。槽车中余下的氨气，可通过压缩机反向旋转把氨气压回储氨罐。

当储氨罐需要进行维修时，压缩机还可用于两个储氨罐之间液氨的倒罐输送以及用来放出储氨罐里的氨气。

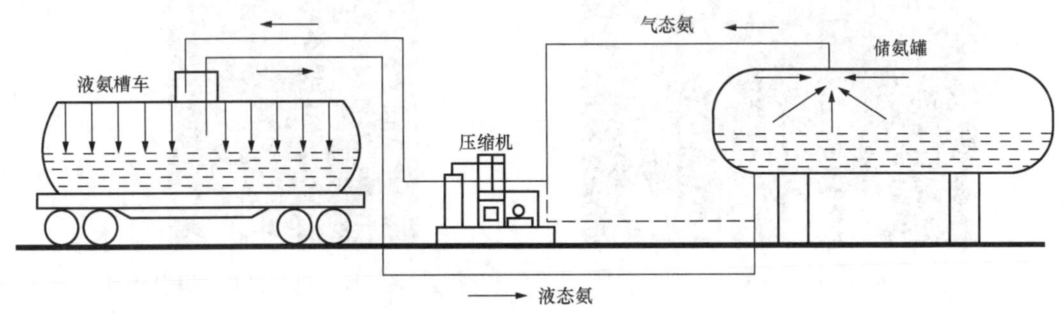

图 12-9　压缩机卸氨的工作原理

3. 汽化器（液氨蒸发器）

液态氨通过汽化器加热汽化为气态氨。汽化器一般采用蒸汽加热，也可用电加热头加热，加热温度控制在 50℃左右。汽化器的汽化能力一般为最大需氨量的 1.2～1.5 倍。

液氨汽化器为螺旋管式结构，图 12-10 所示是汽化器的内部结构。汽化器盘管内充满液氨，管外为温水。用蒸汽直接喷入水中，把水加热到一定的温度，温水将液氨汽化，并加

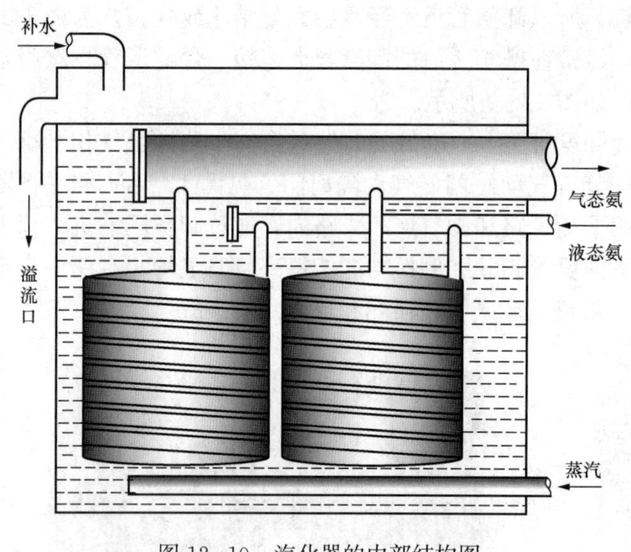

图 12-10 汽化器的内部结构图

热至常温。通过蒸发器水浴温度来控制蒸汽流量，当水的温度高过设定值时，切断蒸汽汽源。电厂提供的蒸汽压力通常为 0.8～1.3MPa，温度为 280～375℃。

在氨气出口管道上装有压力控制阀和温度检测器，将氨气压力、温度控制在设定值内。当出口压力达到设定值或温度低于设定值时，切断液氨进料，使氨气至缓冲槽维持适当的温度及压力。汽化器还装有安全阀，可防止设备压力异常过高。另外，应配备一台备用的汽化器，保证系统的安全运行。

华电长沙电厂 2×600MW 机组 SCR 装置的氨库区安装三台氨蒸发器，两用一备，目的是保证在阀门损坏或检修情况下，而解列一条管路时，供氨系统仍可正常连续运行。图 12-11所示为液氨蒸发器，图 12-12 所示为搅拌电动机及防爆启动钮。表 12-3 所示为该厂液氨蒸发器的技术参数。

图 12-11 液氨蒸发器

图 12-12 搅拌电动机及防爆启动钮

表 12-3　液氨蒸发器技术参数

项　　目	技 术 参 数
液氨蒸发量	设计 366.6kg/h，最大 401kg/h，最小 94.2kg/h
加热溶液	30%（wt）乙二醇水溶液，操作温度≤80℃
操作压力	常压
结构形式	由外容器、内容器组成
电加热	设计功率 200kW，额定电压 380V

续表

项　　目	技　术　参　数
电加热管	GYS380/4.17kW，48支/台
操作介质	氨排气压力0.3～1.4MPa；排气温度0～48℃
液位计	检测所设置的液位高限和低限，生成开关信号（DI两点，无源触点，24V DC，5A），远传至DCS控制室
热媒温度计	就地显示温度计
设备上的仪表接口	设备上留有温度、液位信号的仪表接口
液氨蒸发器设备重要管口规格	液氨进口　DN=25，气氨出口　DN=65 热媒进口　DN=40，热媒放净口　DN=20

蒸发器用30%乙二醇水溶液作为热媒，溶液用电加热器加热。液氨从管内流过吸收热媒的热量使得液氨蒸发，当SCR系统耗氨量增加时，供氨管路压力下降，蒸发器内吸热管内压力下降，进入蒸发器内的液氨增加；当SCR系统耗氨量减少时，供氨管路压力增加，蒸发器内吸热管内压力增加，进入蒸发器内的液氨减少，从而保证进口的液氨量与出口的气氨使用量相平衡。在气氨消耗量为零时，蒸发器进出口压力相等，因此没有液氨流进蒸发器，蒸发器内充满温态的氨气，为再次给SCR系统供气做好准备。

安装在蒸发器内部气体收集器上的液位开关可以根据触媒温度下降情况控制进入蒸发器的液氨，防止过多的液相氨进入蒸发器。如果由于供氨量过大或者其他原因造成汽氨供应阀关闭，此时蒸发器管内液氨会继续蒸发，为了避免蒸发器安全阀动作，在供气阀旁路上装有止回阀，以防止额外的液氨进入加热器供氨管道。表12-4所示为每台液氨蒸发器上配备设备。

表12-4　　液氨蒸发器上配备设备

氨　气　侧	热　媒　侧
一个安全排放阀：防止超压 一块压力表：监视就地压力 压力传感器：压力远传 温度传感器：温度远传 液位高/低保护开关：控制液氨进量 气动关断阀：快速隔离	由法兰连接内置浸没式电加热器 温度传感器：控制温度 温度开关 液位计：液位监视 液位高低保护开关：液位自动调节 排污阀 热媒搅拌器：外配电动机搅拌使温度均匀

4. 缓冲罐（氨气缓冲槽）

缓冲罐是对氨气进行缓冲，保证氨气流有一个稳定的压力。从汽化器出来的氨气进入缓冲罐中，通过调压阀减压到一定的压力，再通过氨气输送管道到锅炉侧的脱硝系统。有些工程也采用内置式氨气缓冲罐，即缓冲罐与液氨蒸发罐集成为一体。外置缓冲罐可能会出现氨气冷凝现象，当这种情况出现时，由于测试信号无法正确反映缓冲罐的运行状态，很容易导致误操作，从而引发故障。而使用内置缓冲罐则不会出现这种问题，避免了对设备的误操作，提高了设备运行的安全性。

缓冲罐结构相对简单，主要有氨气进出口、安全阀及排污阀等，如图 12 - 13 所示。以一台 600MW 燃煤机组为例，缓冲罐需要 3 个，每个缓冲罐的容积约 3.95m^3。设计参数为直径 1400mm、高度 2100mm、壁厚 9mm、设计压力 0.9MPa、温度 90℃、静态水压测试压力 1.35MPa。

5. 氨气泄漏检测器

液氨储存及供应系统周边设有若干只氨气检测器（见图 12 - 14），以检测氨气的泄漏，并显示大气中氨的浓度。当检测器测得大气中氨浓度过高时，会在机组控制室发出警报，操作人员可采取必要的措施，以防止氨气泄漏。

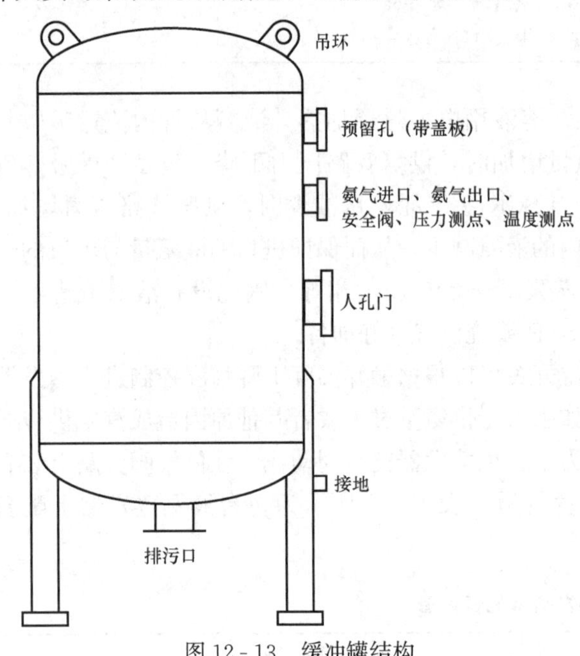

图 12 - 13　缓冲罐结构

图 12 - 14　氨泄漏检测报警仪

6. 氮气吹扫

脱硝系统最关键的安全问题是保持液氨储存及供应系统的严密性，防止氨气的泄漏和氨气与空气混合造成爆炸。基于此方面的考虑，供氨系统的卸料压缩机、液氨储罐、氨气汽化器、氨气缓冲罐等都应备有氮气吹扫管线和与之配套的八字形盲板隔离。在设备初次投运或检修后投运，液氨卸料之前，必须用氮气吹扫管线。对氨直接接触的设备分别进行严格的系统严密性试验和氮气吹扫，防止泄漏的氨气与系统中残余的空气混合造成爆炸的危险。氮气可由氮气瓶提供。

7. 排放系统

脱硝装置在氨制备区设有排放系统，使液氨储存和供应系统的氨排放管路为一个封闭系统。氨气系统紧急排放的液态氨或气态氨通过装有水的氨气稀释槽进行吸收，稀释槽吸收成氨水后排放至废水池，再经废水泵送到废水处理系统。

氨气稀释槽为一立式水槽，液氨系统排放处所排出的氨气由管线汇集后从稀释槽底部进入，通过分散管将氨气分散入稀释槽的水中，利用大量的消防水来吸收安全阀排出的氨气。其工艺流程如图 12 - 15 所示，稀释槽结构如图 12 - 16 所示。

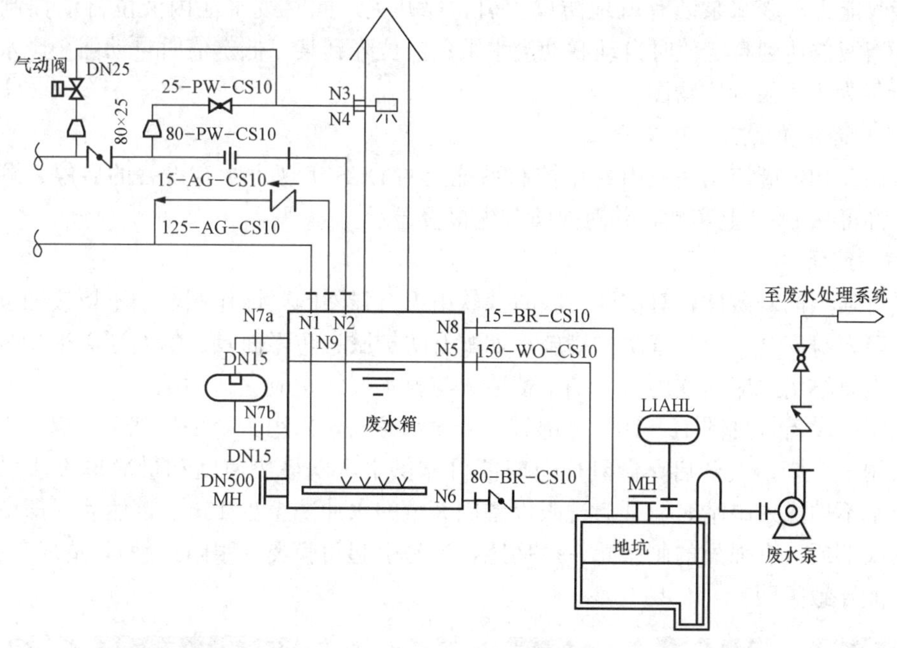

图 12-15　稀释槽工艺流程

稀释槽的液位由溢流管线维持，稀释槽设计有箱顶淋水，箱侧进水。进稀释槽上部塔的管道上的气动阀用于控制氨储罐的压力、温度和安全阀启跳压力。当温度超过 40℃对应压力超过 1.55MPa，或容器压力达到安全阀设定值时，气动阀开启喷淋。当手动操作时，如检修排放时，只需手动操作打开蝶阀或球阀即可。DN80 管道上设置孔板是为了防止水流走捷径，以满足喷淋的需要。

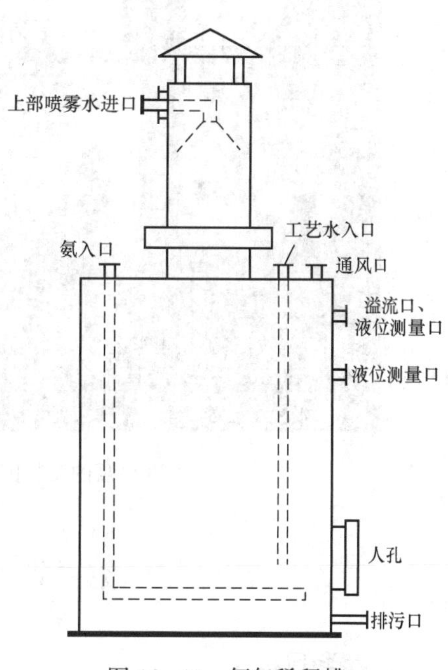

图 12-16　氨气稀释槽

DN15 管道上有一个止回阀，这段管道一端连废水箱，另一端连 DN125 管道，起到压力平衡的作用。因为当液氨排放将近结束时，氨量和压力减少，水继续吸收氨，水就会沿管道上移（虹吸现象），有这根管道就不会产生虹吸现象。

稀释槽溢流口上部，有一根 DN15 管道，它的一端连废水箱，另一端连地坑，地坑整体密封，液面上空气通过 DN15 管道与大气连通。当地坑中氨水浓度高导致氨气溢出，可通过此管道排至废水塔经喷淋吸收溢出氨，排出的氨水应迅速用氨水泵送至废水处理站。

稀释槽液位正常时是满液位，液面位置在 3m 左右，稀释槽液位计可采用普通玻璃液位计测量。

废水泵的作用是把稀释槽中的废水抽取排到电厂废水处理系统进行处理排放。由于脱硝系统中的废水有一定的腐蚀性，因此要求泵具备抗腐蚀能力。泵的容量取决于排水处理设备的废液接收能力。废水泵装有就地防爆型启、停开关；同时废水池内液位自动控制废水泵启、停，当液位达到高定值时自动联动废水泵；液位降到某一低定值时自动停止废水泵。图12-17所示为废水泵的实物图。

8. 液氨储存和供应控制系统

液氨储存和供应控制一般由共用控制系统上的DCS实现。所有设备的启停、顺控、连锁保护等都可从DCS上实现，并对故障首先报警显示。

9. 防护装置

氨具有强烈的刺激性，对皮肤、眼睛及软组织有强烈的腐蚀作用，如不慎接触会造成伤害。为保障人身安全，应完善防护措施，如配有防护服、防毒面具。氨站还必须安装应急淋浴设施，应急淋浴水应为饮用水，如不慎造成与氨水接触，应立即冲洗。

氨站洗眼设备（见图12-18）上部有3个喷水龙头，采用一个手拉把手开启；下部两个喷水龙头用一个脚踏板开启，做到应急时能可靠供水，以最快速度和最简单方法保证冲洗水。当氨水不慎进入眼睛时，开启洗眼设备用大量的水冲洗至少15min，然后立即就医。氨进入人体眼部后，有强烈的刺激感、疼痛感，容易引起角膜炎（眼睛红肿），造成角膜腐蚀，严重时可能导致失明。

图12-17 废水泵的实物图

图12-18 洗眼设备

第二节 注氨系统及设备

一、稀释风机

SCR脱硝系统采用氨（NH_3）作还原剂，其爆炸极限为15%～28%。为保证氨注入烟道的绝对安全以及均匀混合，需要引入稀释风，将氨浓度降低到爆炸极限以下，一般控制在5%以内。氨气稀释风机为氨气的稀释与混合提供稀释风，稀释风机多采用高压离心式鼓风机，其出力按烟气最大量时稀释氨气所需的风量来考虑，并留有裕度，风机裕度不低于10%。稀释气流流量的控制在开始启动时手动调整，以后无需再调。图12-19所示是氨气稀释风机实物图，图12-20所示稀释风机入口滤网和消声器实物图。

图 12-19　某电厂氨气稀释风机

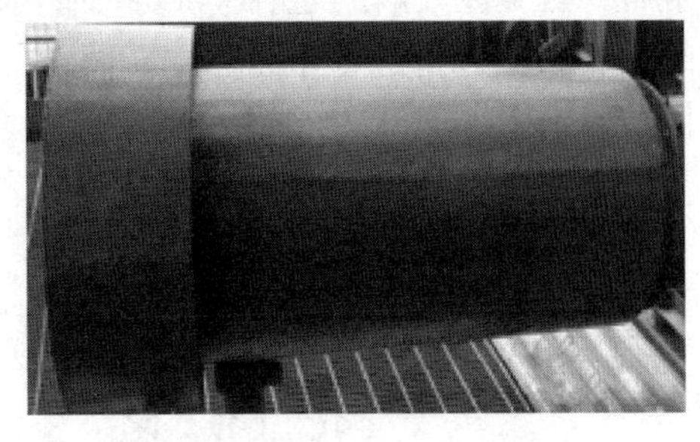

图 12-20　稀释风机入口滤网和消声器

稀释风的作用包括：①用于控制氨浓度；②作为 NH_3 的载体，通过喷氨格栅（AIG）将 NH_3 送入烟道，有助于加强 NH_3 在烟道中的均匀分布；③稀释风通常在加热后才混入氨气中有助于氨气中水分的汽化。因此在引入稀释风后需要增加一个稀释风的加热器，通常采用蒸汽或电加热器加热方法，如图 12-21 所示。

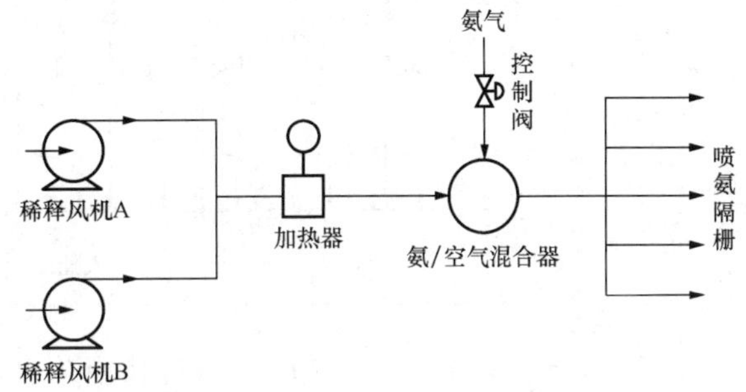

图 12-21　稀释风机流程示意

二、氨气/空气混合器

氨气在进入喷氨格栅前需要在氨气/空气混合器中充分混合，氨气/空气混合器有助于调节氨的浓度，同时有助于喷氨格栅中喷氨的均匀分布。氨气与来自稀释风机的空气混合成氨气体积含量为5%的混合气体后送入烟道。

稀释风机和氨气/空气混合系统应尽量布置在SCR反应器本体氨注入口附近，避免由于布置在SCR反应器本体支撑钢架上而引起的振动。华电长沙电厂氨/空气混合器布置在锅炉标高35.4m处。其中进入混合器的氨气管道从混合器下部插入，横贯混合器筒体上下，在背风侧（与空气流向相同）氨气管道设有6个喷氨口。空气经过分割百叶窗导向后再与氨混合，这样可避免因局部混合不均而引起爆炸的可能，图 12-22 所示是氨气/空气混合器的内部结构图。

图 12-22　氨气/空气混合器的内部结构图

为保证氨气不外泄，稀释风机出口阀一般应设故障连锁关闭，异常时能发出故障信号。

三、供氨母管/集管

混合的氨气注入烟道之前，供氨母管沿着烟道的垂直断面又分成若干个支管，使喷入的氨气均匀分布在烟道的各个断面上。图 12 - 23 所示为氨气稀释后注入烟道前的供氨管道示意，图 12 - 24 所示则为相应的实物。

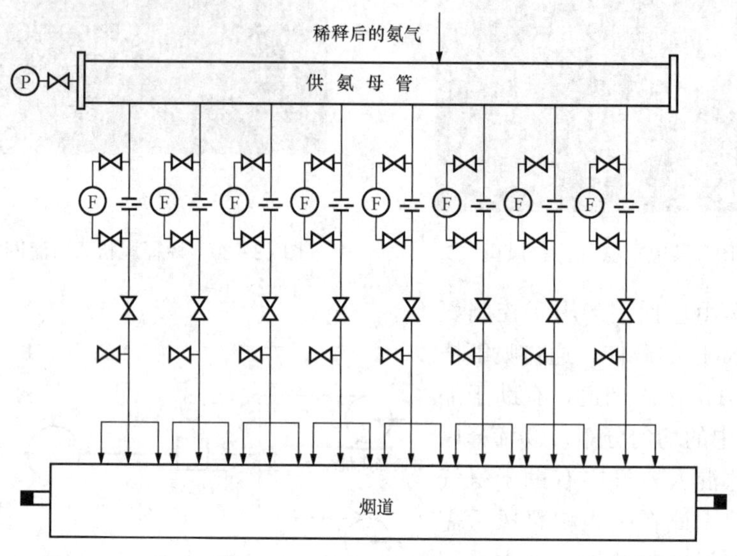

图 12 - 23　氨气注入烟道前管路示意

图 12 - 24　氨气注入烟道前的管路实物

四、注氨格栅

储存在液氨罐的高纯液氨经汽化器加热后，由液氨转化为气态氨，通过供氨管道送至催化反应器前的喷氨汇流管排上，最后由喷氨格栅均匀地注入反应器前的烟道。

注氨格栅（Ammonia Injection Grid，AIG）是 SCR 系统中的关键设备，如图 12 - 25 所示。注入的氨气在烟道中分配的均匀性，直接关系到脱硝效率和氨的逃逸率两项重要指标，注入的氨气在烟道中与烟气均匀混合是选择性催化反应顺利进行的先决条件。

注氨格栅一般采用碳钢，布置在省煤器出口与催化反应器进口之间的烟道上。目前，注氨格栅的形式较多，但多采用安装在烟道垂直断面上的若干喷氨支管与支管上的喷嘴组成。大型燃烧设备的 SCR 喷射系统中，喷嘴多达数百个，如图 12 - 25 所示。图 12 - 26 所示为氨喷射流量调节孔板和手动阀。图 2 - 27 所示为注氨格栅喷嘴。

根据 SCR 催化剂的反应动力学原理，氨和 NO_x 的混合程度对 SCR 工艺的脱硝效率具有极大的影响。如果还原剂和 NO_x 不能充分混合，而又要达到 NO_x 排放量的指标要求，将导致催化剂的用量增加和氨的外逸，造成运行成本的提高，影响脱硝效率。

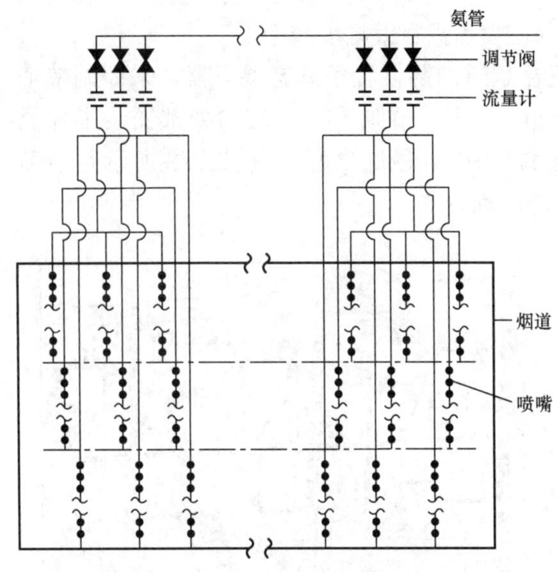

图 12-25　注氨格栅

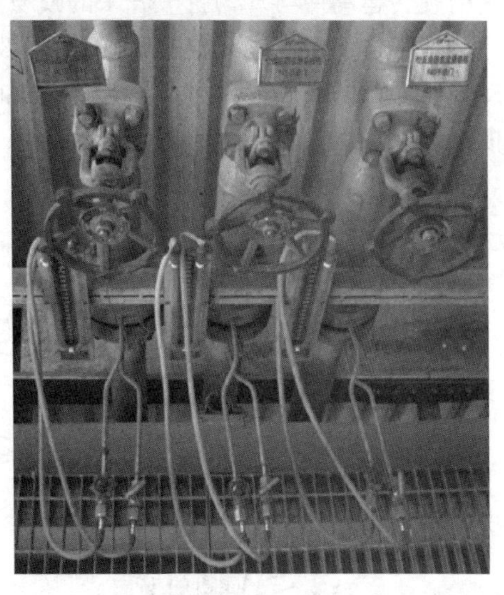

图 12-26　氨喷射流量调节孔板和手动阀

图 12-27　注氨格栅喷嘴

为了使还原剂与 NO_x 充分混合，最理想的状况是使还原剂的浓度分布与 NO_x 的浓度分布相一致，即在 NO_x 浓度高的位置，喷入的氨相应多一些，而在 NO_x 浓度低的位置，喷入的氨也相应少一些。而要达到这一要求就需要根据 NO_x 浓度的分布单独调整每一个喷嘴的喷氨量，通过对每一个喷嘴的喷氨量的调节，建立与 NO_x 的分布规律相一致的氨的喷入量，有助于大幅度提高脱硝效率。

注氨格栅喷射点的密度是影响混合均匀度的重要因素。喷嘴数量越多越有利于形成混合均匀的流动，但数以百计的喷嘴无疑增加了设计、安装与运行维护的复杂性，所以，利用较少喷嘴达到同样效果的探索一直是该领域中研究的一个重点。通过将氨喷射到转盘上，然后利用旋转运动使氨均匀扩散开来的喷氨方式可以使喷嘴数目大幅度减少。

为了进一步提高氨气/烟气的混合效果，还在烟道内部设置了静态混合器，来控制整个反应器入口的横断面上烟气温度分布和流速分布。另外，在所有烟气转向处都安装了导流板，以保证烟气流量分布均匀，整个系统的压力损失降到最低限度。图 12 - 28 所示是喷嘴与静态混合器的三维布置图，图 12 - 29 所示是静态混合器。

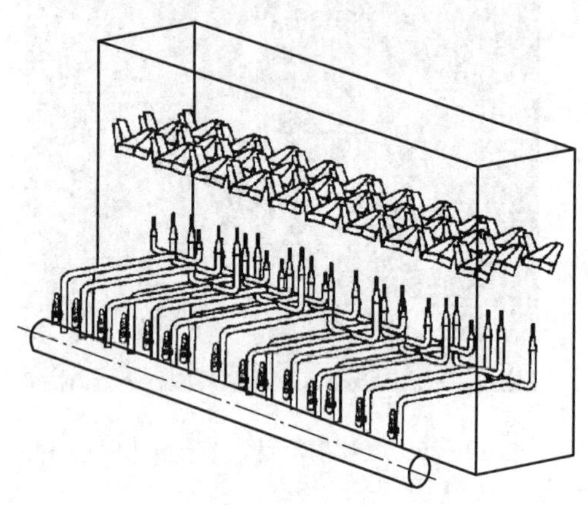

图 12 - 28 喷嘴与静态混合器布置

图 12 - 29 静态混合器

表 12 - 5 喷射格栅模型实验

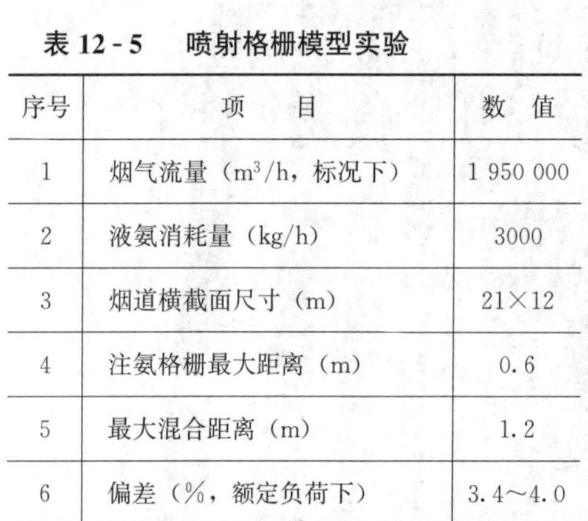

序号	项 目	数 值
1	烟气流量（m^3/h，标况下）	1 950 000
2	液氨消耗量（kg/h）	3000
3	烟道横截面尺寸（m）	21×12
4	注氨格栅最大距离（m）	0.6
5	最大混合距离（m）	1.2
6	偏差（%，额定负荷下）	3.4～4.0
7	注氨的压降（Pa）	10

设计优良的喷射系统可以缩短扩散长度、减少压力损失，从而少占场地、节约建造费用和运行费用。目前已经有若干种成熟的高效注氨技术付诸商业应用，比如奥地利 ENVIRGYT 公司所研制的注氨格栅，该技术综合考虑了在减少压力降和节省烟道空间的前提下，实现氨气/烟气均匀分布和稳定混合的要求。通过把可调节氨喷射量的喷枪按设计要求安装在烟道的横截面上，并在氨喷入的地方造成烟气的紊流，使反应物充分混合，在使用液氨、氨溶液和尿素时都表现出了良好的性能。表 12 - 5 是该注氨格栅系统喷射单元1∶1模型的测试结果。

五、检测与控制系统

氨的注入量控制是根据 SCR 系统进、出口 NO_x、O_2 的浓度、烟气温度测量值、稀释风机流量、烟气流量（由燃煤流量换算求得）来进行的。NH_3 监视分析仪监视 NH_3 的逃逸率，一般要求小于 3%，超限则报警并自动调节 NH_3 的注入量。

第三节 SCR 反 应 器

一、SCR 反应器本体

SCR 反应器本体是指烟气与 NH_3 混合后通过安装催化剂的区域产生反应的区间。SCR

反应器是还原剂与烟气中 NO_x 发生催化还原反应的容器，与尾部烟道相连，内装催化剂。通常由带有加固肋的碳钢塔体、进出口烟道、催化剂放置层、人孔门、检查门、催化剂安装门孔、导流叶片及连接件等组成，其基本结构如图 12-30 所示。SCR 反应器体积大小是根据煤质、烟气条件、烟气粉尘量、燃烧介质元素成分、烟气流量、NO_x 进口浓度、脱硝效率、SO_x 浓度、反应器压降、使用寿命等因素决定的。

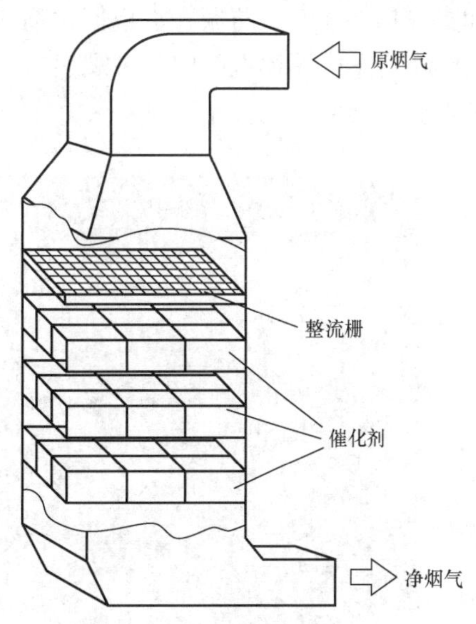

图 12-30　SCR反应器的结构

催化反应器有高粉尘区、低粉尘区和尾部烟气区三种布置方式。通常，燃煤锅炉烟气脱硝的 SCR 反应器采用高粉尘区布置，即催化反应器在很高的位置上垂直放置（烧天然气或燃油锅炉的 SCR 反应器可以水平放置），烟气先向上流动与氨混合，然后经过水平烟道再折转向下经过催化反应器。由于催化反应器需要占用很大的空间，因此，对于加装烟气脱硝系统的改造工程来说，场地问题往往成为设计工作中遇到的第一个难题。

催化反应器通过合理设计的过渡段与烟气管道相连接。为了保证反应器内催化还原反应能够充分进行，需要在上游的烟气管道中配置烟气混合装置和转向导流装置。另外，还需要在反应器内安装吹灰器，以使催化剂保持清洁和反应活性。

一台锅炉通常配两套催化反应器，每套反应器处理烟气总量的 1/2。

催化剂固定在反应器中，催化剂的支撑结构在保证牢固的情况下，还应注意排列合理，尽量减少对烟气的阻碍，并避免产生涡流和烟气回流现象。

SCR 反应器外壁一侧在催化剂层处开有检修门，用于将催化剂模块装入催化剂层。每个催化剂层都设有人孔，在机组停运时可通过人孔进入其内检查催化剂模块。

烟气与注入的氨气接触后，首先经过混合栅，提高氨气与烟气的混合程度。混合栅一般呈网状布置的金属构件（见图 12-31）。经过混合栅后，烟气与氨气经过折角导流栅，流向发生变化。在最后进入催化反应层之前，烟气与氨气流过小尺寸的正方形整流栅（见图12-32），混合均匀性再度提高，并保证在催化剂层的水平断面上均匀分配。催化剂箱由底部的支撑钢梁组成（见图12-33）。混合栅、导流栅、整流栅的最佳几何尺寸、安装形式及设置的必要性，可通过流体模拟试验方法确定。

图 12-31　烟气与氨气的混合栅

吹灰器装在每个催化剂层的上方，采用过热蒸汽吹掉催化剂上的积灰。反应器横截面和催化剂的层间距，应能保证吹灰器的安装和正常运行需要。

SCR 反应器的下游设有一组取样管，取样管深入烟道的断面上，由多根取样插管组成，用于测量截面上 NO_x（及 NH_3、SO_x 等）的浓度。图 12 - 34 所示为取样管的现场拼装示意。

反应器壳体（见图 12 - 35）通常采用标准的板箱式结构，由钢架支撑，辅以各种加强筋和支撑构件来满足防振、承载催化剂、密封、承受荷载和抵抗应力的要求，并且实现与外界的隔热。反应器还设有门孔、观察口、单轨吊梁等装置，用于催化剂的安装、运行观察和维护保养。

图 12 - 32 烟气与氨气的整流栅

图 12 - 33 催化剂箱部的支撑钢梁

图 12 - 34 取样管的现场拼装示意

图 12 - 35 吊装中的反应器壳体

二、催化剂

每个反应器内装填一定体积的催化剂，催化剂装填量的多少取决于设计的处理烟气量、脱硝效率及催化剂的性能。催化剂模块是商业催化剂的最小单元结构，若干个催化剂模块组成箱体结构，若干只箱体再组成催化剂层，每个反应器一般由 3～4 层的催化剂层组成。催化剂模块、箱体、层之间的关系参见图 12 - 36，催化剂安装模块参见图 12 - 37。

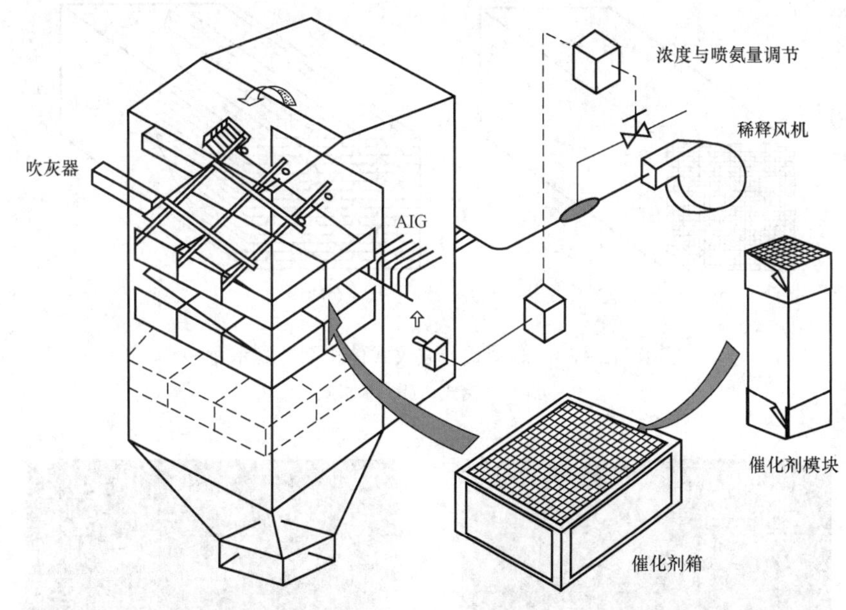

图 12-36 催化剂模块、箱体、层之间的关系

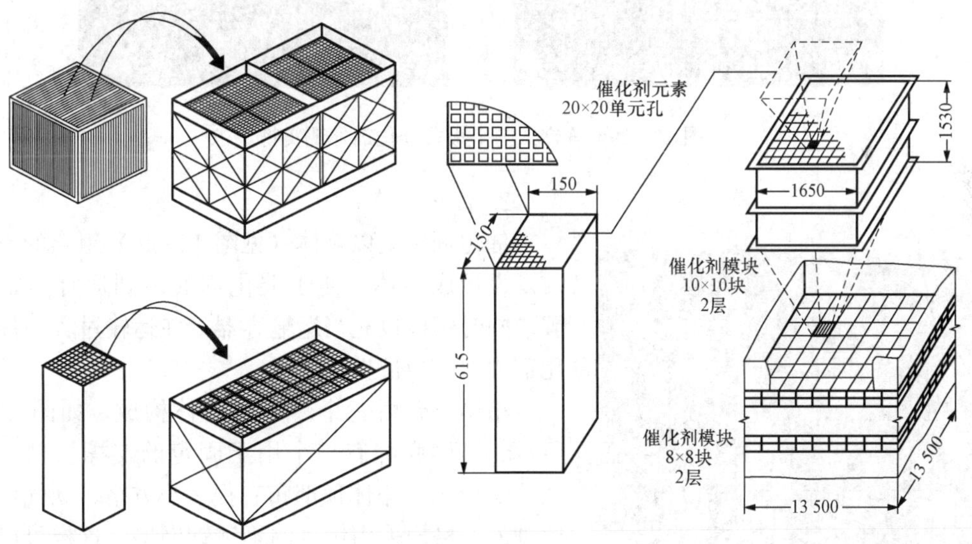

图 12-37 催化剂安装模块

1. 催化剂模块

以蜂窝催化剂为例，每个模块上开有 20×20 个气流口。气流孔径 d 的大小取决于锅炉所用燃料的种类。例如，普通的燃煤烟气脱硝催化剂采用的气流孔径 d=7mm，孔壁厚 α<1mm，节距一般在 6.3～9.2mm。催化剂模块的断面随着设计的情况会出现变化，但长度一般不超过 1m。图 12-38 和图 12-39 所示是蜂窝式与波纹式催化剂的单元模块。

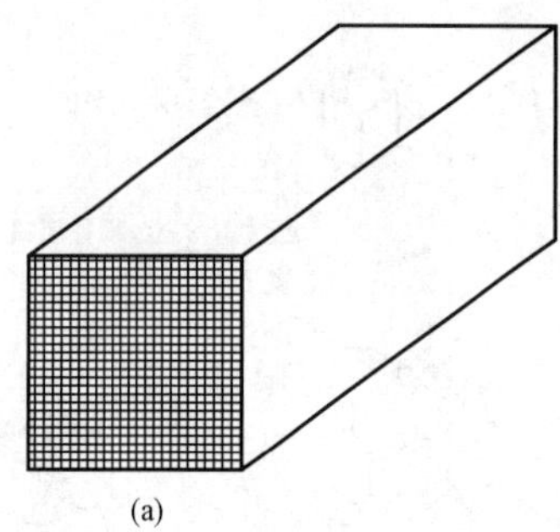

(a)

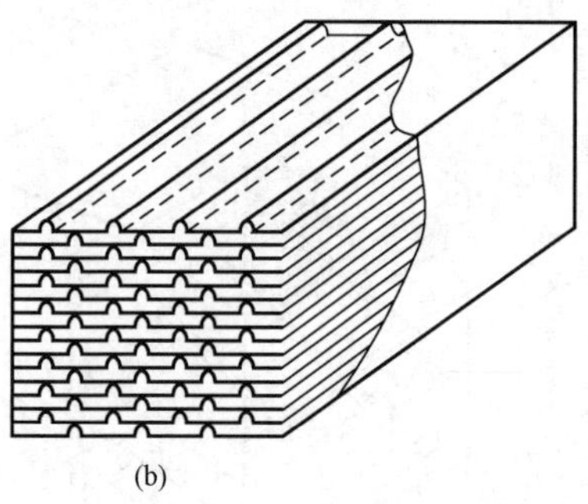

(b)

图 12-38 蜂窝式与波纹式催化剂外观示意
(a) 蜂窝式；(b) 平板式

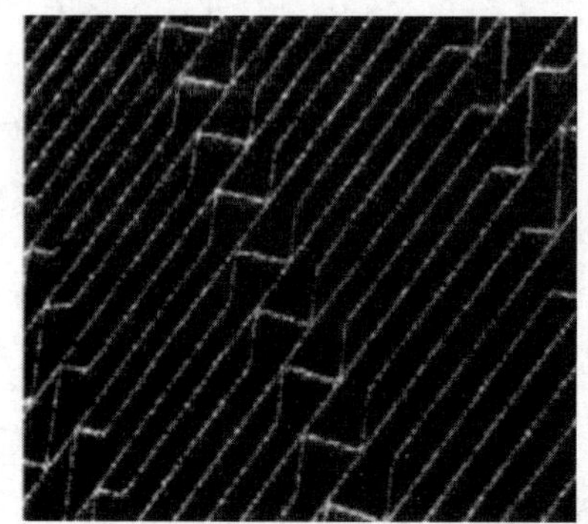

图 12-39 蜂窝式与平板式催化剂外观实物

2. 催化剂箱

催化剂模块以箱体（见图 12-40）组合的形式安装。设计成箱体，便于催化剂安装到适宜固定的位置，同时箱体也充当运输容器，在运输过程中保护催化剂模块，免遭损坏。

箱体外壳由一个薄金属筒体构成，如图 12-41 所示。箱体底部有一个用于固定的支撑格栅，如图 12-42 所示。箱体顶部布有很多小方格，烟气可以从此进入，格栅采用优良的不锈钢网格，这样可以保护催化剂，避免外来物损伤催化剂。

催化剂模块装入钢箱有利于运输与安装，防止催化剂的破损。以某公司生产的催化剂为例，每只钢箱内装有 64 个催化模块。块与块之间以及块与箱体外壳之间用陶瓷纤维进行密封（见图 12-43 和图 12-44），以防止未处理烟气的泄漏以及外部振动的影响。

图 12-40 催化剂箱体

图 12-41　催化剂箱体底部的支撑格栅

图 12-42　催化剂箱体顶部的保护格栅

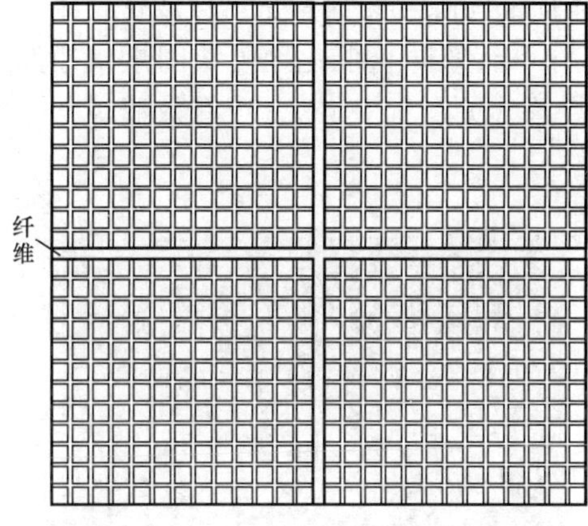

图 12-43　模块之间的纤维密封示意

图 12-44　模块之间的纤维密封实物

3. 催化剂反应层

每层催化剂由若干个装有催化剂单元的钢箱均匀排列组成，如某300MW机组，每层催化剂由42只钢箱组成。图12-45所示为蜂窝式催化剂反应层示意，图中的每个小方块代表

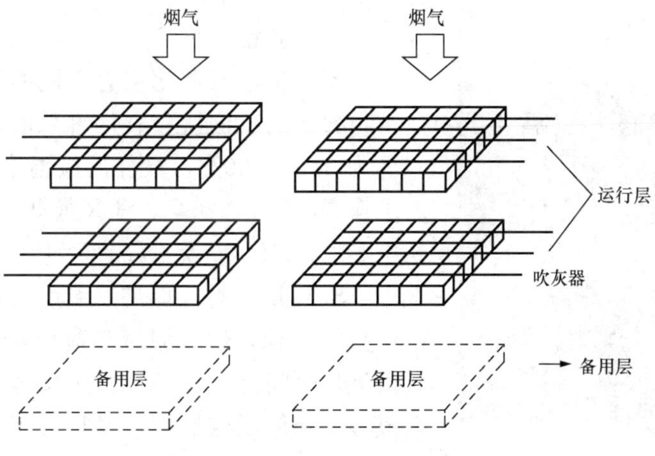

图 12-45　催化剂反应层示意

一个催化剂钢箱；图 12-46 所示为催化剂反应层在反应器中的位置示意；图 12-47 所示为反应器内已就位的催化剂层。

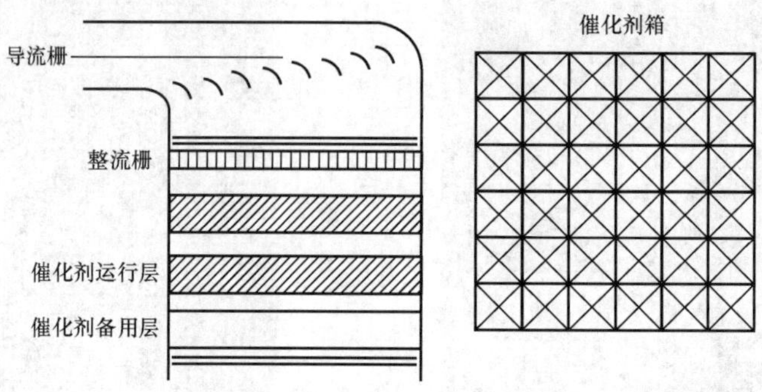

图 12-46　催化剂反应层在反应器中的位置示意

为防止催化剂箱体间烟气短路，在箱体与箱体顶部间隙之间焊有密封板或密封条（见图 12-48），箱体和反应器壁之间设有斜板，这些部件可有效防止催化剂模块间烟气短路。在 SCR 壁板和催化剂之间的死角处装设屋脊状密封装置（见图 12-49），可有效避免灰尘的堆积和碳粒的聚集。

图 12-47　就位好的催化剂反应层

图 12-48　箱体顶部间隙之间的密封条

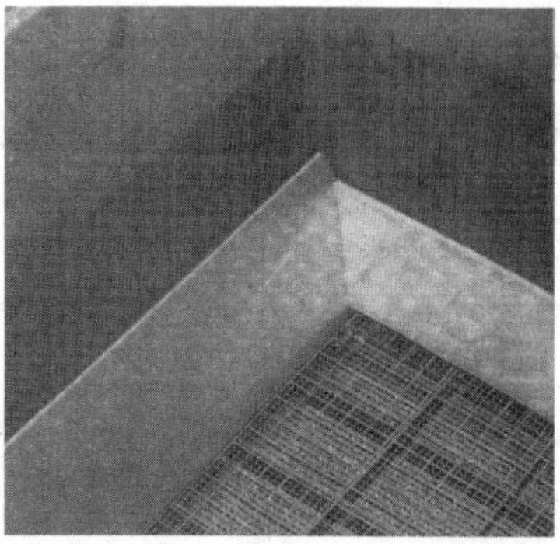

图 12-49　反应器死角处的密封装置

三、旁路

不同类型的催化剂有不同的最佳工作温度。通常，典型的氧化钛和氧化钒基催化剂的工作温度范围为 340～400℃，最佳反应温度约为 370℃，最低工作温度约为 320℃。SCR 最低运行温度取决于烟气中 SO_3、NH_3 以及水分的含量等。

SCR 反应器入口烟气温度较低时，易发生硫酸铵盐的沉积，烟气温度较高时会增大 SO_2 转化率，而且长时间处在 450℃以上时，会烧结催化剂的活性成分，降低反应活性。因此，SCR 运行期间需严格控制反应器入口的烟气温度，使 SCR 入口烟气温度维持在最低运行温度以上，并应尽量维持在最佳工作温度范围内，以避免硫酸铵盐的沉积，提高脱硝效率。

当 SCR 反应器布置在省煤器与空气预热器之间时，为使 SCR 催化剂在最佳工作温度范围内运行，通常设置省煤器烟气旁路来调节 SCR 入口烟气温度，原因是在锅炉低负荷运行等工况下，烟气温度降低时，未反应的微量氨气可能与烟气中的 SO_3 反应生成硫酸铵，硫酸铵会在空气预热器冷端凝结，造成空气预热器堵塞。因此，设置省煤器烟气旁路来调节 SCR 入口烟气温度，保证 SCR 反应器中的烟气温度高于硫酸铵与硫酸氢铵的凝固温度，从而有效地控制由于硫酸铵盐凝固导致的催化剂及空气预热器的沾污积灰与腐蚀堵塞。当锅炉启停较为频繁时，通常也需要采用省煤器烟气旁路系统，以防止催化剂受到损害。

目前新建锅炉机组较少采用 SCR 烟气旁路，但现役机组进行 SCR 改造时，采用 SCR 烟气旁路的较多。设置反应器烟气旁路时，通常在 SCR 反应器入口和出口的烟气管道安装隔断挡板，可方便地对 SCR 反应器进行检修而不影响锅炉运行。

1. 大旁路（SCR 反应器旁路）

从 SCR 入口到 SCR 出口的 SCR 大旁路（见图 12-50）有三个目的：①机组冷态启动时不使催化剂受到损坏；②机组长期不脱硝时节省引风机电耗；③锅炉低负荷运行，烟气温度较低时将催化剂隔离出来，以防止硫酸铵在空气预热器上沉积。在美国，一般采取设置 SCR 大旁路的措施使烟气绕过 SCR 反应器。在 SCR 系统停运期间，大旁路可以防止催化剂中毒和污垢沉积。此外，美国设置 SCR 大旁路也是考虑 SCR 装置季节性运行的需要。SCR 大旁路应采用零泄漏挡板。

设置 SCR 大旁路有利有弊。若设置 SCR 大旁路，可以减少锅炉工况变化对 SCR 催化剂的影响；减少 SCR 催化剂的损耗，并且有利于 SCR 的检修。但旁路系统复杂，越来越严格的环保法规，脱硝系统长期停用的可能性不大，而且烟气挡板的密封问题，脱硝系统在锅炉运行时隔离检修的可能性也很小，再加上积灰问题较为严重，投资、运行和维护费用较高，因此一般不考虑设置 SCR 大旁路。总之，是否设置 SCR 大旁路，主要依据锅炉冷态启动的次数，若每年冷态启动次数在 10 次以内，则无需大旁路，否则，推荐设置大旁路。

2. 小旁路

从省煤器入口到 SCR 入口的小旁路（见图 12-51），其作用是当锅炉低负荷运行时，提高进入 SCR 的烟气温度。但设置省煤器旁路将减少省煤器吸热量，影响锅炉主蒸汽温度和再热蒸汽温度。这种省煤器旁路烟气流量一般设为锅炉 BMCR 工况下总烟气流量的 10%。对于已投产的电站锅炉加装 SCR 系统，此方案将改变锅炉的整体包括过热器、钢架、门孔布置等。另外，锅炉在低负荷时 NO_x 浓度相应较低，SCR 装置在低负荷时可以停止喷氨，仅作烟气通道使用。因此，对于很少低负荷运行的燃煤电站，可不考虑设置省煤器烟气调温旁路。

省煤器小旁路烟道通常使用一个可调节的挡板来调整经过旁路的热烟气与省煤器出口的冷烟气的比率。锅炉负荷越低，挡板的开度越大，旁路的热烟气就越多。省煤器出口烟道也需要安装调节挡板来提供足够的压力使烟气从旁路经过。省煤器旁路在设计时主要考虑的问题是如何保持烟气的最佳反应温度，同时保证两股气流在进入 SCR 反应器之前均匀混合。通过数值模拟技术，可以解决这些问题，并且已经在国外的一些 SCR 设计中得到了很好的应用。

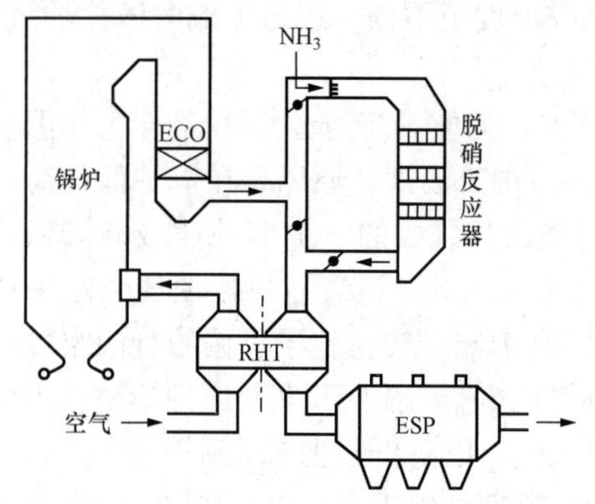

图 12-50 带大旁路的 SCR 系统

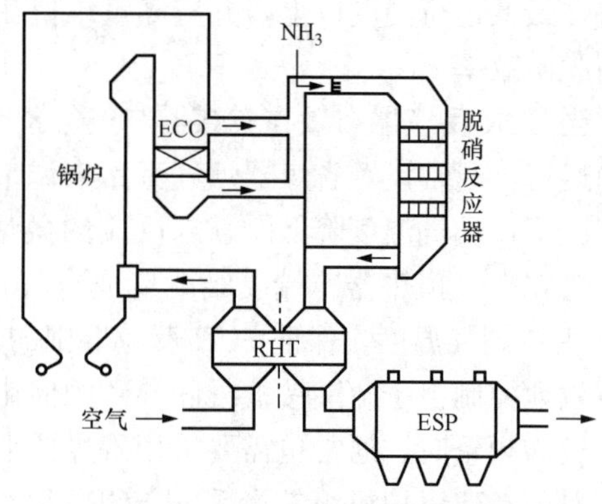

图 12-51 带小旁路的 SCR 系统

四、灰斗

在锅炉 BMCR 工况下，省煤器出口烟气流速约为 10m/s，省煤器灰斗除灰占总灰量的 5%。SCR 反应器内烟气流速为 4～6m/s，势必形成一定的积灰。为保证 SCR 内催化剂的催化效果，在 SCR 内配置吹灰器，将积灰吹入空气预热器。因此，在保留省煤器灰斗的基础上，应考虑在 SCR 后布置灰斗，设置 SCR 灰斗，可以减少进入空气预热器内的灰量，对空气预热器的安全运行有利。

但对于燃用较低灰分的煤种，反应器与空气预热器的位置较近时，可考虑不设灰斗，SCR 吹灰器产生的灰量直接由空气预热器灰斗承担。此方案减少了 SCR 反应器的设备投资，并节省了空间位置。

五、吹灰器

因燃煤机组的烟气中飞灰含量较高，在 SCR 反应器中均安装有吹灰器，以除去覆盖在催化剂活性表面及堵塞气流通道的颗粒物，使反应器的压降保持在较低的水平。吹灰器还能够保持空气预热器通道畅通，从而降低系统的压降。

吹灰器通常为可伸缩的耙形结构，采用蒸汽或空气进行吹扫。且每层催化剂的上面都设置吹灰器，各层吹灰器的吹扫时间错开，即每次只吹扫一层催化剂层或单层中的部分催化剂。以华电长沙电厂 600MW 机组为例，每层装有 3 台 IK-525SL 耙式吹灰器，每台反应器共初装 6 台吹灰器。吹灰汽源压力为 1.5MPa，温度为 350℃左右。

吹灰器的运行始于最上层的催化剂，止于最下层的催化剂，从上到下，一层接一层吹灰。每个吹灰器的吹扫时间约 5min，每台反应器的吹灰时间约为 30min；当备用催化剂层投运时，每台反应器的吹灰时间约为 45min。原则上，吹灰器每月吹灰一次，也可以根据反应器进出口的差压进行吹灰，使反应器的压力损失控制在一定的范围内。

脱硝装置吹灰器的传动机构、动力系统、控制系统、蒸汽管路系统和锅炉的吹灰器基本相同，但由于吹扫的对象不同，吹灰器在反应器内部的结构和性能参数有所不同。图 12-52 是耙式吹灰器的实物图。

目前，声波吹灰器也逐渐得到应用，每层催化剂层设 10 个左右，各层吹灰器交错布置，备用层可不安装声波吹灰器。声波吹灰器释放声波，产生共振，使堆积在催化反应器表面的粉尘松脱，这样气流就可将粉尘带走。声波吹灰器所产生的声频远高于设备结构的共振频率，也不会损害催化剂，可以经常开启声波吹灰器，以免催化反应器积灰。合理安排声波吹灰器的运行周期（通常每 10min 运行 10s），可使催化反应器积灰量处于低水平。图 12-53 所示为声波吹灰器。

相对于蒸汽吹灰器而言，声波吹灰器具有以下优点：①能量衰减慢；②无死区；③能够持续高频率对催化剂进行吹灰而不影响催化剂寿命；④故障率极低，维护成本低；⑤结构紧凑，占地面积小；⑥价格低廉，安装简单；⑦耗气量小，节约使用成本。但是如果采用进口产品，声波吹灰器价格较高。

图 12-52　耙式吹灰器

图 12-53　声波吹灰器

六、SCR 反应器的总体结构

SCR 反应器总体结构呈 Π 型，主要由垂直进口烟道和催化剂烟道（反应器）两部分组成，同时设有注氨装置（AIG）、吹灰器、烟气/氨气混合栅、导流栅等辅助设施。图12-54 所示为 SCR 反应器的结构示意图，图 12-55 所示为 SCR 反应器的总体结构。

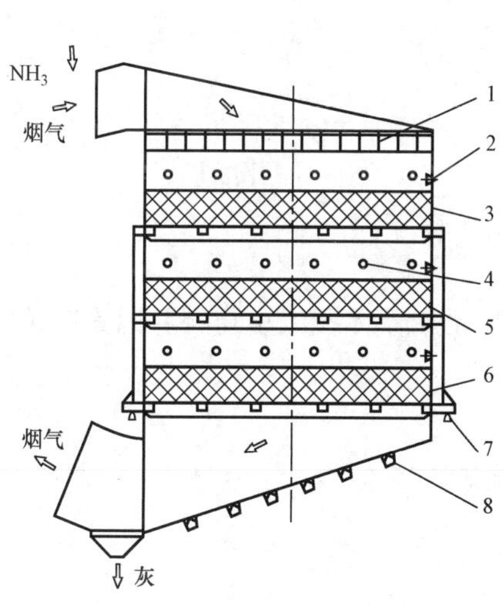

图 12-54　SCR 反应器的结构示意

1—导流器；2—声波清灰器；
3、5、6—催化剂及支架；4—检测孔；
7—支座；8—振动清灰器

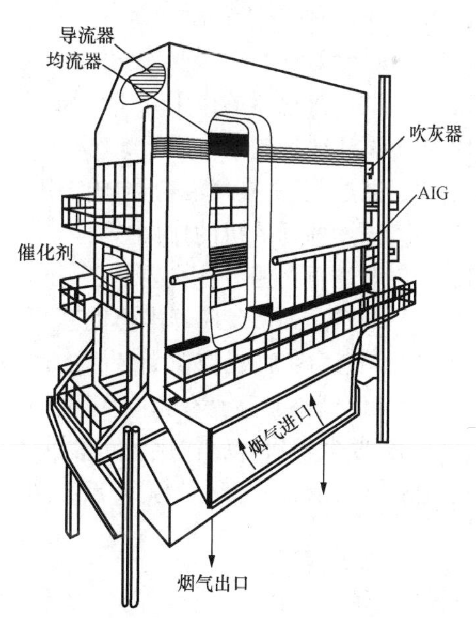

图 12-55　SCR 反应器的总体结构

反应器进出口设置柔性接头与机组本体连接。在烟气进口段，液氨汽化后与稀释空气混合，经喷氨格栅喷入反应器。反应器入口处设有烟气导流板，使烟气均匀流入反应器内部空间。催化剂模块固定在由型钢焊接的框架上。催化剂清灰采用声波或蒸汽清灰器，反应器出口采用机械振动清灰。将催化剂支撑框架梁外伸作为反应器的承载支点，直接落在外部框架上。反应器内部的导流板及催化剂支撑框架同时作为反应器的内撑加强结构。反应器外壁以型钢加强，保证在反应器本体质量载荷和 7kPa 外压下，反应器的本体有必要刚性。反应器壁及内部结构由于长期处于 400℃的高温下，选用低合金结构钢 Q345 材料；壁外加强结构温度在 300℃以下，选用普通碳素结构钢 Q235 材料。

七、脱硝公用系统

SCR 脱硝公用系统主要是指供水系统、压缩空气系统和蒸汽系统等。供水系统包括工业供水及生活、消防和其他杂用水供应。工业用水主要是吸收及稀释挥发氨，作为事故用水，用水量不大；消防用水主要用于氨储存区喷淋，用水量也不大。压缩空气系统按一套设置，关键设备空气压缩机及干燥器设 100%备用。蒸汽系统按两套设置，并互为备用。蒸汽由电厂引来，主要用途有：①至氨气汽化器作为液氨气化的热源；②作为反应器部件吹灰用汽。

复 习 思 考 题

12-1 用于燃煤电厂 SCR 烟气脱硝系统的还原剂有哪几种？

12-2 试述液氨的物理、化学性质。

12-3 尿素有哪些特性？

12-4 对储氨罐有什么要求？

12-5 试述汽化器的作用和工作原理。

12-6 试述缓冲罐的作用。

12-7 试述氨气/空气混合器的作用。

12-8 试述稀释风机的作用。

12-9 对注氨格栅有什么要求？

12-10 叙述 SCR 反应器本体的基本结构。SCR 反应器体积大小与哪些因素有关？

12-11 试述 SCR 反应器大旁路的作用。

12-12 何谓小旁路？有哪些作用？

12-13 吹灰器有什么作用？声波吹灰器有何特点？

12-14 绘制带小旁路的 SCR 系统图。

第十三章

SCR 系统催化剂

第一节 催化剂的种类及固体催化剂

一、催化剂的种类及成分

1. 催化剂的种类

在 SCR 脱硝方案中，催化剂投资占整个系统投资的较大比例，催化剂的寿命一般在 2～3年左右，因此，催化剂更换频率的高低直接影响整个脱硝系统的运行成本，催化剂的选择也是整个 SCR 系统的重点。应用于 SCR 工程中的催化剂有贵金属催化剂、碱金属氧化物催化剂、沸石分子筛催化剂和活性炭催化剂。

从原理上讲，最好能使 NO_x 直接分解，然而因在低温时受到热力学限制，其反应速度十分缓慢，至今没有发现有效的催化剂。因此，目前能使 NO_x 转化为 N_2 的工艺过程中必须使用还原剂，例如 NH_3。根据所使用催化剂的催化反应温度，SCR 工艺分为高温、中温和低温。一般高温大于 400℃，中温 300～400℃，低温小于 300℃。根据选择的催化剂种类，反应温度可以选择为 250～420℃，甚至可以低至 80～150℃。前者就是目前应用的常规 SCR 技术，后者为目前正在研究的低温 SCR 技术。已开发应用的催化剂及其使用温度见表 13 - 1。

表 13 - 1　　催化剂及其使用温度

催化剂	使用温度（℃）	特性
沸石催化剂	345～590	高脱硝率、低氨逃逸率、抗 SO_2 的侵蚀能力强
氧化钛基催化剂	260～425	应用广泛、运行经验长、抗 SO_2 的侵蚀能力较好
氧化铁基催化剂	380～430	
活性炭/焦催化剂	100～150	反应温度范围很窄、抗 SO_2 的侵蚀能力差

（1）贵金属催化剂。典型的贵金属催化剂以 Pt 或 Pd 作为活性组分，其操作温度为 175～290℃，属于低温催化剂。20 世纪 70 年代，贵金属催化剂最先被用于 SCR 脱硝系统。这种催化剂还原的活性很好且反应温度较低，但选择性不高（与 SO_x 反应），NH_3 容易直接被空气中的 O_2 氧化，且价格昂贵，易发生 O_2 抑制和硫中毒。因此，在传统的 SCR 系统中，贵金属很快被金属氧化物催化剂所代替。由于一些贵金属在相对较低的温度下，还原 NO_x 和氧化 CO 的活性较高，因此，贵金属催化剂仅用于低温条件下以及天然气燃烧后尾部中脱除 NO_x。进一步提高贵金属催化剂的低温活性、增强抗硫性能以及还原产物 N_2 的选择性问题等，是目前该应用研究的主要目标。

（2）金属氧化物催化剂。金属氧化物催化剂主要是氧化钛基催化剂 V_2O_5-WO_3(MoO_3)/TiO_2 系列催化剂。其次是氧化铁基催化剂，是以 Fe_2O_3 为基础，添加 Cr_2O_3、Fe_2O_3、SiO_2 以及微量的 TiO、CaO、MgO 等组成，这种催化剂的活性较氧化钛基催化剂活性低 40%。

（3）沸石分子筛催化剂。沸石催化剂是一种陶瓷的催化剂，由带碱性离子的水和硅酸铝的一种多孔晶体物质制成丸状或蜂窝状。反应机理具有分子筛的作用，只有那些能穿过沸石微孔进入催化剂空穴内的分子才有机会参入化学反应过程，具有较好的热稳定性及高温活性，这种催化剂在德国有应用业绩。

分子筛催化剂由于其操作温度高，主要用于燃气锅炉。在高温下，过渡金属离子（如铁）交换的分子筛具有很高的 SCR 催化活性。因金属氧化物催化剂在高温下不稳定，可通过提高分子筛的 Si/Al 比来提高催化剂的热稳定性和抗硫性。

（4）活性炭催化剂。活性炭以其特殊的孔结构和大的比表面积成为一种优良的固体吸附剂，用于空气或工业废气的净化由来已久。实际上，在 NO_x 的治理中，它不仅可以作吸附剂，还可以作催化剂，在低温（90～200℃）和 NH_3、CO 或 H_2 的存在下，选择还原 NO_x；没有催化剂时，它作还原剂，在 400℃以上使 NO_x 还原为 N_2，自身转化为 CO_2。所以，活性炭在固定源 NO_x 治理中有较高的应用价值。其最大优势在于来源丰富、价格低廉，易于再生，适用于温度较低的环境，这是其他催化剂所不能实现的。但单独以活性炭作催化剂时活性很低，特别是在空气速度较高的情况下。在实际应用中，常常需要经过预活化处理，或负载一些活性组分以改善其催化性能。另外，用于催化剂的活性炭与氧接触时具有较高的可燃性，这是它不能广泛应用的原因之一。

活性炭（焦）用于发电厂烟气同时脱硫脱硝的技术在德国已经得到开发和应用。处理过程分为两个阶段：①静电除尘器以后，气体温度降至 120～150℃，利用焦炭的吸附性能吸附 SO_2（第一阶段）；②以焦炭为催化剂，氨作还原剂催化还原 NO_x（第二阶段）。该技术的优点是：①反应温度低，除尘后的烟气不必加热可直接处理，节约了能源；②活性炭具有范围极宽的孔径分布，硫酸氢氨等颗粒的沉积问题也不严重；③在已装配了湿法烟气脱硫装置的系统中，只需附加一个催化还原反应器，即可处理 NO_x，而不需进行大的设备改造。

2. 催化剂成分

不论催化剂是蜂窝式、板式还是其他形式，其成分都是相似的，由 TiO_2、V_2O_5、WO_3 或 Fe_2O_3、CuO、CrO_3、MoO_3、SiO_2、Al_2O_3、CaO、MgO、BaO、Na_2O、K_2O、P_2O_2 等物质组成。其中 WO_3 或 MoO_3 占 5%～10%，V_2O_5 占 1%～5%，TiO_2 占绝大部分。催化剂活性以 V_2O_5 最高，但 V_2O_5 也是硫酸生产中将 SO_2 氧化成 SiO_3 的催化剂，且催化活性很高。故 SCR 工艺中将 V_2O_5 的负载量减少到 1.5%（质量百分比）以下，并加入 WO_3 或 MoO_3 作为助催化剂，在保持催化还原 NO_x 活性的基础上尽可能减少对 SO_2 的催化氧化。助催化剂的加入提高水热稳定性，抵抗烟气中 As 等有毒物质。商业应用的催化剂是分散在 TiO_2 上，以 V_2O_5 为主要活性组分，WO_3 或 MoO_3 为助催化剂的钒钛体系，即 V_2O_5-WO_3/TiO_2 或 V_2O_5-MoO_3/TiO_2。

二、固体催化剂组成

固体催化剂的组成从成分上可分为单组元和多组元催化剂，其中多组元催化剂在工业上使用较多，它由多种物质组成，根据这些物质在催化剂中的作用可分为主催化剂、共催化剂、助催化剂和载体。

1. 主催化剂

主催化剂又称为活性组分，它是多元催化剂的主体，是必备的组分，没有它就缺乏所需的催化作用。例如，在加氨催化降解烟气中的 NO_x 所使用的 V_2O_5/TiO_2 催化剂中，V_2O_5

为主催化剂，是降解 NO_x 的主要物质。

2. 助催化剂

助催化剂是加入催化剂中的少量物质，这种物质本身没有活性或活性很小，但却能显著地改善催化剂的效能，包括催化剂活性、选择性和稳定性等。例如，燃煤烟气脱硝工程中使用的 V_2O_5-WO_3(MoO_3)/TiO_2 催化剂中，加入少量的 WO_3(或 MoO_3)，可增加主催化剂的稳定性，延长催化剂寿命。由于操作温度在 300～400℃，主催化剂中的微晶容易被烧结，导致催化活性下降，加入的 WO_3(或 MoO_3）还可阻止或减缓微晶的增长速度，从而保证长时间的催化效果。

3. 载体

载体主要对催化剂活性组分及催化剂起机械承载作用，并可增加有效的催化反应表面积及提供合适的孔结构，通常能显著地改善催化剂的活性与选择性，提高催化剂的抗磨蚀，抗冲击和受压的机械强度，增强催化剂的热稳定性和抗毒能力，减少催化剂活性组分的用量，降低催化剂的制备成本，并使催化剂具备适宜的形状和颗粒。有的载体还具有少量的催化活性，如 $Al_2O_3 \cdot SiO_2$ 载体能提供酸碱中心。

载体和助催化剂所起的作用在有些情况下不易严格区分，一般来说助催化剂用量很少，载体用量很多。

活性组分、助催化剂负载在载体上所制成的催化剂为负载型催化剂。在负载型催化剂中，载体与活性组分之间存在着各种不同类型的相互作用。有时是强相互作用，导致活性组分性能有较大的变化，甚至会形成具有催化作用的新表面物种，起到了增强催化活性，改善选择性的效果。

概括地说，载体是主催化剂和助催化剂的分散剂、黏合剂、支撑体，同时起到传热和助催化作用。例如，V_2O_5-WO_3(MoO_3)/TiO_2 催化剂中，TiO_2 是 V_2O_5(主催化剂)、WO_3 和 MoO_3（助催化剂）的载体、起到支撑、分散、稳定催化活性物质的作用，同时 TiO_2 本身也有微弱的催化能力。

三、催化剂的表面积和孔结构

1. 催化剂的表面积

多相催化反应发生在固体催化剂表面上，因此，催化剂表面积的大小直接影响到催化活性的高低。为了获得较高的催化活性，常常将催化剂制成高度分散的多孔颗粒，从而为反应提供巨大的表面积。

评定催化剂时常用比表面积（或比面积）的概念，即 1g 催化剂所暴露的总表面积称为该催化剂的比表面积；1g 催化剂中活性组分所暴露的表面积称为活性组分的比表面积，单位均为 m^2/g。

2. 催化剂的孔结构

固体催化剂常为多孔性物质，内部含有许多大小不等的微孔，宛如一块疏松的海绵。由于微孔的内孔壁构成巨大的表面积，为催化反应提供了足够的空间。催化性能与孔结构密切相关，催化剂的孔不同，表面积就不同，孔结构的差异不仅影响反应物和生成物的扩散、催化剂表面利用率及反应速率。另外，还会影响催化剂的选择性、寿命、机械强度、耐热性能等。

第二节 催化剂的性能

一、催化剂的性能

固体催化剂的性能主要是指它的活性、选择性、稳定性和再生性，这是衡量催化剂质量最直观、最有现实意义的参数。活性和选择性是催化剂在动力学范围内变化最为灵敏的指标，因而它们是选择和控制反应参数的基本依据。一种良好的催化剂，必须具备高活性、高选择性、高稳定性和可再生性，只有这样，才有工业使用价值。催化剂的生产和研制单位，一般都要进行这些性能的测试，才能对催化剂的质量作正确的评价。

1. 催化剂活性

催化活性是指催化剂加快 NO_x 还原反应速率的一种量度。换句话说，催化剂活性是指有催化剂存在时的反应速率与无催化剂存在时的反应速率之差。一般无催化剂存在时，反应速度极小，忽略不计，所以，催化剂的活性实际上就相当于有催化剂存在时的化学反应速度。催化剂活性越高，反应速率越快，NO_x 的脱除率越高。

2. 选择性

当反应按热力学可能同时发生几个不同的反应时，某一种催化剂只能加速某一特定的反应，而不能加速所有反应，这种性质称为催化剂选择性。催化剂的这一性能在工业上具有特别重要的意义，使人们可以有选择地得到所需产品。例如 CO 和 H_2 的反应，就可利用不同催化剂在不同条件下得到所需要的产品。

$$CO+H_2\begin{cases}\xrightarrow[\text{常压，}273℃]{Ni} CH_4\\ \xrightarrow[(1.47\sim2.98)\times10^4\text{kPa，}300\sim356℃]{Cu\text{或}ZnO+Cr_2O_2} CH_3OH\\ \xrightarrow[(0.98\sim2.94)\times10^3\text{kPa，}223\sim317℃]{Fe\text{，}Co\text{，}Ni/\text{硅藻土}} \text{合成汽油}\\ \xrightarrow[(2.94\sim3.92)\times104\text{kPa，}356\sim384℃]{Cu\text{催化剂中加碱}} \text{高级醇}\\ \xrightarrow[(0.98\sim1.47)\times104\text{kPa，}523℃]{Ru} \text{高级固态烷烃}\end{cases}$$

由此可知，利用催化剂的选择性可使化学反应朝着人们期望的方向进行，从而抑制某些不需要的反应。通常在 SCR 反应中，催化剂会加速不期望的化合物 SO_3 和 N_2O 的形成，SO_3 由 SO_2 氧化而成，SO_3 在烟气中与氨反应生成硫酸铵，硫酸铵沉积在催化剂表面或下游的空气预热器等设备上，会造成催化剂钝化及设备腐蚀。N_2O 既是臭氧消耗物，也是一种温室气体。

催化剂选择性的好坏，影响原料的单耗与反应的后处理。有些反应的副产物放热量大或易生成聚合物，若反应的选择性差，将恶化操作条件。理想的催化剂应具有高的活性和选择性，但实际上，催化剂的活性和选择性往往难以两全其美。因此应根据生产过程的具体情况加以权衡，如果原料昂贵或产物分离困难，则应选用高活性的催化剂。

3. 催化剂稳定性

催化剂在化学反应中保持活性的能力为催化剂稳定性。稳定性包括热稳定性、机械稳定性和抗毒性，它们共同决定了催化剂在工业装置中的使用期限。

大多数催化剂都有极限使用温度，超过一定的范围，活性就会降低甚至完全损失。耐热稳定性好的催化剂，应能在高温苛刻的反应条件下长期具有一定水平的活性。催化剂耐热的温度越高，时间越长，催化剂的热稳定性越好。

催化剂对有害杂质毒化的抵抗能力称为催化剂的抗毒稳定性。各种催化剂对不同的杂质具有不同的抗毒能力，即使同一种催化剂对同一种杂质在不同的反应条件下其抗毒能力也有差异。

催化剂可逆性中毒的长期积累可能变成永久性中毒。对可逆性中毒来说，活性降至一定的允许水平时，用此时反应气体中毒物浓度的数值来表示催化剂抗毒性。这时，毒物浓度越高，则催化剂抗毒性越好。对不可逆中毒来说，当活性降到一定允许水平，用此时催化剂的毒物量数值来表示抗毒性。吸收的数量越多，催化剂抗毒性越好。在工业条件下，催化剂抗毒性不仅与催化剂本身性能有关，还与反应器结构有关，只有在相同反应器结构条件下比较不同催化剂的抗毒性，才有实际意义。

固体催化剂抵抗气流产生的冲击力、摩擦力、承受上层催化剂的质量负荷的作用、温度变化作用及变应力作用的能力统称机械稳定性或机械强度，催化剂机械稳定性通常用压碎强度和磨耗率来表示。

化学稳定性即指催化剂能保持稳定的化学组成和化合状态的性能。通常，催化剂使用寿命可以表示其稳定的程度。工业催化剂的使用寿命，是指在给定的设计操作条件下，催化剂能满足工艺设计指标活性的持续时间（总寿命）。

此外，催化剂还可用失活率来表示其稳定程度。工业催化剂在运行过程中其活性将逐渐下降，为了维持相同的转化率以满足生产要求，工业上常提高反应温度来达到此目的。通常以一稳定运转时间内温度的增加，即升温速率来表示失活率，单位℃/h。

4. 催化剂的可再生性

催化剂的性能降低甚至失活后又能再次（或多次）得以部分乃至完全恢复的特性称为催化剂的可再生性。而催化剂再生周期的长短与可再生次数的多少是催化剂再生性能的重要标志。催化剂的再生周期可用式（13-1）表示，即

$$\text{催化剂再生周期} = \frac{\text{末期温度} - \text{初期温度}}{\text{催化剂失活速度}} \tag{13-1}$$

国外普遍认为，催化剂两次再生间隔的时间越短，则催化剂的可再生性能就显得越重要。催化剂的可再生性既与催化剂原有的组分构成元素、配比、结构、比表面积等有关，也与催化剂的操作工况及实际失活程度有关。

催化剂的稳定性常用催化剂的寿命表示，寿命太短，往往不能用于生产。各类反应中的催化剂寿命相差很大，短的只有3～6个月，如Mo-Cr系统催化剂；长的可达10年以上，如有机化工中某些氧化反应所用的催化剂，寿命都比较长。

除了上述催化剂的四大性能之外，催化剂还有许多其他工业性能，如形状特性、堆积密度等。这些性能指标也是催化剂选择和反应器设计的重要依据。例如，催化剂的形状对催化床温度分布与控制、反应器的结构及阻力都有很大影响。工业催化剂往往根据不同的使用要求做成不同的形状，如粉状、颗粒状（包括无定形、球形、环形、丸形等）、片状、网状和整体蜂窝状等。

颗粒状加工容易，与气流接触紧密，床层布置灵活，结构和装卸简单，因而最常用。但颗粒状催化剂传热性差，颗粒层间有明显的温差，床层阻力也大，在此基础上发展了金属丝网状、整体陶瓷蜂窝状等催化剂模块，使用性能得到更好的改善。

二、催化作用

1. 催化剂作用

催化剂在化学反应中有选择地加速化学反应的作用称为催化剂的催化作用。工业上通常根据催化剂和反应物系的状态将催化作用分为均相催化和多相催化两类。当催化剂和反应物同处于一个溶液或气体混合物组成的均相体系中时，其催化作用称为均相催化作用；当催化剂和反应物处于不同相时（通常是催化剂呈固体，反应物为气体或液体），其催化作用称为多相催化作用。催化转化法降解燃煤烟气中的氮氧化物即属多相催化反应。

在多相催化反应中，催化反应是在催化剂表面完成的，因此，反应物与催化剂表面的接触是关键因素之一。反应物接触催化剂表面首先需在表面上被吸附，这种吸附往往是化学吸附，化学吸附的结果导致反应物分子化学键的松弛，使反应得以进行。反应物接触催化剂也称固体催化剂触媒。

2. 催化剂作用特征

（1）加快化学反应速度，控制反应方向。加快化学反应速度是催化剂最为显著的特征。例如 N_2 和 H_2 之间的反应，在无催化剂作用的情况下，即使在400℃也不能察觉到反应发生，但以铁为催化剂时，反应速率明显提高。

催化剂之所以能加快反应速率，是因为它改变了反应的历程，从而降低了反应的活化能，使反应迅速进行，缩短了反应达到平衡的时间。

催化作用控制反应方向主要表现在化工生产上。有些有机反应，可能有几个不同的反应方向，因而所得到的产物十分复杂，降低了主产品的产率。若选择合适的催化剂，能使反应方向沿着设计所需的方向进行，主产品的产率大大提高，副产品的含量降低。

（2）催化作用不能改变化学平衡和反应热。

（3）催化作用有特殊的选择性。特定的催化剂只能催化特定的反应。这种选择性使人们有可能对复杂的反应系统从动力学上加以控制，使之向特定方向进行，生产出特定的产物。例如，用催化剂可使乙烯被选择性地氧化为环氧乙烷，减少生成 CO_2 和 H_2O 的深度氧化；在氨选择性还原 NO_x 的过程中，Cu-Cr催化剂只加速氨和 NO_x 的反应，从而降低氨耗。

三、催化剂的失活

催化剂在使用过程中随着时间的延续，其活性会逐渐下降，下降到一定程度后就不能再继续使用了。从开始使用到不能使用的这段时间通常称为催化剂的“寿命”。催化剂活性和选择性下降的过程，也常称为催化剂“老化”。导致催化剂失活的原因很多，研究催化剂失活对催化理论和实践均有重要意义。催化剂失活是一个复杂的物理和化学过程，通常将失活过程分为三种类型：①催化剂中毒失活；②催化剂的热失活和烧结；③催化剂积炭等堵塞失活。工业催化剂在使用时各种失活过程引起催化剂性能变化的分类情况如图13-1所示。

此外，催化剂因强度不够，易于破碎而增加床层压降，必须停运而更换新鲜催化剂的过程，有时也归属为失活范畴。实际上，催化剂的失活过程，往往是以上各种失活过程的综合

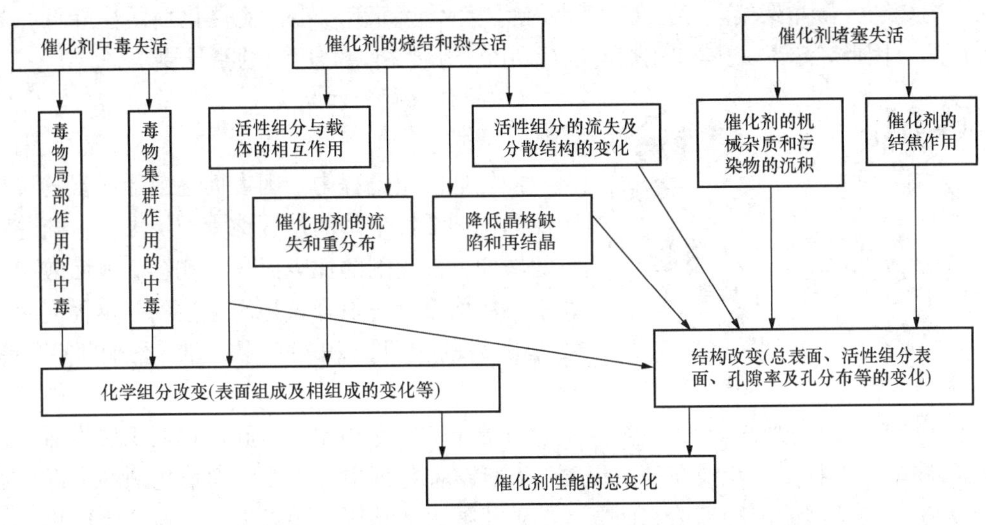

图13-1　催化剂失活过程的分类

结果。但对某一催化反应而言，由于反应过程和催化剂的独特性，其失活过程会以某种类型为主。

在理想状况下，催化剂将在无限长的时间内降低 NO_x 的排放。但是在实际的SCR装置运行过程中，总会由于烟气中的碱金属、砷、催化剂的烧结、催化剂孔的堵塞、催化剂的腐蚀以及水蒸气的凝结和硫酸盐、硫铵盐的沉积等原因使催化剂活性降低或中毒，寿命缩短。

（一）催化剂中毒失活

催化剂的活性和选择性由于某种有害物质的影响而下降或丧失的过程称为催化剂中毒。催化剂中毒的本质是由于催化剂表面活性中心吸附了毒物，或进一步转化为较为稳定的表面化合物，因此钝化了活性中心，使催化剂不能正常地参与对反应物的吸附，因而降低了活性或选择性，甚至完全丧失了活性。

（二）催化剂的烧结和热失活

催化剂在高温下反应一定时间后，活性组分的晶粒长大，比表面积缩小，这种现象称为催化剂烧结。因烧结引起的失活是工业催化剂，特别是负载型金属催化剂失活的主要原因。高温除了引起催化剂烧结外，还会引起其他变化，主要有化学组成和相组成的变化、活性组分被载体包埋、活性组分由于生成挥发性物质或可升华的物质而损失等，这些变化称为热失活。但烧结和热失活之间有时难以区分，烧结引起的催化剂变化往往也包含热失活的因素在内。通常温度越高，催化剂烧结越严重。

在电站锅炉烟气SCR脱硝系统中，通常根据所采用催化剂的最佳活性窗口选择反应器在烟道中的布置位置，或根据SCR反应器布置位置的窗口温度选择合适的催化剂。

作为SCR催化剂的载体和活性元素，必须在一定的温度范围内有良好的热稳定性能，以避免催化剂在长期使用过程中出现微晶结构发生变化而造成烧结的现象，从而导致比表面积的丧失，并最终致使脱硝活性下降。在钛基钒类商用催化剂中通常加入 WO_3 来最大限度地减少催化剂的烧结。

以钛基催化剂为例，长时间暴露在450℃以上的高温环境中，可引起催化剂活性位置

(表面)的烧结，微晶聚集，导致催化剂颗粒增大、表面积减小，使催化剂活性降低，如图13-2所示。因此，SCR脱硝催化剂的运行温度必须严格遵守厂家的指导要求。

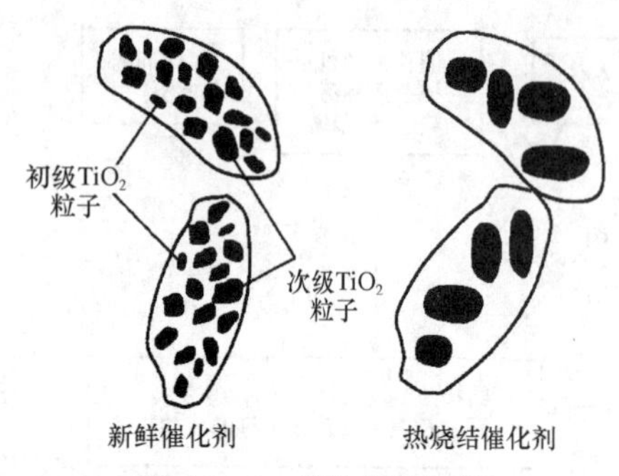

图13-2 催化剂的烧结

(三) 催化剂的积炭失活

1. 积炭失活

催化剂使用过程中，因表面逐渐形成炭的沉积物而使催化剂活性下降的过程称为积炭失活。随着积炭量的增加，催化剂的比表面积、孔容、表面酸度及活性中心数均会相应下降，积炭量达到一定程度后将导致催化剂的失活。积炭越快，催化剂的使用周期越短。

与催化剂中毒相比，引起催化剂积炭失活的积炭物量比毒物量要多得多，积炭在一定程度上有延缓催化剂中毒作用，但催化剂的中毒会加剧积炭的发生。与单纯的因物理堵塞而导致的催化剂失活相比，积炭失活还涉及反应物分子在气相和催化剂表面的一系列化学反应问题。

积炭的同时往往伴随金属硫化物及金属杂质的沉积。单纯金属硫化物或金属杂质在催化剂表面的沉积也与单纯的积炭一样，会因覆盖催化剂表面活性位或限制反应物的扩散而使催化剂失活。故通常将积灰、积硫及金属沉积物引起的失活，都归属于积炭失活。

2. 影响催化剂积炭的因素

(1) 原料情况。原料中残炭含量高(如煤粉的不完全燃烧)，则会增加催化剂上的积炭量。原料中所含的酸性杂质，往往会强化催化剂的酸性而增加积炭量。

(2) 反应条件。烟气的组成成分、反应温度、反应压力、空间速率等反应条件均会影响催化剂表面积炭，其中以反应温度的影响最为主要。

(3) 催化剂性能。在多相催化反应中，催化剂的宏观结构(如孔径大小、结构及其分布、比表面积等)、催化剂的晶粒大小及表面酸碱度等都会影响积炭形成的速率。

在SCR的运行过程中，由于催化剂的烧结、碱金属中毒、砷中毒、钙腐蚀及催化剂堵塞等一个或多个原因，都会使催化剂的活性降低。

影响催化剂寿命的因素很多，也很复杂，概括起来可归纳为以下两类。

(1) 催化剂的老化。催化剂的老化主要是由热稳定性与机械稳定性决定的。例如，低熔点活性组分的流失或升华，会大大降低催化剂的活性。催化剂的工作温度对催化剂的老化影响很大，温度选择和控制不好，会使催化剂半熔或烧结，从而导致催化剂表面积下降从而降低活性。另外，内部杂质向表面迁移、冷热应力交替运动会导致机械粉末被带走。所有这些都会加速催化剂的老化，而其中最主要的是温度的影响，工作温度越高，老化速度越快。因此，在催化剂活性温度范围内选择合适的反应温度，将有助于延长催化剂的寿命。但是，过低的反应温度也是不可取的，会降低反应速率。

为了提高催化剂的热稳定性，常常选择合适的耐高温载体来提高活性组分的分散程度，防止其颗粒变大而烧结，例如以纯铜作催化剂时，在200℃即失去活性，但如果采用共沉积法将Cu负载于Cr_2O_3上，就能在较高的温度下保持其活性。

(2) 催化剂中毒。催化剂使用过程中，由于体系中存在少量的杂质，可使催化剂的活性和选择性减少或者消失，这种现象称为催化剂中毒，那些能以很低的浓度明显抑制催化作用的有害物质称为催化剂的毒物。毒物在反应过程中或吸附在活性中心上，或与活性中心起化学作用而变为别的物质，使活性中心失活。

毒物通常是反应原料中夹带的杂质，或者为催化剂本身的某些物质。另外，反应产物或副产物也可能毒化催化剂。

按照毒物与催化剂表面作用的程度可分为暂时性中毒和永久性中毒。暂时性中毒也称可逆性中毒，催化剂表面所吸附的毒物，可用解吸法去除，使催化剂恢复活性。然而即使经过这种再生处理，催化剂的活性仍无法恢复到中毒前的水平。永久性中毒也称不可逆性中毒，这时，毒物与催化剂活性中心生成了结合力很强的物质，不能用一般方法将它去除或根本无法去除。

中毒是使用催化剂时经常遇到的实际问题，但对其机理还了解得不完全清楚。对中毒和解毒的问题要作具体分析，通过实验加以解决。

影响催化剂寿命的主要原因还有积炭问题，它不同于中毒。积炭多发生在有机反应中使用的催化剂表面上，发生积炭的原因很多，通常当催化剂的导热性不好或孔隙过细时容易发生。积炭中除炭以外，还含有氢、氧、硫等元素。大多数情况下，积炭可用灼烧的方法去除，灼烧时应控制温度以免烧坏催化剂。

第三节　催化剂的再生

催化剂活性下降后可通过再生的方法进行恢复。催化剂的再生操作可以在固定床、移动床中进行，再生的操作方式取决于很多因素。

一、再生的可行性分析

催化剂的再生是指催化剂经使用活性下降到一定程度后，通过适当的处理，使其活性和选择性甚至机械强度得到恢复的一种操作过程。它是延长催化剂的使用寿命、降低生产成本的重要手段。

当催化剂的活性和选择性不能满足SCR脱硝要求时，究竟采用再生还是更换催化剂，很大程度上取决于经济因素。如果更换新鲜催化剂的费用低于再生失活催化剂的费用，那么用户就根本不会考虑催化剂的再生问题；但对价格昂贵的催化剂，大多数用户会考虑催化剂的再生问题。

决定失活催化剂是否再生的另一个原因是催化剂的失活原因和再生难易程度。像积炭、积灰或金属沉积物等引起的失活较容易进行再生，而永久性中毒及烧结引起的失活就难以进行再生或根本无法再生。

然而，即使失活催化剂能够进行再生，其再生后的活性通常也不能完全恢复。因为再生过程本身也会在一定程度上损害催化剂活性。由于各种催化剂的组成及性能不同，失活的原因和失活的程度不一样，因此，即使是同一催化反应装置所用的催化剂，其再生过程也有差别。一般SCR脱硝催化剂每再生一次催化活性都有所下降，如图13-3所示。

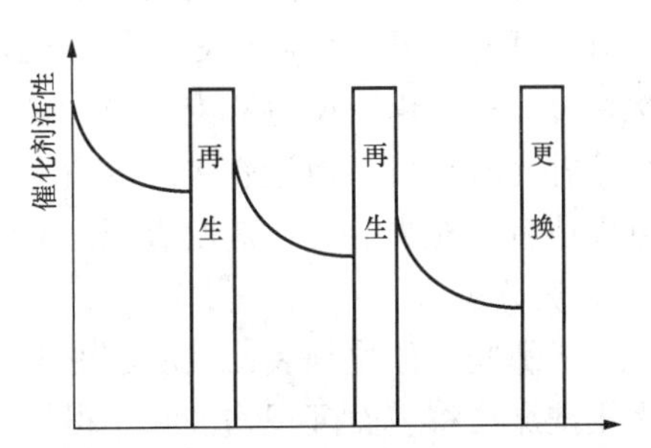

图13-3　催化剂多次再生后活性下降示意

此外，失活催化剂也不可能频繁地、无止境地再生，最终还是要更换。因此，催化剂失活后的再生是不得已而采取的一种补救措施。要想提高催化剂的利用率，更多地需要依靠日常生产操作的精心维护，尽量满足使用要求，使催化剂处于稳定的运行状态。

二、催化剂再生的方法

SCR脱硝催化剂失活后的再生方法主要根据其失活的原因而定，再生处理目的不同其采用的方法也就不同，见表13-2。

表13-2　催化剂的一般再生方法

再生目的	再生方法	再生目的	再生方法
消除积炭、积灰	氧化烧炭、吹扫等	添补有效组分	浸渍、沉淀等
消除机械粉尘及杂质	吹扫、抽吸等	恢复机械强度	重新成型
脱除表面沉淀的金属及盐类	酸碱洗涤、溶剂萃取、选择络合、水洗	表面重组	酸碱作用、氧化更新

1. 氧化烧炭法

氧化烧炭法是工业催化剂在积炭失活后普遍采用的一种再生方法。通过将催化剂孔隙中的含碳沉积物氧化为CO和CO_2除去，即可恢复催化活性。影响烧炭反应的主要因素是氧分压。当催化剂上积炭量一定时，烧炭的最高温升取决于输入氧的浓度。烧炭的初始阶段宜采用低浓度氧气，其后才能逐渐将其浓度提高到一定的范围。

催化剂上的积炭有的较易处理，有的较难处理。其中，碳氢比较小的焦油碳又称为无定型碳、可溶性碳较易烧去。通常原料中的大分子多环芳烃，包括含氮、含重金属的芳烃化合物，均会吸附在催化剂上，进一步聚合形成焦炭（属此类焦炭）。而碳氢比较高的石墨型碳就比较难以氧化烧去。

催化剂在烧炭再生时，为了控制氧气的浓度，以免燃烧温度过高而损坏催化剂，常用氮气和水蒸气作为稀释气。

理想的烧炭反应能够保持催化剂的孔结构基本不变，但实际上往往达不到。因为烧炭反应是在氧化介质中进行的强烈放热反应，氧化反应放出的大量热及水蒸气会给催化剂的组分和孔结构带来一定的变化。随着催化剂上的积炭氧化去除，其表面积及孔隙率都较失活催化剂有所提高。但与新鲜催化剂相比，微孔变大，比表面积变小，不同孔径的孔分布下降。

2. 补充组分法

对于那些因组分流失而失活的催化剂，最适宜的再生方法是针对失活催化剂补充所流失的组分。其补充的数量可以是过量补充，也可以是适量补充；补充的方式可以是连续补充或一次性补充；可以在反应器内补充，也可将失活催化剂卸出反应器进行补充。在反应器外进行组分补充时，可以通过一次性浸渍上不同的组分；有时为了改善再生后催化剂的性能，甚至可以适量补充失活催化剂没有损失的组分或新鲜催化剂中没有的组分。

3. 洗涤法

对于那些因催化剂表面被沉积的金属杂质、金属盐类或有机物覆盖引起失活的催化剂，可采用洗涤法将表面沉积物去除。根据表面沉积物的性质，或用水洗、酸洗、碱洗，或采用有机溶剂进行萃取洗涤，甚至可以用超临界CO_2流体洗涤，还可以用超声波来强化洗涤效果。

4. 可逆性中毒的再生方法

(1) 毒物的解吸再生法。就原理而言，因为有些毒物在金属上的吸附是可逆的，通过减少或除去原料中的毒物浓度，就有可能使中毒催化剂上的毒物解吸去除。然而在工业规模上，由于毒物从催化剂的孔隙中析出的速度很慢，毒物脱除的速度是随时间指数规律减少的，因而这种解吸再生方法常常是一种缓慢的再生过程。

(2) 还原再生法。对于一些金属催化剂，由于被进料流体中所含的微量氧逐渐氧化而失活，其再生处理时首先要从原料中除氧，然后在高温下用氢气使催化剂还原活化，这样可使催化剂的活性基本恢复到初始水平。

(3) 氧化再生法。如果再生作用不包括解吸过程，通过催化剂被氧化的化学反应就会达到提高毒物的脱除速度。例如，硫中毒的镍催化剂在蒸汽中的氧化就是如此。

(4) 吹扫法。不很严重的积炭，有机副产物、机械粉尘和杂质堵塞催化剂细孔或覆盖了催化剂表面活性中心，可以在原位用吹扫法加以去除。吹扫气可用高压蒸汽或氮气。

(5) 重新成型法。在催化剂再生过程中，对那些机械强度已受到损坏的催化剂，可结合补充有效组分等再生手段，适当添加一些造孔剂以及诸如硅溶胶、木薯粉之类的黏结剂进行重新成型，以提高再生催化剂的比表面积，改善其孔结构。

第四节 整体式块状载体

一、整体式块状载体的概念

整体式块状载体是一种具有连续而单一通道结构的载体，此载体往往具有许多平行的通道。通道的形状有六角形、方形、三角形和正弦曲线形状。通道的外形具有类似于蜂窝形状，常称为蜂窝状载体。整体式催化剂即把催化剂组分以薄层的形式均匀地涂覆在具有一定空间结构的金属或陶瓷孔道上，它具有较高的几何表面积、较低的压力和较短的扩散距离，能够有效提高反应效率。

目前世界上几个知名催化剂厂提供的整体式催化剂模块外形尺寸基本相当，如表13-3所列，孔径一般为1～10mm。整体式载体可以有不同的构造，相应也有不同的整体式催化剂类型，目前市场上主流的氧化钛基催化剂有蜂窝式SCR催化剂、平板式SCR催化剂和波纹状式SCR催化剂三种，如图13-4所示。波纹状式SCR催化剂的制作是采用玻璃纤维板或陶瓷板作为基材浸渍烧结成型，其特点是单位体积的有效面积大，压降较小。主要供应商有丹麦的Haldor Topsoe及日本的Hitachi Zosen等。而蜂窝式催化剂是其中研究最多、技术最成熟、应用最广的一种，也是本书重点讨论的对象。

表13-3　知名催化剂厂提供的整体式催化剂模块外形尺寸

序号	生产厂家	催化剂形式	产品规格（mm×mm）	质量（kg/块）
1	美国Cormetech	蜂窝式	960×1910	980
2	日立	平板式	948×1881	1210
3	德国Agillion	平板式	954×1882	1210

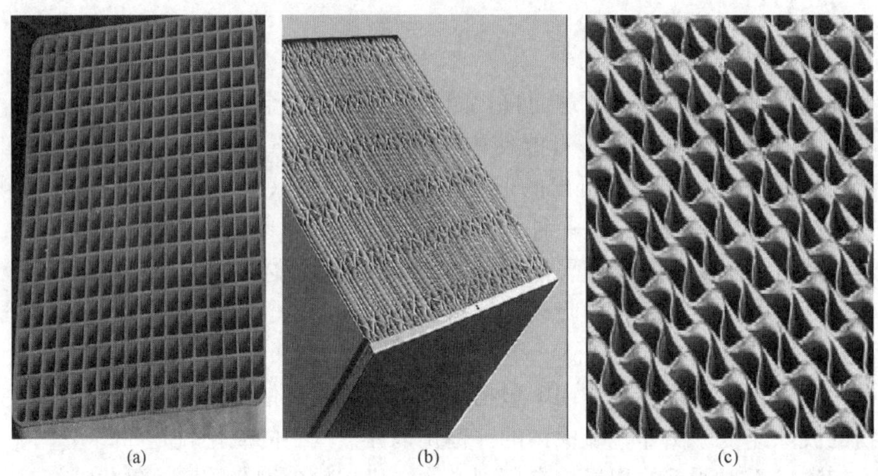

图 13-4 氧化钛基催化剂外观实物
(a) 蜂窝式；(b) 平板式；(c) 波纹状式

整体式载体是两端开放的结构，内部孔道从一端到另一端全部是直通的，孔道平行排列，几何形状相同。对于一整块载体的设计和规格，一般用孔道形状、孔密度和壁厚来表示。如美国 Cormetech 生产的燃煤烟气脱硝整体式蜂窝状催化剂块的孔道形状为正方形、壁厚小于 1mm、孔径为 7mm、孔密度为 2 孔/cm^2，长度为 90mm。

二、整体式块状载体的特点

1. 体相传质

颗粒状催化剂由于受传质的限制，其转化率不仅取决于颗粒大小，也取决于反应器厚度。一般要求反应器直径为催化剂颗粒直径的 10 倍以上，反应器长度在 3～5 倍以上。因此，水平反应器不适合颗粒状催化剂。此外，由于压力波动或运行期间催化剂体积收缩，或其他机械因素会使催化剂颗粒流动，易产生沟流。通常要求颗粒状催化剂必须垂直放置，烟气自上而下流过，以防催化剂颗粒因流动而短路。

整体式块状催化剂的外形与极限传质转化率无关，也就是说瘦长形的整体式块状催化剂与粗短形的整体式块状催化剂在流速相同时的性能相同。这使整体式块状催化剂能用于水平布置的反应器，但反应组分在进入整体式催化床层前必须充分混合，以保证在反应器内能分布均匀。

2. 颗粒内扩散

催化剂颗粒内扩散是影响催化反应速度的又一传质限制。细孔颗粒催化剂的活性表面主要在颗粒孔隙内部，当反应速度比反应物向孔内扩散的速度快时就会受到内扩散控制。整体式催化剂几何表面积比颗粒催化剂的几何表面积大。就孔隙率而言，颗粒催化剂床层典型范围为 0.3～0.5，而整体式床层范围为 0.5～0.7。典型整体式催化剂床有很高的空隙率，故其用量可比颗粒状催化剂床少 5%～50%。

3. 传热

整体式催化剂最重要的特征之一是无气体径向扩散，因而不存在径向传热。此外，透过通道壁的径向热传导也很低，对于热导率很低的陶瓷整体式载体则更低。由于整体式催化剂的绝热性质，会使放热反应的温度和反应速度迅速升高。

三、蜂窝式催化剂的制备

现在的陶瓷整体式模块催化剂多数是用挤压成型的方法制作的，陶瓷整体式催化剂挤压成型工艺过程中的基本步骤如图 13-5 所示。包括原料供应，将三种原料（载体、活性组分与助催化剂）与陶瓷辅料搅拌混合均匀、捏合，通过挤出成型设备按所要求的孔径制成蜂窝状长方体，干燥与煅烧，切割成一定长度的蜂窝式催化剂单体，组装成模块等主要生产环节。

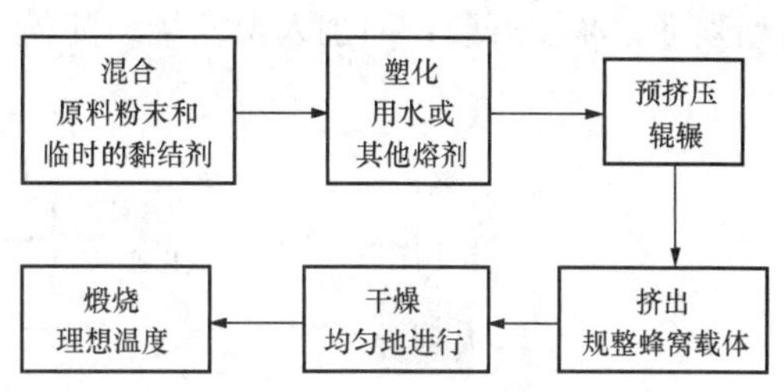

图 13-5 整体式载体挤压成型制备工艺

图 13-6 成型

（1）捏合。原料被完全均匀混合，以确保原料的完全反应或相互作用。在此步骤中，原料是非常细的颗粒粉末，主要原料由无机氧化物和非金属矿物加工而成。

（2）挤压成型。通过特殊模具将如黏土特性的均匀混合物挤压成型，如图 13-6 所示。模具规格决定了催化剂孔径和壁厚。

（3）干燥与煅烧。把这些潮湿的催化剂单元放在一个密闭的湿热空气干燥系统中进行干燥处理，以确保充分地去除水分而不破坏整体式催化剂，一般采用微波干燥。再经过高温（1350～1550℃）煅烧热处理完成固相反应，使催化单元保持一定的催化活性，并使原材料加工成强韧的陶瓷品。

（4）切割。催化剂根据各项具体要求切割成不同长度规格，通过修整催化剂的末端使其外观整齐一致。

（5）装配与储存。在装配阶段，催化剂单元安装在一个较大的金属框架或模块中，便于运输和安装，暂时储存起来，可防止催化剂的破损。以美国康宁公司生产的蜂窝催化剂为例，每只钢箱内装有 8×8 个催化模块。块与块之间以及块与外壳之间安装有陶瓷纤维密封，以防止未处理烟气的泄漏及外部振动的影响。图 13-7 所示为蜂窝式和平板式催化剂钢箱。

蜂窝陶瓷催化剂按制造工艺不同分为：①以 TiO_2 为代表的均质整体式蜂窝陶瓷结构；②具有涂层结构的整体式蜂窝陶瓷催化剂。通常采用大比表面积的材料对蜂窝陶瓷基体进行表面扩展后再负载活性物质，如图 13-8 所示。

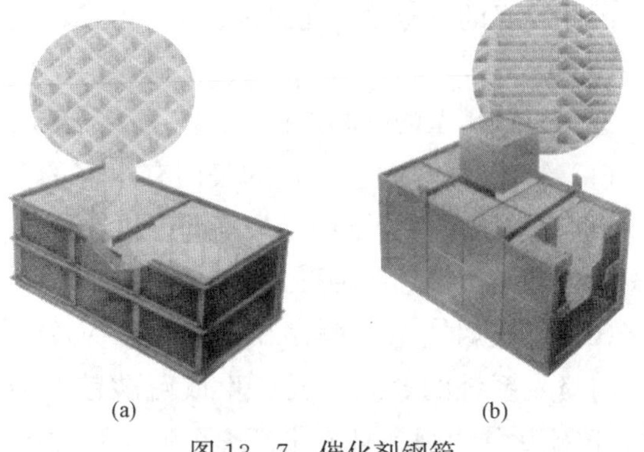

图 13-7 催化剂钢箱
（a）蜂窝式；（b）平板式

在整体式蜂窝陶瓷的制备过程中，通常加入一些其他物质来改善其机械性能，如加入玻璃丝、玻璃粉和硅胶等以增加强度，减少开裂；而加入聚乙烯、淀粉、石蜡等有机化合物可以作为成型黏结剂。

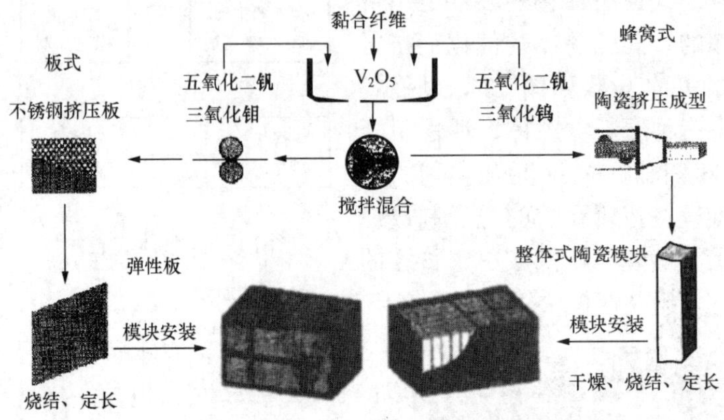

图 13-8 商用催化剂的生产过程示意

第五节 商用SCR催化剂

目前，在SCR工程中应用最多的是氧化钛基 V_2O_5/TiO_2 系列催化剂。在以具有锐钛矿结构的 TiO_2 作为载体的钒类催化剂中，以化学组成来说，通常有几种不同类型，分别是 V_2O_5-WO_3/TiO_2、V_2O_5-MoO_3/TiO_2 和 V_2O_5/WO_3-MoO_3/TiO_2 等，其中尤以 V_2O_5-WO_3/TiO_2 的研究及应用较多，而单一活性成分 V_2O_5/TiO_2 则较少应用。

钒类催化剂的有效活性温度范围较宽，能达到215～370℃。对于商用的 V_2O_5-WO_3/TiO_2 来说，在215℃就已经具备了明显的活性，在 NH_3/NO 为1∶1的活性当量比的情况下，最佳反应温度范围的下限约为288℃，而上限在343～370℃。当温度超过这一上限时，氨氧化的副反应发生，生成 N_2O 和NO，从而降低了 NO_x 的转化率。

一、各活性成分的主要作用

1. V_2O_5

V_2O_5 是SCR商用催化剂中最主要的活性组分。钒的负载量可能不尽相同，但是通常不超过1%（质量分数）。这主要是因为 V_2O_5 也能将 SO_2 氧化成 SO_3，这对SCR反应是不利的，因此，钒的负载量不能过大。

2. TiO_2

选用锐钛矿型的 TiO_2 作为SCR催化剂的载体，其主要原因有：

（1）钒的氧化物在 TiO_2 的表面有很好的分散度。因为，以锐钛矿型 TiO_2 为载体负载 V_2O_5 催化剂所获得的活性是最高的。钒在钛基表面的状态主要有孤立的钒活性位中心和聚集态的钒活性位中心两种形式。

（2）燃煤烟气中一般存在 SO_2，在 V_2O_5 作用下，它能被烟气中氧气氧化生成 SO_3，SO_3 与喷入系统的氨发生反应生成硫酸铵。与其他氧化物载体（如 Al_2O_3、ZrO_2）相比，TiO_2 抗硫化能力强，且硫化过程可逆。因此，以 TiO_2 为载体的SCR催化剂在反应中仅被 SO_2 部分硫化，且研究发现部分少量的硫酸铵还会增强反应活性。

3. WO_3

WO_3 的含量很大，有时高达10%（质量分数），其主要作用是增加催化剂的活性和热稳定性。

4. MoO_3

在SCR反应中，加入 MoO_3 能提高催化剂的活性，而另一个特殊的作用是防止烟气中As导致催化剂中毒。

5. 其他添加剂

在工程实际应用的蜂窝状催化剂中，加入了一些硅基的颗粒，以提高催化剂的机械强度。在这些颗粒中，通常含有一些碱性阳离子，这对催化剂来说是一种毒性物质，这也是实际得到的活性有所下降的主要原因。

二、催化剂的结构类型

由于SCR反应器布置在除尘器之前，大量飞灰的存在，给催化剂的应用增加了难度，为防止堵塞，减少压力损失，增加机械强度，通常将催化剂固定在不锈钢板表面或制成蜂窝陶瓷状，形成了不锈钢板波纹式或蜂窝式，其外形及实物如图13-9所示。

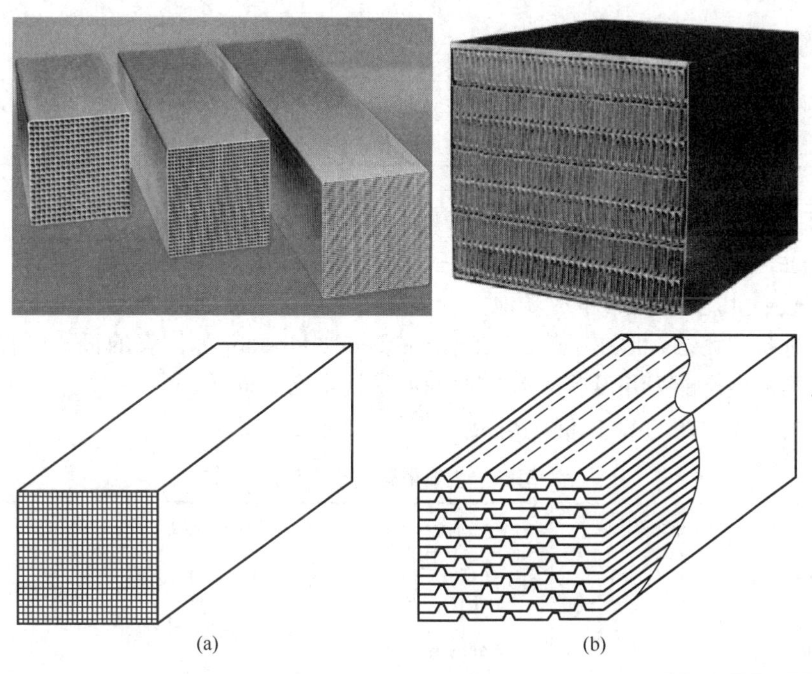

图13-9 催化剂外形示意
（a）蜂窝式；（b）平板式

1. 平板式SCR催化剂

平板式催化剂的制作是将催化剂原料（载体、活性组分与助催化剂）均匀碾压在不锈钢板上，切割并压制成带有褶皱的单板，煅烧后组装成模块，便于运输和安装。平板式催化剂在世界SCR催化剂市场占30%左右份额，其特点是对烟气的高尘环境适应力强，板与板之间的孔隙较大，阻力较小，但单位体积的有效面积小，需要的催化剂量大。主要供应商有德国的Argillon和日本的BHK等。

2. 蜂窝式 SCR 催化剂

蜂窝式催化剂为整体挤压成型，载体和活性成分在催化剂内均匀分布。经干燥、烧结、切割成满足要求的元件，这些元件被装入不锈钢框架内，形成易于操作的催化剂模块。目前蜂窝式催化剂在世界 SCR 催化剂市场占 60%以上，其特点是相对质量比较轻、长度易于控制、单位体积的有效面积大、回收利用率高等。但由于催化剂间隙小，流动阻力大，堵灰较严重，需要设置吹灰器，同时要求的烟气流速较平板式低，导致反应器截面积增大。吹灰器形式有超声波、压缩空气、蒸汽式等。主要供应商有美国的 Cormetech，欧洲的 Argillon、KWH，日本的 Sakai、shokubai 和韩国的 SK 公司。以上两种催化剂的比较见表 13 - 4。

表 13 - 4　两种催化剂的比较

序号	比较项目	蜂窝式	平板式	说　明
1	催化活性	良	良	TiO_2 为载体，V_2O_5 为主要的活性物质
2	抗飞灰磨损能力	一般	优	平板式不锈钢作为基材，适合高粉尘烟气
3	抗堵塞能力	一般	优	平板式几何形状弯角较少
4	烟气阻力	一般	良	蜂窝式在截面上与烟气接触界面大
5	催化剂体积	优	一般	蜂窝式比表面积较大，体积比平板式小，催化剂用量可比平板式节约 20%
6	整体机械强度	一般	强	蜂窝式基材全是 TiO_2，TiO_2 里有不锈钢骨架
7	抗热冲击能力	优	一般	平板式多层结构

三、国内外部分 SCR 催化剂生产厂家

1. 国外主要生产商

SCR 工艺自 1978 年在日本成功地实现工业应用以后，工艺技术与催化剂的生产技术一直在不断地进步与完善，形成了蜂窝式和以 Babcock-Hitachi 为代表的板式两种主流结构与技术，在本国的生产能力并没有太多扩大，可是技术已经向美国、欧洲、韩国、中国输出。目前各主要生产商生产的 SCR 催化剂及产量见表 13 - 5。

表 13 - 5　国际上主要催化剂生产厂商

厂商名称	国家和地区	催化剂形式	生产能力	应用业绩
Babcock Hitachi	日本	板式	3 条生产线，总计 15 000m^3/a	600 套
触媒化成	日本	蜂窝式	1 条生产线 15 000m^3/a	500 套
Cormetech	美国	蜂窝式	>20 000m^3/a	876 套
Argillon	德国	板式 蜂窝式	>12 000m^3/a（板式） >5000m^3/a（蜂窝式）	套
Topsoe	丹麦	波纹式 板式	3 条生产线	
Seshcin Electronics	韩国	蜂窝式	≤3000m^3/a	套

几大主要生产商各有特点，Babcock-Hitachi 成立最早，自 1970 年成功开发了不锈钢板式催化剂，在燃煤电站的应用业绩居世界之首，在日本的安芸津工场共有 5 条生产线，日常运行 3 条生产线，在中国设有分公司，但暂未建生产基地。触媒化成公司生产蜂窝式催化剂，其触媒研究所 20 多年来一直对这一技术进行改进与完善，并先后向美国、德国及韩国进行技术转让，是成功转让技术最多的公司。Argillon 公司从触媒化成引进了蜂窝式生产技术，又自主开发了板式催化剂技术，是唯一同时生产两种结构形式的催化剂公司。Cormetech 与日本三菱公司合作引进触媒化成蜂窝式技术，在美国北卡罗来纳州和田纳西州设有生产基地，其蜂窝式的生产能力居世界之首。Topsoe 公司自主开发了区别于不锈钢板式的波纹板式催化剂，并在美国建有 2 条、丹麦建有 1 条生产线。

例如韩国 SK 催化剂产品的外观如图 13-10 所示，规格见表 13-6。

图 13-10　韩国 SK 催化剂外观

表 13-6　韩国 SK 催化剂规格

项目	SK-18	SK-20	SK-21	SK-25	SK-35	SK-50
孔径（mm）	8.2	7.5	7.1	6	4.3	2.95
催化剂单元孔数	18×18	20×20	21×21	25×25	35×35	50×50
外壁厚度（mm）	1.6	1.6	1.5	1.4	0.8	0.71
内壁厚度（mm）	1	1	1	1	0.7	0.45
最大长度（mm）	1100	1100	1100	1100	1100	1100
截面积（mm×mm）	150×150	150×150	150×150	150×150	150×150	150×150
应用	煤	煤/油	煤/油	油/气	油/气	气

2. 国内进展

KWH 公司 20 世纪 80 年代从日本的界化学引进了蜂窝式催化剂生产技术，近年来由于经营状况不佳已停产。四川东方锅炉工业锅炉集团有限公司于 2006 年收购了 KWH 公司的设备及其生产技术，在成都组建了东方凯瑞特公司，建设了两条生产线，生产能力达 $4500m^3/a$。

国电龙源环保工程公司和国电环境保护研究院联手引进了日本触媒化成燃煤电站蜂窝式催化剂的生产技术，合作组建了江苏龙源催化剂有限公司，初期建设 1 条生产线，年产 $3000m^3$ 蜂窝式催化剂，于 2009 年建成投产。

中天海创科技有限公司与香港巴斯夫环保催化剂有限公司合资建立中天环保催化剂有限公司，专业从事于烟气脱硝催化剂的设计、制造、检测。公司引进国外的生产技术和生产工艺（先进混料机、挤出机等关键设备），建立了自己的催化剂研发和检测实验室，设计并制造均质的 V-W-Ti 系蜂窝式脱硝催化剂。2009 年已经建成 1 条生产线，年产 $3500m^3$ 蜂窝式催化剂，调试成功并投产。第二条生产线正在施工，预计 2010 年年底生产能力将达到 $8000m^3$。

2010 年 1 月该公司将生产的 SCR 烟气脱硝催化剂委托西安热工研究院进行性能检测，

根据西安热工研究院的检测结果，脱硝催化剂在 NO 浓度为 800mg/m^3（标准状态），空速为 4000h^{-1}，温度范围为 280～435℃，SO_2 浓度为 1500mg/m^3（标准状态）的条件下，脱硝率为 85%～97%，SO_2 转化率小于 0.56%，BET 比面积达到 65.2m^2/g 的主要结论。达到了商业 SCR 催化剂的使用要求。

随着环保形势的日益严峻，仅靠低氮燃烧不能满足更加严格的排放标准，SCR 工艺是减少固定源 NO_x 排放的一个行之有效办法，已先后在发达国家应用了近 30 年，中国也已开始投入使用。SCR 法烟气脱硝所采用的催化剂是该工艺的核心，是获得较高脱硝效率的关键，催化剂生产技术含量高、投资大，对原料品质要求也高，国际上仅有为数不多的几家公司拥有技术并具备一定的生产能力。随着东方凯瑞特公司试生产成功和江苏龙源催化剂有限公司的投产，国内目前主要依靠进口的状况将得到改善，对降低烟气脱硝的投资与运行费用将起到积极作用。

3. 江苏龙源蜂窝式催化剂

江苏龙源蜂窝式催化剂规格有 15 孔、18 孔、20 孔、21 孔、22 孔、25 孔、30 孔、35 孔、40 孔、45 孔。催化剂生产过程如图 13 - 11 所示，产品外观如图 13 - 12 所示。

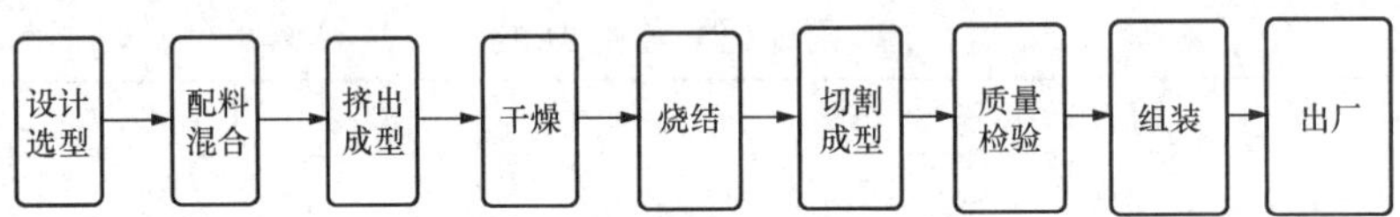

图 13 - 11 催化剂生产过程示意

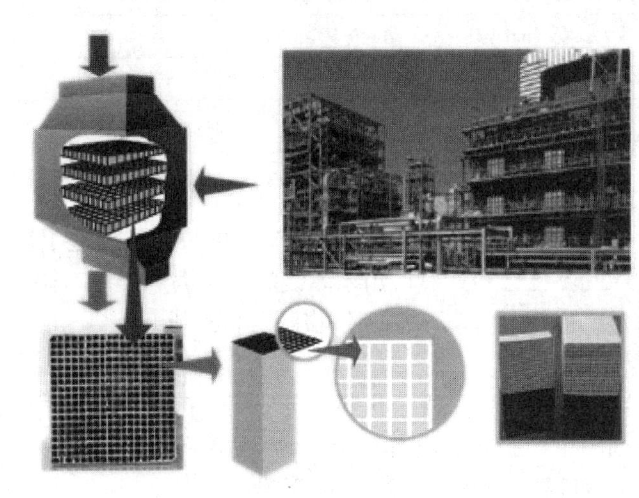

图 13 - 12 催化剂外观示意及模块

（1）蜂窝催化剂的特点：

1）蜂窝式催化剂由多种原料混炼、成型、烧制而成，磨损不降低活性；

2）可根据实际烟气条件进行配方设计，针对性强，适应性广；

3）高温煅烧工艺烧成，抗锅炉瞬时高温能力优越，催化剂活性与温度的关系如图 13 -

13所示；

4）烟气入口侧设有抗磨损涂层，抗磨损能力强，机械寿命长；

5）超细 TiO_2 为基材，比表面积大，活性稳定；

6）特殊配方设计，抗中毒能力优异；

7）使用范围宽广，可靠性高。

（2）蜂窝催化剂的特性：

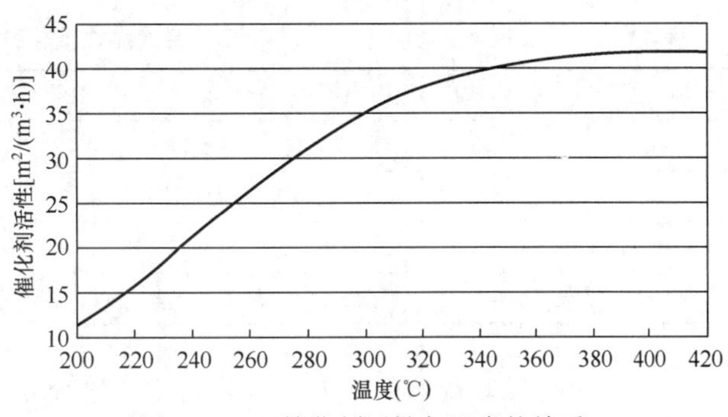

图13-13　催化剂活性与温度的关系

1）活性高、脱硝效率高；

2）二氧化硫氧化率低，烟气温度与 SO_2/SO_3 转化率的关系如图13-14所示；

3）氨的逃逸率低；

4）抗中毒、抗磨损能力强；

5）高度稳定性和耐用性；

6）体积小，比表面大，经济型好。

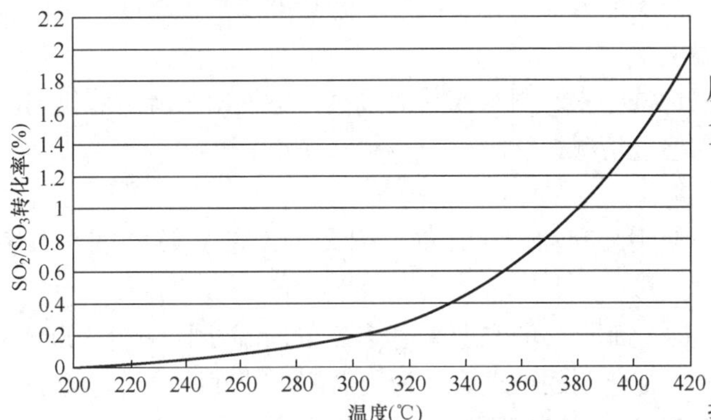

图13-14　烟气温度与 SO_2/SO_3 转化率的关系

（3）主要应用业绩有：国电兰州热电有限公司脱硝催化剂2×330MW、国电长源荆州热电有限公司脱硝催化剂2×300MW、山西临汾热电有限公司脱硝催化剂2×300MW、国电驻马店热电厂2×300MW、国电电力酒泉发电有限公司2×330MW、山东潍坊绿橄榄化工有限公司。

4. 中天环保蜂窝式催化剂

中天环保蜂窝式催化剂的外观见图13-15，催化剂孔径示意见图13-16，规格见表13-7。

图13-15　中天环保蜂窝式催化剂外观

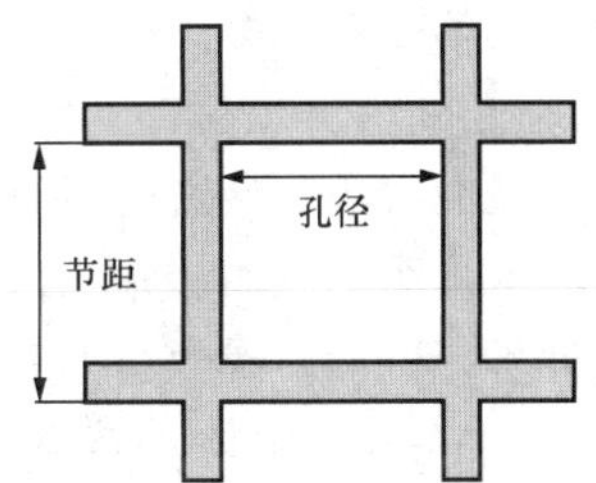

图13-16　中天环保蜂窝式催化剂孔径示意

四、SCR催化剂的检修和维护

根据国外运行机组及工程公司的经验，催化剂维护的主要工作有：

表 13-7 中天环保蜂窝式催化剂规格

项目	15	18	20	22	25	30	35	40
孔数	15×15	18×18	20×20	22×22	25×25	30×30	35×35	40×40
节距（mm）	10	8.2	7.4	6.7	6	4.9	4.2	3.7
比表面积（m^2/m^3）	356	414	469	503	577	693	808	924
应用	燃煤、高尘	燃煤、高尘	燃煤、高尘	燃煤、高尘	燃煤、高尘	燃煤、重油	油、末端装置	油、末端装置

（1）在可使用吹灰器的地方，在停机之前必须立即清洁催化剂；在不能使用吹灰器的地方，如在燃气系统中，采用真空吸尘器清除所有堆积的灰尘、疏松的绝缘材料或铁锈鳞壳。

（2）在反应器低于最低操作温度之前关闭氨喷射，应通过上游热电偶测量温度，以确保所有催化剂在冷却周期内都大于最低温度。

（3）采取措施防止催化剂暴露于锅炉洗涤水、雨水或其他湿气，不得用水清洗催化剂。

（4）停用期间应检查催化剂磨蚀和堵塞情况。

五、废弃催化剂的处置

很多国家已经立法要求重新或循环使用废弃物。SCR 催化剂大多含有 V_2O_5，属于有害废弃物，必须回收处理。

随着 SCR 工艺的广泛应用，废弃催化剂的数量将越来越多。资料显示，一台 700MW 机组催化剂的年平均废弃量约为 $100m^3$。催化剂的处理将成为亟需解决的问题，最理想的办法是回收利用。以氧化铁为基体的催化剂可以送到钢铁厂回炉，但由于这种催化剂效率太低已经基本退出商业应用。现在大量应用的是以氧化钛为基体的催化剂。已经有关于将这种催化剂磨碎与其他产品相混合制成新产品的报道，比如欧盟国家前几年就开始研究将含 2%～3%磨碎的催化剂与黏土混在一起制作陶瓷管。从废弃的催化剂中将各种成分提取出来也是一种方案，而且从工艺上也是可以做到的，但基于经济性的考虑还有一定的困难。目前，普遍的做法是在购置时签订合同，要求制造厂家负责回收，由制造厂予以妥善处理。

第六节 SCR 催化剂基本参数

一、催化剂的基本参数

1. 催化剂孔径

催化剂孔径的大小直接影响到催化反应器的压降、反应停留时间，同时还影响催化剂孔道是否发生堵塞。图 13-17 是蜂窝式催化剂与平板式催化剂的孔径示意。孔径 d 的选择取决于燃料的种类，例如，燃煤烟气脱硝的催化剂通常选用 4～8mm 的孔径，燃油烟气脱硝催化剂选用 3～7mm 的孔径，而燃气烟气脱硝催化剂选用 2～4mm 的孔径，如图 13-18 所示。

2. 催化剂节距 p（间距）

蜂窝式催化剂的蜂窝状孔隙的宽度称为节距，平板式催化剂是将几层波纹板与平面板交错布置在一起组成催化剂单元，这种形式的催化剂板与板之间的距离，称为节距。用于燃煤电厂 SCR 工程中的蜂窝式催化剂间距一般在 6.0～9.2mm 之间。孔距的大小主要取决于烟气中的粉尘含量，高粉尘含量时选择大节距的结构，以减少催化剂被粉尘堵塞。

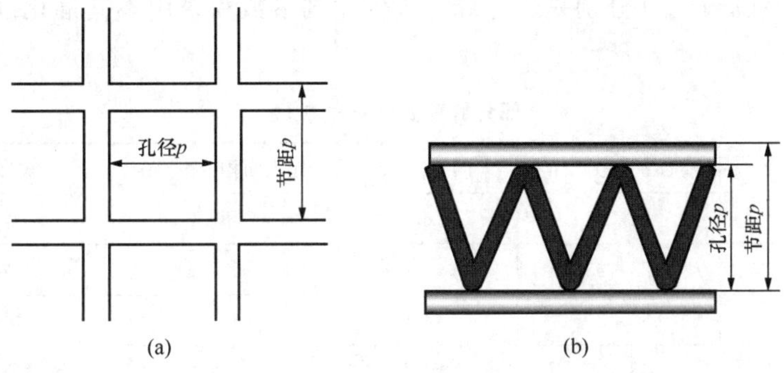

图 13-17 催化剂的孔径示意

(a) 蜂窝式；(b) 平板式

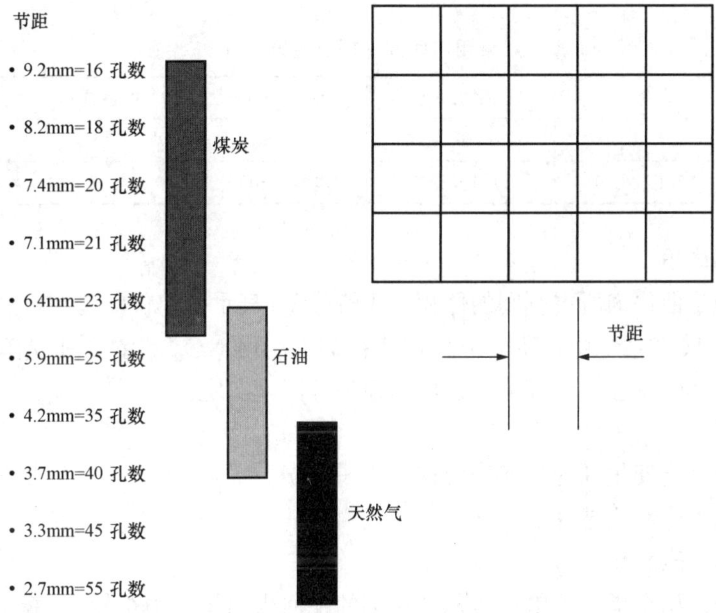

图 13-18 蜂窝式 SCR 催化剂一般使用规格

对于典型的蜂窝式催化剂，我们定义蜂窝孔宽度（孔径 d），外壁厚度为 t_o，内壁厚度为 t_i。则催化剂的壁厚、节距（pitch）和孔径的关系为

$$节距(p) = 孔径(d) + 内壁厚度(t_i)$$

3. 孔数（cell）

孔数为一个蜂窝式催化剂单体截面（150mm×150mm）上每边的正方形烟气通道的个数。

4. 催化剂壁厚

对于蜂窝式催化剂而言，壁厚是指蜂窝孔与孔之间的催化剂厚度；平板式壁厚是指波纹板或平板的厚度。蜂窝式催化剂的壁厚基本为 1.0～2.4mm，平板式催化剂的壁厚基本为 1.5～2.0mm。

同等条件下，用于燃煤电厂 SCR 工程中的平板式催化剂间距一般比蜂窝式催化剂稍小些。表 13-8 和表 13-9 分别是部分蜂窝式催化剂参数和采用不同催化剂反应器尺寸的大小。

表 13-8　　部分蜂窝式催化剂参数

蜂窝式催化剂型号	截面上孔数（个）	间隙（mm）	比表面积（m^2/m^3）	适应燃料
SW22	22×22	6.7	486.2	煤（高飞灰）
SW23	23×23	6.4	531.4	煤（高飞灰）
SW30	30×30	4.9	693.0	石油、重油
SW35	35×35	4.2	808.0	石油、重油、煤（低飞灰）
SW40	40×40	3.7	924.0	煤（低飞灰）
SW55	55×55	2.7	1275.0	燃气柴油机

表 13-9　　采用不同催化剂反应器尺寸

项　目	蜂窝式	平板式	项　目	蜂窝式	平板式
流速（m/s）	4～5	6	高度（m）	13.5	11.9
截面（m×m）	12.1×26.6	11.1×23.7	体积（m^3）	4245	3130

二、催化剂体积

催化剂体积是催化剂所占空间的体积，用符号 V_c 表示，单位 m^3。催化剂的数量通常都是以体积计。在 SCR 系统中，所需催化剂体积的大小由 NO_x 的浓度和脱硝率、氨逃逸量、催化剂的活性及几何特性、烟气流量、压力损失等因素决定。

三、催化剂面积

催化剂面积是指催化剂的几何表面积，用符号 A_c 表示，单位 m^2。孔隙越多的催化剂，其几何表面积越大，性能越好。

四、催化剂比表面积

催化剂比表面积是指一个单位体积催化剂的几何表面积，用符号 F_a 表示，单位m^2/m^3。蜂窝式催化剂的比表面积比平板式催化剂的大，前者为 427～860m^2/m^3，后者约为前者的一半，为 250～500m^2/m^3。

五、面积速度

面积速度等于烟气流量（标准温度和压力下，湿烟气）与催化剂几何表面积的商，即

$$AV=\frac{V_{fg}}{A_c} \tag{13-2}$$

式中　AV——面积速度，m/h；

　　A_c——催化剂几何表面积，m^2。

面积速度 AV 又可以表示为烟气空间速率 SV 与催化剂几何比表面积的商，即

$$AV=\frac{SV}{A_c} \tag{13-3}$$

欧洲经济委员会在关于氮氧化物排放总结中，提供了根据燃煤锅炉的炉形和布置两个因素选择面积速度的经验值，见表 13-10。

表 13 - 10 **燃煤装置SCR反应器的典型面积速度**

锅炉炉形	固态排渣炉		液态排渣炉	
	高粉尘烟气段	尾部烟气段	高粉尘烟气段	尾部烟气段
AV (m/h)	6.1～7.4	7.2～8.6	3.7～5.4	5.3～7.2

六、催化剂活性

在SCR工艺中，经常将催化剂活性描述成AV的函数，用K表示

$$K = -AV\ln(1-\eta) \tag{13-4}$$

式中 K——催化剂的活性，催化反应器的活性是多层催化剂活性之和，m/h；

η——氮氧化物的脱除率。

对于已知几何表面积的催化剂，K可以通过测量烟气流量和还原率并利用式（13 - 4）计算得到。

催化剂的活性随温度、压力、烟气流量、催化剂配方、催化剂受损害的情况而变化，随着使用时间的延续，催化剂的活性不断降低。催化剂的活性降低将导致脱硝率下降，同时导致氨逃逸量的增大。

脱硝率和氨逃逸量是催化剂设计的两个重要指标。在欧洲国家，大部分SCR系统的催化剂是按NO_x排放浓度为200mg/m^{3}和氨逃逸≤3%设计的。为此，一般要求在80%催化剂寿命期间内，逃逸氨量保持在0.5%～2%之间，在剩余的20%寿命期间，随着催化剂活性损失达到25%～35%，逃逸氨量将增大到5%。催化剂的设计寿命，即在上述条件下的运行时间为16 000～20 000h。

华电长沙电厂SCR系统采用蜂窝式催化剂，活性成分主要为TiO_2和V_2O_5，还有少量的WO_3。由东方锅炉与德国KWH公司的合资企业——东方凯特瑞催化剂有限公司生产制造。该催化剂技术数据见13 - 11和表13 - 12。

表 13 - 11 **催化剂技术数据表**（括号内为远期85%效率时数据）

项　目	数　值	单　位	项　目	数　值	单　位
催化剂型号	ZERONOX1831K		每个反应器催化剂体积	199.58（274.43）	m^3
保证运行时间	24000/36	工作小时/月	催化剂总体积（两台机组）	798.3（1097.7）	m^3
节距	8.2	mm	催化剂数量	154	块
单体长度	800（1100）	mm±4mm			

表 13 - 12 **催化剂单体数据表**

项　目	数　值	单　位	项　目	数　值	单　位
通道数量	18×18	—	比表面积	408	m^2/m^3，额定值
正方形大体宽度	150	mm，额定值	工作率	72.4	%，额定值
通道大体宽度	7.09	mm，额定值	硬化前端长度	25	mm，额定值

复习思考题

13 - 1 催化剂有哪几种？氧化钛基催化剂有何特点？

13-2 固体催化剂组成成分中的主催化剂、助催化剂的作用分别是什么?

13-3 固体催化剂组成成分中载体有何作用?

13-4 固体催化剂的性能主要指什么?何谓催化剂的活性?

13-5 什么是固体催化剂的选择性?分析催化剂选择性的作用。

13-6 何谓催化剂的稳定性?稳定性主要包括哪几方面?

13-7 何谓催化剂的可再生性?催化剂可再生性受哪些因素影响?

13-8 催化剂失活过程分为哪几种类型?

13-9 什么是积碳失活?催化剂积碳失活的原因有哪些?

13-10 催化剂再生的方法有哪几种?

13-11 可逆性中毒的再生方法有哪几种?

13-12 整体块状催化剂有何特点?

13-13 画出整体块状催化剂挤压成型制备工艺框图。

13-14 试述催化剂活性成分 V_2O_5 的主要作用。

13-15 试述催化剂活性成分 TiO_2 的主要作用。

13-16 用于 SCR 工艺的催化剂应具备哪些条件?

13-17 如何维护 SCR 催化剂?

第十四章

SCR 装置的控制系统

第一节　控制原理与方法

一、SCR 系统的运行控制与管理

火电燃煤机组运行中，为了保证 SCR 系统中被控参数不超出允许值，以达到最低液氨消耗量下的最佳脱硝效果。控制系统须满足单元机组 SCR 安全启动、停机的要求，在锅炉 50%BMCR～100%BMCR 工况下，同时进口烟气温度为 310～430℃。

（一）催化反应器内温度的控制

SCR 反应器内应保持的温度水平取决于所选择的催化剂，不同的催化剂具有不同的适宜温度区间。目前，市场上的商用 SCR 脱硝催化剂，其适宜温度区间为 320～380℃。当反应温度低于 300℃时，催化剂无益的副反应增强，氨分子将与 SO_3 和 H_2O 反应生成 NH_4HSO_4、$(NH_4)_2SO_4$。这两种物质不但会堵塞催化剂的通道与微孔，还会沉积并损坏空气预热器等下游设备。而当温度超过适宜的范围时，又会出现另外一种引起催化剂损伤的问题。在温度高于 450℃的烟气中运行一段时间后，检测发现催化剂的晶体结构发生了变化，催化剂中的通道与微孔数量减少，导致催化剂活性损失，且温度越高失活速度越快。另外，反应器内温度过高，除了对催化剂活性并连带下游设备造成不利影响外，还会促使更多的 NH_3 转化为 NO_x，这也是不希望发生的现象。因此，温度是 SCR 系统运行中需要控制的重要参数。

机组启动时，由于烟气温度未达到催化剂所需的运行温度，不能将催化剂反应器立即投入运行，必须等烟气温度升高至加氨所需的最低温度，才能开始工作。因此，机组启动的最初阶段应该关闭省煤器至反应器前的挡板，让低温烟气从省煤器及反应器的旁路通过，以便减少热量消耗，使烟气温度尽快达到催化剂反应器入口所需的温度。待温度升高到一定程度（至少达到催化剂所需的最大温度）时，先关闭反应器旁路，让烟气进入催化剂反应器内加热催化剂，这时烟气温度会由于催化剂吸热而有所降低，然后再逐渐上升。

加氨的时间应当选定在第一层催化剂的温度、第一层与第二层催化剂之间的温度均高出适宜反应的最低温度以后。随着省煤器前烟气温度的升高，系统的温度趋于稳定，逐渐关闭省煤器旁路，让烟气直接从省煤器和催化反应器通过，启动过程完成。

在机组带部分负荷烟气温度下降时，通过省煤器旁路系统，可以提高进入反应器的烟温。如果仍达不到所要求的加氨温度，最好的解决办法是提高进入省煤器前的给水温度，以减少给水吸热量。很多改造项目的经验证明，这是一种投资费用不高且有效的方法。

（二）氨喷射控制

氨的喷射控制是 SCR 系统运行中的另一个重要问题。对 NH_3 喷入量的调节必须既要保证 NO_x 的脱除率，又要保证较低的氨逃逸量。如果烟气粉尘吸附了过量的 NH_3，不但会影响电除尘器所捕获粉煤灰的再利用，而且无论是随粉煤灰进入灰场还是随烟气进入大气，都会造成新的污染。所以，氨喷射量控制的首要原则是不能造成过量的氨逃逸。

完全杜绝氨逃逸是不可能的，一般要求将氨逃逸量控制在一定的限值之内。对 SCR 系

统国际上通常采用的氨逃逸量最高限值小于3%。要避免氨逃逸量超标并获得最佳的NO_x脱除率，关键是控制喷射的药剂量。

控制系统的另一个任务是对NH_3分布状况的调控。因为高效的反应还要求NH_3的分布与烟道中，特别是催化剂入口处NO_x的浓度分布相一致。为了满足这一要求，控制系统需要根据NO_x分布状况的实时监测信息，随时调整每一个喷嘴的喷氨量。

（三）系统动态控制

SCR控制系统的目标是在保证完成设定的NO_x脱除率的前提下，使催化剂的寿命最长、氨的逃逸最少、空气预热器上的沉积物最少、腐蚀最轻。

SCR系统和热力系统是彼此密切关联的，即使在稳定负荷下，锅炉燃烧系统也会有一些波动。为了适应机组运行中发生的变化所导致NO_x生成量的变化，除了设计时SCR反应器有适当的裕度（±40mg/m^3）之外，控制系统也要在运行过程中适时适量地调整加氨量，即对加氨系统进行动态控制。

常用的SCR控制系统是基于一个简单的前馈环（带反馈调整）。这个前馈环的基础是烟道NO_x排放量和随负荷而变的所需氨注入量的试验曲线，即加氨量由催化剂上游NO_x浓度和烟气量所给出的正向信息控制，同时将SCR后实际的NO_x值和规定的NO_x值进行比较，用反馈信号来修正喷氨量，一般不用氨逃逸量作为反馈信号。

二、控制单元

1. 氨气注入量控制单元

脱硝系统氨气注入量控制一般采用闭环控制系统，注入SCR反应器的氨气流量控制是控制氨气流量调节阀保持氨气流量为设定值，其目的是保证注入SCR反应器的氨气流量处于实量受控。

通常以SCR系统反应器入口NO_x分析仪实际测量的烟气中NO_x量作为前馈控制，以SCR出口NO_x分析仪实际测量的NO_x量作为反馈控制，修正氨气流量的设定值。最终得到的NH_3流量工作设定值与实际测量的NH_3流量进行比较，再经过比例积分，调整控制NH_3流量调节阀进行实际的流量控制，满足脱硝装置性能要求。

注入氨气流量控制按式（14-1）计算，即

$$W_{NH_3} = W_{G-dry} C_{NO_x} m R_{NH_3} \times 10^{-6} \tag{14-1}$$

式中 W_{NH_3}——氨气流量设定值，kg/h；

W_{G-dry}——干烟气流量（由锅炉燃煤输送量折算出，标况下），m^3/h；

C_{NO_x}——SCR进口处NO_x分析仪实测烟气NO_x含量，mg/L；

m——NH_3/NO_x摩尔比的修正值；

R_{NH_3}——氨气密度，kg/m^3。

在实际的控制系统设计中，还应考虑以下功能：

（1）前馈功能。预注入量由SCR入口的NO_x含量决定。

（2）反馈功能。修正注入量由SCR出口的NO_x含量决定。

最终得到的NH_3流量设定值与实际测量的NH_3流量进行比较，再经过比例积分增益调整，用NH_3流量控制阀进行实际的流量控制。

当SCR系统发生操作问题时，氨气管线保护单元紧急关闭氨气控制阀并发出报警信号，以避免氨气继续流入SCR系统内。SCR控制系统氨气流量的需求信号去定位氨气流量调节

阀，实现对脱硝的自动控制。根据在不同负荷下对氨气注入量的调整，找到最佳的喷氨量，使SCR系统能达到设计的脱硝效率及氨气逃逸量。氨气注入量控制单元所需的参数有烟气流量、反应器入口 NO_x 浓度、脱硝效率、反应器出口 NO_x 浓度、氨气逃逸量、温度等。其控制逻辑如图14-1所示。

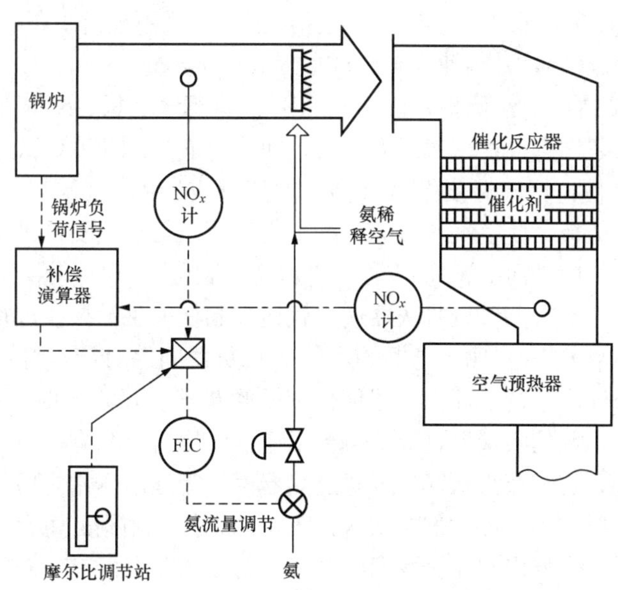

图14-1　SCR控制原理

2. NH_3 逃逸率的控制

反应器出口控制 NH_3 逃逸率小于3%，当 NH_3 逃逸率等于3%时，调低脱硝率设定，使喷氨量减少，维持 NH_3 逃逸率小于3%。

3. 脱硝效率的控制

脱硝效率控制在设定值，当实测的进、出口 NO_x 浓度通过计算未达到设定值，而且其他条件没有达到设定值时，控制系统给出信号开大氨气流量调节阀。

当进、出口 NO_x 浓度通过计算达到设定值，而其他条件没有达到设定值时，控制系统给出信号关小氨气流量调节阀。

4. 催化剂反应器保护单元

催化剂反应器保护单元主要用来保护催化剂及SCR系统操作的安全，其保护机制有以下三种。

（1）反应器入口温度太低。入口烟气温度过低，将使脱硝效率降低，进而造成过高的氨逃逸率，导致大量的硫酸氢氨（NH_4HSO_4）生成，腐蚀或阻塞下游设备。故当温度低于310℃后即关闭控制阀，停止喷氨并发出报警信号，提醒操作人员停运脱硝系统，以避免催化剂遭破坏。

（2）反应器入口温度太高。一般催化剂的最高耐温约为450℃，故当温度超过430℃后，催化剂反应器保护单元即关闭控制阀，停止喷氨并发出报警信号，提醒操作人员紧急处理，以避免催化剂遭破坏。

（3）反应器压差过高。当催化剂床层压差超过设定值时，发出报警信号，提醒操作人员检查是否有异常情况发生并考虑是否停止 SCR 系统，以免因抽力不足而导致烟气无法排放。

（4）锅炉启动和 SCR 系统投运过程中保护。锅炉启动和 SCR 系统投运过程中，应控制烟气温度的上升速度，避免对设备造成损害，特别是在冷态启动时必须进行预热。为了减少机械应力对催化剂模块的伤害，在烟气温度低于 70℃时，严格控制烟气温度上升速度不超过 5℃/min；烟气温度升高到 120℃前，烟气温度上升速度不超过 10℃/min；烟气温度高于 120℃到催化剂运行温度间，升温速度可以增加到 60℃/min。

在 SCR 系统启动次序上作调整，首先开 SCR 入口烟气挡板、SCR 烟气系统和催化剂模块。当锅炉满足点火条件点火，烟气温度升高，加热反应器到 120℃以上，锅炉具备投煤条件，启动一次风机投粉，烟气温度继续升高，加热反应器到 310℃以上，启动稀释空气风机，开稀释空气出口挡板，使空气流量大于最小设计值，氨从蒸发器供给已准备好，满足氨阀开启条件，开启氨供应阀向 AIG 供应氨，最后切换到由 NO_x 自动控制喷氨量。

（5）正常运行中的吹灰。每台吹灰器通过就地控制柜的手动按钮进行试车，吹灰器的所有控制和顺序功能均由 DCS 实现。与锅炉本体的吹灰器同等对待，每台反应器的吹灰器按从上至下的催化剂层依次运行，即上一层催化剂的吹灰器在设定的时间内依次启动运行后，再开始运行下一层催化剂的吹灰器，保证每台反应器每次总是只有一台吹灰器运行。

为保证吹灰效果，吹灰蒸汽从锅炉屏式过热器蒸汽管道减压站之后的一根主管引出，再由支管分别引入反应器的每个催化剂层吹灰器入口的本体控制阀。每台吹灰器配有两个限位开关，当吹灰器耙子完全伸出和完全收回时触发。每台吹灰器配有一对就地按钮，保证在远控失灵的情况下用于就地投退吹灰器。

在日常运行过程中，严格控制设定吹灰汽源压力为 1.5～2.5MPa，既保证吹灰汽源压力达到预期的吹灰效果，又防止压力过高吹损催化剂，与此同时又要选择适当的吹灰汽源温度，防止吹灰汽源温度过高（超过允许的 430℃），导致局部催化剂失效。在吹灰汽源投入时做到充分疏水，防止吹灰蒸汽带水造成催化剂黏灰而影响脱硝效率。

5. 控制器单元（Control Unit）

控制器单元为控制系统的处理中心，具有运行信号的输入、计算、输出、控制及报警等功能。其设备种类有以下两种：

（1）分散控制系统（DCS）。由于 DCS 的价格相当昂贵，而脱硝系统的控制点并不多，故一般都并入其他系统的 DCS 内，如电厂本身所用的 DCS 或公用系统的 DCS。

（2）小型 DCS 系统（Micro DCS）。具有 DCS 的功能，且其容量足够脱硝系统所需，非常适用于在现有运行机组上增设脱硝系统的机组。

目前，脱硝控制系统与单元机组的控制水平一致，采用集中控制方式，硬件系统与单元机组统一。脱硝工程 DCS 系统一般采用在电厂单元机组 DCS 控制系统上，扩展 I/O 和 I/O 通道的方式，所有的脱硝 I/O 点纳入主体 DCS 的控制器下，扩展 I/O 机柜所需的电源和接地都纳入单元机组 DCS 系统。供氨的控制系统以远程 I/O 机柜的方式通过光缆纳入主体公用 DCS 系统，在供氨区设置一个独立的电子设备间。脱硝控制系统不设置操作员站和工程师站，所有脱硝的操作和显示画面都由主体 DCS 系统的操作员站完成，组态由主体工程师站完成。脱硝 DCS 系统不设置独立的电源柜，所扩展 I/O 机柜需要的电源来自主体电源柜。

SCR 系统采用 DCS 控制系统，运行人员在单元机组集控室内完成系统的启停、正常工况的监视和控制，以及异常工况的报警和紧急事故处理。DCS 系统主要具备数据采集、处理（DAS）模拟量控制（MCS）和开关量顺序控制（SCS）三个功能。

脱硝控制系统分为供氨系统（包括氨储存、供应和排放）和SCR控制系统（主要包括喷氨系统和SCR吹灰系统），华电长沙电厂脱硝DCS系统预留了通信卡件，可以与现场进行通信连接（见表14-1）。DCS控制系统硬件配置方案为：单元机组集控室内设置的主要设备有一个热控电源柜、两个I/O机柜；在供氨区域电子设备间内设置一个I/O机柜。

表14-1　华电长沙电厂600MW机组SCR脱硝控制系统的主要测点（不含备用）

测点名称	DI	DO	AI	AO	RTD	T/C	合计
氨制备区	71	47	24	3	8	0	153
炉本体	108	58	21	2	2	4	195
合计数量	178	105	45	5	10	4	348

三、顺序控制系统（SCS）

1. 顺序控制的分级

（1）驱动级控制。自动控制的最低程度。

（2）子组级控制。一个辅机及其相应辅助设备的顺序控制。

（3）功能组级控制。整个烟气脱硝系统启、停的自动控制并对子组发出控制命令。

在需要的地方，可对锅炉控制系统中已有的自动控制和连锁进行匹配和扩展，这样可达到锅炉与烟气脱硝系统间的协调控制和运行。

2. 子组级控制

对一个辅机及相关设备提供子组级控制，按工艺系统运行要求顺序控制设备的自动启停。控制系统在某一步发生故障时，自动停止程序的运行，并将其故障的影响仅限制在该步程序之内，当故障消除后才能继续进行。

SCR脱硝系统子组控制的项目有稀释风机子组、稀释风机风阀子组、吹灰器子组等项。

（1）稀释风系统控制。所配稀释风机满足脱除锅炉烟气系统NO_x最大值的要求，同时留有10%的余量，稀释风机按每台机组三台100%容量配备，两台运行，一台备用。当稀释空气流量降到了设定的低值，3min后备用风机能手动或自动启动，如果稀释空气流量降到了设定的超低值，则关闭氨的供应阀门停止向SCR供应气态氨。

安装在氨/空气混合器入口管路上的氨流量控制阀，调节进入氨/空气混合器的氨气量，稀释风机供给的足够空气来稀释混合后，保证喷入反应器的氨气浓度低于5%。如果氨浓度超过8%，则报警，氨浓度超过10%，关闭氨供应阀，停止向SCR系统供应气态氨。

（2）蒸汽吹灰器控制分为自动和手动两种模式。在自动模式下，吹灰程序由时间条件来控制（根据实际情况可设定具体运行一次时间），在手动模式下主控员手动确定是否运行吹灰程序。在DCS组态时，在控制画面上设置了“自动”、“手动”按钮来实现功能选择；DCS设置成组自动吹灰启动、停止；成组解除按钮；程控吹灰故障首出信号以及SCR压力超限提醒吹灰指示信号。

吹灰程序中吹灰器根据吹灰器安装位置按由上层到下层的顺序运行，程序中设计可以一台炉左右两侧烟道反应器同时吹灰。

（3）声波吹灰器系统控制。每台SCR系统使用9个DC-75喇叭，第一层4个、第二层5个、第三层5个（预留）。清灰的顺序为每次在一层上运行2个声波喇叭，这一对喇叭或第9个喇叭每次运行10s，停110s，一个循环总时间为10min。

3. 功能级控制

功能级控制系统设置必要的断点，经过操作员少量的干预和确认某些信息，完成整套烟气脱硝系统启动/停止。控制系统在某一步发生故障时，系统自动停止程序的运行，并将其故障的影响仅限制在该步程序之内，当故障消除后才能继续进行。

SCR系统功能组控制的项目有单元机组脱硝总系统启动/停止主功能组、单元机组SCR脱硝系统启动/停止主功能组、脱硝剂制备区系统启动/停止主功能、电气系统功能组等项。例如，华电长沙电厂600MW机组SCR脱硝系统启动/停止主功能组完成以下内容：

（1）启动前的准备。氨的储备至少能满足24h的运行需要，氨输送和蒸发系统正常无报警，氨区事故水喷淋系统、氨注入和稀释空气系统无报警，连续监测系统（Continuous Emission Monitoring System，CEMS）、仪表系统、供电系统正常就地无报警，DCS系统正常。

（2）启动顺序。启动氨蒸发器待加热工质稳定到设定温度→开启氨储罐至对应蒸发器气动阀→开蒸发器入口气动阀→蒸发器内压力稳定后→再次开蒸发器入口气阀→开稀释空气风机及出口挡板→开氨关断阀→氨流量调节阀投自动。

（3）SCR短期停机。关闭氨供应阀→氨供应调节阀切手动→调节阀开度调至0。

（4）SCR长期停机。关闭氨储罐至蒸发器气动阀→关闭蒸发器入口气动阀→待蒸发器液氨蒸发完毕后关闭氨蒸发器出口阀→关闭氨供应阀→氨供应调节阀切手动→调节阀开度调至0→15min后停稀释空气风机。

4. 顺控逻辑

（1）阀门和风机的控制逻辑。稀释风机出口阀门的控制顺序与风机的启动和停止有关。如果正常运行的风机发生故障，备用风机立即自动启动，对应出口阀门的切换也是自动动作。稀释风机一般为三台，其中两台运行，一台备用。

（2）废水罐液位控制逻辑。当废水罐液位控制设置在自动状态时，控制系统实时检测废水罐液位。如高于或等于设定的高液位时，启动废水泵。当液位低于或等于设定的低液位时，关闭废水泵。如果液位达到设定的高高液位和低低液位时，系统会发出警报。

（3）吹灰控制逻辑。①暖管。开启吹灰蒸气入口电动阀吹灰蒸气出口电动阀，待出口温度达到现场整定值自动关闭吹灰蒸出口电动阀，等待入口蒸气压力高于0.5MPa延时进行吹灰。②吹灰。从下到上依次运行各台吹灰器，每台反应器一次只允许运行一台吹灰器，一台炉两个反应器可允许同时吹灰。③吹器保护动作，停止吹灰器。吹灰蒸汽管压力低于设定值；吹灰蒸汽母管的温度低于定值时；吹灰器运行超时。

（4）氨蒸发器控制逻辑。①氨蒸发器的恒温控制。每台氨蒸发器都配一台温控柜，当温控柜上的转换开关置于就地时，氨蒸发器的恒温控制由温控柜上配套的仪表进行恒温控制，当转换开关置于DCS时，氨蒸发器的温度控制由DCS控制。②氨蒸发器的连锁条件。启动允许，氨系统无紧急停车信号，加热工质液位无低液位信号，加热工质温度无高报警信号。③保护停止。氨系统紧急停车，加热工质低液位报警，加热工质温度高报警。

四、性能计算

1. 性能计算项目

性能计算为运行和维护人员提供运行参数与所要求的脱硝效率之间的偏差分析，提供SCR系统性能的历史记录。系统自动地计算SCR及其部件的各种效率和性能值，这些值和各种中间计算值能作为记录和LCD显示的输出。性能计算包括下列项目：

（1）机组脱硝效率（NO_x去除率）计算；

（2）氨逃逸量计算（在SCR脱硝装置出口处）；

（3）催化剂寿命计算。

性能计算能在20％以上的负荷时进行，每10min计算一次，计算误差小于0.1％。

2. 性能计算功能

所有的计算均有数据的质量检查，若计算所用的任何一个输入数据出现问题，将告知运行人员并中断计算。如采用存储的某一常数来替代这一故障数据，则可继续进行计算；如采用替代数据时，打印出的计算结果上将有注明。

性能计算具有判别SCR系统运行状况是否稳定的功能，对运行有指导意义。在变负荷运行期间，性能计算能根据稳定工况的计算值，标上不稳定运行状态。性能计算能提供期望值与实际计算值的比较，比较得出的偏差将以百分数的形式显示在LCD上。运行人员可对显示结果进行分析，以使SCR系统运行在最佳状态。

五、热工自动化功能

1. 检测系统

SCR的热工检测系统由DCS中的DAS系统来完成。DCS的基本功能包括数据采集、数据处理、屏幕显示、参数越线报警、事件顺序、事故追忆、性能与效率计算和经济分析、打印制表、屏幕拷贝、历史数据储存等。

该系统监测的主要参数有：①SCR装置工况及工艺系统运行参数；②主要辅机的运行状态；③主要阀门的启闭状态及调节阀的开度；④电源及其他必要条件的供给状态；⑤主要的电气参数等。

2. 自动调节系统

SCR是自动调节由DCS中的MCS系统完成。主要的调节项目：①氨蒸发器触媒温度控制；②氨气储罐压力控制；③SCR喷氨流量控制。

3. 辅机逻辑控制

辅机的连锁保护和启停控制以及一些主要阀门的开关控制由DCS中的SCS系统来完全，实现功能组和子组级控制。

（1）在脱硝系统运行中包括以下功能组（FGC）：氨储存、供应和排放系统；喷氨系统；SCR吹扫系统。

（2）自动切换系统功能组（ACS）主要有液氨储存A/B、液氨蒸发器、气氨储罐、稀释风机。

（3）顺序组控功能组（SGC）主要有1号炉脱硝系统、2号炉脱硝系统等。

（4）热工保护及热工报警。

1）热工保护。系统的热工保护由DCS分散处理单元来完成。主要实现供氨系统泄漏报警，开消防水喷水门；液氨储罐温度高，开液氨储罐冷却喷水门；氨逃逸率高，SCR入口烟气温度低，稀释风机流量低低，停止喷氨。

2）热工报警信号。CRT报警项目主要包括工艺系统热工参数偏离正常、热工保护项目动作及辅机设备故障、辅机系统故障、热工控制设备故障、主要电气设备故障等。

SCR控制基本逻辑如图14-2所示，氨区自动控制定制参见表14-2。

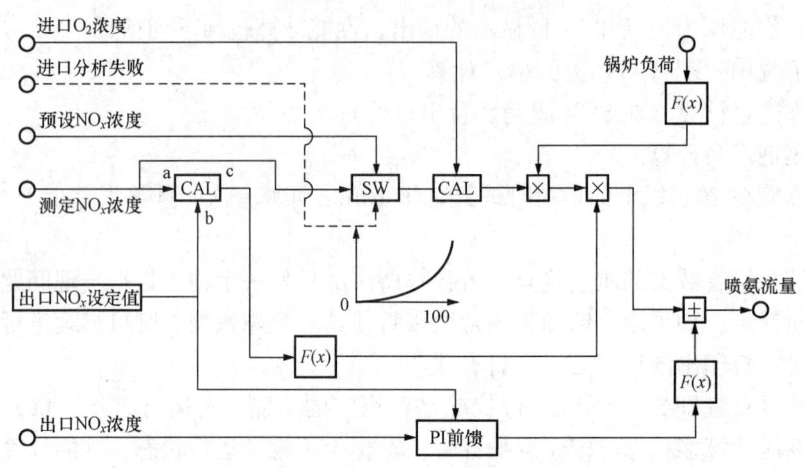

图 14-2　SCR 控制基本逻辑

表 14-2　　某厂氨区自动控制定值

项　　目	用　　途	定值	低低值	低值	高值	高高值
液氨储罐液位（mm）	液位到达低值时报警并切换储罐		150	300	2800	2875
液氨储罐温度（℃）	温度到达高值时报警并开启冷却水气动阀；温度到达高高值时报警				35	40
液氨储罐压力（MPa）	压力到达高值时报警并开启冷却水气动阀；压力到达高高值时打开废水箱上喷淋气动阀		0.2		1.5	1.8
氨蒸发器液位	液位不低于低值时运行；低于低值时报警					
氨蒸发器温度（℃）	启动条件温度	40				
	温度到达高值时报警；温度到达高高值时关闭蒸汽调节阀；温度到达低低值时关闭液氨调节阀		20	35	60	65
氨蒸发器气氨温度（℃）	气氨温度到达低值时关闭液氨调节阀	10				
氨蒸发器压力（MPa）	控制压力稳定	0.2				
	压力到达高值时报警并关闭蒸汽调节阀；压力到达高高值时打开废水箱上喷淋气动阀；压力到达低值时开液氨调节阀；压力到达低低值时报警		0.08	0.11	0.28	0.7
废水坑液位（mm）	液位到达高（或低）值时报警并开（或停）废水泵			100	1800	
氨压缩机排气压力（MPa）	压力超过定值时停氨压缩机				1.75	
油压与吸气压力（MPa）	压差大于定值时停氨压缩机			0.15		
NH_3 监测	用于监测卸氨区空气中氨含量，到达高值时报警			25×10^{-6}	50×10^{-6}	
	用于监测储氨区空气中氨含量，到达高值时报警			25×10^{-6}	50×10^{-6}	
	用于监测氨蒸发区空气中氨含量，到达高值时报警			25×10^{-6}	50×10^{-6}	

注　区域空气中氨含量监测定值远小于 GB/T 7778—2001《制冷剂编号方法和安全性分类》中规定的 0.04%。

第二节　SCR控制系统要求

脱硝控制系统的设计应能满足整个脱硝系统安全、经济运行及监视、控制、经济的要求，并满足国家和国际相关规范的要求，应是先进、可靠、完整的仪表及控制系统。

在SCR系统中，用来进行控制调节的最主要的几个量是进口NO_x、O_2浓度和出口NO_x、O_2和NH_3浓度等。另外，为了监视脱硝设备的运行状况，还需对脱硝反应器进出口温度和压力、氨的泄漏情况等进行测量。测量气体的种类包括NO_x、O_2、SO_2和NH_3。进口NO_x和O_2由NO_x/O_2分析仪来测定，出口NO_x和NH_3由NO_x/NH_3分析仪来测定。

一、氨储罐本体测点

氨储罐压力设置有带就地显示的变送器。传统浮子式液位计分辨率低、质量大、检修困难，采用双法兰液位变送器可能会使造价小幅上升，但性能可靠，精度高，检修方便。双法兰液位变送器通过测量罐内顶部和底部差压换算成罐内液位。每个储罐相应配备2个安全阀、4块压力表和4个压力变送器、温度计、温度传感器和自动喷淋装置一套。在温度超过设定值时，自动启动喷淋装置来冷却罐体或在储罐发生泄漏吸收气氨。

①液位计、液位传感器：用作液位显示、报警、连锁；

②氨气泄漏检测仪：监视该区域氨泄漏；

③充氮管路设备一套：用于氨罐内或卸氨管路内气体置换；

④安全阀动作，吸污管路一套。

液氨储罐、气氨缓冲罐和氨蒸发器仪表接口在本体制造前应提供仪表资料，进口仪表与储罐接口可采用欧洲标准或美国标准，国产仪表采用HG 20592—1997《钢制管法兰型式、参数》的标准。接管方位应避免与其他设备或平台发生碰撞，并方便检修和观察。

二、氨区控制系统

氨区控制系统可采用从主体控制系统扩展I/O远程柜的方式，远程柜设置在氨区附近的电子设备间内，并排放置有电气的MCC柜，不设置就地操作站。氨库区3台液氨蒸发器共配有2台容积式液氨供应泵，为保证泵投入时可靠供氨，2台泵一运一备；也是采用就地防爆柱式启停开关，由人工操作，在氨罐供氨压力低或环境温度低，无法保证气氨管路正常供应SCR用量时，启动液氨供应泵保证液氨蒸发器的液氨供给量。正常运行时氨罐供给液氨靠自身压力走液氨供应泵旁路，进入蒸发器的氨流量由蒸发器自身靠出口氨气量多少，由出口自力式压力调节阀来完成。

三、电子设备间

在氨区附近设置电子设备间，放置一个DCS的I/O远程柜和电气MCC柜，需要注意的是电子设备间必须设置于氨区的安全区域以外，这样可以降低电子设备间内电气设备的防爆等级。卸氨压缩机以及电加热器等采用就地防爆柱式启停开关，由人工操作。

华电长沙电厂的脱硝电气系统不设PC（低压动力中心）段，设就地MCC（低压控制中心）段，根据负荷的分布情况设单台机组脱硝MCC及氨区MCC。为保证氨区工作电源可靠，氨区MCC均采用双电源供电，自动切换。脱硝MCC电源一般引自就近的380V/220V电除尘Ⅰ、Ⅱ段。氨区MCC引自380V/220V输煤除灰段等较近的配电间。脱硝电气系统全部集中在DCS监视与控制，就地设常规控制屏；电动机回路采用智能电动机控制器保护，脱硝控制电源采用交流220VAC控制。每台机组3面脱硝MCC柜，两面吹灰动力柜，布置于反应器平台；氨区1面MCC柜、3面氨蒸发器温控柜、1面UPS柜，布置于氨区控制室内。

四、执行机构

执行机构选择动作迅速、工作可靠的设备，考虑到冬夏季的温度对液氨的参数影响较大，调节阀的执行机构应能适应较大工况范围。执行机构的填料应是无油的，避免对氨造成污染。电磁阀采用不锈钢型，智能电气定位器应是防爆型。

氨蒸气压力调节靠安装在每个蒸发器出口管路上的自力式压力调节阀来完成，为SCR系统即下道工序提供恒定的氨气。①每一个液氨蒸发器出口的自力式压力调节阀都是自动控制，以确保供应SCR的气态氨具有恒定的压力。出口压力是通过压缩空气导频控制器设定的压力调节。当蒸发器投入运行，准备好向SCR供应气态氨后，压力调节阀同时也准备好向SCR供应氨气。②自力式压力调节阀出口设有压力表，就地显示蒸发器蒸发压力；压力调节阀检测到压力≤0.09MPa或≥0.12MPa，DCS报警，并自动关闭蒸发器的气态氨供应，关闭各蒸发器出口阀。当压力调节阀检测到供氨管路压力≥0.2MPa时，自动关闭氨气出口管路的气动关断阀。③正常运行时，要定期检查压力表读数，如果发现压力表读数变化较大，及时调节导频控制器的压力设定值。④自力式压力调节阀在供氨管路上保持相应状态，随时为供氨做好准备，只有在需要检修时才手动关闭阀门。

五、消防系统

氨区消防可采用传统的火灾报警系统联动雨淋阀的方式，也可采用更加迅速灵敏的用氨泄漏检测仪通过DCS联动雨淋阀方式，氨泄漏检测仪应为原装进口设备，将氨区分为三个消防区域，每个区域设置两个氨泄漏检测仪，分区域检测氨气的泄漏，并通过控制系统进行分区域的消防喷淋。氨泄漏检测仪报警值为50×10^{-6}，分辨率至少为2×10^{-6}，而且量程和报警值可调。雨淋阀通过本体自带电磁阀动作，有防冻要求，室外布置需要加保护箱。

六、冷却及排放系统

为了防止氨温度过高而造成泄漏，每个氨储存设备都设置了冷却喷淋阀门，通过设备本体的测温点进行相应设备的连锁喷淋。

整个氨罐区共用一套喷淋系统，喷淋系统水来源有两路：一路是工业水，另一路是消防水。工业水水源并联在喷淋管路上，通过一个手动隔离门的开启实现工业水投入与停止，作为氨泄漏时喷淋吸收用，以减少氨泄漏造成环境污染和降低对抢修人员的伤害。氨罐喷水系统也可作为消防给水的一部分，用于在储罐温度或压力极高时冷却储罐，防止氨储罐发生意外情况，避免氨储罐内压力接近安全阀的整定值。正常运行时要求自动喷淋系统的进水阀和回水阀保持常开，保证开启喷淋阀随时有水供应。

氨库区氨储存和供应系统的管路和相应的储罐上均装有泄压阀，以防止超压。每个安全泄压阀出口管路均接在氨稀释吸污管路上，泄压阀动作排放氨被稀释吸污后集中导入氨稀释吸收箱内，当氨稀释吸收箱内液位达到溢流管口时，箱内污液溢流到污水坑内，污水坑主要囤积氨库区雨水及管道和阀门泄漏喷水吸收后排放的污水，以及氨罐体、槽车降温等其他杂项用水排污，当污水坑内液位达到某一定值时，自动联起污水泵，将氨库区污水排至化学污水处理池处理合格后排放。

SCR 系统可以不设工业电视，若设，可考虑将监控探头对角线布置，并设置于防爆区域之外。

总之，由于脱硝系统嵌入到主体锅炉系统中，并且在氨区有防爆要求，因此，精确、可靠、稳定的控制就显得相当重要。控制系统设备必须有高的可靠性和稳定性。

第三节　烟气在线监测系统

火电厂污染物排放的监测，可以采用人工分析，也可以用仪器在线测试。连续监测系统（CEMS）可以避免人工测试存在的工作量大、误差大的问题，具有测试准确度高、维修量小、安全性好的特点，代表了今后烟尘测试的发展趋势。

一、烟气连续监测系统的技术特点

CEMS 系统主要由采样部分（采样探头、采样管）、分析仪器、数据采集及传送等几部分组成。其中，数据传送系统可直接将数据传送到控制室、环境监测站等管理单位。CEMS 具有以下的特点和功能。

1. 采样系统的连续性

采样系统不间断地运行，可获得大量的实时监测数据，包括最大、最小、平均排放量等，为企业管理和环境监测提供可靠的依据。同时，由于烟气监测设备的工作条件、环境都很差，因而要求 CEMS 必须具有长期连续运行的高可靠性。

2. 采样系统的实时监测与数据采集

采样系统可以每分钟甚至更短时间内采集一次数据，及时掌握污染物排放的实时现状。采样时间具有良好的实时性，即在采样时间内能准确反映出排放浓度的变化。

3. 烟气监测的条件

烟气监测不同于环境监测，其温度较高、湿度大、腐蚀性强，干扰因素也多，采样和分析过程应确保样气不受损失或污染。

从以上特点可以看出，CEMS 系统最核心的技术关键，是长期连续运行的可靠性和采集大量监测数据的准确性。此外，系统的核心分析仪应灵敏、高性能、多功能且节省空间。虽然 CEMS 的一次性投资较大，但可给火电厂带来显著的环境效益。随着近年来 CEMS 价格的大幅下降，性能与功能不断提高，性价比有了明显的提高。

二、CEMS 系统的分类与选择

CEMS 系统按取样方式分为两类。

1. 抽取采样式

抽取采样是烟气分析的传统方法，即从烟囱抽取烟气送入分析仪器进行分析。抽取采样式有三种基本类型。

（1）干法抽取 CEMS 系统。干法抽取 CEMS 系统要求样品气流无尘、除湿、低温。因此，样气在到达分析仪之前必须经过过滤除尘、除水和冷却等预处理工艺过程。

（2）湿法抽取 CEMS 系统。湿法抽取 CEMS 系统在探头端部去除烟尘，然后保持样气处于热态。在烟气成分测量的全过程中保留潮气。因此，这项技术要求在整个 CEMS 系统中（包括在分析仪中），样气温度始终要保持在酸露点温度以上。

（3）稀释法抽取 CEMS 系统。稀释法采用抽取少量的烟气样品过滤后，再用清洁、干燥的空气按 1：100 稀释，使烟气达到常规空气状态下不结露，再用普通环境空气监测仪分析。在稀释法抽取 CEMS 系统中，稀释空气要去除灰尘和水蒸气，以免影响测量精度。在空气净化系统装备有去除这些有害成分的过滤器和涤气器。

2. 横贯烟囱在线式

这种系统无需采样，发射一束红外或紫外光穿过烟道，利用污染物的特征吸收光谱进行测量，即时性强，但价格较高。发射器安装在烟囱一侧，接受器安装在相对应的另一侧，仪器响应速度快，但不能现场动态调零和校准。

三、SCR 分析仪表

SCR 装置的入口和出口各设一套烟气分析仪，对进入 SCR 装置的烟气进行连续在线监测。系统测得的数据（如入口 NO_x、O_2 浓度和烟气温度，出口 NO_x、O_2 和 NH_3 浓度等）全部进入 SCR-DCS 中进行监视、计算及控制。

SCR 反应器进出口处 NO_x、O_2 浓度的测量一般采用直接抽取法取样，采用非色散红外吸收法分析 NO_x，电化学法分析 O_2。反应器进出口各配备两套取样探头，以便交替工作。从烟道内抽取的样气，经过样气预处理后，进入 NO_x 气体分析仪。

SCR 分析仪检测开孔位置位于 SCR 进口烟道顶部，水平侧面安装。流量计采用顶部垂直安装，测量效果良好。测量孔的设置要考虑避让内部的加强筋和人孔门，并且要考虑仪表的检修平台。

SCR 反应器出口处 NH_3 的分析方法则采用激光光谱法直接测量。每个入口各配备一套取样探头，从管道内抽取样气，经过样气预处理后进入气体分析仪。

四、NH_3 分析仪

1. 测量原理

NH_3 分析仪无预处理采样系统，检测元件直接插入烟道内部进行测量，而不是传统的样气抽取式的测量方式。分析仪的测量原理如图 14-3 所示。分析仪主要由发射单元、接收单元和中央分析仪器三部分构成。发射单元发出的激光束穿过被测烟道（或管道），被安装在相对方向上的接收单元传感器所接收，获得的测量信号传输到中央处理单元。中央处理单元对测量信号进行分析，得到被测气体浓度。

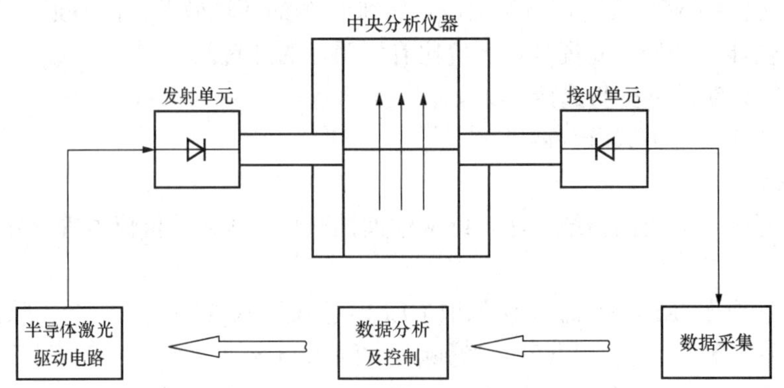

图 14-3　NH_3 分析测量工作原理

2. 测量技术

目前，国际上较为先进的 NH_3 在线气体分析仪多采用单线光谱测量技术。单线光谱测量技术通过测量被测气体某一特定吸收谱线来实现对气体的测量如图 14-4 所示。

单线光谱测量技术解决了困扰过程气体分析的三大问题，即背景气体的交叉干扰、粉尘和视窗污染对测量的干扰以及被测气体环境参数变化的影响，从而省略了采样预处理系统，能够实现在线分析测量。

激光在线气体分析仪通过选择被测气体位于特定波长的吸收光谱线，使得在所选吸收谱线波长附近没有其他气体组分的吸收谱线，从而避免了这些背景气体组分对被测气体的交叉吸收干扰。通过调节激光器的温度和电流改变激光波长，使激光波长扫描过选择的吸收谱线，从而获得单线光数据。

传统红外光谱技术光源的谱宽很宽，其中除了被测气体的吸收谱线外还有很多其他背景气体的吸收谱线，存在气体交叉干扰；而半导体激光的谱宽小于 0.0001mm，为红外线谱宽的 $1/10^6$，激光谱宽远小于被测气吸收谱线宽度，其频率调制扫描范围也仅包含被测气体的单吸收谱谱线，因此避免了气体交叉干扰，如图 14-5 所示。

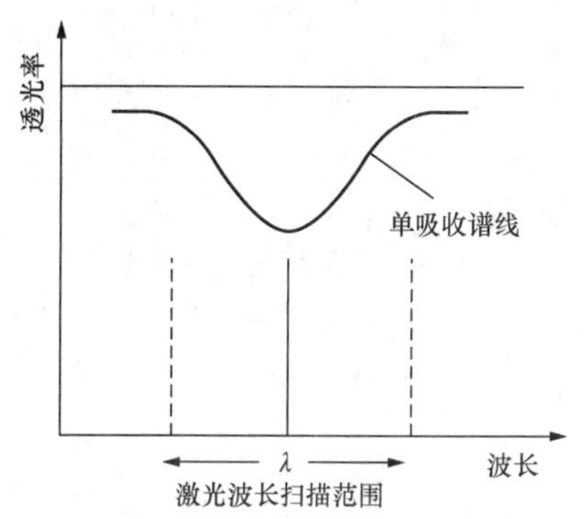

图 14-4　单线光谱示意

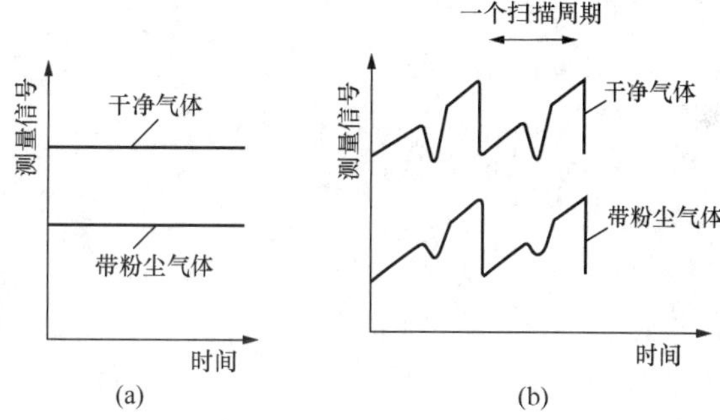

图 14-5　传统红外光谱检测与半导体激光检测比较
(a) 传统红外光谱检测；(b) 半导体激光检测

激光频率扫描技术能自动修正粉尘和视窗污染对测量浓度的影响。传统的非色散光谱气体分析技术使用固定波长光源，测量获得的是光通道内粉尘和气体的总透光率，无法区分粉尘透光率和被测气体的透光率。在实际气体浓度未变的情况下，光通道内粉尘浓度增加表现为光传感信号的减弱，仪器就会给出比实际气体浓度高的错误浓度测量值。

激光在线气体分析仪采用不同于固定波长光源的激光频率扫描技术能自动修正粉尘和视窗污染产生的光强衰减对气体浓度测量的影响。

复习思考题

14-1　试述控制催化反应器内温度的意义。

14-2　如何调节喷氨量？喷氨量的大小对 SCR 系统运行的影响有哪些？

14-3　运行中采取哪些措施可延长催化剂的使用寿命？

14-4　写出吹灰顺控逻辑。

14-5　写出氨蒸发器控制逻辑。

14-6　氨储罐本体上有哪些测量仪表？

14-7　氨区冷却水源有哪些？氨区冷却系统的作用是什么？

14-8 SCR系统性能计算的项目有哪些？

14-9 试述烟气连续监测系统的技术特点。

14-10 试述NH_3分析仪测量原理。

14-11 绘制喷氨量的控制原理图。

14-12 绘制SCR脱硝系统控制基本逻辑图。

14-13 绘制NH_3分析仪测量工作原理图。

第十五章

SCR 装置的安装、调试与运行

本章结合长沙某电厂 2×600MW 超临界燃煤机组 SCR 系统布置在省煤器和空气预热器之间，高尘布置的锅炉烟气的脱硝工程实例，阐述了 SCR 脱硝装置的安装、调试和运行及工作中的主要事项。

第一节　SCR 脱硝设备的安装

一、SCR 烟气脱硝设备的安装范围

SCR 烟气脱硝工程的安装范围主要包括氨储存供应系统和 SCR（选择性催化还原）系统。

（一）氨存储供应系统

（1）氨储存系统。主要包括氨储罐、卸氨压缩机、喷淋系统、安全阀、漏泄氨吸收和污水泵、氨漏泄检测仪和洗眼设备。

（2）氨供应系统。主要包括液氨供应泵、氨蒸发器（触媒和自动加热器）、氨流量控制装置、自力式压力调节阀等。

液氨由专门的化工企业生产，用专用槽车装运，送往电厂氨存储区。

如果空气中氨的体积分数接近 15%～28%时，遇有火星即发生爆炸，因此液氨的储存首先考虑的是安全因素，并按危险品的存放规定来储存液氨。储氨容器则按压力容器的相关标准进行设计和制造。

通常情况下，储氨系统布置在厂内较为偏僻的地方，周围一定距离内无任何发生明火的可能性，并且设置畅通的环形通道，以便发生事故时方便进行扑救。这个区域即所谓的氨库区。

液氨由槽罐车装运。槽罐车上有两组接口，上组为气态氨接口，下组为液氨接口。卸液氨时，两个鹤嘴枪分别与上、下接口对准接牢后，即可操作相应的阀门，启动氨气压缩机卸走槽车中的液氨。

通过向槽车上部空间输入高压氨气，把槽车中的液氨压出来。高压氨气来源于储罐上部的饱和氨气，并通过压缩机增压而获得。槽车中残余的氨气，可通过氨压缩机反向旋转压回储罐。

氨区设两座液氨储罐，每罐设计储存液氨量为 78t，三台储罐共储存液氨 234t，可供两台 600MW 燃煤机组烟气脱硝装置使用两周。两座液氨储罐相互连通，通过操作阀门来确定液氨储罐的进氨和用氨顺序。

液氨不能直接注入反应器，必须先汽化成氨气，汽化是在汽化器（液氨蒸发槽）中实现的。蒸发器用 30%乙二醇水溶液作为热媒，溶液由电加热。汽化器为一密闭容器，中部设有盘管，盘管外是热媒。盘管中为流动着的液氨，液氨从管内流过吸收热媒的热量使得液氨吸热汽化为氨气，通过流量调节阀流入氨气供应系统。

为了收集两座液氨储罐可能漏出（渗出）的少量液氨及氨站的冲洗水，设置了相应的排水沟和废水罐。废水罐边设置了废水泵，可以将罐中废液随时打出。另外，与液氨系统相连的安全阀排放口，均有可能排出液氨，因此，设置了专用的管道，把排出的气氨汇集到废水罐进行稀释后，再通过废水泵打至化学废水处理系统。

为了降低氨罐周围的环境温度，在液氨储罐上空设置了水喷淋器。当环境温度达到一定值时，喷淋器自动喷出冷却水雾，以降低环境温度。另外，还在氨区设置了应急洗眼器和氨气吹扫接口。

整个氨区的设备通过各种相应的检测仪表和自动化装置，实现了完全的自动控制。为保证安全并及时发现氨泄漏，在氨区内不同点设置了三个氨检漏报警仪。

典型的氨站设备布置如图 15-1 所示。

图 15-1　典型的氨站设备布置图

（二）SCR 系统

SCR 系统主要包括氨气系统、催化剂模块、催化剂吹扫系统。氨气系统主要包括稀释风机、氨/空气混合器、氨流量控制阀、喷氨关断阀、喷氨格栅等。

脱硝反应器是烟气脱硝装置的主体设备，每台锅炉配两台 SCR 反应器，所占平面区域 13.37×44m^2，空间高度 61.6m，主要设备布置在 32.8m 以上，由锅炉尾部的钢结构支撑。25.3m 以下的空间布置电除尘器入口烟道、送风机等设备。反应器本体正对着锅炉省煤器的出口烟道和空气预热器的进口烟道，反应器本体上部的进口烟道与锅炉省煤器出口法兰连接，接口位置在锅炉 K5 排柱前 4.266m；反应器下部的出口烟道与锅炉空气预热器进口挡板法兰连接，接口位置在空气预热器上方标高 EL18.59m 处。

反应器总体上类似于一座矩形容器，在结构上设计成三层，从上往下依次为第一层、第二层和第三层。因初期的脱硝效率为 53%，所以只在第一层和第二层上放置了催化剂，第三层暂时空置。根据环保的要求，适时在第三层放置催化剂，把脱硝效率提高到85%。每层均由矩形网格框架构成，框架上整齐地布置装有催化剂的箱体。箱体的排列方式是横向7格，纵向11格，共77格，即77个催化剂箱。催化剂为陶瓷脆性材料，为减少相互间的冲击，在催化剂模块之间采用厚度为6mm的钢板密封起来，形成封闭的烟气通道，图15-2所示为SCR反应器的催化剂层示意。

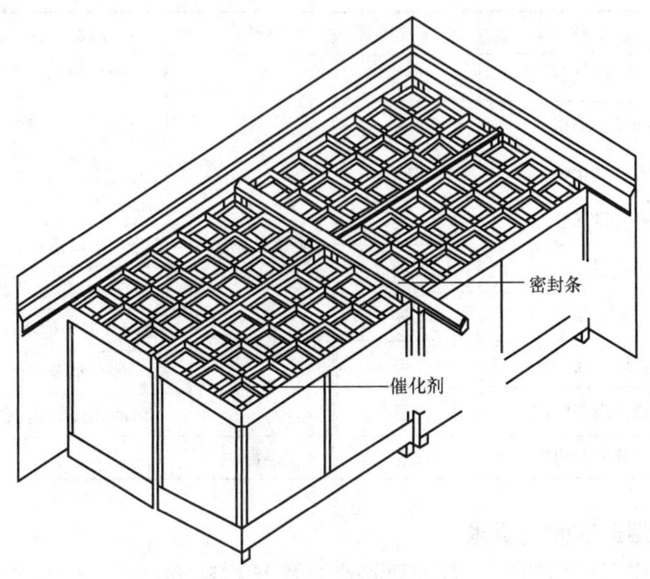

图15-2　SCR反应器的催化剂层示意

反应器的受力是通过支撑梁的牛腿来实现的。牛腿分为两排，每排4个，共8个传力支座。反应器和进出口烟道的重量通过这8个支座传递到钢支架上的，再通过钢支架把这些载荷传递到地面基础上。

在SCR进口烟道的前端附近，设有氨气稀释槽。氨气和来自离心风机的空气通过稀释槽充分混合，使氨气体积分数下降到5%以下。在进口烟道的水平段，通过注氨格栅（AIG）把稀释后的混合气体喷入烟道内，并使混合气体和烟气充分混合。在注氨格栅下游还装有整流器，使混合气流进一步得到混合和均布。烟气在进口烟道顶部实现90°大转弯，因而在拐弯处设置了导流装置。在第三层催化剂下部，还设置了灰斗状烟道，供烟气流出。

为防止烟道受热膨胀引起变形，在反应器进、出口的相应位置设置了膨胀节，以补偿因变形引起的水平位移、垂直位移和角位移。

在反应器及其进、出口烟道上装有相应的监测仪表和控制设备，监督各项运行参数，以便及时调节脱硝反应所需的氨量，使整台脱硝装置得以正常运行。

在反应器壳体下部四周设置了只允许单向水平位移和向下位移的限位挡块，以保证反应器工作时，尽可能保持正确的外形，中心线不发生任何方向的扭转。

与反应器催化层对应，钢支架设有三层平台，各层之间有楼梯相通。面向平台层方向，反应器外壳开有三种门（孔），即装卸催化剂箱体的进出口门、方形检修用人孔门及吹灰器管道伸缩口。

在出口烟道起始点，即灰斗状烟道位置上设有两间设备房屋。其中一间布置三台稀释风机，另一间安放电气仪表柜。

二、安装内容和工作量

对应于两台2×600MW锅炉，SCR装置的安装内容和工作量见表15-1。本文仅介绍催化剂的安装。

表15-1 安装内容和工作量

区位	设　备	数量或质量	区位	设　备	数量或质量
氨区	液氨储罐	2座	SCR反应区	钢支架和平台	810t×2
	卸氨压缩机	2台		反应器壳体	112t×2
	液氨汽化器	3台		支撑梁（2件）	103t×2
	氨气稳压器	1台		进口烟道	118t×2
	氨吸收罐	1座		灰斗及出口烟道总质量	110t×2
	废水箱	1座		氨注入装置（2套）	3.5t×2
	仪表用气缓冲罐	1座		氨烟气混合器（2套）	4.4t×2
	配套仪表与电控	1套		催化剂及箱体	168t×2
				区间相连管道支架	40t×2
	配套管道及附件	1套	保温面积	2×3500m²	120t×2

三、反应器及烟道安装与要求

运到现场的反应器多为散件，首先要按大件图纸拼装成一体，然后再逐一吊装就位。反应器本体分成6大件：①顶盖（属进口烟道）；②支撑梁；③反应器第一催化层外壳体；④反应器第二催化层外壳体；⑤反应器预备催化层外壳体；⑥出口灰斗烟道（壳底）。

四、催化剂的安装与要求

1. 催化剂安装注意事项

催化剂模块本身为易碎的脆性材料，容易吸收水分溶出有毒有害成分，所以在操作时应小心搬运、防止受潮。在安装催化剂单元之前必须学习有关催化剂的安全知识。催化剂安装过程中的注意事项如下：

（1）催化剂箱体外壳可能附着一些催化剂粉末，在吊运和安装过程中，要尽量防止皮肤直接接触催化剂，更要防止催化剂粉末吸入人体内，引起呼吸道组织中毒。搬运、组装催化剂时，必须戴手套和防尘面罩。

（2）如有催化剂粉末落在皮肤上或进入眼睛内，应尽快用清水冲洗（冲洗时间10min以上）。

（3）每次工作结束后，应彻底洗手和漱口。

（4）附着在衣服上的粉尘必须随时抖落干净。

（5）在安装催化剂前，先把反应器平台上的洗眼器、冲洗小屋等设施安装好。

催化剂一般在反应器壳体安装好后再运抵现场，并尽快安装到壳体内，以减少催化剂在外存放的时间。安装前要准备好特制的滚道、翻转架、转盘、专用电动葫芦等搬运工具。在搬运作业中，要轻起轻放，避免碰撞冲击。装运最好连续进行，装好后锁上门，以防无关人员进入。

通常一辆卡车只装3～4个催化剂箱体。催化剂模块四周垫有玻璃纤维，以防模块松动，造成烟气短路，导致脱硝效率下降。箱体外面仅覆着透明塑料薄膜，这层薄膜应保持到进入壳体就位后再剥去，以免飞灰、杂物进入小方孔内。

箱体在卡车上水平放置（即催化剂气流孔是水平方向放置的），这样在卡车运行时，催化元件不易碎裂。箱体吊下卡车后放在专用翻转机上，翻转机转 90°后，将气流孔变成垂直方向放置。如图 15－3 所示，催化剂的储存和运输要求比较严格，具体要求如下：

1）确保催化剂单体必须水平放置。

2）采取防潮措施。

3）运输过程中保持催化剂模块内催化剂单体方向与车辆前进方向一致。

4）催化剂应装在集装箱里，并采取防滑措施。

5）推荐采用充气轮胎并装有减振器的载货卡车。

6）叠放不能超过两个模块催化剂通常应当干燥储存。

图 15－3　催化剂的运输和储存

催化剂安装一般按照从左到右，从下到上的原则；每一模块都要严格检查平稳性、严密性，同时还要考虑到受热后的膨胀，以及检查、拆卸、安装的方便等。催化剂的起吊安装过程如图 15－4 所示。

2. 催化剂安装步骤

（1）催化剂运送至安装现场。催化剂箱体运抵现场后，利用叉车平缓地将催化剂从卡车上卸下，如图 15－5 所示。查看每个箱体四周垫料是否密实、是否短缺等。

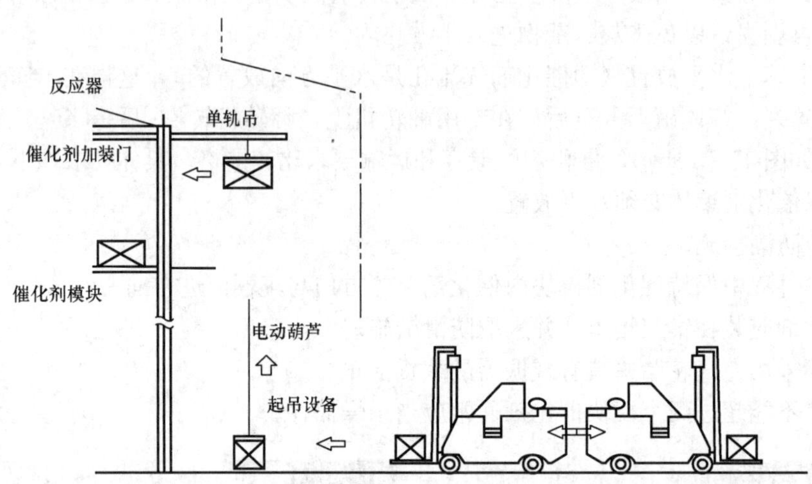

图 15-4　催化剂的起吊安装过程

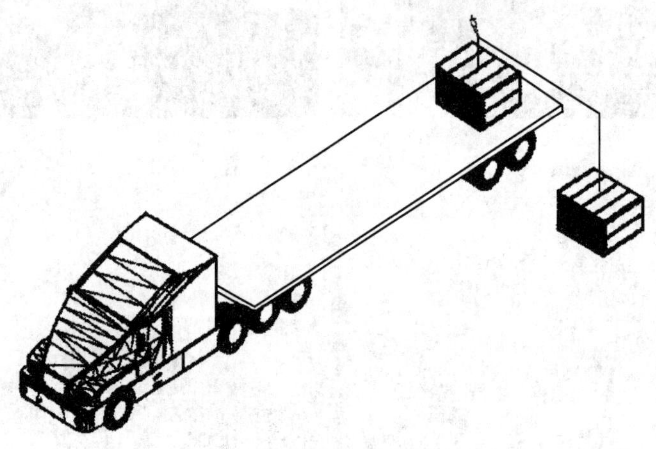

图 15-5　催化剂运抵安装现场示意

（2）催化剂放置角度翻转。催化剂在运输过程中采用水平放置，即气流孔方向为水平方向。运抵安装现场后，采用专用翻转装置，使催化剂气流孔方向处于垂直放置，如图 15-6 所示。

（3）催化剂吊框就位。催化剂箱体上的四个吊钩与专用的方形吊框对接，如图 15-7 所示，为催化剂从地面吊升至 SCR 反应器安装平台作准备。

（4）催化剂吊装。采用电动葫芦把催化剂从地面吊升至 SCR 反应器催化剂的安装层平台上，如图 15-8 所示。

（5）催化剂移入反应器。通过带有滚轮的滑板，把催化剂模块从安装平台移入反应器层内的安装入口处，再通过反应器内临时安装的手动葫芦，把催化剂从反应器层的安装入口门处移至指定的位置，如图 15-9 所示。

（6）催化剂箱体就位。在手动葫芦和人力的作用下，将催化剂移至催化剂层内指定位置，如图 15-10 所示。

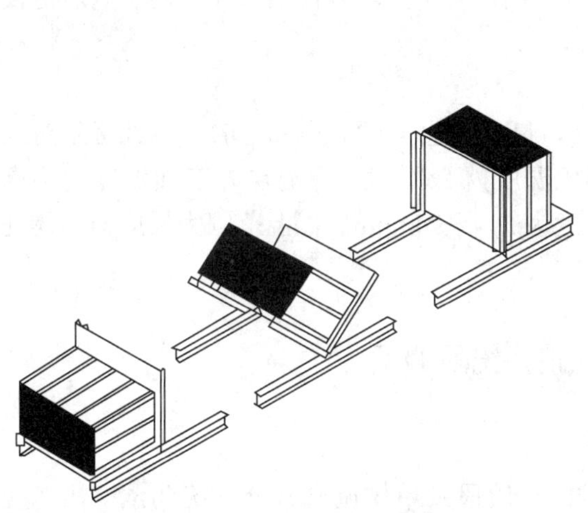

图 15-6　催化剂放置角度翻转示意

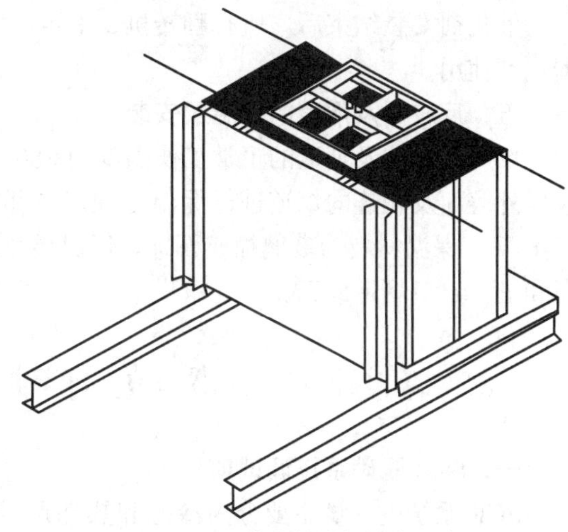

图 15-7　催化剂吊框就位示意

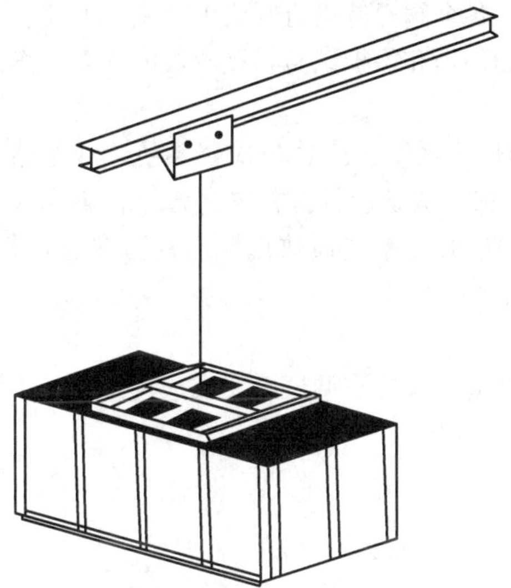

图 15-8　催化剂吊升示意

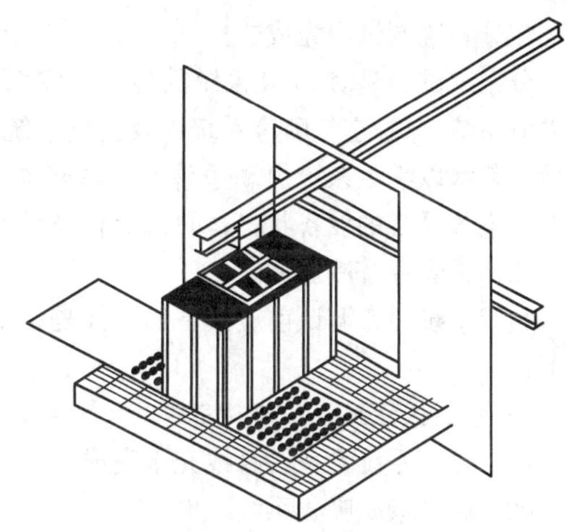

图 15-9　催化剂移入反应器示意

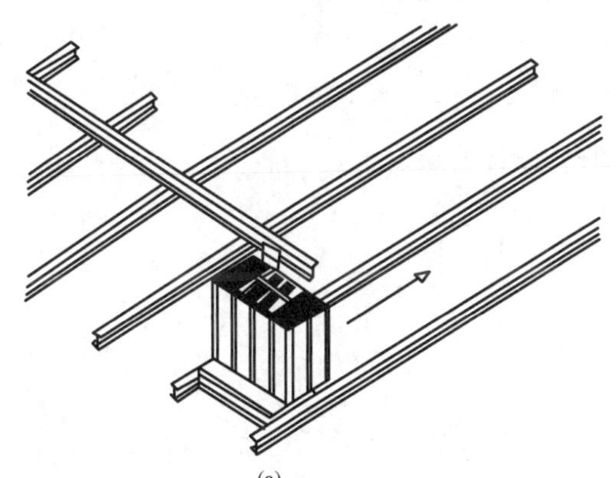

(a)

(b)

图 15-10　催化剂运抵安装现场

(a) 示意图；(b) 实物图

催化剂安装结束后，所有翻转机、滚道、电动葫芦等工具均应仔细保存，便于以后更换催化剂使用。

五、反应器及烟道的保温层安装

反应器本体及烟道的正常工作温度为380℃，最高可达400℃（短时间），因此必须对反应器外表面及相连的烟道进行保温处理。在环境温度为25℃时，保温层外表面温度应不高于45℃。保温材料为玻璃棉或石棉，保温层厚度为200～250mm。保温范围为反应器本体外壳和进、出口烟道外壳。

第二节　SCR脱硝系统的调试

一、SCR脱硝系统调试项目

SCR系统的调试主要分为冷态和热态调试两个阶段及单体调试、分系统调试、热态初调和整系统168h满负荷试运行四个过程。

单体调试即对系统内的各类泵、风机、压缩机、各个阀门等进行开或关试验、连续试转测定其轴承温升、振动、噪声等，并进行各种设备的连锁和保护试验，该阶段的许多工作是结合在分系统调试中完成的。

分系统试验是对SCR系统的各个组成部分，即烟气系统、SCR反应器系统、液氨储存及供应系统、氨/空气喷雾系统以及公用系统进行冷态模拟试运行。首先将各箱、罐注入一定量工艺水以满足系统启动条件。一些热态调试则在SCR系统通热烟气前模拟热态运行，全面检查各系统的设备状况，并检查各设备的运行情况。

二、整套系统冷态调试

整套系统冷态调试前应具备的条件是设备单体及分系统冷态调试已完成，具体调试步骤如下：

（一）氨区系统模拟启动程序

（1）氨区系统设备及管线充水完成。

（2）启动液氨吸收系统。

（3）打开氨罐至汽化器出口阀。

（4）启动汽化器。

（5）打开稳压罐排空阀。

（6）打开汽化器排空阀。

系统进行封闭运行试验，验证设备启停是否符合设计要求。

（二）SCR区系统启动程序

（1）启动稀释风机。

（2）模拟烟气温度信号及锅炉运行信号。

（3）打开氨气注入关断阀。

（4）打开氨气注入调节阀。

三、整套系统热态调试

热态初调即SCR系统通热烟气，进行各项热态负荷下的调试。其主要任务是校验关键仪表的准确性，如NO_x分析仪、NH_3监测仪、氧量计、流量计等，以及进行各功能组的优化，包括 DCS 的模拟量调节，如喷氨控制系统、液氨蒸发温度压力控制系统、顺控系统的投入等，并检查各设备的运行情况。

SCR 系统 168h 满负荷连续运行是调试的最后阶段。它借鉴了锅炉机组的调试要求，全面考察系统连续运行的能力和各项性能指标。

（一）整套系统热态调试前应具备的条件

（1）设备单体及分系统冷态调试已完成。

（2）试运行的场地基本平整，消防、交通及人行道路畅通，建筑物内各层地面已完成；试运现场已设有明显标志和分界（包括试运区和运行区分界），氨站危险区设有围栏和警告标志。

（3）试运区的梯子、平台、步道、栏杆、护板等已按设计要求安装完毕并投入使用；现场具有充足的正式照明，事故照明能及时自动投入；脱硝系统试运区内外排水设施正常投运，沟道畅通，沟道及孔洞盖板齐全。

（4）试运范围的工业、生活用水系统、通风设施、卫生和安全设施已投入正常使用，消防系统已经当地政府消防部门检查并能投用。

（5）保温、油漆及管道色标完整，设备、管道和阀门等已有命名和标志；现场临时设备及系统标牌已齐备。

（6）试运所需的氨气、防护用品、备品备件及其必需品已备齐；环保、职业安全卫生设施及烟气连续监测系统（CEMS）已按设计要求投运。

（7）施工单位已完成氨区管道及设备的水压试验、气密性试验并通过系统验收；氨储罐安全阀卸压试验完成，符合 GB 150—1998《钢制压力容器》的相关要求。

（8）催化剂已安装完成，喷氨手动阀调整准备工作完成，测量用仪器仪表连接到位，记录人员已就位。

（二）系统整套热态调试前的设备检查

（1）检查压缩机及稀释风机的油位是否正常。

（2）检查各层催化剂箱体上面有无异物，催化剂有无短缺、破裂。

（3）检查喷氨快关阀的开关位置是否准确，反馈是否正确；手动开关阀门有无卡涩，开关时间是否满足设计要求；喷氨调节阀阀位反馈是否正确。

（4）检查所有仪表安装质量、功能的有效性、精度等级核定、零点漂移调整等；检查就地仪表显示是否正常，与设计是否相符；检查 NO_x、NH_3 分析仪等 DCS 热工信号指示是否正确；检查 DCS 及就地报警、声光报警装置是否投入使用。

（5）检查氨储罐罐体内部有无裂痕、锈蚀、不明物体及杂质等，检查完毕后须关好人孔门。在检查过程中要确保罐体内部氧量充足。

（三）系统整套热态调试

系统整套热态调试流程为：电气系统投入运行→热工保护及连锁系统投入→SCR 区系统启动→脱硝装置入口温度条件满足→氨区系统启动→喷氨手动阀粗调→氨流量控制回路调整→氨流量控制。

有些 SCR 装置不设旁路烟道，而是直接安装在锅炉尾部烟道，因此即使未启动脱硝装置，烟气仍通过 SCR 装置。在这种情况下，SCR 装置的启动和投运是指打开氨气供应阀门，使氨气喷入烟道内，与烟气进行均匀混合，在催化剂的作用下完成对烟气中 NO_x 的处理。

（四）脱硝系统的热态启动

1. 启动时应注意的运行参数

（1）烟气量及其波动范围。

（2）烟气温度及其波动范围。

（3）SCR入口烟道的烟气压力及其波动范围。

（4）烟气中SO_2及NO_x含量的波动范围。

（5）烟气中飞灰的含量。

只有以上5项主要参数完全符合设计值，才能启动SCR装置。如果个别参数偏离设计值过大，需进行分析，评估其危害性和严重性，在充分估计其后果并考虑补救措施的情况下，才能启动SCR装置。

2. 系统的启动

（1）SCR区系统启动。

1）开SCR入口烟气挡板，启动引风机和送风机，用冷空气吹扫SCR反应器，锅炉满足点火条件点火，烟气温度升高加热反应器，锅炉具备投粉条件，启动一次风机投粉燃烧，使SCR反应器温度达到要求。

2）稀释风机启动。开启稀释风机出口挡板，稀释风机出口流量大于3200m^3/h（远期85%效率为5400m^3/h），出口压力正常。

3）在CRT上手动关闭喷氨调节阀及喷氨快关阀。氨注入阀前压力范围为0.15～0.25MPa。

4）SCR入口烟道供氨支管上的手动调节阀开至50%。各供氨支管上玻璃管流量计压差60～160mmH_2O。

（2）氨区系统启动。通过循环压缩机的压差，将槽车内的液氨送至储罐内。罐内的液氨通过汽化器加热汽化并减压至0.25MPa，经缓冲罐后送出站区。

（五）脱硝系统的稳定运行

1. 运行注意事项

（1）运行人员必须注意各运行参数并与设计值比较，发现偏差及时查明原因，做好数据的记录以积累经验。

（2）脱硝装置的备用设备必须保证其处于良好的备用状态，运行设备发生故障后备用设备能正常启动。

（3）试运期间的各项记录需完备。

2. 系统运行中的检查和维护

（1）氨区系统运行中的常规检查。

1）检查转动设备油位、油压，注意其振动、噪声、出口压力、温度等参数。

2）检查泵和风机的电动机、轴承温度，以防超温。离心泵启动前必须有足够的液位，其吸入阀全开。

3）罐体、管道的检查。检查法兰、人孔等处的泄漏情况，及时处理，更换相应的管道法兰及连接件。

（2）SCR区系统试运行。

1）脱硝装置入口烟道和出口烟道可能积灰。一般的积灰不影响脱硝装置的正常运行，但当脱硝装置和锅炉停运时，要检查并清理。

2）密切注意喷氨手动阀氨注入流量的指示，定期进行吹扫，以防积灰影响调整装置的正常运行。

3）稀释风机运行时注意检查油压、油位及滤网。

四、调试质量标准

（1）保护投入率为100%。

（2）自动投入率不小于95%。

（3）仪表投入率为100%。

（4）系统严密、无泄漏。

（5）调试的质量检验分项目合格率为100%。

（6）试运的质量检验整体优良率不小于95%。

第三节　SCR脱硝系统的运行

为了保证SCR系统持续稳定运行，保证脱硝设备的长期使用以及事故情况下保证脱硝设备的安全，脱硝运行人员必须对SCR系统进行正确操作、及时调整和适当维护，这样才能使脱硝装置运行工况良好。

一、启停操作

SCR系统启停前的检查和准备工作除按《辅机通则》进行外，还应注意下列事项：

（1）长时间停运的汽化器，在每次启动前必须用N_2对氨管路进行吹扫，吹扫压力为0.4MPa，排放、加压重复2～3次即可。

（2）确认炉前氨气分配蝶阀在固定开度。

（一）SCR系统启动

（1）氨汽化器启动。①汽化器暖机。打开工业水进水隔离阀，使汽化器内注入适当液位水量后关闭；打开蒸汽压力控制阀前后隔离门及汽化器温度控制阀，待系统稳定后设自动，设定值分别为1.0MPa和37℃。②液氨注入。开启液氨储罐出口遮断阀及汽化器液氨入口压力控制阀，使液氨进入汽化器。手动缓慢开启氨气出口阀，使氨气进入蓄压器，系统稳定后，各压力控制阀均设定为0.2MPa，并设为自动。

（2）SCR的投运。①打开氨区至炉侧手动隔离阀及炉前SCR手动隔离阀。②确认炉前氨气压力达0.2MPa，稀释空气有一定流量（炉前氨气遮断阀的开启条件）。③开启炉前氨气遮断阀，然后根据SCR入口NO_x含量及负荷情况，手动缓慢调节氨气流量调节阀进行喷氨。

喷氨时缓慢操作，以SCR出口NO_x含量$\leqslant 90\times 10^{-6}$为标准进行调节。喷氨时，若SCR出口$NO_x$显示值无变化或明显不准，则应及时处理，暂停喷氨。

脱硝装置投运的启动顺序为：锅炉已处于运行状态→脱硝装置通烟气确认→分析表计参数确认→脱硝反应器入口烟气温度确认→氨气隔离阀打开条件确认→氨气隔离阀打开确认→脱硝装置出口浓度NO_x确认→启动完成，正常运行继续。

（二）SCR系统停止

（1）关闭储氨槽液氨出口遮断阀，停止液氨供应。

(2) 关闭液氨泵旁路门（当液氨泵运行时，关闭液氨泵出、入口门，停止液氨泵运行）。

(3) 继续加热汽化器数分钟，然后逐渐关闭温度控制阀，减少蒸汽进入量，至完全关闭，手动关闭隔离阀。

(3) 手动关闭汽化器氨气出口阀和蓄压器入口阀，使氨系统完全停止输出。

(4) 关闭 SCR 炉前氨气遮断阀，关闭混合器喷氨流量自力式压力调节阀，关闭自力式压力调节阀前、后手动隔离阀。

(5) 稀释风机继续运行，在锅炉停炉前，没有氨的注入工况下，稀释风系统运行 15min 后，才能停止稀释风机。

脱硝装置停运顺序是：正常运行状态→锅炉负荷下降→氨气隔离阀“关闭”条件确认→氨气隔离阀“关闭”确认→脱硝装置出口浓度 NO_x 确认→停机完成、待机。

(三) 故障停运

(1) 一般故障停运按正常停止顺序进行。

(2) 紧急故障停运（如氨大量泄漏）时，可直接按如下顺序操作：紧急情况出现→氨气隔离阀“关闭”条件确认→氨气隔离阀“关闭”确认→脱硝装置出口浓度 NO_x 确认→故障停机完成。并联系处理，以防事故扩大。

氨区有泄漏，无法隔离时，应手动开启工业水进水喷淋，并开启至稀释槽的排放阀，以大量工业水稀释并吸收氨气。

(四) 仪表参数监视

(1) NO_x 测定仪（脱硝装置进、出口 NO_x 浓度和 O_2 浓度的监视）。

(2) NH_3 浓度计（脱硝装置出口 NH_3 浓度的监视）。

(3) 反应器进出口压差。

(4) 反应器进出口烟气温度。

(5) NH_3 流量。

(6) NH_3 供给压力。

二、SCR 系统运行注意事项

1. 烟气温度

通常，如向含 SO_x 的低温烟气中注入氨，在催化剂层会生成硫酸氢氨（NH_4HSO_4）。它会导致催化剂微孔结构闭塞，性能下降。这种情况如在短时间内能回到正常运行的高温区，则硫酸氢氨会分解，催化剂性能会恢复；但如长时间停留在低温区，或在短期内频繁地在低温区运行，则即使再回到高温区，性能也难恢复。结果会使催化剂寿命缩短。因此，脱硝装置正常运行的最低温度是确保催化剂性能的 280℃（启动时 270℃），不允许在 280℃以下运行。

2. 脱硝反应器压差

反应器内催化剂的堵孔现象，在正常运行时是不会发生的。但是，如异常燃烧情况不断出现，由飞灰引起的堵孔也可能发生。所以，应监视催化剂层前后压差。压差上升超过规定最大值时，应进行吹扫。

3. 氨的稀释空气

用送风机出口空气将氨浓度稀释到 5%左右。然后注入烟气中。氨气是爆炸性气体，因此空气将氨稀释时，要避免接近爆炸极限值（16%），一般设定为 5%以内。当稀释浓度计发出报警时，应确认氨的注入量。

4. 空气预热器的压差

排烟含 SO_3 时，设置在脱硝装置下游的空气预热器冷端的运行温度刚好是硫酸铵析出的温度范围。它与烟气中的飞灰黏结在一起，黏附在空气预热器的传热元件上，导致空气预热器压差的升高，所以有必要监视空气预热器的进、出口压差。

三、故障对策

出现以下异常情况，警报或连锁保护装置将发生相应动作：

（1）脱硝装置进口温度过高或过低。SCR 装置进口温度高于或低于设定值时，发出空气、烟气、脱硝关系不正常的警报。

（2）氨稀释浓度偏高。稀释氨的空气流量如低于设定值（要绝对保证混合气体 $\rho_{NH_3} \leqslant 13\%$），为了防止爆炸，氨气隔离阀应立即全部关闭。

（3）氨气压力低。氨气的供给压力一旦低于规定值，氨注入量不足，就会发出警报，这时应检查供氨设备是否出现异常。

（4）逃逸的氨浓度过高。在正常运行状态下，未反应的氨浓度（逃逸氨浓度）一旦超过规定值，即发出警报，它提示催化剂的性能已比预计差。因此，在停机检修期间，为了恢复 SCR 的性能，应考虑增加催化剂量或更换催化剂。

（5）SCR 出口烟气 NO_x 值异常。SCR 出口烟气的 NO_x 量一旦超过设定值，随即会发出警报。发生此种异常时，应查清 SCR 入口烟气参数、注氨系统、分析计等环节是否异常。

四、液氨槽车卸氨和倒罐操作

（一）液氨槽车卸氨操作

1. 液氨卸料前的检查

（1）氨站压缩机为非经常运转设备，特别在较长时间停用后的首次启动之前，必须进行检查，清理液氨过滤器，遥测绝缘合格后才能送电使用。

（2）确保现场各设备、阀门完好，无异常或泄漏。

（3）氨区消防水系统、喷淋系统正常，处于备用状态，无任何异常报警信号。

（4）确认防护设备，包括全脸型防毒面具、手套、防护鞋、防护衣、氨气冲洗器等齐全完好。

（5）液氨车需水平停放，加以固定并接地，安全熄火，于车前后约一车身长位置放置安全标示牌。

（6）卸氨操作应有专门安全人员现场督导，卸氨操作期间操作人员不得离开现场。

2. 用氮气对氨区管道吹扫（首次使用、氨区经过大修或长时间停运时）

（1）为安全考虑，长时间停用后的卸氨前，须对相关管路用吹扫。

（2）吹扫应分阶段进行，以 0.7MPa 氮气（N_2）加压各管路，压力达 0.7MPa 后排放，之后再重复加压、排放，操作 2～3 次，氧含量低于 1%时即降至安全浓度。

3. 管路连接

（1）对液氨储罐至槽车相关阀门进行检查，以避免管路连接时发生泄漏。

（2）分别将卸车台上的气、液两侧软管与槽车连接，注意卡子和保险销复位并插入，接好防静电导线。

（3）检查液氨储罐液位确定进液氨液位在 20%～85%。

（4）打开连接软管靠近卸车台上气、液两侧阀门。

（5）操作槽车手动油泵供油，打开槽车气、液两侧管上的紧急遮断阀，油泵压力应达到3MPa，并注意油压不能下降。

（6）打开槽车气、液两侧管上的阀门和进液氨储罐的气侧阀门及进液阀门。

（7）气体及液氨管路确认。

气体：液氨储罐气侧→压缩机双向阀→卸氨压缩机→液氨槽车气侧。

液氨：液氨槽车液侧→液氨储罐液侧。

此时，如槽车压力高于液氨储罐压力，可先让其自流到压力基本平衡。

4. 卸氨操作

（1）打开压缩机气液分离器排液阀，排净液体后关闭。

（2）打开压缩机进、出口阀，接通电源后按如下程序启动压缩机：①用手盘皮带3圈，确认无故障后启动电动机（一人操作，一人在旁监护，禁止两人同时操作）；②压缩机启动后，让压缩机空转，待润滑油压力升到0.1MPa以上时，打开出气阀，缓慢打开进气阀门，关闭回流阀门，使压缩机投入正常运转；③压缩机运转时，应详细检查油路、气路、电路与运转声音是否正常，发现异常应立即停机检查。

停机时，应先关闭进气阀门，打开回流阀门，再切断电源，最后关闭出气阀门。

（3）启动压缩机后，抽取进液氨储罐的气氨，气氨经压缩机加压后注入槽车，造成槽车的气侧升压，从而把液氨压出至氨储罐。当两罐之间压差大于0.2MPa时，方可缓慢打开槽车液侧球阀，开始卸氨。

（4）卸车时，严格监视液氨储罐的压力和液位，保持液氨槽车内的压力比储罐内压力高0.2MPa，发现异常及时处理。

（5）待槽车液位计指示卸车结束时，停压缩机，关槽车液侧阀、卸车台液侧阀、液氨储罐进液阀。

（6）切换压缩机气侧阀门组上的气侧阀门，将槽车内气侧的气抽到液氨储罐，此时气体流向为：液氨储罐气侧→压缩机双向阀→卸氨压缩机→液氨槽车气侧。

（7）再次启动压缩机，此时压缩机抽取车内气侧气体进入液氨储罐，直至压差达0.05MPa时，停压缩机。关闭槽车全部阀门、关压缩机进口阀门、关液氨储罐气侧阀门，关卸车台气侧各阀门。

（8）打开槽车上油泵卸压阀，卸掉油压，关闭紧急遮断阀。

（9）将软管中的残余液氨引至装水的水桶或废水池中，脱开装卸台与槽车气、液两侧软管的接头和静电接地线。

（10）驾驶员待卸氨结束，周围通风5～10min后方可启动槽车。

5. 液氨槽车卸氨注意事项

（1）经常检查压缩机的油位、油压，使其保持在压缩机运行要求范围内。

（2）必须在压缩机停机时才能切换压缩机双向阀的进出口方向。

（3）如液氨储罐压力高于槽车，则先使槽车与储罐气侧管接通平衡压力后，再按前述程序卸车作业。

（4）进液氨储罐存量控制在不大于85%容积，并随时注意其液位的变化。

（5）卸车作业过程中，出现下述情况时必须立即停止作业，并立即汇报、按有关规定处理：①雷击天气；②作业过程中出现液氨泄漏（管线、设备等）；③生产操作出现异常情况。

（二）液氨储罐倒罐

1. 接管倒罐操作

（1）确定出液罐与进液罐，并掌握两罐的液位和压力，视具体情况，出液罐出液前先排污一次。

（2）将进液罐的气相管与压缩机的进口连通。

（3）将出液罐的气相管与压缩机的出口连通。

（4）将进出液罐的液相管连通。

（5）进行压力循环确认：压缩机出口→出液罐的气相→出液罐的液相→进液罐的液相→压缩机进口→压缩机→压缩机出口。

（6）启动压缩机，抽取进液罐的气相，注入出液罐，使两罐形成压差。

（7）检查进、出罐压差，当压力达到0.2MPa以上时，打开进出液罐的液相阀门，在压差作用下完成倒罐操作。

（8）倒罐完成后，停止压缩机，先关出液罐，再关进液罐所有阀门。

2. 倒罐操作注意事项

（1）控制进液罐进液不超过85%容积，液位不能超过高位线高度，出液罐抽液最低不能低于15%容积。

（2）倒罐时，保持两罐压差为0.2MPa左右，并注意进出液罐的升降情况，防止产生虚假液位。

五、某厂脱硝系统的连锁保护设定值

某电厂2×600MW燃煤机组锅炉烟气SCR脱硝系统的连锁保护设定值见表15-2。其中每台锅炉设有A、B侧两个SCR反应器，两个反应器共用3台稀释风机，两台运行一台备用。

表15-2　　SCR脱硝系统的联锁保护设定值

序号	项目名称	单位	保护设计值	备注
1	稀释风机流量	m^3/h	2850	
2	稀释风机故障信号（电动机失电）			报警同时喷氨遮断阀关闭进行备用风机切换
3	进口烟气温度	℃	310	喷氨遮断阀关闭
4	进口烟气温度	℃	320	低报警
5	进口烟气温度	℃	430	高报警
6	氨流量与稀释空气体积比	%	8	报警
7	氨流量与稀释空气体积比	%	10	喷氨遮断阀关闭
8	氨气入口压力	MPa	0.1	低报警
9	氨气入口压力	MPa	0.25	高报警
10	反应器压差	Pa	250	报警（三层时375Pa报警）
11	蒸汽进口压力	MPa	2.5	过高报警并联动蒸汽进口电动阀关闭
12	蒸汽进口压力	MPa	1.18	过低报警并联动蒸汽进口电动阀关闭

1. SCR 系统连锁停止（两侧 NO_x 分析仪也将停运）

（1）锅炉 MFT。

（2）SCR 进口烟气温度大于 430℃或小于 310℃。

（3）NH_3 在注入混合气体中的含量不小于 10%。

（4）两台以上稀释风机故障停止。

（5）标准状态下的氨流量高至 160m^3/h。

2. 锅炉侧单边停运连锁

（1）A 侧空气预热器停运，连锁关闭 A 侧 SCR 反应器的氨快速遮断阀并停 A 侧 NO_x 分析仪。

（2）B 侧空气预热器停运，连锁关闭 B 侧 SCR 反应器的氨快速遮断阀并停 B 侧 NO_x 分析仪。

3. 炉前 SCR 氨流量关断阀开启和关闭条件

（1）氨流量关断阀开启允许条件。①无强关条件；②SCR 入口烟气温度为 310～430℃；③混合器进口门前 NH_3 压力大于 0.1MPa。

（2）出现以下条件，氨流量关断阀将自动连锁关闭。①反应器入口温度 t_r（310℃$<t<$430℃）；②反应器出口温度 t_c（310℃$<t<$430℃）；③注入烟道的氨/空气混合物中的氨浓度超过 10%的时间达到 5s；④氨/空气混合器入口的稀释空气流量小于 2850m^3/h（远期 85%效率为 4780m^3/h）超过 5s；⑤SCR 反应器出口 NO_x 浓度在 30s 或更长的时间内低于 205.2mg/m^3（100ppm），远期脱硝效率 85%为 20.52mg/m^3（10ppm）；⑥DCS 收到锅炉燃料停止投运；⑦SCR 反应器入口挡板未开启；⑧氨系统未准备好供应气态氨；⑨任何氨系统事故报警发生。

（3）液氨储罐冷却水喷水门开启指令。①液氨储罐温度达到 38℃时；②液氨储罐压力达到 2MPa 时；③若检测仪控测到游离氨浓度为高位（51.3mg/m^3，25ppm）时，DCS 系统触发声光报警并自动打开储罐水喷淋系统。

（4）污水泵连锁。①污水泵的启停由 DCS 通过污水池液位计检测到的液位信号自动控制；②当污水池液位高于 2100mm 时，DCS 自动启动污水泵，当污水池液位低于 300mm 时，DCS 自动关闭污水泵。

（5）稀释风机连锁。①连锁启动条件，连锁投入且任一运行稀释风机跳闸；②允许停止条件，对应的混合器进口门均关闭；③氨空气混合器入口稀释空气管道上的流量计检测到的空气流量低于设定的低值 3200m^3/h（远期 85%脱硝效率时为 5400m^3/h），DCS 报警，3min 后启动备用风机。

（6）氨罐内压力节流阀连锁。①氨罐内压力与槽车管路液氨压差大于 0.5MPa，氨罐内压力节流阀自动关闭；②氨罐内压力与槽车管路液氨压力小于 0.5MPa，氨罐内压力节流阀自动开启。

（7）吹灰器自动停止连锁。①供汽汽源压力低于 1.18MPa，且持续 10s 以上；②吹灰蒸汽母管温度小于 350℃；③吹灰器电动机过流（>3A）；④吹灰器运行超时；⑤吹灰器启动失败。

（8）氨蒸发器。

1）允许启动条件（远方 DCS，就地手动）。①供氨系统正常；②无热媒液位低信号；

③无热媒温度“高高”（≥65℃）信号。

2）连锁停止条件。①供氨系统故障跳闸；②供热媒液位“低”信号发出；③热媒温度“高高”（≥65℃）信号发出。

（9）液氨卸载关断阀。

1）允许启动条件（远方DCS，就地手动）。①1号（或2号）氨储罐无液位“高高”报警；②1号（或2号）氨储罐无液位“高”报警且无压力“高”报警。

2）连锁关闭条件。①1号（或2号）氨储罐液位“高高”报警；②1号（或2号）氨储罐液位“高”报警且无压力“高”报警。

（10）氨蒸发器液氨入口关断阀。

1）允许启动条件（远方DCS，就地手动）。①无供氨系统漏泄及故障关闭信号；②无1号（2、3号）蒸发器液位“高”信号；③1号（2、3号）液氨蒸发器热媒温度设定值在（60±3）℃；

2）连锁关闭条件。①供氨系统漏泄及故障；②1号（2、3号）蒸发器液位“高”；③1号（2、3号）液氨蒸发器热媒温度＞65℃。

第四节　SCR脱硝装置的运行维护

一、SCR运行的主要控制参数

运行人员应按表15-3来控制SCR系统的主要参数。

表15-3　SCR系统运行参数

设备或仪表	设　计　值	范　围	单位
NO_x出口浓度	325.32（远期85%脱硝效率时为97.59）	205.2～325.32（远期85%脱硝效率时为20.52～97.59）	mg/m^3
反应器入口温度	386	310～430	℃
反应器出口温度	386	310～430	℃
催化剂的压差	250（当装入备用层为375；系统远期85%脱硝效率未装入备用层为350，装入备用层为525）	222～525	Pa
稀释空气流量	3200（远期85%效率为5400）	3200～3700（远期85%效率为5400～6250）	m^3/h
NH_3蒸发器温度	60	＜80	℃
NH_3流量	46.9～200.5	42～220	kg/h
吹灰蒸汽压力	1.18	1.18～2.95	MPa
吹灰蒸汽温度	350	350～409	℃
NH_3供应压力	0.09～0.12	0～0.15	MPa

二、监督项目

1. 报警指示

（1）是否发出指示异常的报警（烟气温度过高或过低、氨逃逸超标、反应器前后压差超标、氨泄漏仪动作、出口O_2浓度过低、稀释空气系统中氨稀释浓度超标、出口烟道NO_x值异常）。

（2）指示灯是否正常。

（3）报警系统是否正常。

2. 热工仪表指示

（1）各部分的压力（催化层的压力）。

（2）NO_x 值、NH_3 值。

（3）各部位烟气温度。

（4）氨蒸发器温度是否正常。

三、巡检项目

（1）各管件连接部位有无泄漏。

（2）管路有无裂缝。

（3）阀门动作是否正常。

（4）氨流量控制阀前的压力表指示是否正常。

（5）阀门的状态是否正常，填料压盖处有无泄漏。

（6）在线表计的状态是否正常。

（7）注氨分配管的显示、节流孔板压差的流体压力计指示是否正常。

（8）有无氨的泄漏。

四、定期检修

（一）定期检修的注意事项

（1）检修时，因装置不设烟气旁路，检修人员如需进入脱硝系统装置内部，必须与锅炉方面密切联系，在停炉和烟道冷却后方可按操作规程进入。

（2）检修反应器内部时，为了保证正常呼吸，每次进入前要测量 O_2 浓度，在确认正常后，检修人员方可进入内部。当进入容器、壳体、烟道等密闭部位时，也应防止缺氧，要确认空气中含氧量在18%以上，并安排一人在外部监视，以防不测。

（二）定期检修项目

1. 反应器本体

（1）催化剂上积灰状况。

（2）催化剂的损坏及堵孔情况。

（3）密封件变形失效情况。

（4）测孔堵塞情况。

针对以上具体情况，进行相应处理，如启动吹灰器除灰、清扫或调换催化剂、更换密封件、吹扫测孔等。

2. 注氨喷嘴

（1）喷嘴堵塞时进行喷嘴吹扫。

（2）喷嘴磨损、腐蚀时进行喷嘴修理或更换。

3. 管路

（1）管路堵塞、腐蚀时，清扫、修补或更换管道。

（2）阀座受损，填料、垫片损坏时，更换损坏件或整体更换。

（3）过滤器元件损伤时，修复或更换。

（4）节流孔板损坏时，修复或更换。

4. O_2、NO_x 分析仪的检修及零位调整

（1）现场流量计、压力计等仪器的拆卸、检修和校准。

（2）取样探头、过滤器更换或调整，分析仪的修复或更换。

第五节　SCR装置的运行对锅炉的影响

一、影响SCR安全运行的因素

NH_3 引起的各类问题主要有：①SCR反应过程中会使 SO_2 氧化成 SO_3，与氨形成硫酸铵或硫酸氢氨，易在下游设备沉淀、腐蚀；②需要污水处理系统除去废水中的氨；③增加飞灰中的 NH_3 化合物，改变飞灰的品质，当飞灰中氨含量大于80mg/kg就会影响飞灰销售或需要额外处理才能被利用。

催化剂引起的各类问题主要有沉积、碱金属中毒、砷中毒、烧结、腐蚀等。

二、SCR运行安全性要点

SCR系统运行的安全性定义为SCR系统对发电机组安全性的影响程度及SCR系统本身的安全性程度。它包含两层含义：①对机组安全的影响，如对锅炉运行影响，对烟囱腐蚀等；②SCR系统本身的安全性程度，如各设备的安全性、防腐性等，它直接影响系统的运行可靠性和投运率。

三、对锅炉效率的影响

氨气与空气的化合物喷入锅炉省煤器后的出口烟气中，影响烟气的传热及热效率，影响烟气的辐射特性、热物理性质，增加烟气的流量和吸收烟气的热量。

喷入烟气中的还原剂会吸收一部分烟气的热量。氨气的加入量与烟气中的氮氧化物（NO_x）的流量成正比，在采用低 NO_x 燃烧技术后，烟气中 NO_x 的浓度一般为410.42mg/m^3，即0.2‰左右，而氨气在烟气中的 NO_x 体积浓度与此相当，由于浓度很低，不会显著影响烟气的辐射传热，不会改变烟气的热物理性质和增加烟气流量，因此也不会显著影响对流传热。

烟气脱硝装置的安装使锅炉尾部烟道增加，因此会使烟气的散热损失增加，导致煤耗增加。但由于氨气的引入而导致的蒸发会吸收一些烟气的热量，从而增加热损失，使锅炉效率略有下降。

由于增加了SCR装置，烟气成分发生了微小的变化，空气预热器入口烟温比原设计下降约5℃以下。根据工程经验，加装SCR装置后，对锅炉效率的影响很小，一般不考虑。

四、对空气预热器的影响

1. 空气预热器低温腐蚀

SCR运行中未耗尽的（逃逸）NH_3 与烟气中的 SO_3 会发生反应，生成硫酸氢氨和硫酸铵，硫酸铵易转化为硫酸氢氨，反应式如下

$$SO_2 + \frac{1}{2}O_2 = SO_3 \tag{15-1}$$

$$2NH_3 + SO_3 + H_2O = (NH_4)_2SO_4 \tag{15-2}$$

$$NH_3 + SO_3 + H_2O = NH_4HSO_4 \tag{15-3}$$

$(NH_4)_2SO_4$、NH_4HSO_4 是黏附性很强和腐蚀性较强的物质。它在烟气温度 140～290℃时开始从气态凝结为液态，对空气预热器中温段和冷段形成强烈腐蚀。同时，硫酸氢氨具有很强的吸附性，造成大量灰分沉积在传热元件表面和卡在中间，引起堵塞。据国外经验，在 NH_3 残留浓度为（3～5）$\times 10^{-6}$时，3～6 个月就会使空气预热器阻力上升一倍，被迫停炉清灰，另外，由于传统吹灰器不能有效清理空气预热器的中间层，而且烟气中约有 1%的 SO_2 被 SCR 催化转化为 SO_3，使烟气中硫酸露点温度有所提高，加剧空气预热器低温腐蚀和堵塞的可能。为降低对空气预热器的影响，一般采用优化空预器设计和降低硫酸氢铵沉积两方面考虑（见图 15-11）：①采用搪瓷换热元件；②采用较大波纹的换热元件板型；③增加冷段换热元件的高度；④设置有效的清洗装置；⑤采用良好的吹灰系统。

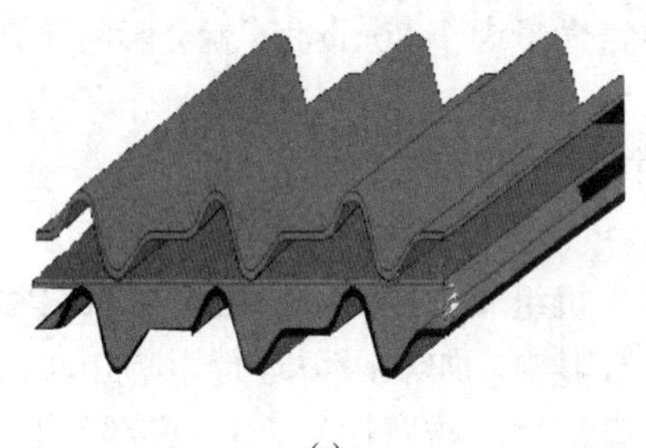
(a)

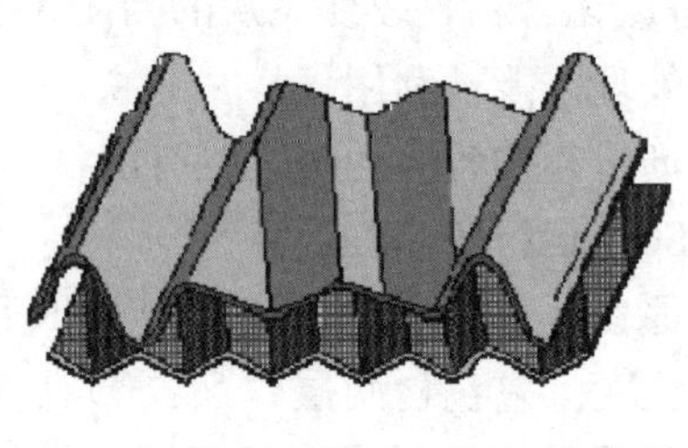
(b)

图 15-11 优化空气预热器设计
（a）冷端元件板型；（b）热端元件板型

防止空气预热器堵塞可采取以下措施：

（1）更新空气预热器换热元件，提高其抗腐蚀性。

（2）开发多喷嘴集中布置强力吹灰器，或进口国外先进、优质、高效吹灰器。

（3）增设高、低压清洗设备，以便需要时可在运行中清洗空气预热器。

（4）在冷端涂敷搪瓷和防堵型波形板，使硫酸氢氨不易沾黏其上，即使沾黏上亦容易清洗，同时提高换热元件的抗腐蚀性。

（5）增加更多的吹灰器和泵，以舒缓催化剂上下的温度梯度。

（6）要求催化剂供货商限制催化剂的 SO_3 转化率及 NH_3 逃逸率。

（7）增加送风机功率；降低燃煤机组的飞灰含碳量。

（8）选择合适的空气预热器。

此外，不论何种原因引起的结垢和堵塞，都应定期检查，及时发现潜在的问题并予以解决。

2. 空气预热器堵塞

如果氨的逃逸量控制不当，可能造成飞灰引起催化剂和空气预热器结垢堵塞，对此可采取以下预防措施。

（1）为了防止飞灰产生催化剂堵塞，必须除去烟气中硬而较大的飞灰颗粒，在省煤器之后设置灰斗，当锅炉低负荷运行或检修吹灰时，收集烟道中的飞灰，始终保持烟道处于清洁状态。

（2）在每层催化剂之间设置吹灰器，可随时将沉积在催化剂入口的飞灰吹除，防止堵塞催化剂通道。

(3) 在每个SCR装置之后的出口烟道上设置灰斗。由于烟气经过SCR装置流速降低，烟气中的飞灰会在反应器内或反应器出口沉积下来，部分落入灰斗。SCR设有吹灰器，根据SCR装置的情况，及时进行吹扫，吹扫的积灰落入灰斗中。

五、对引风机的影响

加装SCR装置后引风机压头增加，SCR反应器、烟道、弯头增加阻力约为1000Pa，空气预热器优化设计后新增阻力约为500Pa，故引风机需增加压头1500Pa左右。为了保证安装SCR系统前后的烟气压力相同，需要适当提高引风机功率。风机增加的电耗是SCR系统运行的主要能耗之一，在大多数情况下，约占机组电功率的0.3%。

六、SCR旁路

由于锅炉低负荷运行时会降低SCR系统入口烟气温度，锅炉启、停时会导致烟气温度大幅度波动。在美国，一般采用设SCR旁路的措施使烟气绕过SCR反应器。在SCR系统停运期间，旁路可以防止催化剂中毒和污垢沉积，SCR旁路应采取零泄漏挡板。此外，美国设置SCR旁路也是考虑SCR季节性运行的需要。我国SCR脱硝系统一般不设计烟气旁路系统。

七、省煤器旁路

虽然SCR反应的最佳温度范围为310～430℃，但对于某个特定装置，其催化剂设计温度范围会窄一些，通常是按锅炉正常运行状态下的省煤器出口烟气温度范围设计。保持烟气温度在设计值范围内对于优化脱硝反应是非常重要的。当锅炉低负荷运行时，省煤器出口烟气温度下降，这时可以采用省煤器旁路来提升SCR入口烟气温度。省煤器旁路烟道通常使用一个可调节挡板，来调节经过旁路的热烟气与省煤器出口冷烟气的比率。锅炉负荷越低，挡板的开度就越大，旁路的热烟气就越多。省煤器出口烟道也需要安装调节挡板来提供足够的压力，使烟气从旁路经过。省煤器旁路在设计时主要考虑的问题有：①保持烟气的最佳反应温度；②保证两股气流在进入SCR反应器之前均匀混合。

第六节　SCR系统的性能测试

性能测试方法为：在每台SCR反应器的进出口烟道截面上，采用网格法（进口32点，出口32点）逐点采集烟气样品，用TESTO型多功能分析仪测量烟气中的NO与O_2，以此来获得每台反应器的脱硝效率。为了分析烟气通过催化剂后的SO_2/SO_3转化率，采用化学方法在省煤器出口和SCR反应器出口烟道同时采集烟气样品，用于分析烟气中的SO_2与SO_3浓度。在每台反应器出口的4个烟气取样点，用化学法采集烟气样本，用于分析烟气中的氨逃逸浓度。脱硝装置的系统阻力，则是通过在省煤器出口与空气预热器入口测量烟气静压来获得。此外，还采集了入炉煤和飞灰（空气预热器出口撞击灰）及炉渣样品。以下是华电长沙电厂600MW机组性能测试实例。

一、性能保证值

根据买卖双方签订的技术协议，在初装两层（或三层）节距为设计定值的蜂窝式催化剂时，脱硝装置的性能保证指标如下：

(1) 脱硝效率。在设计煤种、锅炉最大连续出力工况（BMCR)、处理100%烟气量条件下，脱硝效率不小于设计值，反应器出口 NO_x 浓度不高于设计值（干基，6%O_2）。

（2）氨逃逸浓度。氨的逃逸浓度不大于设计值（干基，6%O_2）。

（3）SO_2/SO_3 转化率。SO_2/SO_3 转化率小于设计值。

（4）系统阻力。从脱硝系统入口到出口之间的系统压力损失在性能考核试验时不大于设计值（设计煤种，100%BMCR 工况）。

（5）脱硝装置区域的设备（稀释风机）运转噪声小于 85dB（离设备 1m 处测量）。

（6）BMCR 工况 NO_x 含量为设计值（干基，6%O_2）时，设计脱硝效率条件下，机组最大氨耗量不超过设计值（236.5kg/h）。

上述考核项目的基准条件为：燃用设计煤种，锅炉 BMCR 出力。

二、试验标准

SCR 性能考核试验所依据的标准包括：

（1）GB/T 10184—1988 电站锅炉性能试验规程 ；

（2）GB 13223—2003 火电厂大气污染物排放标准；

（3）美国环保署烟气取样与分析系列标准 EPA-CTM-027、M-6C、M-7E；

（4）美国材料与试验协会的烟气取样与分析标准 ASTM D-3226-73T；

（5）GB/T 2888—2008 风机和罗茨鼓风机噪声测量方法，JB/T 8098—1999 泵的噪声测量与评价方法。

三、试验工况设置及试验条件

（1）一般性能考核试验工况安排见表 15-4。

表 15-4　试 验 工 况

锅炉编号	试验编号	时间	锅炉负荷	测试项目
×号炉	×××		额定	脱硝效率、氨逃逸、系统阻力、电耗及水耗等
	××××		额定	
	×××××		90%	SO_2/SO_3 转化率

（2）SCR 装置的性能考核试验条件如下：

1）锅炉满负荷运行。

2）每个试验工况开始前，锅炉已经处于稳定状态。

3）锅炉采用常规运行操作方式，且试验期间锅炉不吹灰。

4）喷氨调节阀采用手动控制，喷氨流量稳定后才开始正式测试。

5）试验开始前与结束后均记录与 SCR 相关的 DCS 参数，并采集试验期间的 DCS 历史参数。

四、测试项目及方法

1. 烟气流量

烟气流量根据燃煤量、煤质、飞灰及炉渣品质，环境条件及 SCR 反应器入口烟气参数来计算。具体测试与分析内容是：在试验负荷下，采集入炉煤进行工业分析和元素分析，采集飞灰及炉渣测量可燃物含量，测试 SCR 反应器入口烟气的氧浓度，并测试环境条件，据此按照 GB/T 10184 计算出烟气流量。

2. SCR入口烟气温度

烟气温度按照标准规定的点数在SCR反应器入口采用等截面网格法进行测量，在这些点的位置布置经校验合格的Ⅱ级精度K型铠装热电偶，采用单点温度计测量。

3. 烟气中NO和O_2含量

在每台SCR反应器的进出口烟道截面，同时采用等截面网格法（进口8×4点，出口8×4点）逐点进行烟气取样（见图15-12），用TESTO烟气分析仪分析各采样点烟气中的NO和O_2含量（见图15-13）。用加权平均法计算SCR反应器进出口的NO_x浓度（干基，95%NO，6%O_2），并据此计算SCR系统的脱硝效率。

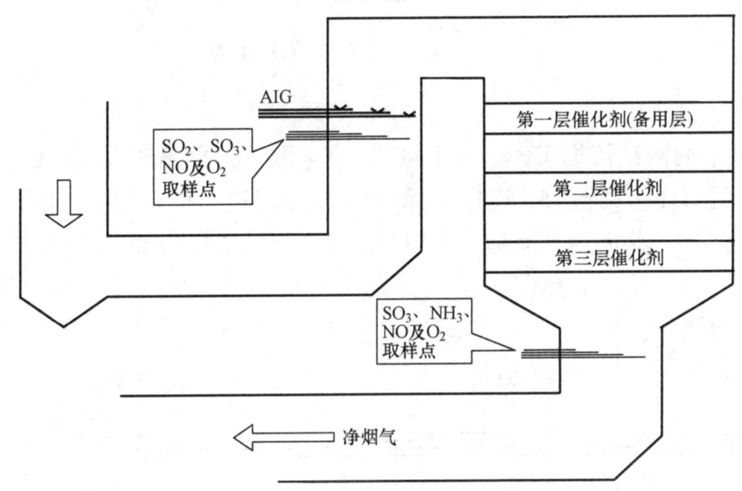

图15-12　NO与O_2浓度的采样点布置

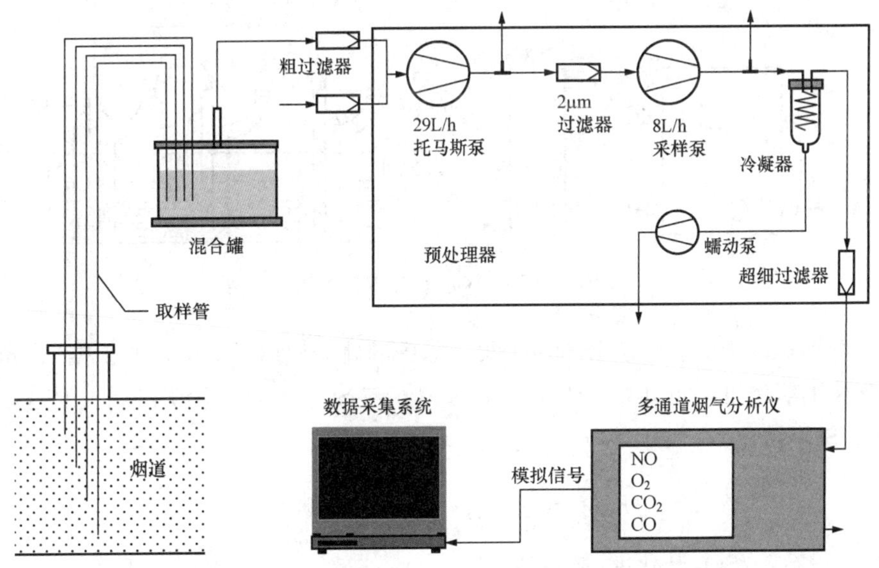

图15-13　SCR进出口NO和O_2的网格逐点取样分析系统

4. 烟气中的NH_3含量

烟气中气态氨的样品采集执行美国EPA CTM027标准。在SCR出口截面多点烟气取样，以 H_2SO_4 溶液作为吸收溶液采集氨样品，利用氨离子电极法分析氨溶液中的氨浓度，并根据烟气流量，计算出烟气的氨浓度。烟气中 NH_3 取样系统如图 15-14 所示。根据反应器出口截面的 NO 浓度分布，每台反应器选取 4 个 NH_3 取样点。

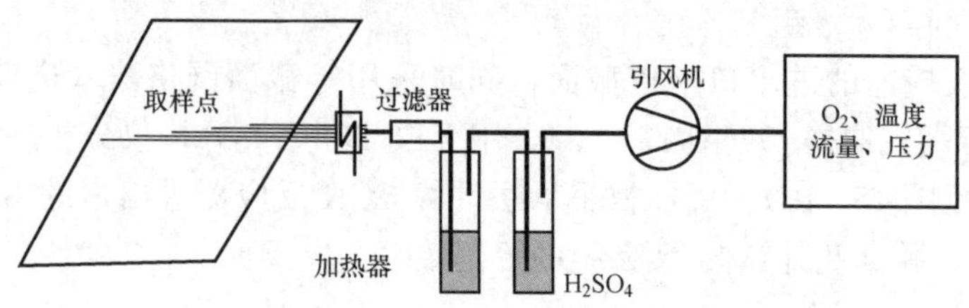

图 15-14　烟气中 NH_3 取样系统

5. 烟气中 SO_2 与 SO_3

烟气中的 SO_2 的测试依据 EPA method 6，SO_3 测试依据 ASTM D-3226-73T。两者使用同一套系统同时取样（见图 15-15），在每台反应器的进出口布置烟气取样孔，采集 SO_2 与 SO_3 样品，记录所采集的烟气流量，并用 TESTO 测试烟气 O_2 浓度。

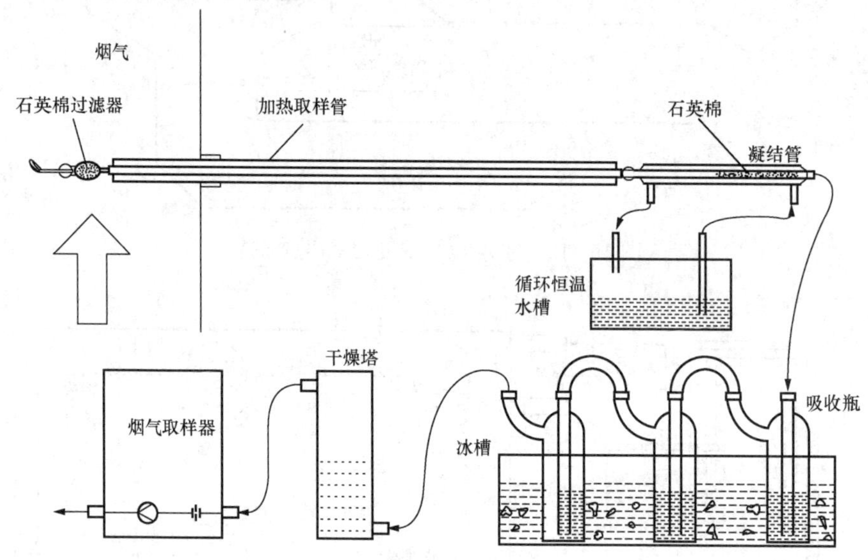

图 15-15　SO_2/SO_3 取样系统

用高氯酸钡标准溶液滴定法分析所采集样品中的硫酸根离子浓度，并根据采集的烟气样品量与烟气中的氧浓度，可计算出干烟气中的 SO_3 与 SO_2 浓度，并获得烟气通过 SCR 反应器后的 SO_2/SO_3 转化率。SO_2/SO_3 转化率的计算公式如下

$$K_{SO_2}=\frac{C_{SO_3,ex}-C_{SO_3,in}}{C_{SO_2,in}}\times 100\%$$

式中　K_{SO_2}——SO_2/SO_3 转化率，%；

$C_{SO_3,ex}$——SCR 反应器出口的 SO_3 平均浓度，干基，6%O_2，μL/L；

$C_{SO_3,in}$——SCR 反应器入口的 SO_3 平均浓度，干基，6%O_2，μL/L；

$C_{SO_2,in}$——SCR 反应器入口的 SO_2 平均浓度，干基，6%O_2，μL/L。

6. 静压

在 SCR 系统与锅炉烟道进、出接口的多个测试点上，采用 U 型管测量各点的静压，借以计算出 SCR 装置的系统阻力损失。

7. 噪声

以运行设备的外壳作为基准面。测量表面平行于基准面，与基准面距离 $d=1.0$m。测点布置在测量表面上，测点水平高度距设备运行地面 1.2m 处，采用噪声计在现场直接测量。

8. 环境条件

采用大气压力计和干、湿球温度计测量记录环境条件。

9. 水耗电耗

记录现场运行表计数据，计算得出。

10. 运行参数纪录

机组负荷及脱硝系统的主要运行参数均采用机组配套的数据采集系统记录值，每 1min 记录一次。

五、试验结果

1. 煤质分析与烟气流量

每个工况测试期间，从投运磨煤机的落煤斗下方的落煤管处采集入炉煤样，在空气预热器出口撞击灰收集装置处采集飞灰样品及在捞渣机出口取炉渣样。试验煤质与飞灰、炉渣可燃物的分析试验期间煤质符合试验要求。

锅炉额定负荷时的设计烟气流量（m^3/h；标态、湿基、$\alpha=1.15$）。试验时的实际烟气量和修正到 1.15 倍过量空气系数的烟气量。

2. 脱硝效率和氨逃逸

脱硝效率试验与氨逃逸测试同时进行，本项试验进行了两个工况下的现场测试，以系统投运较优条件下的试验工况作为正式考核试验工况。

为了得到设计条件下的脱硝效率，实测脱硝效率需要进行氨氮摩尔比修正、烟气流量修正和烟气温度修正；实测氨逃逸需要进行氨氮摩尔比修正及烟气流量修正。表 15 - 5 列出了 1 号机组 SCR 装置实测和修正后的脱硝效率与氨逃逸率。

表 15 - 5　1 号机组 SCR 装置的脱硝效率和氨逃逸率

项　　目	单位	1 号反应器	2 号反应器
实测入口 NO_x（干基，6%O_2，标况）	mg/m^3	628.9	605.5
实测出口 NO_x（干基，6%O_2，标况）	mg/m^3	250.6	248.5
实测脱硝效率	%	60.15	58.95
氨逃逸浓度	$\mu L/L$	1.22	1.40
烟气温度	℃	404.5	397.5
烟气流量（标况）	m^3/h	864 565	864 565
氨氮摩尔比	—	0.605	0.594
入口 NO_x 对脱硝效率的修正量	%	−1.5	−2.5

续表

项目	单位	1号反应器	2号反应器
氨氮摩尔比对脱硝效率的修正量	%	−6.4	−5.7
烟气流量对脱硝效率的修正量	%	0	0
烟气温度对脱硝效率的修正量	%	−5	−3
修正后的脱硝效率	%	47.25	47.75
氨氮摩尔比对氨逃逸率修正量	μL/L	−0.1	−0.08
烟气流量对氨逃逸修正量	μL/L	0	0
脱硝效率平均值	%	47.50	
氨逃逸浓度平均值	μL/L	1.22	

3. SO_2/SO_3 转化率

1号机组SCR装置SO_2/SO_3转化率分析结果汇总于表15-6，实测SO_2/SO_3转化率为0.26%，用烟气温度、入口SO_2浓度、烟气流量进行修正后，转化率为0.39%。

表15-6 SO_2/SO_3转化率测试结果

项目	单位	1号反应器	2号反应器
入口SO_3	μL/L	—	6.08
出口SO_3	μL/L	4.97	8.86
入口SO_2	μL/L	1181.66	1085.40
烟气温度	℃	368.5	374.8
烟气流量（标况）	m^3/h	870 544	870 544
实测SO_2/SO_3转换率	%	—	0.26
实测平均值	%	0.26	
烟温、SO_2、烟气流量修正后的SO_2/SO_3转换率	%	—	0.39
修正后平均值	%	0.39	

4. 系统阻力

系统阻力测试与脱硝效率试验同时进行。

1号机组SCR系统在初装两层催化剂的条件下，SCR装置的设计阻力损失不大于710Pa。SCR装置系统阻力测试结果汇总于表15-7。为了得到设计条件下的系统阻力，实测阻力需要进行烟气流量修正。根据试验期间的烟气流量值并按照供货商试验前提供的相关修正曲线，对实测阻力进行相应的修正和计算。

表15-7 1号机组SCR装置的系统阻力

项目	单位	1号反应器	2号反应器
入口静压	Pa	−985	−938
出口静压	Pa	−1700	−1610

续表

项　　目	单　　位	1 号反应器	2 号反应器
系统阻力	Pa	715	673
平均阻力	Pa	694	
烟气温度	℃	401	
烟气流量（标况）	m^3/h	1 729 129	
烟气流量	m^3/h	4 269 325	
修正后系统阻力	Pa	680	

5. 氨耗量

氨耗量试验与脱硝效率试验同时进行，1 号机组试验期间的脱硝系统氨耗量计算结果如表 15 - 8 所示。

表 15 - 8　　1 号机组氨耗量计算表

项　　目	单位	1 号反应器	2 号反应器	备　　注
NH_3 逃逸浓度（6%O_2）	μL/L	1.22	1.40	干基
脱硝效率	%	60.15	58.95	
烟气 H_2O 含量	%	6.91	6.91	
O_2	%	4.53	5.18	干基
烟气流量（标况）	m^3/h	864 565	864 565	湿基、实际氧量
烟气流量（标况）	m^3/h	804 854	804 854	干基、实际氧量
烟气流量（标况）	m^3/h	883 730	848 853	干基、6%O_2
入口 NO_x（标况，6%O_2）	mg/m^3	629	606	干基、含 5%NO_2
入口 NO_x（标况，6%O_2）	μL/L	306.2	294.8	干基、含 5%NO_2
NH_3/NO 摩尔比	—	0.605	0.594	
纯 NH_3 耗量	kg/h	124.3	112.9	
氨纯度	%	99	99	质量含量
液氨耗量	kg/h	125.6	114.0	
总的氨耗量	kg/h	239.6		

为了得到设计条件下的氨耗量，试验期间的氨耗量需要进行烟气流量修正、脱硝效率修正和入口 NO_x 浓度修正。根据试验期间 1 号机组的烟气流量值 1 729 129m^3/h（标况）、入口 NO_x 浓度 617.5mg/m^3（标况）及脱硝效率 59.55%，按照供货商试验前提供的相关修正曲线对试验期间的氨耗量进行了相应的修正和计算，修正后的脱硝系统氨耗量为 213.60kg/h，小于性能保证值 236.5kg/h。

6. 噪声

性能考核试验期间对锅炉 SCR 装置的稀释风机进行了噪声测试，测试内容（数据）包括运行状态下的噪声测试及背景噪声测试，并按照风机和罗茨鼓风机噪声测量方法及泵的噪声测量与评价方法规定，对锅炉 SCR 装置的稀释风机噪声进行了计算和修正，修正后的稀释风机噪声比较性能保证值 85dB（A），考核是否合格。

7. 水耗、电耗

水耗、电耗根据性能考核试验期间，记录的现场运行表计数据，对脱硝系统的相关水耗、电耗进行估算，包括氨区降温喷淋、事故喷淋、消防喷淋及稀释槽喷水等。

试验期间稀释风机及氨区蒸发器电加热器的电耗总和按运行设备功率的 85%计算。由于一般脱硝装置供货技术协议中，电耗和水耗均不属于性能保证项目，而且实际运行中脱硝系统的电耗和水耗会随运行状态及环境条件的变化而变化，因此水耗、电耗的试验结果仅供参考。

第七节 氨的特性及相关安全问题

NH_3 有剧烈的刺激性和臭味，因此，国家有关法规规定，供氨设备必须具有充分的安全措施。同时，处置氨气时，也要根据氨气的特性，采取相应的安全措施。

一、氨的特性及危害

液氨是一种无色气体，有刺激性恶臭味。氨按一定的比例与空气或氧气混合，遇火源即刻爆炸，如有油类或其他可燃性物质存在，则危险性更高。与其他可燃性气体相比较，氨爆炸的范围相对较窄，但一旦进入爆炸范围，将会极其危险。因此，对氨的处置必须十分谨慎。另外，液氨与氟、氯、溴、碘、强酸接触，会发生剧烈反应而爆炸、飞溅。

对铜、铜合金等有强烈的腐蚀性，氨系统中不宜使用铜质零部件。

长期暴露在氨气中，会对肺造成损伤，导致支气管炎。直接与氨接触会刺激皮肤，灼伤眼睛，并导致头痛、恶心、呕吐等，出现病状应及时吸入新鲜空气，并用大量水冲洗眼睛，严重时应送医院治疗或抢救。

二、卫生预防措施

（1）只有在确认氨气浓度 2%以下时，才可使用呼吸罐式氨用防毒面具。

（2）在氨浓度大于 2%或者不清楚的情况下，必须穿戴送风式面罩，送入空气或者氧气，以供呼吸。

（3）当要进入密闭、换气不良的场所时，在戴上呼吸保护器的同时，安排一人（或多人）穿戴好防护用具，在外面监护，以防不测。

（4）使用的气体面具和呼吸防护用具应定期检查，使用后要保持清洁以备后用。

三、对人体的危害性及对策

（1）氨是敏感性气体，很低的浓度即可被察觉，通常浓度在 10.26～20.52mg/m^3 即可闻到臭味。

（2）即使很少量的氨，一进入眼睛，就会因刺激而流泪；一接触伤口，就会感觉到剧痛。

（3）即使是极稀薄的氨气，如持续吸入，也会引起食欲减退，并对胃有损害。

（4）浓度高的氨气，会直接侵害眼、咽喉等部位，引起呼吸困难、支气管炎、肺炎等，严重时会导致死亡。

（5）液氨及高浓度的氨，一旦进入眼睛，不仅感到疼痛，而且会溶入泪水之中，侵害眼睛内部。不仅要长期治疗，还可能使视力减退，甚至失明。

（6）液氨如直接接触皮肤，会引起烫伤、冻伤等症状。

四、急救措施

1. 通则

无论何种场合，首先要把患者运到无氨的安全场所，在 20℃左右的温暖房间内保持安静，并尽快联系医生进行治疗。对神志不清的患者，一定不可从口中喂食；如果患者能够饮用饮料，应给以大量的 0.5%柠檬酸溶液或柠檬水。

2. 对皮肤的处理

皮肤污染时立即脱去污染的衣着，用流动清水冲洗至少 30min；接着，如有条件可用柠檬汁、柠檬酸、2%醋酸或 2%硼酸水冲洗；最后，再一次用清水洗净。不能在受伤部位涂软膏之类的药，要用布把伤口盖上，并用布沾硫代硫酸钠饱和溶液润湿。

3. 溅入眼部的处理

眼部污染后立即用流动清水或凉开水冲洗至少 10min，并让医生诊断。如果要用 5%的硼酸水来冲洗，在准备硼酸水的过程中也必须用水不断地洗眼。

4. 吸入体内的处置

（1）吸入者应迅速脱离现场，至空气新鲜处，维持呼吸功能，卧床静息。

（2）就医观察血气分析及胸部 X 光胶片变化，给以对症治疗。

（3）防治肺水肿、喉痉挛、水肿或支气管黏膜脱落造成窒息，合理氧疗；保持呼吸道通畅，应用支气管舒缓剂。

（4）如呼吸停止，要马上进行人工呼吸。

（5）当呼吸已变得很弱时，可用 2%硼酸水洗鼻腔，促使其咳嗽。

复习思考题

15-1　安装催化剂应注意的事项有哪些？

15-2　试述催化剂安装的主要步骤。

15-3　SCR 系统中，分系统调试包括哪些部分？

15-4　试述氧化区模拟启动的程序。

15-5　试述 SCR 区启动的程序。

15-6　试述整套 SCR 脱硝系统热态调试前应对哪些设备进行检查？

15-7　试述整套 SCR 脱硝系统热态调试程序。

15-8　SCR 脱硝系统热态启动过程中监视和调整的运行参数有哪些？正常范围是多少？

15-9　SCR 脱硝系统运行中注意的事项有哪些？

15-10　SCR 脱硝系统运行中检查和维护的项目包括哪些？

15-11　试述 SCR 脱硝系统启动的顺序。

15-12　试述 SCR 脱硝系统停运的顺序。

15-13　SCR 脱硝系统的主要检测仪表有哪些？

15-14　SCR 脱硝反应器出口烟气 NO_x 值异常原因分析。

15-15　分析 SCR 脱硝反应器逃逸氨浓度过高的原因。

15-16　试述卸氨操作步骤。

15-17 试述倒氨操作步骤。

15-18 SCR脱硝系统运行中主要监控参数包括哪些?

15-19 SCR脱硝系统运行中反应器本体定期检查哪些内容?

15-20 影响SCR脱硝系统安全运行的因素有哪些?

15-21 SCR脱硝系统对锅炉空气预热器有何影响?

15-22 SCR脱硝系统对锅炉引风机有何影响?

15-23 氨对人体的危害有哪些? 如何防止?

15-24 如果氨被吸入人体内,应该如何处置?

第十六章

SCR 装置在国内燃煤机组中的应用实例

第一节 华电长沙电厂

华电长沙电厂 2×600MW 机组工程烟气脱硝装置由东方锅炉（集团）股份有限公司制造，采取选择性催化还原（SCR）法，以氨作为还原剂，来达到去除烟气中 NO_x 的目的，其中催化剂模块采用德国鲁奇技术由东方凯特瑞环保公司制造。

烟气脱硝装置在现阶段设计煤种及校核煤种、锅炉最大工况、处理 100%烟气量条件下脱硝效率不小于 50%，脱硝装置结构及相关系统按脱硝效率不小于 85%规划设计，在 50%和 85%脱硝效率两种工况下均设计一个催化剂备用层。

华电长沙电厂 2×600MW 机组工程烟气脱硝装置与主机同时于 2007 年 10 月 23 日和 2007 年 12 月 25 日进行试运投产。2008 年 4 月和 8 月分别完成 1 号机组和 2 号机组 SCR 烟气脱硝装置性能考核试验（见表 16 - 1），各方面指标均达到设计和运行要求，满足节能环保的设计要求，并且于 2009 年 9 月通过脱硝后评估审查。图 16 - 1 所示为长沙电厂 SCR 反应器布置，图 16 - 2 为脱硝系统部分主要设备实物图。

表 16 - 1　SCR 烟气脱硝装置性能考核试验数据

项　　目	1 号机组（2008 年 4 月 1 日）	2 号机组（2008 年 8 月 3 日）
脱硝效率	52.5%	50.5%
氨逃逸（6%O_2）	1.40μL/L	1.22μL/L
修正后的氨耗量	230.4kg/h（保证值 236.5kg/h）	213.6kg/h（保证值 236.5kg/h）
SO_2/SO_3 转化率	0.273%	0.26%
修正后 SO_2/SO_3 转化率	0.42%（保证值 0.9%）	0.39%（保证值 0.9%）

一、工艺流程

SCR 系统布置在省煤器和空气预热器之间，属高粉尘布置法，由氨区和催化反应区两大部分组成，如图 16 - 3 所示。其中氨区包括储氨罐、汽化器、空气压缩机及稳压罐等设备；催化反应区则由反应器壳体、催化剂、稀释风机、注氨格栅（AIG）及吹灰器等设备组成。

槽车运来的液氨由压缩机输送到储氨罐；液氨在汽化器内经 45℃水浴蒸发成氨气，送到氨气稳压罐；氨气经调压阀减压后送入氨气/空气混合器中，与来自稀释风机的空气混合。混合气通过喷氨格栅（AIG）的喷嘴喷入烟道中，与烟气均匀混合后进入催化反应器；NH_3 与 NO_x 在催化剂的作用下发生催化还原反应，NO_x 被还原为无害的 N_2 和 H_2O。去除了 NO_x 的烟气进入空气预热器。

图 16 - 1　长沙电厂 SCR 反应器布置

图 16 - 2　脱硝系统部分主要设备实物图

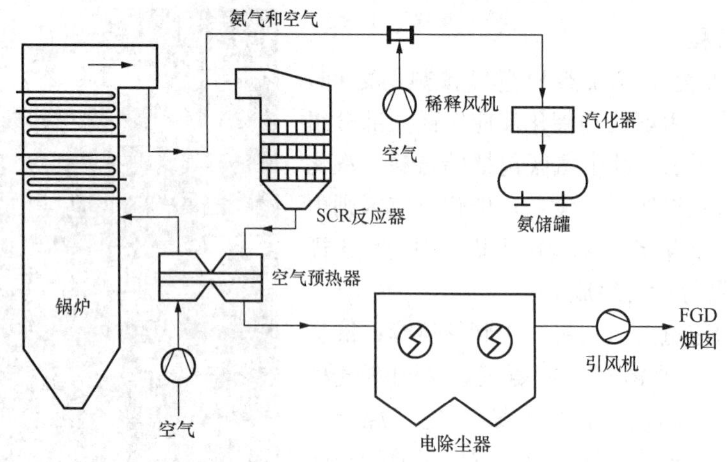

图 16 - 3　长沙电厂 SCR 烟气脱硝系统工艺流程示意

二、工艺参数

SCR 脱硝系统主要设备参数见表 16 - 2。

表 16-2　SCR脱硝系统主要设备参数

序号	设备名称	项目		规范	单位
1	SCR	数量		2	层
		催化剂数量		154	块
		催化剂类型		蜂窝式	
		反应器入口烟气参数	烟气温度	430≥t≥310	℃
			SO_2 浓度	1179	mg/m^3（标况）
			NO_x 浓度	650	mg/m^3（标况）
			烟尘浓度	不大于24.05	g/m^3（标况）
		反应器出口烟气参数	NO_x	不大于312（终期87%时84.5）	mg/m^3（标况）
			NH_3	不大于3	%
		脱硝效率		50	%
		烟气压降		0.266	kPa
		氨消耗量		236.5（50%效率）	kg/h
2	卸氨压缩机	数量		2	个
		出口压力		0.5～20	MPa
		出口温度		≤110	℃
		转速		485	r/min
		流量		45	m^3/h
		进气压力		0.17～1.7	MPa
		进气温度		≤40	℃
3	压缩机电动机	型号		YB2-180L-6	
		功率		15	kW
		电流		30.1/17.4	A
		转速		970	r/min
		电压		380	V
		绝缘等级		F	
4	液氨储罐	数量		2	个
		容积		153	m^3
		设计温度		50	℃
		工作温度		−12～40	℃
		设计压力		2.16	MPa
		工作压力		≤1.8	MPa
5	氨/空气混合器	数量		2	个
		容积		2×0.003 24	m^3
6	氨蒸发器	数量		3	个
		型号		DYBH-Ⅱ-200/400	
		加热介质		30%乙二醇水溶液	

续表

序号	设备名称	项　目	规　范	单　位
6	氨蒸发器	热源	电力	
		热量消耗	5.4×105	kJ/h
		加热器功率	200	kW
		氨蒸发量	最大 401	kg/(h·台)
7	排污泵	数量	1	个
		型号	IS100-80-125	
		流量	100	m^3/h
		扬程	20	m
		电动机功率	11	kW
		电动机转速	2940	r/min
		电压	380	V
		电流	21.6/12.5	A
		绝缘等级	F	
8	稀释风机	数量	3	个
		流量	6250	m^3/h
		全压	3500	Pa
		型号	CGY-48№5A	
		转速	2920	r/min
		电动机功率	11	kW
		电动机电压	380	V
		电动机电流	21.8（△）	A
		电动机转速	2930	r/min
		绝缘等级	F	
9	液氨供应泵	数量	2	台
		型号	2J-U1600/2	
		出口压力	2.0	MPa
		转速	117	r/min
		额定流量	1000	L/h
		电动机功率	4000	kW
		电压	380	V
		电流	10	A

三、脱硝烟道系统简介

烟气在锅炉出口处被平均分成两路，两路烟气并行进入一个垂直布置的 SCR 反应器，即每台锅炉配有两个反应器，在反应器里烟气向下流过均流器、催化剂层，随后进入回转式空气预热器、静电除尘器、引风机和脱硫装置，最后通过烟囱排入大气。

烟道设置足够的测点接管座，便于试运行和运行中进行温度测量和采样。

SCR 进口烟道连接锅炉省煤器出口烟道，出口烟道连接空预器入口，烟道横截面为矩形。未设置 SCR 旁路烟道，烟道系统包括必要的膨胀节。SCR 入口烟道下部设计有灰斗，以防止烟道积灰和堵塞。

烟道材料采用碳钢结构。SCR 入口烟道主截面 2900mm×13 950mm，SCR 出口烟道主截面 3200mm×13 258mm。

烟道结构尺寸的设计考虑磨损、防止积灰等方面的影响。烟气系统的阻力尽量最小化，烟道烟气压降设计最大 0.436kPa。

四、SCR 反应器

SCR 反应器是脱硝系统核心部分，安装在独立的金属构架平台上，截面成矩形，并由起加固作用的钢板托起，反应器的载荷通过它的侧墙均匀地分布，向下传递，利用它的弹性和滑动轴承垫传到支撑结构上。SCR 反应器中心固定向外膨胀，使水平膨胀位移量最小。SCR 反应器外壁一侧在催化剂层处有检修人孔门，用于将催化剂模块装入催化剂层。每个催化剂层都设有人孔，在机组停运时允许进入检查催化剂模块。

烟气水平地进入反应器的顶部，然后垂直向下通过反应器，进口罩使进入的烟气分布的更均匀。栅状均流器安装在进口罩和反应器主体之间的边界上，其最佳几何尺寸、安装形式及设置的必要性通过实验室流体模拟试验方法确定。催化剂层的外部由支承催化剂模块的钢梁组成，反应器横截面和催化剂的层间距设计，符合设计煤质的特点要求、催化剂的运行要求及脱硝装置运行维护与检修的要求。反应器主要技术数据见表 16 - 3。

表 16 - 3　　反应器技术数据表

项　目	数　值	单　位
每个模块中的单体数	72	
模块尺寸	长 952	mm
	宽 1901	mm
	高 1030（1330）	mm
催化剂模块质量	1050（1350）	kg
每层模块数	77	
模块布局	7×11	
反应器内空尺寸	11 670×13 950×12 600	mm
层数	2（另有 1 备用层）	
截面面积	162.8	m^2
反应器数量	4	

注　括号内为远期 85％效率时数据。

反应器材料为碳钢结构。反应器的结构满足催化剂装卸的要求，并且催化剂表层与上层催化剂支撑钢梁之间超过 1300mm 的净高。

反应器烟气阻力压降数据如下：50％脱硝效率，2 层催化剂时，压降为 0.266kPa；85％脱硝效率，3 层催化剂时，压降为 0.549kPa。

五、氨库区和 SCR 区系统

氨库区系统如图 16 - 4 所示，SCR 系统如图 16 - 5 所示。

液氨罐车
氨气吹扫
氨蒸气
氨蒸气
035
034
036
017
018
012
014
016
011
013
015
025
019
电加热器
电加热器
电加热器
1号蒸发器
2号蒸发器
3号蒸发器
1号压缩机
2号压缩机
008
009
010
处理
032
033
024
030
031
029
028
1号液氨泵
2号液氨泵
006
007
003
004
005
026
027
电厂污水处理
污水池
039
020
021
002
001
023
022
氨气稀释槽
037
038
1号氨储罐
2号氨储罐
图 16-4 氨库区系统

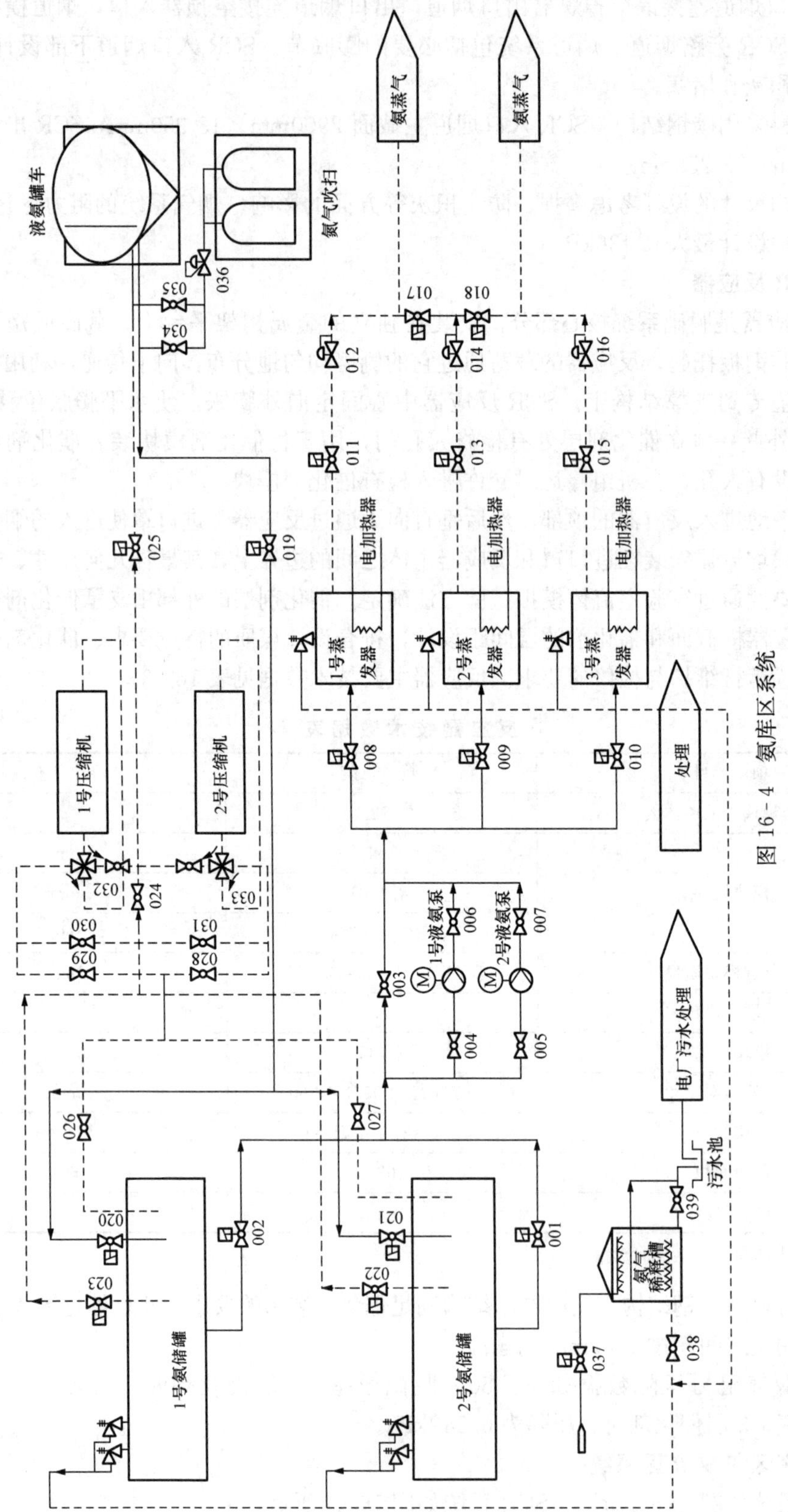

蒸汽
SB-1 SB-2 SB-3
SB-4 SB-5 SB-6
SB-7 SB-8 SB-9
1号机组
1号反应器
锅炉空气
预热器
1号机组
2号反应器
锅炉空气
预热器
AIG
AIG
氨空气混合器
氨空气混合器
稀释空气挡板阀
稀释空气风机
空气
稀释空气挡板阀
稀释空气挡板阀
稀释空气风机
空气
稀释空气风机
空气
001
002
003
004
005
006
007
008
009
010
氨蒸气
1号机组锅炉

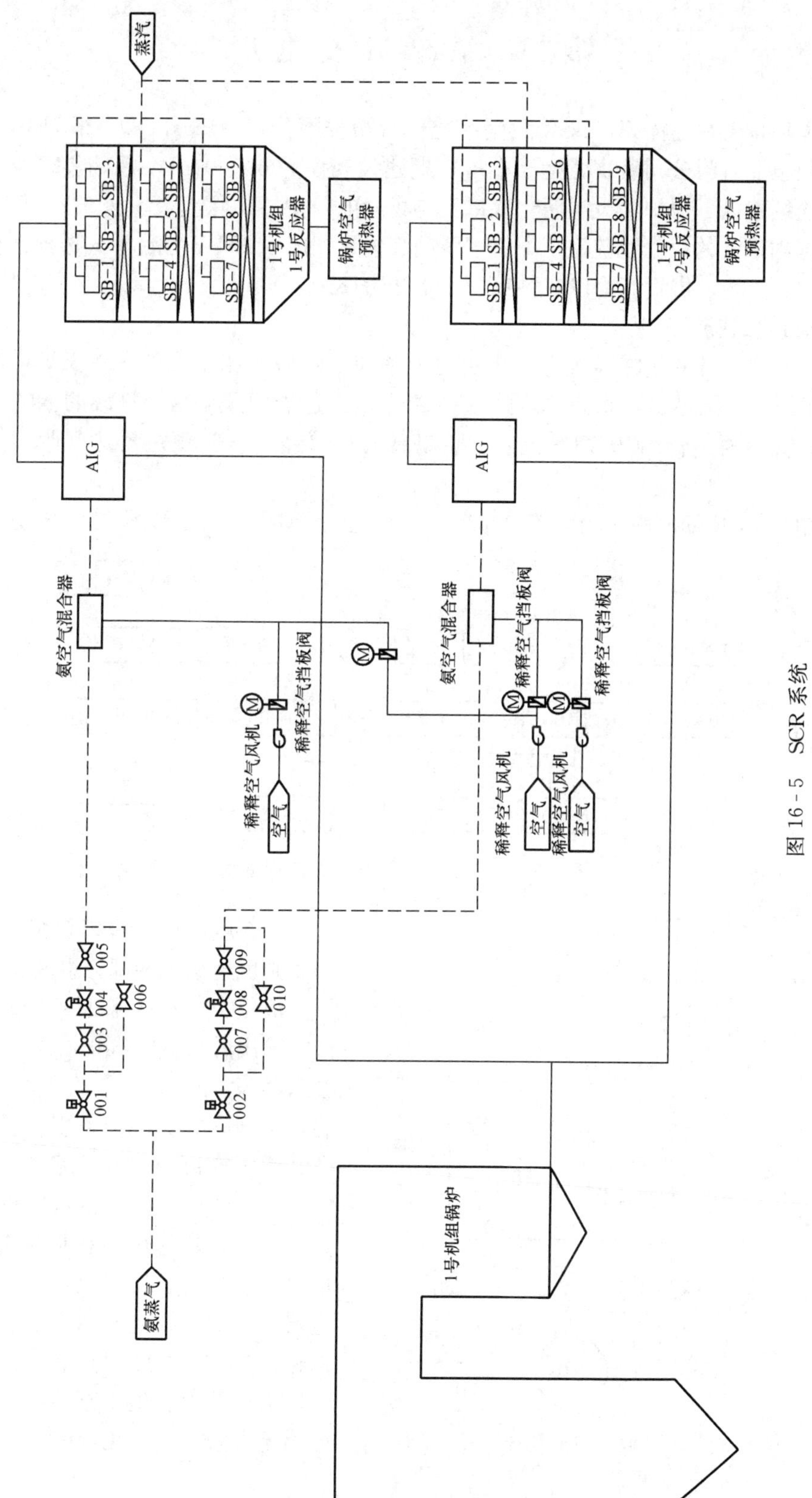

图 16-5　SCR 系统

第二节　福建后石电厂

后石电厂位于福建漳州，SCR脱硝系统由台塑美国公司（Plastics Corp USA）投资兴建，由华阳电业有限公司负责营运。电厂一期建设规模为6×600MW超临界机组，一次设计，分期连续建设。锅炉岛设置两台双室五电场静电除尘器，除尘效率达99.85%。脱硫装置是目前国内最大的海水脱硫系统，烟气脱硝装置是国内600MW首台干式选择性催化还原脱硝（SCR）工艺，供货商为巴布科克—日立（BHK）。

一、SCR工艺流程

后石电厂600MW超临界机组采用炉内脱硝和烟气脱硝相结合的方法。炉内脱硝应用PM型低燃烧器分级燃烧，脱硝率可达65%以上，经过炉内脱硝后，排放的NO_x在180×10^{-6}左右；然后再进行SCR烟气脱硝。脱硝后的烟气经过空气预热器热回收后进入电除尘器。

后石电厂SCR烟气脱硝为高粉尘布置，其工艺流程如图16-6和图16-7所示。

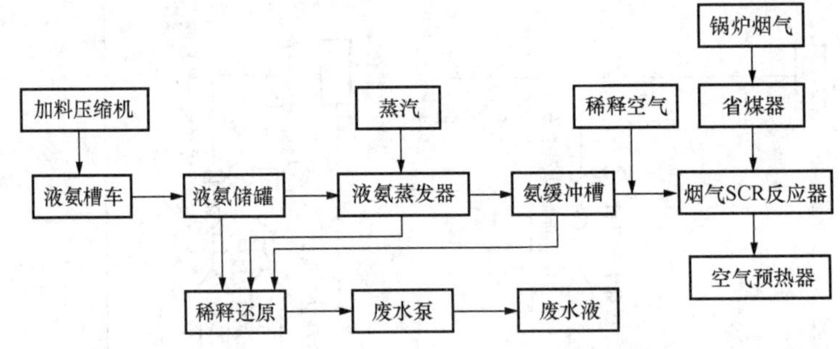

图16-6　后石电厂SCR工艺流程框图

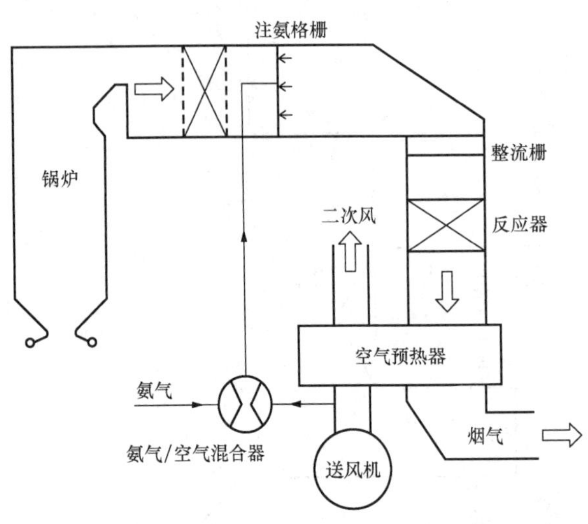

图16-7　后石电厂SCR工艺流程

后石电厂烟气脱硝系统由氨气制备和脱硝反应系统两部分组成。

液氨由槽车运来送到储氨罐，液氨储罐输出的液氨在汽化器内经40℃左右温水蒸发成氨气，并将氨气加热至常温，送到氨气缓冲槽备用。缓冲槽的氨气经调压阀减压，送入各机组的氨气/空气混合器中，与来自送风机的空气充分混合后。通过喷氨格栅（AIG）喷入烟道中，与烟气均匀混合后进入催化反应器。当烟气流经SCR催化反应器中的催化剂层时，NH_3与NO_x在催化剂的作用下，发生氧化还原反应，NO_x被还原为无害的N_2和H_2O。

二、主要设计参数

1. 脱硝系统设计参数

SCR 反应器数量 1 套/炉。SCR 系统的设计参数见表 16-4。

表 16-4　后石电厂烟气脱硝系统设计参数

项　　目	1～4 号机组设计数据	5、6 号机组设计数据
燃　料	煤（或煤：油＝50 ：50）	
烟气流量（m^3/h）	1 779 000	1 837 955
催化剂体积（m^3）	234.0	242.9
烟气温度（℃）	370（最高 420）	364（最高 420）
O_2（干基）(%)	3.3	3.6
H_2O（湿基）(%)	8.5	9.3
NO_x 浓度（干基）(mg/m^3)	308	308
SO_x 浓度（干基）(mg/m^3)	2000	2857
SO_3 浓度（干基）(mg/m^3)	17.8	35.7
含尘浓度（mg/m^3）	19	21
NO_x 浓度（干基）(mg/m^3)	185、164、144、123	103、82
NH_3 浓度（干基）(mg/m^3)	3.8	3.8
脱硝效率（%）	＞40.0、46.7、53.3、60.0	＞66.7、73.3

注　1. NO_x 和 NH_3 的浓度值基于 6%O_2 状况进行测算的。

2. 脱硝系统是按 6 种工况设计的，反应器出口 NO_x 的浓度值和脱硝效率有所不同。

2. 液氨储存和供应系统

由于脱硝装置采用氨作为还原剂，因此，氨的储存和供应系统的设计主要基于以下条件：

（1）氨源采用无水液化氨，纯度大于 99.8%，采用汽车运输。

（2）氨罐容量按 100%负荷、7 天的耗氨量并考虑 80%的有效体积。

（3）全厂 6 台锅炉设 3 套氨汽化器，每套汽化器的容量为 50%；其中 2 套运行 1 套备用。

（4）在烟气进口 NO_x 质量浓度为 308mg/m³、出口 NO_x 质量浓度为 182mg/m³、6%O_2 的条件下，最大氨流量（峰值）为 172kg/h；在 1 台锅炉运行时，最小氨消耗量为 15kg/h。

三、SCR 系统组成

（一）脱硝反应系统

脱硝反应系统由 SCR 催化反应器、氨喷雾系统、空气供应系统组成。反应器采用固定床平行通道。三层催化剂，预留一层作为未来催化剂层，供脱硝效率低于需要值时安装使用。1～4 号机组采用三菱重工的反应器，5、6 号机组采用 BHK 的反应器，反应器材料为碳钢。

反应器为竖立钢结构形式，包括机壳和内部催化剂支撑结构，能承受内部压力、地震负荷、灰尘负荷、催化剂负荷和热应力等。机壳外部施以绝缘包裹，支撑所有荷重，并提供风管气密。催化剂底部安装气密装置，防止未处理的烟气泄漏。催化剂通过反应器外的专用工具从侧门装入反应器内。

该工艺采用平板式催化剂，由 BHK 公司开发和制造。催化剂材料为氧化钛基，壁厚 1mm，孔径 6mm。每个反应器装有催化剂 132 箱，每箱催化剂质量约 1300kg。催化剂底部安装气密装置，防止未处理的烟气泄漏。

通过安装在 SCR 反应器上游的注氨格栅（AIG），氨气被均匀喷入烟气中。AIG 材料为碳钢，采用平行或网格结构。

氨气混合器为圆筒形，数量为 1 套/炉，氨和空气在混合器和管路内充分混合后，导入氨气分配总管。混合器出口氨浓度为 5%。

每台机组脱硝反应系统的控制都在本机组的 DCS 系统上实现。所有设备的启停、顺控、连锁保护都可从 DCS 系统上实现，并对故障实现报警显示。SCR 脱硝控制系统利用固定的 NH_3/NO_x 摩尔比来提供所需要的氨气流量，进口浓度和烟气流量的乘积产生 NO_x 流量信号，此信号乘上所需 NH_3/NO_x 摩尔比就是基本氨气流量信号。氨气流量可依温度和压力修正系数进行修正。

稀释空气利用风门来手动操作，一旦空气流调整后则空气流就不需随锅炉负荷而调整。氨气和空气流设计稀释比最大为 5%。稀释空气由送风机出口管路引出。

（二）氨储存及供应设施

氨储存装置储存无水液氨，该装置包括液氨卸料压缩机、储氨罐和水喷淋系统组成。氨供应装置包括汽化器、氨气储存罐。氨储存和供应系统的设备规范见表 16-5。

表 16-5　氨储存和供应系统设备规范

设　备	类　型	数量（套）	容积（体积）	材　料
卸料压缩机	非润滑	2（1 套备用）	215（m^3/h）	
液氨储罐	卧式压力箱	3	122（m^3/箱）（57t）	碳钢
氨气缓冲罐	立式圆筒形	3	6.3（m^3/箱）	
氨汽化器	蒸汽加热		每套蒸发能力 520（kg/h）	碳钢

6 台机组共设置 3 个液氨储罐，每个储罐的存储容量为 $122m^3$。每个液氨储罐可供一套 SCR 脱硝系统运行一周所需的氨气量。储罐上安装有超流阀、止回阀、紧急关断阀和安全阀，防止储罐液氨泄漏。储罐还装有温度计、压力表、液位计和相应的变送器，将信号送至机组 DCS 控制系统，当储罐内温度或压力高时发出报警。储罐四周安装有工业水喷淋管线及喷嘴，当储罐罐体温度过高时，自动喷淋水装置启动，对罐体自动喷淋减温。

液氨汽化器为螺旋盘管式。管内为液氨，管外为温水浴。蒸汽直接喷入水中加热至 40℃制成温水，再以温水将液氨汽化，并加热至常温。蒸汽流量受汽化器本身水浴温度控制调节，当水的温度高过 45℃时，切断蒸汽来源，并在控制室 DCS 上报警显示。汽化器上装有压力控制阀将氨气压力控制在 0.2MPa，当出口压力达到 0.38MPa 时，切断液氨进料。在氨气出口管线上也装有温度检测器，当温度低于 10℃时，切断液氨进料，使氨气至缓冲槽维持适当温度及压力。汽化器上还装有安全阀，可防止设备压力异常过高。

从汽化器蒸发产生的氨气进入氨气缓冲槽，通过调压阀减压至 0.18MPa，再通过氨气输水管线送到锅炉侧的脱硝系统。缓冲槽的作用是稳定氨气供应，避免受汽化器操作不稳定的影响。缓冲槽上装有安全阀以保护设备。

氨气吸收槽为容积6m^3的立式水箱，水槽的液位由满溢流管线维持。吸收槽连续由槽顶淋水和槽侧进水。液氨系统各排放处所排出的氨气由管线汇集后从槽底部进入，通过分散管将氨气分散进入吸收槽水中，利用大量水来吸收安全阀排放的氨气。

液氨储存罐及供应系统周边设有6只氨气检测器，以监测氨气泄漏，并显示大气中氨的浓度。当检测器测得大气中氨浓度过高时，在机组控制室会发出警报，操作人员可采取必要措施，防止氨气泄漏的异常情况发生。液氨储存及供应系统设在远离机组的位置，并采取措施与周围系统隔离。

液氨储存及供应装置应保持系统的严密性，防止氨气的泄漏和氨气与空气的混合，避免造成爆炸。基于此方面的考虑，系统的卸料压缩机、液氨储罐、氨气温水槽、氨气缓冲槽等都备有氮气吹扫管线。在液氨卸料之前通过氮气吹扫管线对以上设备分别进行严格的系统严密性检查和氮气吹扫，防止氨气泄漏与系统中残余的空气混合产生危险。

四、装置性能

1. 保证条件

（1）保证值的测量条件。NO_x、NH_3和压降应在锅炉稳定和连续运行工况下测定。基于上述的设计条件，采用BHK公司提供的修正曲线对数据进行计算和修正。

（2）允许运行温度。设计上，SCR反应器最高运行温度不大于420℃。SCR催化剂本身的最高运行温度不大于450℃。

2. 保证值

（1）催化剂寿命。从烟气首次进入SCR反应器算起1.6万h或2年。

（2）脱硝效率大于40%。

（3）烟气中NH_3逃逸量小于3.8mg/m^3。

（4）增加催化剂后，SCR催化剂层压降小于400Pa。

（5）蒸发能力。每台汽化器的蒸发能力不小于520kg/h。

五、运行情况

从目前SCR脱硝系统的运行情况看，主要性能指标满足设计要求，表16-6为600MW负荷下实测的脱硝效率与NH_3逃逸率。

表16-6　600MW负荷下的脱硝效率与NH_3逃逸率

喷氨量（kg/h）	脱硝效率（%）	NH_3逃逸率［mg/m^3（BHK）］
97	43	1.01
113	52	未测
128	57	2.61

六、运行经验

1. 催化剂的选择

催化剂形式、节距及用量对脱硝效率及脱硝费用的影响较大。不同的催化剂，其活性、反应温度、稳定性、使用寿命等也不相同。以BHK板式催化剂为例，当催化剂用量为234m^3时，脱硝效率可有效地控制在40%以上。当催化剂用量达380m^3时，脱硝效率在66.7%以上。因此，催化剂的选择关系到脱硝效率、运行费用、投资额等。实际选择时，应依据所要求的脱硝效率及相关要求，在充分论证与比较的基础上合理选择。

2. 反应温度

不同的催化剂，其适宜的反应温度不同。烟气温度低于催化剂的反应温度时，催化剂的活性低，脱硝效率低；烟气温度高于催化剂反应温度时，副反应会发生，同时会加速催化剂老化。BHK 板式催化剂的反应温度在 290～400℃之间；国内化工行业使用的铜铬催化剂的反应温度为 250～330℃之间，铂催化剂的反应温度为 250～300℃。SCR 装置一般安装在锅炉省煤器与空气预热器之间，因此，应根据锅炉生产厂家提供的设计参数，选用与反应温度相宜的催化剂。

3. 烟气流速

在 SCR 反应器内，烟气流速过大，则烟气与催化剂的接触时间短，将导致 NO_x 与 NH_3 的反应不充分，NO_x 的转化率低。但若烟气流速过小，则所需的 SCR 反应器的空间增大，催化剂和设备不能得到充分利用，不经济。

4. 喷氨量

还原剂 NH_3 的用量一般根据期望达到的脱硝效率，通过设定 NO_x 与 NH_3 的摩尔比来控制。催化剂的活性不同，达到相同转化率时，所需要 NO_x/NH_3 摩尔比不同。各种催化剂都有一定的 NO_x/NH_3 摩尔比范围，当其 NO_x/NH_3 摩尔比较小时，NO_x 与 NH_3 的反应不完全，NO_x 转化率低；当 NO_x/NH_3 摩尔比超过一定范围时，NO_x 转化率不再增加，造成还原剂 NH_3 的浪费，甚至液氨泄漏量增大。

5. 喷氨格栅（AIG）的位置及喷嘴形式

设计时，AIG 的位置及喷嘴形式是根据锅炉尾部烟道的布置情况，通过模拟试验来选择的。同时，应通过烟道设计的优化及加设烟气导流挡板，使进入 SCR 催化反应器内的烟气流保持均匀。AIG 的位置及喷嘴形式选择不当或烟气流分布不均匀时，容易造成 NO_x 与 NH_3 的混合及反应不充分，不但影响脱硝效果和运行经济性，而且极易造成局部喷氨过量。此外，脱硝装置投入运行前，应根据烟气流的分布情况，调整各喷嘴阀门的开度，使各喷嘴喷出的氨气流量与烟气中需还原的 NO_x 含量相匹配，以免造成局部喷氨过量。一般要求将脱硝装置出口各点 NO_x 分布的不均匀度控制在 20%以内。

6. 预留安装新催化剂层的位置

烟气催化脱硝装置的运行维护费用主要包括催化剂的更换及液氨费用。催化剂使用寿命是有限的，在使用一定时间后，其活性降低，脱硝效率随之下降。为确保脱硝效率，催化剂必须定期添加或更换。为充分有效地利用催化剂，降低脱硝运行成本，并考虑将来满足不断提高的环保要求，在设计中应预留安装新催化剂层的位置。当催化剂活性降低，需要更换或添加新催化剂时，可将新催化剂安装在预留催化剂位置，以减少催化剂更换，并充分利用尚未完全失效的旧催化剂，从而减少催化剂更换费用，提高脱硝效率。

7. SCR 催化反应器的压力损失

压力损失与催化剂的类型、用量有关，不同厂家催化反应器的压力损失相差较大。因此，设计时应根据烟气催化脱硝装置生产厂家提供的设计参数，合理选择和校核引风机。

8. SO_2 转化率

SO_2 的转化率过高，不仅容易导致空气预热器的堵灰和后续设备的腐蚀，而且会造成催化剂中毒。因此，在 SCR 运行时，一般要求 SO_2 的转化率小于 1%。

9. NO_x 在线监测仪表的准确性

由于喷氨量及排放浓度均应根据在线监测仪表的指示值来控制，因此，NO_x 在线监测仪表的准确性，直接关系到催化脱硝装置的运行效益、NO_x 的排放浓度、液氨泄漏量等指标的好坏。为此，NO_x 在线监测仪表需设置专业人员进行维护、保养、校验与检修。

10. 控制效果

设计进口烟气 NO_x 质量浓度为 308mg/m^3，出口 NO_x 质量浓度为 182mg/m^3，脱硝效率大于 40%，实测脱硝效率为 44%～46%之间。实际排放浓度为 120～160mg/m^3。

第三节 安徽铜陵电厂

一、工程概况

国电科技环保集团有限公司环保工程分公司（原北京国电龙源环保工程有限公司）引进了国外先进 SCR 烟气脱硝技术。该技术来源于德国 FBE 公司，经过两年的充分消化吸收，现已进入项目实施阶段。

铜陵电厂规划装机总容量为 4×600MW 国产超临界凝汽式燃煤发电机组，分二期建设，一期工程 2×600MW 机组的脱硝工艺采用选择性催化还原法（SCR），高粉尘布置。在设计煤种及校核煤种、锅炉最大工况、处理 100%烟气量条件下，脱硝效率不小于 80%。脱硝工程项目与主体工程项目同步实施。

二、SCR 系统的设计

1. SCR 反应器系统的主要设计参数见表 16-7。

表 16-7　　SCR 反应器系统的主要设计参数

项　目	数　值	项　目	数　值
设计烟气流量（m^3/h）	1 846 935	工艺水耗量（t/h）	5
反应器入口 NO_x 浓度（mg/m^3）	657	烟气粉尘含量（g/m^3）	50
反应器出口 NO_x 浓度（mg/m^3）	131	入口烟气温度（℃）	372
反应器入口 O_2（%）	3.28	脱硝效率（%）	≥80
SO_2/SO_3 转化率	≤1%	压缩空气耗量（m^3/min）	16
氨逃逸率	≤3×10^{-6}	SCR 可利用率（%）	≥98
脱硝装置电耗（kWh/h）	70	年利用小时数（h）	5500

2. 脱硝工艺流程

该工程采用一炉两个反应器，分别设置氨喷射系统、稀释风机、烟道、催化剂吹灰系统等，公用部分主要包括还原剂（液氨）储存制备及输送系统、事故排放系统、工艺水系统及气源等连接系统。液氨由液氨槽车运送，利用卸氨压缩机输入到储氨罐内，再用液氨泵输送到液氨蒸发槽内蒸发为氨气，经氨气稳压槽与稀释空气在涡流混合器中混合均匀，再送达脱硝反应系统。SCR 反应器布置在锅炉省煤器和空气预热器之间，锅炉排出的烟气与氨气在涡流混合器内混合均匀，进入 SCR 反应器通过催化剂发生还原反应。脱硝后的烟气经过空气预热器热回收后进入静电除尘器。工艺流程如图 16-8 所示。

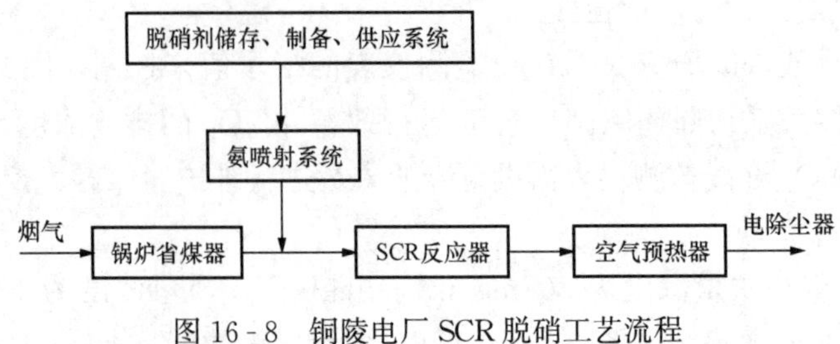

图 16-8 铜陵电厂 SCR 脱硝工艺流程

三、烟气脱硝系统及工艺特点

铜陵电厂烟气脱硝系统主要包括脱硝反应系统（烟气系统、催化剂、吹灰系统）和氨系统（吸收剂储存、制备、供应系统）两部分。

1. 脱硝反应系统

(1) 烟气系统。烟气系统是指从锅炉省煤器出口至 SCR 反应器本体入口、SCR 反应器出口至空气预热器进口之间的连接烟道。

(2) SCR 反应器。SCR 反应器本体是指未经脱硝的烟气与 NH_3 混合后通过安装催化剂的区域产生反应的区间。该工程脱硝反应器布置在省煤器和空气预热器之间，垂直布置，烟气竖直向下流动，反应器入口设气流均匀装置，反应器入口及出口段设导流板，对于反应器内部易于磨损的部位采取必要的防磨措施。反应器内部各类加强板、支架设计成不易积灰的形式，同时考虑热膨胀的补偿措施。其中，反应器入口部位装设等压力整流器，该装置为专利产品，均流效果优异，是保证脱硝效率、延长催化剂寿命的关键。

(3) SCR 催化剂。采用蜂窝式、整体成型催化剂，具有比表面积大，在相同参数条件下体积小，质量轻，适用范围广，内外介质均匀等特点。载体采用 TiO_2，主要成分为 V_2O_5、WO_3、MoO_3 等。

反应器内催化剂采用模块化设计，布置两层，同时预留加装一层催化剂的空间。催化剂模块设计为有效防止烟气短路的密封系统。

(4) 氨喷射系统。保证氨气与烟气混合均匀，喷射系统设置流量调节阀，能根据烟气不同的工况进行调节。喷射系统将具有良好的热膨胀性、抗热变现和抗振性。

该工程的专利产品——涡流混合器，改变了应用传统的格栅式氨混合器易发生喷嘴堵塞、混合不均匀、调节系统复杂、经常发生故障等状况。具有烟气适应性强，混合效果好。喷嘴孔数少，不需要维护，喷嘴数量少，口径大，可以做到无堵塞运行，控制简便，调试时间短等特点。

(5) 吹灰系统和控制系统。根据该工程灰分高的特性，设置吹灰器，采用蒸汽吹灰系统。吹灰器的数量和布置应能使催化剂中的积灰尽可能吹扫干净，避免因死角而造成催化剂失效，导致脱硝效率的下降。

脱硝控制系统采用与机组 DCS 一体化配置的本地控制站（SCR 反应装置）和远程 I/O 控制站（公用制氨系统）完成数据采集、顺序控制和调节控制功能。脱硝控制系统建成后，就地公用制氨系统自动化水平将满足“无人值守、定期巡检”的能力。而在主机组控制室内，通过机组 DCS 操作员站可完成对整个脱硝系统的启/停控制、正常运行的监视、调整和异常、事故工况的处理和故障诊断，而无需现场人员的操作配合。

2. 液氨储存、制备、供应系统

该工程吸收剂制备采用外购液氨、液氨的供应由液氨槽车运送，利用卸氨压缩机将液氨由槽车输入储氨罐内，用液氨泵将储槽中的液氨输送到液氨蒸发槽内蒸发为氨气，经氨气缓冲槽来控制一定压力及其流量，然后与稀释空气在混合器中混合均匀，再送往脱硝反应系统。氨气系统紧急排放的氨气则排入氨气稀释槽中，经水的吸收排入废水池，再经由废水泵送至废水处理系统。氨储存和供应配有良好的控制系统。

（1）卸氨压缩机。卸氨压缩机抽取储氨罐中的氨气，经压缩后将槽车的液氨推挤入液氨储罐中。

（2）储氨罐。每台锅炉液氨的储氨罐容量为 130m^3，按照锅炉 BMCR 工况，每天运行 20h，连续运行 10 天的消耗量考虑。储氨罐上应安装超流阀、止回阀、紧急关断阀和安全阀。储氨罐还装有温度计、压力表、液位计、高液位报警仪和相应的变速器将信号送到脱硝控制系统，当储氨罐内温度或压力高时报警，当储氨储罐罐体温度过高时自动淋水装置启动，对罐体自动喷淋降温；当有微量氨气泄漏时也可启动自动淋水装置，对氨气进行吸收，控制氨气污染。

（3）液氨供应泵。液氨进入蒸发槽，采用液氨泵来供应，设置一用一备。

（4）液氨蒸发槽。液氨蒸发所需的热量采用蒸汽来提供。蒸发槽上装有压力控制阀将氨气压力控制在一定范围内，当出口压力过高时，则切断液氨进料。在氨气出口管线上装有温度检测器，当温度过低时切断液氨，使氨气至缓冲槽维持恰当温度和压力，蒸发槽装有安全阀，可防止设备压力异常过高。液氨蒸发槽应按 BMCR 工况下 100%容量设计。液氨蒸发槽蒸发能力为 350kg/h。

（5）氨气缓冲槽。从蒸发槽蒸发的氨气流进入氨气缓冲槽，通过调压阀减至一定的压力，再通过氨气输送管线送到锅炉侧的脱硝反应系统。液氨缓冲槽能为 SCR 系统供应稳定的氨气，避免受蒸发槽操作不稳定的影响。缓冲槽体积为 5m^3，缓冲槽上也装有安全阀保护设备。

（6）氨气稀释槽。氨气稀释槽为 2m^3 的水槽，水槽液位由满溢流管线维持，稀释槽设计有槽顶淋水和槽侧进水。液氨系统各安全阀排放出的氨气由管线汇集后从稀释槽底部进入，通过分散管将氨气分散入稀释槽水中，利用大量水来吸收排放的氨气。

（7）稀释风机。喷入锅炉烟道的氨气应为经空气稀释后的含氨 5%左右的混合气体。所选择的风机满足脱除烟气中 NO_x 最大值的要求，并留有一定的余量。稀释风机按所需 100%稀释空气容量（一用一备）设置。风机风量为 5500m^3/h，风压为 4500Pa。稀释风机进口吸大气。

（8）排放系统。在氨制备区设有排放系统，使液氨储存和供应系统氨排放管路为一个封闭系统，将经由氨气稀释槽吸收成氨废水后排放至废水池，再经废水泵送至脱硫岛综合处理利用。

（9）氮气吹扫系统。液氨储存及供应系统保持严密性，防止氨气的泄漏和氨气与空气混合造成爆炸是关键的安全问题。基于此方面考虑，在卸氨压缩机、储氨罐、氨气蒸发槽、氨气缓冲槽等都配有氮气吹扫管线。在液氨卸料之前氮气吹扫管线对以上设备分别进行严格的系统严密性检查和氮气吹扫，防止氨气泄漏和系统中残余的空气混合造成危险。

3. 工程的设计特点

(1) 烟气流动通过数值分析和模型试验双重手段进行设计，保证可以实现最佳流速状态，减少流动阻力，保证脱硝效率。

(2) 采用多项专利技术。

(3) 催化剂层设计符合国际标准，可以使用各个不同厂家生产的催化剂。

(4) 采用模块化设计，可以适应各种烟气量和机组容量的变化，设计周期较短。

(5) 成熟先进的结构计算手段，可以保证反应器适应锅炉的快速负荷变化。

第四节 厦门嵩屿电厂一期

厦门嵩屿电厂一期 2×300MW 燃煤机组增设 SCR 脱硝装置的改造在机组大修进行，对运行机组增设脱硝装置的工程，不仅需加装催化反应器及氨站等附属脱硝设备，而且因为 SCR 装置对炉后烟气系统带来了较大的影响，还需对原有的空气预热器、引风机进行相应的技术改造。

一、SCR 的工艺布置

嵩屿电厂一期工程增设 SCR 反应器的布置见图 16-9，从图中可以看出，SCR 反应器布置在省煤器下部与空气预热器之间，属高粉尘布置。SCR 底部的标高为 18.69m，顶部的标高为 39.65m。施工时，先拆除省煤器与空气预热器之间原有的烟道。受锅炉原有钢架的影响，从省煤器下部的灰斗之上以 30°的上倾角拉出 SCR 系统的进口烟道，继而以垂直向上的方向达到 SCR 反应器的顶部，然后转为垂直向下的方向连接催化反应器，锅炉催化反应器的烟道最终与空气预热器的热端连接。考虑到烟道直段长度等因素，喷氨格栅（AIG）安装在垂直烟道段。

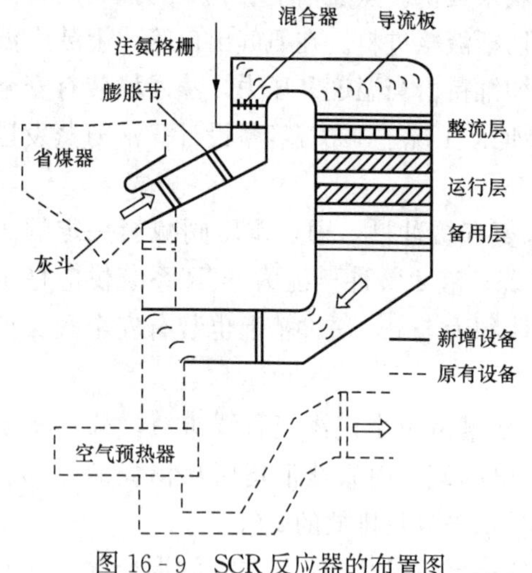

图 16-9 SCR 反应器的布置图

二、对相关设备的影响分析与技术对策

(一) 对空气预热器的影响与对策

1. SCR 对空气预热器的影响

催化剂为美国 Cormetech 公司生产，其主要组分可表示为 V_2O_5-WO_3(MoO_3)/TiO_2。由于在锅炉烟气中还含有 SO_2 等气体，催化剂中的钒活性组分在催化降解 NO_x 的过程中，也会对 SO_2 起到一定的氧化作用，即

$$SO_2 + \frac{1}{2}O_2 = SO_3$$

反应生成的 SO_3 进一步同 SCR 烟气中逃逸的氨反应，生成硫酸铵和硫酸氢铵，反应式为

$$2NH_3 + SO_3 + H_2O = (NH_4)_2SO_4$$

$$NH_3 + SO_3 + H_2O = NH_4HSO_4$$

NH_4HSO_4 是黏性很强的一种物质。烟气经过 SCR 反应器和空气预热器热段后，排烟

温度降低，当温度降至185℃以下时，烟气中已生成的气态NH_4HSO_4会在空气预热器冷段的传热元件上凝固下来，造成空气预热器冷段积盐与结垢，并影响空气预热器的正常运行。因此，运行机组装了SCR装置的空气预热器在设计和选材上都要采取相应的措施。

2. 技术对策

根据上述分析，对原有的空气预热器进行了技术改造，改造内容包括传热元件的高度、材质及波型等。

(1) 传热元件波型的更换。热端传热元件采用DU3波型，每对元件含有一块定位板和波形板。冷段传热元件采用高吹灰通透性的DNF波形替代原中温段的DU波形，这种波形能保证吹灰和清洗效果，但换热性能不如原空气预热器用的DU波形。因此，要维持空气预热器排烟温度不上升，经计算，约需增加15%的换热面积。同时，传热元件内部气流通道为局部封闭型，保证吹灰介质动量在元件层内不迅速衰减，从而提高吹灰的有效深度。图16-10和图16-11所示分别为改造后空气预热器热段与冷段传热元件的波型。

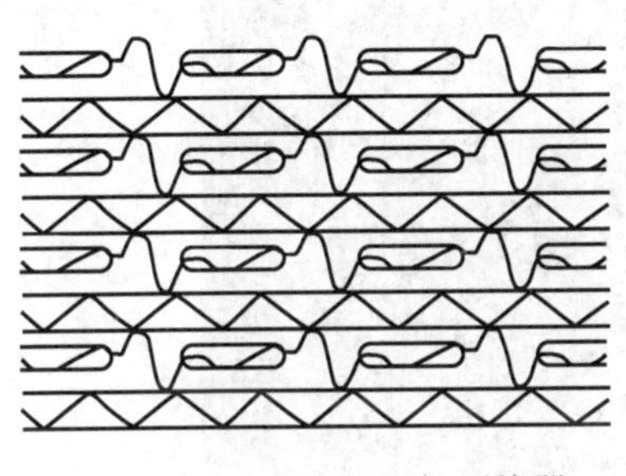

图16-10　改造后空气预热器热段传热元件波型

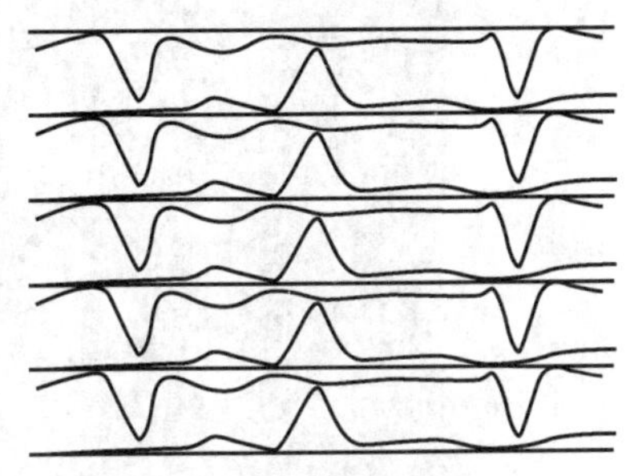

图16-11　改造后空气预热器冷段传热元件波型

(2) 传热元件高度的改造。常规空气预热器冷段腐蚀区仅在冷段100～200mm的范围内，在增加了SO_3转化率后，硫酸露点通常上升5～10℃，预热器冷段受硫酸腐蚀区范围上升到250～450mm，原有空气预热器冷段305mm的高度就显得不够了。因此，把原空气预热器三层传热元件更换为两层，取消中间层传热元件，冷段的长度由305mm提高到1050mm。这样，能保证全部硫酸氢铵在该层内部完成凝结和固化，避免在两层传热元件之间产生积聚效应。合并中间层和冷段还可减少元件框架材料，降低转子自重和提高转子内部空间利用率。另外，热端的传热元件高度调整为914mm。

(3) 传热元件材质的更换。热端的材质由A3钢更换为Corten钢，冷端的材质则由Corten钢更换为搪瓷表面。冷端采用搪瓷表面传热元件可以隔断腐蚀物（NH_4HSO_4和由SO_3吸收水分产生的H_2SO_4）和金属接触，而且表面光洁，易于清洗干净。搪瓷层稳定性好，耐磨损，使用寿命长，一般不低于5万h。

(4) 转子仓格的改变。空气预热器转子分格由原先的24分格改为48分格，这样，空气预热器运行时，中心扇形板处保证有两个仓格旋转经过，空气预热器的漏风率由原来的13%左右降至9%。

(二) 对引风机的影响和对策

1. 压头损失分析

烟气经过催化剂后产生的沿程阻力主要有两方面：一是催化剂模块上气流孔的摩擦阻力，二是与催化剂孔隙率相关的阻力。影响沿程阻力的因素有催化剂的形式、高度、气流孔径尺寸以及烟气流速等。

一般情况下，燃煤烟气的催化剂气流孔径尺寸 $d_h=6\sim8mm$，设计的线速度在3～5m/s，如果按两层催化剂来设计，脱硝效率可达 60%，增加的阻力为 680Pa 左右；如果按三层催化剂来设计，脱硝效率可达 90%，增加的阻力约为 870Pa。

催化剂运行一段时间后，受积灰、积盐及烟气冲刷磨损等因素的影响，烟气通过催化剂层的阻力还会继续增大，因此，还应考虑一定的压头裕度。这样，引风机大约需增加 1000Pa 的压头来弥补增设脱硝装置后所引起的风压损失。图 16-12 所示为引风机改造图。

图 16-12 引风机改造图

2. 技术对策

改造后的引风机仍采用动叶可调轴流式风机，其 BMCR 工况下的出力由原来的 211.8m^3/s 变为 230.8m^3/s，风压则由原来的 3100Pa 左右上升为 4090Pa，电动机功率由 1600kW 改为 1800kW。

（三）其他方面的影响与对策

1. 对烟道的影响与对策

原锅炉烟气从省煤器直接进入空气预热器，而加装脱硝装置后，增加了烟道和 SCR 反应器，烟气的走向和负压产生了变化，因此，该工程对省煤器与空气预热器之间的烟道进行了改造。考虑到省煤器出口处三向膨胀量均很大，施工时，在 SCR 进出口烟道等 4 个部位采用织物膨胀节以吸收膨胀量。

2. 对锅炉钢结构和基础的影响与对策

整个脱硝装置的荷载超过 1000t，同时涉及 SCR 进口烟道与原有锅炉钢架的空间布置冲突问题。因此，需对炉后的锅炉钢结构和基础进行技术改造。该工程主要的改造工作有：在 18.69m 层以下，混凝土立柱新增 8 根，加固 10 根；在 18.69m 层以上，在新增与加固的混凝土立柱顶部竖起 18 根钢立柱，作为 SCR 反应器、SCR 进出口烟道及四周操作平台的承重结构；同时重新计算锅炉 M 排柱的荷载，并对其与 SCR 进口侧烟道发生交叉的斜支承角度进行修改。

复 习 思 考 题

16-1　画出长沙电厂 SCR 烟气脱硝系统工艺流程示意图。

16-2　写出后石电厂一期 SCR 脱硝工艺流程，并分析该厂催化剂选型设计的原理。

16-3　写出安徽铜陵电厂 4×600MW 机组 SCR 脱硝工艺流程，并分析该厂喷氨格栅特点。

16-4　嵩屿电厂一期 SCR 脱硝装置改造对空气预热器有何影响？采取哪些措施加以解决？

16-5　嵩屿电厂一期 SCR 脱硝装置改造对锅炉引风机有何影响？采取哪些措施加以解决？

参 考 文 献

[1] 阎维平，刘忠，王春波，等. 电站燃煤锅炉石灰石湿法烟气脱硫装置运行与控制. 北京：中国电力出版社，2005.

[2] 武文江. 石灰石—石膏湿法烟气脱硫技术. 北京：中国水利水电出版社，2005.

[3] 周至祥，段建中，薛建明. 火电厂湿法烟气脱硫技术手册. 北京：中国电力出版社，2006.

[4] 杨旭中. 燃煤电厂脱硫装置. 北京：中国电力出版社，2006.

[5] 国电太原第一热电厂. 300MW 热电联产机组脱硫技术. 北京：中国电力出版社，2006.

[6] 曾庭华，杨华，马斌，等. 湿法烟气脱硫系统的安全性及优化. 北京：中国电力出版社，2003.

[7] 电力行业职业技能鉴定指导中心. 脱硫值班员. 北京：中国电力出版社，2007.

[8] 电力行业职业技能鉴定指导中心. 脱硫设备检修工. 北京：中国电力出版社，2007.

[9] 周菊华，操高城，郝杰. 电厂锅炉. 2 版. 北京：中国电力出版社，2009.

[10] 周菊华. 锅炉设备. 2 版. 北京：中国电力出版社，2006.

[11] 孙克勤. 电厂烟气脱硫设备及运行. 北京：中国电力出版社，2007.

[12] 张强. 燃煤电站 SCR 烟气脱硝技术及工程应用. 北京：化学工业出版社，2007.

[13] 陈进生. 火电厂烟气脱硝技术——选择性催化还原法. 北京：中国电力出版社，2008.

[14] 孙克勤，钟秦. 火电厂烟气脱硝技术及工程应用. 北京：化学工业出版社，2007.

[15] 蒋文举. 赵君科. 烟气脱硫脱硝技术手册. 北京：化学工业出版社，2007.

[16] 陈进生. 燃煤电站烟气 SCR 脱硝技术的应用与展望//2008 年火电厂环境保护综合治理技术研讨会论文集. 北京：中国电力，2008.

[17] 刘慷. 尿素制氨在华能高碑店电厂脱硝工程中的应用//2009 年火电厂环境保护综合治理技术研讨会论文集. 北京：中国电力，2009.

[18] 蔡明坤. 装有脱硝系统锅炉用回转式预热器设计存在问题和对策. 锅炉技术，2005. 36（4）.

[19] 邓永华，邓永强. 火电厂高尘区选择性催化还原工艺的优化运行. 江西电力，2004. 28.

[20] 赵坚行，王锁芳，刘勇. 热动力装置的排气污染与噪声. 北京：科学技术出版社，2009.

[21] 朱林. SCR 烟气脱硝催化剂生产与应用现状. 北京：中国电力，2008，42.